Vue.js入門

基礎から実践アプリケーション開発まで

川口和也
喜多啓介
野田陽平
手島拓也
片山真也

技術評論社

まえがき

　「Vue.js 入門」を手に取ってくれてありがとうございます。まずは私と Vue.js の出会いから、この本について説明させてください。

　2014年4月、業務で、フロントエンド開発のウェイトが高い新規プロジェクトをキックオフすることになりました。既存資産を流用するという制約のもとスタートしたため、最初は jQuery によるスパゲッティコードが開発スピードの重荷になっていました。開発速度と品質を高めるためにはフロントエンドのアプリケーション構造化が必須でした。

　それに当たり、フロントエンドのライブラリ、フレームワークの選定に入ります。この時期はちょうどこれらの乱立期で本当に多くのものを比較する必要がありました。そんな中、あるブログで名前を知り、同僚から推薦してもらったのが、私と Vue.js の出会いです。このちょっとしたきっかけから、Vue.js の理解を深めていくことになりました。

　さて、すすめられてはみたものの、当時 Vue.js はリリースされて間もなく、メジャーでもありませんでした。正直、採用にはかなりリスクがある段階です。

　このため最初は半信半疑でしたが、実際に使いながら学習していくうちに認識が変わります。Vue.js が学習コストが少ないシンプルさと強力な機能、同時に高い拡張性と自由度を備えた素晴らしいライブラリであることが実際に手を動かす中でわかったのです。プロジェクトが求めていた構造化にも適していたため、まだ登場したばかりの技術ながら採用に踏み切ります。

　この読みは大当たりでした。Vue.js によって、jQuery 依存を減らしつつフロントエンドの構造化に見事に成功しました。開発スピードを損なわず、変化するビジネス要件に対応できました。

　ここから、Vue.js の柔軟性と設計思想に魅了された私は、その後も個人で Vue.js に貢献するようになりました。プラグイン開発や公式ドキュメントの翻訳を現在も続けています。

　Vue.js との出会いから4年が経ちました。Vue.js は私の直感通りに人気を集めました。Web フロントエンドエンジニアだけでなく、Web サイト制作を主にする Web デザイナーや HTML コーダーまで幅広いユーザーに利用されるようになります。

　人気を集めていくうちに Vue Router、Vuex といった強力なライブラリや開発ツールも Vue.js 公式が提供するようになりました。エコシステム全体の成長も進み、Nuxt.js のような人気フレームワークも生まれました。Vue.js は登場時から着実に進化を続け、現在ではとても強力なものになっています。

　Vue.js はシンプルさが売りのライブラリです。いまだに学習しやすさは随一のものですが、それでもここ数年の発展に伴い Vue.js の関連領域全体を俯瞰して学習するのが難しくなってきています。

　そこで本書は、皆さんが Vue.js をより使いこなせるように、わかりやすく読める入門書として執筆されました。基礎から、様々なライブラリや開発ツールを駆使した実践的な開発まで、幅広く学んでいけることを目指しています。

　本書が、みなさまの Vue.js 入門の助けになれば幸いです。

2018年8月 著者を代表して 川口和也

本書が想定している読者

　本書は、Vue.jsの基礎から始まり実践的な開発まで解説しています。このため、以下のWeb開発に携わる人向けの読者を想定しています。

- Webフロントエンドエンジニア
- Webデザイナー
- HTMLコーダー
- Webフロントエンド専業ではないがフロントエンドを書きたいエンジニア

　アプリケーション開発の経験がないWebデザイナーやHTMLコーダーでも大部分がわかるように書いていますが、後半のWebアプリケーション開発については関連する知識がないと理解するのは難しい部分もあります。

本書が想定している前提知識

- HTML/CSS/JavaScriptの一般的な知識や記述方法については理解している
- コマンドラインのごく基本的な知識がある(コマンドの実行の仕方、ファイルの表示など)

　これらについて自信が無い方は、他の書籍やインターネット上で理解しておくことを推奨します。

本書の構成

　本書は全部で10章の本編とAppendixから構成されています。

- 1章 プログレッシブフレームワークVue.js
  - Vue.jsが必要とされるに至った背景から、基礎や概念を解説します。
- 2章 Vue.jsの基本
  - Vue.jsの基礎文法を解説します。
- 3章 コンポーネントの基礎
  - コンポーネントについて解説します。コンポーネントはVue.jsの重要な概念の1つです。
- 4章 Vue Routerを活用したアプリケーション開発
  - Vue Routerを用いたルーティングについて解説します。この章はJavaScriptに関する実践的な知識、ある程度のアプリケーション開発の経験がないと難しい部分もあるかもしれません。
- 5章 Vue.jsの高度な機能
  - ここまで紹介できなかったVue.jsの高度な機能について解説します。
- 6章 単一ファイルコンポーネントによる開発
  - 単体ファイルコンポーネントというVue.jsの独自のテンプレート記法について解説します。この仕

組みはユニークかつ強力なので他の章が難しかったという方もぜひ読んでください。

- 7章 Vuex によるデータフローの設計・状態管理
  - Vuex によるアプリケーションの状態管理について解説します。なるべく平易に書いていますが、この章もJavaScriptに関する実践的な知識、ある程度のアプリケーション開発の経験がないと難しい部分もあります。
- 8章、9章、10章 中規模・大規模向けのアプリケーション開発
  - Vue.js を中心とした大規模なアプリケーション開発について解説します。この章はフロントエンドやバックエンドの初歩的な開発経験がある人を対象としています。
- Appendix
  - jQueryからの移行、TypeScript連携、Storybook、Nuxt.jsなどの発展的な内容を解説します。

謝辞

本書の完成のために多くの人の助けがありました。

hashrock さん、re-fort さん、小嶋和人さん、花谷琢磨(potato4d)さん、望月恵(める)さんにレビューいただいたおかげで、書籍の内容が充実したものとなりました。

Evan You 氏はじめ、Vue.jsや関連ライブラリ、コミュニティに貢献する数多くの方々にも感謝と敬意を表します。

そして、ここに名前を挙げた以外にも多くの方にご助力いただきました。

最後に、書籍執筆のために支えてくれた妻や子供たちにも、感謝しています。ありがとう。

2.
Vue.jsの基本

4.
Vue Routerを活用したアプリケーション開発

8.
中規模・大規模向けのアプリケーション開発①
開発環境のセットアップ 291

9.
中規模・大規模向けのアプリケーション開発②
設計

10.
中規模・大規模向けのアプリケーション開発③
実装

Appendix
jQueryからの移行／開発ツール／Nuxt.js

1.
プログレッシブフレームワーク Vue.js

Vue.js（ビュージェイエス）は、ビュー（view）層に特化したライブラリです。

実際のユーザーの目に見える領域、例えばWebページ内のウィジェットや管理画面のダッシュボードといったインタラクティブなコンテンツをうまく取り扱えます。

さらに、関連するライブラリなどと組み合わせると、包括的なフレームワークとして扱うことも可能です。設計の特徴としてMVVMパターン[1]に影響を受けていて、大規模なアプリケーションにも適用できます。

Vue.jsのこの特徴を支えるのが、どんなときにでも、どんな規模でも段階的に柔軟に使えるプログレッシブフレームワークという設計思想です。この思想によって、プロジェクトの開発初期において必要最小限の学習コストですぐに動かして試せるにもかかわらず、規模の大きなシステムにおいても必要な機能や他のライブラリを組み合わせて徐々に対応できるというユニークな特徴を持ちます。こういった開発者フレンドリーな側面と、高いパフォーマンスなどを背景に非常に人気を集めています[2]。

Vue.jsの歴史を少し見ていきましょう。Vue.jsは2013年にEvan You[3]氏の個人プロジェクトとして誕生し、2014年2月にバージョン0.8が公開されたことで正式に世に出ます。その後いくつかのリリースを経て、2015年4月にPHPのWebアプリケーションフレームワークLaravel[4]への標準搭載決定を機にLaravelコミュニティの間で話題になり、一気に知名度があがりました。2015年10月に1.0が、2016年10月1日に2.0がリリースされ、現在に至ります。

Vue.jsは初期バージョンリリース以降、作者個人ベースのオープンソースプロジェクトとして開発を行なっていました。Vue.jsとその周辺のエコシステムとコミュニティの成長に伴い、2016年3月にPatreon[5]で資金支援を開始します。その結果、多くのユーザー、企業から資金支援を受けながら、現在作者はフルタイムでオープンソースソフトウェアのプロジェクトとして開発を行っています。

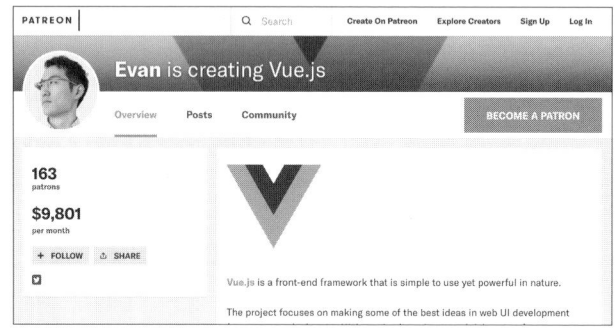

クラウドファンディングベースによるOSSプロジェクト

資金支援開始と同時期にチーム開発体制を開始し、アメリカ、中国、日本などのさまざまな国から多

---

*1　設計パターンの1つ。Windows Presentation Foundation (WPF) などで有名。Vue.jsを学習するうえではMVVMの知識はなくても大丈夫です。

*2　2017年、GitHub上のJavaScriptプロジェクトで最も人気があったのがVue.js。 https://risingstars.js.org/2017/en/#section-all

*3　https://twitter.com/youyuxi

*4　https://laravel.com

*5　https://www.patreon.com/evanyou

数の開発者が集まって、Evan氏を筆頭に国際的なチーム体制[*6]で開発を行っています[*7]。

Vue.jsコアチームのページ

　ここまで、Vue.jsの概要については一通り説明しました。続いて、Vue.jsが何故生まれたのかという背景とVue.jsの特徴を押さえておきましょう。これらを知っておくことで、後で手を動かす段階でもより納得感を持って学習が進められます。

1.1　現代のWebフロントエンド開発の複雑化

　2018年、現代のWebにおけるフロントエンドの開発は非常に高度化、複雑化しています。シングルページアプリケーションを中心に、フロントエンド側に複雑な処理を置くことが多くなりました。アプリケーションのデータフロー設計、ルーティング、バリデーションなど旧来はバックエンドの責務だった領域をフロントエンドが担うようになってきています。従来は装飾的な利用が主だったJavaScriptは近年急速に用途が増えつつあります。それにあわせて開発を取り巻く概念、ツールも複雑化していく傾向があります[*8]。

　フロントエンド開発はこのように確実に複雑になってきています。Vue.jsは巧みにこの難しさに対応できます。まずはなぜここまでWebフロントエンド開発が高度化するに至ったか歴史から確認していきましょう。

＊6　日本国内にもチームメンバーがいて、翻訳、国際化、型システム、静的検証ツールなどの分野で活動しています。https://jp.vuejs.org/v2/guide/team.html

＊7　Vue.jsのコアチームも、Open Collective（https://opencollective.com/vuejs）によって支援を受けながら、ミートアップ、カンファレンスなどのコミュニティの運営はもちろん、Vue Sprintと呼ばれるコアチームメンバーによる短期集中型開発合宿を行っています。

＊8　現在フロントエンド開発を始めようとすると、React、ReduxやFluxパターン、Node.jsによる環境構築、ビルドツールなど新しい用語が洪水のように絶え間なくやってきて混乱してしまう人もいるかもしれません。

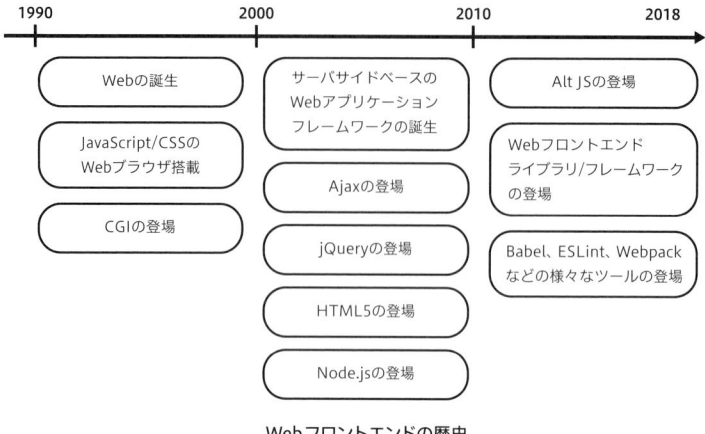

Webフロントエンドの歴史

1.1.1 Webの誕生とWebベースシステムへの発展

Web（World Wide Web）は[*9]、今から20年以上前の1991年にインターネット上に誕生しました。

誕生したばかりのWebは文書閲覧のためのものでした。当然、現在私たちが利用するSNSやスプレッドシートのようなインタラクティブコンテンツは存在しません。

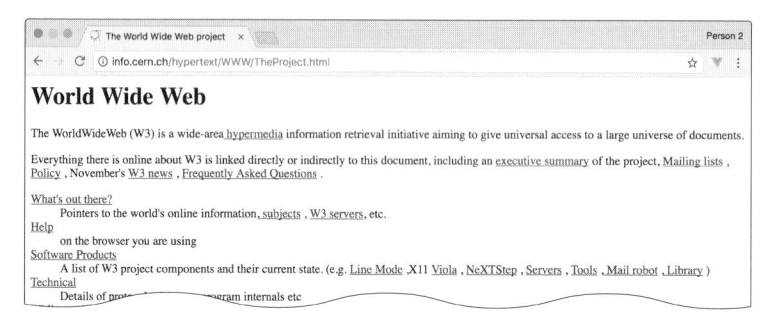

世界初のWebページ

1990年半ば以降、CSSやJavaScriptがWebブラウザに搭載されるようになりました。当時のJavaScriptは貧弱でCSSとともに装飾に用いられることが主でした。多数の制約はあったものの、これらの登場でWebページをGUIアプリケーションとして扱う見栄えの部分はある程度整えられます。

同時期、CGI[*10]はじめWeb向けのサーバーサイドプログラム技術が登場しました。これにより、デー

[*9] Webは、HTMLによって記述されたドキュメントをインターネット上でHTTPを介し各コンピュータ間で共有するためのシステムです。HTMLドキュメントから、別のHTMLドキュメントへの参照を埋め込んだハイパーリンクで、インターネット上に散在するHTMLドキュメント同士を相互に参照可能にします。

[*10] Common Gateway Interface（コモン・ゲートウェイ・インターフェイス）の略記。Webサーバーとは別にHTMLを生成するためのプログラム。Webサーバーからリクエストによって、アクセスカウンターの値を計算するといったように作り方次第で動的なHTMLを生成することが可能。

タベースによるデータ管理、サーバーのHTML描画、クライアント(Webブラウザ)によるユーザーインターフェイスという古典的なWebシステムが生まれます。Webブラウザをプレゼンテーション層とした Webベースによる三層アーキテクチャ型システムの登場です。サーバー側がデータベースやアプリケーション本体を担い、クライアントは見た目を担当するという形式は形を変えつつ現在でもある程度支持されています。

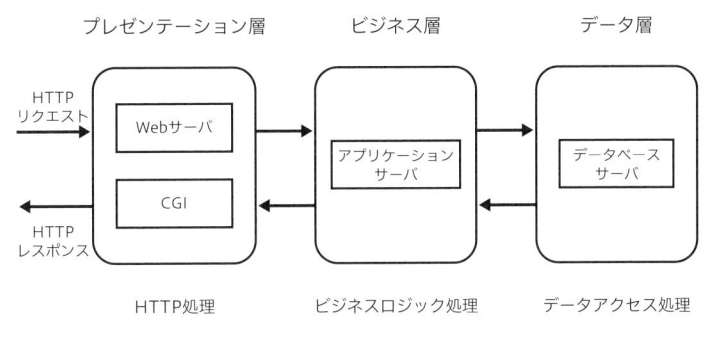

プレゼンテーション層　　　　ビジネス層　　　　データ層

HTTP処理　　　ビジネスロジック処理　　データアクセス処理

Webベース3層アーキテクチャ

サーバーサイドはCGIから進化を続けます。Ruby on RailsのようなMVCベース[11]のWebアプリケーションフレームワークも登場しました。Webシステムが洗練されていくにつれ、ECサイトやブログなどのようなWebサービスが提供されるまでに至ります。

これらの発展は重要ですが、Webフロントエンドにはあまり影響はありません。この当時、フロントエンドに求められていたのはCSSによる装飾、JavaScriptによるアラートや入力受付程度のものです。このため、現代のようなフロントエンドを専門で開発するエンジニア職種はほぼ皆無でした。サーバーサイドを担うバックエンドエンジニアがほぼ全て開発していることが多かったでしょう。

1.1.2　Ajaxの登場

フロントエンドは見た目の補助をするだけというのが一時は常識でした。しかし、2005年にGoogle社が地図サービスGoogleMapsをリリースしてこの常識は覆されます。

GoogleMapsは当時としては革新的な、ページを遷移することなくWebブラウザ側で地図を拡大・縮小する機能を提供しました。Ajax[12]と呼ばれる、JavaScriptによってサーバーと非同期に通信する技術によって実現しています。同一ページ内でコンテンツが高速かつインタラクティブに動く、軽快なUXがAjaxによって提供されるようになります。

これは今までのWebアプリケーションにはない強力なメリットです[13]。Webブラウザでもデスクトッ

---

*11　正確にはMVC (Model View Controller)をベースとして、Webに適合させたMVC2よるアプリケーションアーキテクチャ。

*12　Asynchronous JavaScript+XMLの略称。非同期通信のデータとして、実際にはXMLではなくJSONを使うことが圧倒的に多いです。アメリカで人気の食器用洗剤AJAXから命名したものと言われています。

*13　もともと、Webアプリケーションはユーザーのインストールを必要としないなどメリットがいくつもありました。ただし、ページ遷移を伴うなどUX上のデメリットがありました。Ajaxによってこの問題が解消しました。

プアプリケーションのようなインタラクティブなアプリケーションを開発可能であることを証明し、衝撃を与えました。

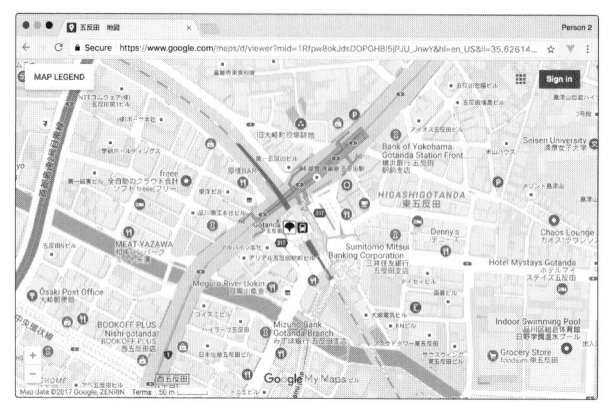

Ajaxによる地図サービスGoogleMaps

Ajaxの衝撃以降、クライアントサイドではAjaxとそれを活用したDOMの高度な操作が求められるようになります。それに応えるjQuery[*14]などのライブラリが人気を集めました。これまでのアプリケーションアーキテクチャをベースに、Ajaxをふんだんに利用したものが構築されるようになりました。

サーバーサイドにおいては、Webサーバーは従来のHTMLレンダリングだけでなく、RESTful[*15]をベースとしたWeb API[*16]も提供するようになります。

AjaxとWeb APIにより、よりリッチなWeb業務システムやWebサービスを構築するのが一般的になりました。Webブラウザ側でもJavaScriptを駆使して本格的なプログラムが書かれることになります。当然、それとともに開発も高度化していきました。

この頃から開発のサーバーサイド、クライアントサイドの分業化が見られるようになります。クライアントサイドはWebフロントエンドとして確立していくようになりました。

Ajaxの登場からWebフロントエンド開発は本格化していきます。00年代末からHTML5やECMAScriptを中心としたWebの大きな進化、Node.jsの出現によって、Webフロントエンド開発はまた進化し複雑なものになっていきます。

1.1.3 HTML5、Node.js、ES2015、React以降の世界

00年代末から10年代にかけてWebはさらに複雑化、高度化していくことになります。HTML5、Node.js、ES2015、Reactの4つの視点からその過程を見ていきましょう。

[*14] jQueryはAjaxやDOM操作ユーティリティを含んだライブラリです。現在でもユーザーは少なくありません。同時期にはprototype.jsも人気を集めました。

[*15] システムがREST（REpresentational State Transferの略）の原則に従っているものをこのように呼びます。

[*16] API（Appication Programming Interface）とは、ソフトウェアの一部を他のソフトウェアで連携できるようにルールや仕様をインターフェイスとして定義して公開されたもの。Webサーバーを使ったシステムにおいては、HTTPをベースにインターフェイスが公開されている。

● HTML5の登場とWebのアプリケーションプラットフォーム化

HTML5[17] は2014年に勧告された仕様です。HTMLの文法仕様だけでなく、Web全体の仕様をアップデートする大きなムーブメントとなっていました。HTML5では、Webをアプリケーションプラットフォームとしても機能させられるよう、HTML/CSSやDOM APIには強力な仕様変更が入れられました。

筆者が最も重要だと考えているのがHistory APIです。History APIによって、ページの遷移[18] をWebブラウザではなくJavaScriptでハンドリングできるようになりました。これによってコンテンツを画面遷移なしに、URLや履歴は管理しつつ切り替えるシングルページアプリケーション[19] の構築が可能になりました。ネイティブアプリケーションのようなUXをエンドユーザーに提供します。

HTML5の登場とそれに伴うライブラリの進化などで、クライアントサイドにおいてもより強力な表現が可能となりました。

これを受けて、プレゼンテーション層のプログラムがサーバーサイドからクライアントサイドにシフトしていきます[20]。従来サーバーサイドで行なっていたHTMLの描画が、Web APIで必要なデータを取得すれば、クライアントサイドで可能となったためです。こちらの方が画面遷移の少なさなどによって、より優れた体験を与えられます。

● Node.jsによるJavaScriptエコシステムの進化

2009年にはNode.js[21] が登場します。サーバーサイドの技術ですが、フロントエンドにも大きな2つの変化を与えます。

1つは今までブラウザに閉じられていた実行環境がより広く使えるようになったことです。Node.jsはフロントエンドの開発、検証に非常に有用な環境です。JavaScript開発の質を飛躍的に向上させました。

もう1つはパッケージマネージャー、パッケージリポジトリであるnpmの普及です。JavaScriptで実装されたライブラリをnpm経由で利用できるようになりました。これによってモジュール（パッケージ）を適切に利用し、開発したものをモジュール化してnpm経由で配布する文化が育ちます[22]。サーバーサイド、クライアントサイド問わずJavaScriptアプリケーションはNode.jsを利用して開発し、npmを介して提供されるようになります。

エコシステムが整備されたこと、他にあげている同時期のWeb全体の躍進もありJavaScriptライブラリは活況を迎えます。ライブラリが多種多様に出現し[23]、開発にそれらを用いることがWebフロントエンドエンジニアに求められるようになりました。アプリケーションコードに含めるものから、開発補助用のものまでライブラリは多岐にわたります。

こういった活発なエコシステムは本来なら歓迎すべきことです。しかしながら、初学者には変化が多

---

* 17　2008年に草案提出、W3Cを中心に技術仕様の策定が進められています。勧告前に多くのWebブラウザに段階的に実装されながら発展してきました。
* 18　URLや履歴。
* 19　Single Page Application、SPAとも。本書では以後SPAとします。
* 20　これによってサーバーサイドではAPIサーバーにWebサーバーの比率が傾いていきます。
* 21　ノンブロッキングI/O、イベント駆動モデルにより従来サーバーサイドで問題となっていたC10K問題（クライアント1万台問題）を解決し、パフォーマンスが高く、スケーラブルなシステムの構築を容易にしました。
* 22　JavaScriptではこれ以前に中央集権的なパッケージリポジトリやパッケージマネージャーはありませんでした。npmの登場によって開発が大きく効率化します。同様の試みとして、近年利用は減っていますが、bowerがあります。
* 23　DOM操作ユーティリティライブラリ、JavaScriptで実装されたアプリケーションのビルド・バンドルツール、バンドルファイルを縮小するツール、アプリケーションをテストするライブラリ、ライブラリ実行環境、静的構文チェックツール、そしてコンパイラなど

い、学ぶことが多いと思われてしまう要素でもあります。

● ES2015によるプログラミング言語としての進化

Webフロントエンド開発が高度化するなかで問題になるのがJavaScriptの言語機能の貧弱さです。

JavaScriptは本格的なアプリケーションを作成する上ではやや物足りないところもありました。そこで大々的な仕様のアップデートが求められ、登場したのがES2015です[*24]。

ES2015はJavaScriptの歴史上でも最大のアップデートでした。構文が増え、constやletの普及など書き方も大々的に変わることになります。JavaScriptの仕様が増えるということは、表現力が増すと同時に覚えることも増えるということです。

仕様が提案されてすぐに全てのブラウザに実装されるわけではありません。しかし、多くの仕様はJavaScriptへの不満を解消する魅力的なものです。そこでこういった仕様をブラウザ実装に先駆けて利用しようとする動きが広がります。

Babelはこのニーズに応えるJavaScript to JavaScriptのコンパイラです。次世代のJavaScriptを、まだその仕様を実装していないブラウザで動作するJavaScriptに変換します[*25]。

言語自体の複雑さもさることながら、ES2015以降の仕様の人気でコンパイラ需要が高まりビルド過程が複雑になってしまいました。

高度な表現ができるようになることは望ましいことですが、これもやはり学習コストの増大という二面性を持ちます。

● Reactをはじめとするフロントエンドライブラリの出現

ここまで紹介してきたようにフロントエンドを取り巻く仕様、技術は高度化しています。これらが可能になったことで、アプリケーション、サービスにおいても複雑な要件が求められるようになります。

アプリケーションデータフローをフロントエンド側で受け持つなど、設計段階から難易度が上がります。DOMをWeb APIと連携させて適切に書き換えるのも考えなしにはできません。

こうなってくるとアプリケーションの構造化を持たないjQueryのようなライブラリでは力不足です。このため、MVCのようなアプリケーションの構造を持ったフレームワークが必要とされるようになります。Backbone.js、AngularJS[*26]などの新たなWebアプリケーションフレームワーク、ライブラリが次々と出現します。

この流れの中で現れたのが、FacebookによるReactとFlux[*27]です。Reactはビューライブラリ、Fluxはアプリケーションアーキテクチャ[*28]です。Reactを中心とした開発スタイルは仮想DOMによってDOM操作を高速で快適なものに、Fluxによって混乱しがちなフロントエンドのアーキテクチャに方向性を示したことで大人気となります。

[*24] 正式名称はECMAScript 2015です。この名称前はECMAScript 6th Editionとして知られていました。JavaScriptはECMAという機関で標準化されており、W3Cが管理しているわけではありません。ECMAScriptはJavaScriptの仕様名と考えてください。

[*25] これはトランスパイラとも呼ばれます。

[*26] Google製のJavaScriptフレームワーク。2010年に登場。Angularの原型となったフレームワークですが、Angular 2以降とは互換性のない部分もあり、単純に同一視はできません。

[*27] Reactが2013年、Fluxが2014年に登場しました。

[*28] データフローの構造を示したものです。MVCのような設計上の指針として機能します。現在はFluxを発展的に継承したReduxというアーキテクチャ兼ライブラリがReactまわりでは人気を集めています。

　Reactなどの登場によって、高度なフロントエンドアプリケーションの開発はjQueryで無理やりにつくるよりも構造化しやすくなりました。ここで新しく登場するのが、学習コストの問題です。

　新しいフレームワーク・ライブラリを使う以上、学習コストは発生して当然のものです。ReactもAPIを小さく保つなど学習コストをむやみに増やさない設計をしています。しかし、JSX[*29]、データフローに関する知識、ライブラリ選定とそれぞれの学習など、React導入に当たって少なくない知識が必要とされるのもまた事実です。これは各ライブラリ固有の問題ではないですが、モジュール化、ビルド、静的構文チェック、テストなどの開発環境のセットアップも確実に必要になってきます。

AltJSの登場

　ES2015と前後して登場したのがJavaScriptに変換できる、AltJSと呼ばれるプログラミング言語です。より簡潔な構文を目指したCoffeeScript、型を注釈として付与するTypeScriptが有名です。

　特にTypeScriptは現在の開発で広く使われるようになりつつあります。本書ではAppendix Bで連携などを解説しています。

1.1.4　現在の課題とVue.js

　現代のフロントエンド開発は次のような進化、課題を抱えながら現在に至っています[*30]。相互に影響しあっている部分もあります。これらはアプリケーションとして高度になる上では避けられないところでもあります。

- HTML5以降のアプリケーションプラットフォームとしてのリッチ化と、それにともなうAPIの高度化
- Node.jsエコシステムの発展と、開発環境構築の難化
- ES2015以降のシンタックスの強化と、覚えることの多さ
- React以降のフロントエンド開発のフレームワーク化と、フレームワークにまつわる学習コスト

　フロントエンドの学習が難しそうと身構えてしまったでしょうか？　安心してください。Vue.jsは多くのフレームワークの中でも特に学習コストが低くなるように考慮されています。これらの問題は回避できます。ここから学んでいきましょう。

　あらためて、フロントエンドの課題の変遷をまとめておきます。

時期	フロントエンドの役割	サーバーの役割	JavaScriptライブラリ・フレームワーク
Webシステム初期	装飾	HTMLの生成	なし
Ajax期	Ajaxを中心としたインタラクション	HTMLの生成 + API	jQueryやprototype.js
現在	アプリケーションのプレゼンテーション全般	API	Vue.jsやReact、Angular

[*29]　Reactで一般に用いられるテンプレート向けの記法。

[*30]　実際にはモバイル対応をはじめとするデバイス多様化など、他にもいくつか複雑化の要因がありますがここでは割愛します。

1.2　Vue.jsの特徴

Vue.jsそれ自体はビューだけを取り扱うシンプルなライブラリです[*31]。

本章の最初の部分で説明したように、ユーザーに表示されるWebページ内容の画面をうまく処理できるjQueryのようなシンプルなライブラリとしての側面があるものとなっています。

Vue.jsは本体のみならず、関連するライブラリもVue.js公式プロジェクトとして開発、管理しています。そのためいくつかのライブラリを組み合わせて総合的なフレームワークのように使うこともできます。この点については、後程1.3で解説します。

まずはライブラリ単体としてのVue.jsの特徴を見ていきましょう。

1.2.1　学習コストが低い

Vue.jsはシンプルなAPIを提供しています。UIの構築にはHTMLベースの平易なテンプレートを利用します。多くの読者にとって書き方や使い方が想像しやすいライブラリです。すでにHTMLやJavaScriptを多少触っていれば、Vue.js固有の知識がほとんどなくてもすぐに利用できます。

以下のように、JavaScriptのデータと、そのデータを描画するためのHTMLテンプレート用意し、Vue.jsが提供するAPIを利用することで、簡単に動的にHTMLドキュメントに描画できます。

```
var vm = new Vue({
  el: '#app',
  data: {
    msg: 'hello!'
  }
})
```

```
<div id="app">
  <p>{{ msg }}</p>
</div>
```

JavaScriptとHTML側のテンプレートを記載しました。

まだ文法事項を解説していないので、詳細はわかりませんがHTMLとJavaScriptを多少書いていれば特に目新しいところはありません。{{}}など独特の記法もありますが、テンプレートはほぼHTMLそのものです。

●学習コストの低さはVue.js全体にわたる

Vue.jsはライブラリ単体も使いやすいですが、関連ライブラリやツールなど全ての工程でわかりやすく使いやすくなるように工夫されています。

[*31]　この点ではReactと同じです。

初歩的な利用にあたってビルドツールやパッケージ、ES2015以降の知識は必要なく、すぐに一通り書けます。インストールなど実際に使い始めるまでの手間もほとんどありません。

APIなど文法事項そのものも平易ですが、開発環境準備の楽さや事前知識の必要性の薄さなど現在のフロントエンドフレームワークの中でも随一の始めやすさを持ちます。

Vue.jsは先に挙げた現代のWebフロントエンド開発の難しさを見事に克服しています。HTML5以降の高度化した開発に追いつきつつ、開発環境構築が容易ですぐに始められ、事前にJavaScriptへの深い知識も必要なく、ライブラリ固有の文法事項や事情を知らなくてもすぐ使えるようになっています。

このため、難しいと敬遠されがちな現代のフロントエンド開発を、抵抗感なく始められます。

以後の章で学習を進めていくとVue CLIのような優れた環境構築ツール、Vue.jsの周辺のライブラリの使いやすさもわかるようになります。

1.2.2　コンポーネント指向によるUIの構造化

Vue.jsはUIを構造化し、コンポーネント[*32]として利用できます。UIを個別にコンポーネント化できると、システム全体をこれらコンポーネントの集合として開発していけます。

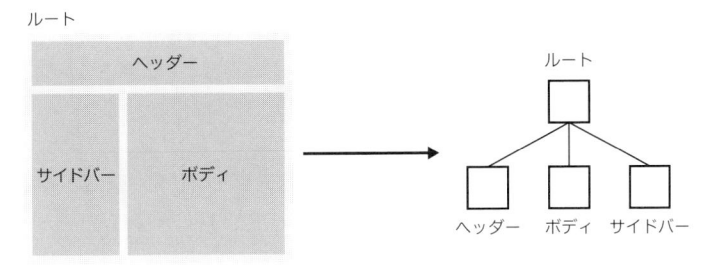

UI構成からコンポーネント化するイメージ

コンポーネントを組み合わせた開発は、各コンポーネント間の分離による保守性の向上、再利用性の高さなどの多くのメリットをもたらします。すぐにはメリットを感じづらいかもしれませんが、つくるものの規模が大きくなるに連れて強力さがわかっていきます。

コンポーネント設計手法としては、Atomic Design（アトミックデザイン）などがあります。

1.2.3　リアクティブなデータバインディング

複雑なフロントエンドのアプリケーションでは、DOM操作をいかに使いやすいものにできるか、効率化できるかが重要です。

Vue.jsはDOM要素とJavaScriptのデータを結びつけるリアクティブなデータバインディングを提供し

[*32]　コンポーネントという用語はソフトウェアにおいてはよく出てくる単語です。ある機能を構成する部品のことをいいます。

ます。リアクティブなデータバインディングとは、HTMLテンプレート内で対象となるDOM要素にバインディング[33]を指定することで、Vue.jsがそのデータの変更を検出する度に、バインディングされているDOM要素が自動で表示内容を更新することです。

JavaScriptからDOM要素へ値は一方通行です。これを一方向のバインディングといいます。JavaScript上のデータの変更に応じて、自動で値がWebページに反映されるような仕組みです。いちいち値を算出して、その値を設定してというコードが必要なくなります。スマートにDOM操作を実現できます。

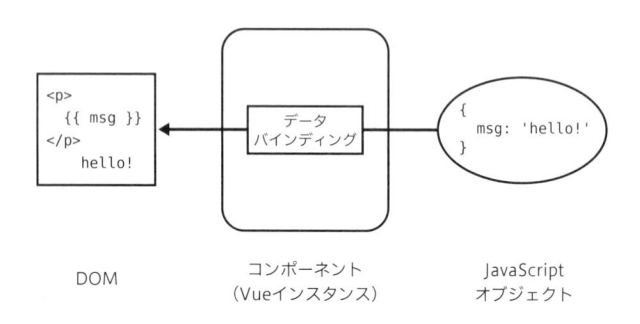

一方向バインディングの概念図。公式ガイドを参考に作成。

input要素などのユーザーから入力を受け付けるDOM要素は、DOM要素から取得するデータとJavaScriptのデータを互いに同期されるようなバインディングを指定できます。この場合、JavaScriptのデータを変更するたびにDOM要素の表示内容を更新し、ユーザーから入力を検出するたびにJavaScriptのデータを更新ということができます。

こうすることで、JavaScriptのデータとDOM要素のデータを同期し続けます。これはJavaScriptとDOM要素で相互にやりとりするため、双方向のバインディングといいます。

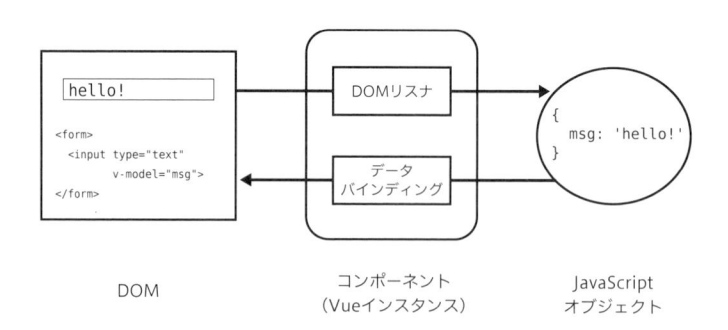

双方向バインディングの概念図。公式ガイドを参考に作成。

このようなバインディングによって、面倒な表示更新処理とDOMとJavaScript間のデータの同期から解放されます。データ駆動的にWebアプリケーションの設計、実装が可能になります。

＊33　バインディング（英語:binding）とは、ある物とある物を結びつけることを意味しており、Vue.jsにおいてはデータと対象要素の結びつけのことです。

1.3 Vue.jsの設計思想

使いやすさという点でVue.jsは優れたライブラリです。まだ紹介していませんがパフォーマンス面など、他にも優秀なところは多くあります。しかし、似たような利点をうたうライブラリ・フレームワークは他にも存在します。

Vue.jsとそれらを明確に差別化するものはなんでしょう。それは根底にある思想です。Vue.jsの根底にはプログレッシブフレームワーク(Progressive Framework)という考え方があります。

フレームワークはどんなときにでも、どんな規模でも、段階的に柔軟に使えるべきである

これがプログレッシブフレームワークの主張です。Vue.jsの作者Evan You氏が提唱を始めました。ここからは総合的なフレームワークとしてのVue.jsについて見ていきましょう。

1.3.1 フレームワークの複雑性

WebフロントエンドではReact、Angularをはじめ多くのライブラリやフレームワークが存在します[34][35]。フレームワークは道具として、アプリケーションの開発における複雑性を解決します。

しかしながら、アプリケーションの複雑性と同様に道具であるフレームワーク自身にも複雑性が存在します。

それぞれの複雑性について考えるためにまずフレームワークの選択が不十分な例を考えてみましょう。

例えばグラフ描画するWebアプリケーションを考えましょう。サーバーからデータを取得しリアルタイムに描画する複雑な要件があるとします。これを他のライブラリと比較して使いやすいからとjQueryで開発すると、jQuery自体に構造化の仕組みが不十分なため、かえってアプリケーションの実装が複雑化してしまいます。このようなケースでは、アプリケーションの複雑性に対してjQueryでは不十分なため、MVCなど適切な構造化の仕組みを持ったライブラリを使うことで実装をきれいに保てます。

逆にフレームワークがオーバースペックすぎることもあります。ランディングページのような単純な単一ページのWebサイトを、フルスタックで機能がとても多いフレームワークで実装するのはやりすぎです。フレームワークの複雑性が高く、学習する余計なコストがかかってしまいます。これはjQueryを使うか、あるいはフレームワークを極力使わなければ低コストに制作できたはずです。

薄いフレームワークで複雑な要件に対処できなくなる、重厚なフルスタックフレームワークで初期の開発速度が遅いといった事例は想像できるのではないでしょうか。

フレームワークという道具それ自体の複雑性のコストと、アプリケーション開発の複雑性のコストのバランスが取れるよう、正しいフレームワークを選択することが重要です。

---

[34] Vue.jsではフレームワーク選定の助けとなるよう、各種フレームワークとの比較を掲載しています。https://jp.vuejs.org/v2/guide/comparison.html

[35] どのフレームワークを使うべきかという議論に興味のある人もいるかもしれません。残念ながら本書では積極的には他のフレームワークとの比較はしていません。もちろん、本書を読み進めればVue.jsを使いたくなっているはずです。

1.3.2 要求の変化に追随できるフレームワーク

最適なフレームワークを一度選択すればそれで問題は解決するのでしょうか？ 実際の私たちの開発現場では以下のようなビジネス上の要求があるため、そうとは言い切れません。

- ユーザー要望の機能拡張などに対応するため、アプリケーションも成長しなければならない
- サブプロジェクトが成長しメインプロジェクトからスピンアウトした場合においても、成長の勢いを失わず加速させなければならない
- サービスのスケールアップにあたって、サービスを分離しつつ開発速度を維持したまま、サービスを成長させなければならない

このように、サイトやアプリケーションに求められるものは絶えず変化します。フレームワークもそれに合わせて価値を提供できるよう柔軟でなければいけません。

実際のプロジェクトではスタート時に様々なフレームワークを選択してWebフロントエンドの開発を進めます。その後、変化する要件に対応するために、多くの場合アプリケーションの規模も大きくなっていきます。

こんなときゼロから仕切り直すようなことは現実的ではありません。多くはアプリケーションの開発をサポートするライブラリ、ツールをさらに追加導入してビジネス要求に対応していきます。しかしながら、この付け足しはなかなかうまくいきません。近年のWebフロントエンドのエコシステムは絶えず変化しています。このため、アプリケーションで導入しているフレームワークや開発環境がすぐに陳腐化してしまう、どれを採用したらいいのか分からない、最適と思われるものに乗り換えられないという事態に遭遇します。

こうした状況に対応するために、アプリケーションの段階的(Progressive)な要求変化に応じて問題解決できる方法を提供する、それがプログレッシブフレームワークという思想です。

プログレッシブフレームワークは、必要になった時に問題解決するライブラリを適宜導入して問題を解決するという姿勢を持っています。最初に始めるときは小さく、大規模になるにつれて適切なライブラリやツールを導入することで大きく対応できる柔軟性を持ちます。つねにその時点で最小のコストで使えるようになっているため、不必要な学習コストが発生することもありません。

はじめるときはかんたんに使いやすく、使っている間も規模に応じて常に使いやすいフレームワークなのです。

Vue.jsはビュー層に焦点が当てられたライブラリです。これに加えてVue.jsプロジェクトが提供する $+\alpha$ のライブラリ、開発環境ツールでプログレッシブフレームワークとして機能します。

必要な段階で必要なものを利用する、これがプログレッシブフレームワークとしてのVue.jsの姿です。

1.4 プログレッシブフレームワークの解決する段階的な領域

　プログレッシブフレームワークは以下の段階的な領域を解決します。Vue.jsがこれらにどう対応していくかを見ていきましょう。

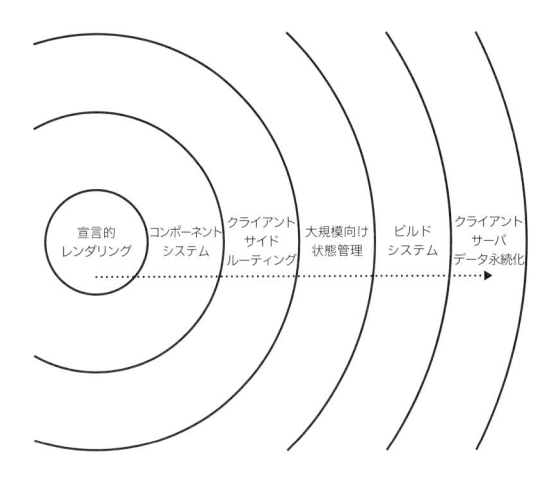

プログレッシブフレームワークの領域。Evan You氏の発表を参考に作成。

1.4.1 宣言的レンダリング（Declarative Rendering）

　宣言[36]的なDOMレンダリングに関する領域です。

　HTMLテンプレートにレンダリングする対象を宣言的に記載することでデータ変更のたびにリアクティブなDOMレンダリングと、ユーザーによる入力データの同期が可能になります。

　Vue.js本体がこの領域をサポートしています。ランディングページのようなシンプルなWebサイトはじめ、小規模なウィジェットなどがこの領域の対象です。本書では主に2章で取り上げます。

1.4.2 コンポーネントシステム（Component System）

　UIをモジュール化して再利用する必要がある領域です。

　この領域もコンポーネント化する機能があるVue.js本体が相当します。複数のコンポーネントを配置する、宣言的レンダリングのものよりやや複雑なWebサイトや複数のウィジェットを作成するようなケースが考えられます。本書では主に3章、6章で取り上げます。

＊36　ここで言う宣言とは、HTMLドキュメントの構造をWebブラウザに解釈できるように記述することです。

1.4.3 クライアントサイドルーティング (Client-side Routing)

Webサイトがシングルページアプリケーションとして動作するときに必要とされる、Webアプリケーションの領域です。

ルーティングとは簡単に言えばアプリケーションのURL設計、指示のようなものです。Vue.jsが公式で提供しているルーティングライブラリVue Routerを利用すれば、これまでに作成したコンポーネントでシングルページアプリケーションに対応可能になります。本書では主に4章で解説します。

1.4.4 大規模向け状態管理 (Large-scale State Management)

コンポーネント間で状態の共有方法が必要となる領域です。

Vue.jsが公式で提供しているデータフローアーキテクチャに沿った状態管理ライブラリVuexを利用することによってこの領域の問題を解決できます。既存のコンポーネントを拡張する形で状態を集中管理することが可能になります。本書では7章で解説します。

1.4.5 ビルドシステム (Build System)

Webアプリケーションのコンポーネントの管理、本番環境への配信、そしてプロジェクト構成について考える必要がある領域です。

Vue.jsが公式で提供している開発サポートツールを利用して、この領域の問題を解決できます。これにより、プロジェクトの環境構築や構成管理に余計な手間をかけずに継続的な開発を持続できるようになります。シングルページアプリケーションの開発が本格化したケースなどが考えられます。本書では6章や8章で紹介しています。

1.4.6 クライアントサーバーデータ永続化 (Client-server Data Persistence)

クライアントサイドとサーバーサイドにおいてWebアプリケーションの複雑なデータ構造の永続化が必要な領域です。

執筆時点では、この領域を解決するVue.js公式ライブラリはありません。現時点ではサードベンダー[37]、Vue.jsユーザーが作成したライブラリを利用して実現します。

この領域はVue.jsの公式ライブラリとして今後提供される予定です。このライブラリを利用することによって、クライアントサイドとサーバーサイドにおいて複雑になりがちなデータ構造の永続化が容易になります。

＊37 例えば、axios (https://github.com/axios/axios) や、Vue.js向けのApollo/GraphQLインテグレーションが可能なvue-apollo (https://github.com/Akryum/vue-apollo) があります。

Vue.jsのコンセプトであるプログレッシブフレームワークの概念について説明しました。 ライブラリ、フレームワークとしての特徴はつかめたでしょう。

1.5 Vue.jsを支える技術

Vue.jsの思想を支える技術についても見ていきましょう。アプリケーションのパフォーマンスや開発の利便性を高めるために重要な3つの技術的なバックグラウンドがあります。

1.5.1 コンポーネントシステム

ここまでも何度か紹介してきましたが、Vue.jsはコンポーネントを容易に扱えるライブラリです。大きなシステムはコンポーネントに区切って開発することで、それぞれの関心事を絞り、スムーズに開発できます。

コンポーネントシステムの中で特筆すべき仕組みは単一ファイルコンポーネント[38]です。 Vue.jsはHTMLライクなコンポーネントを単一のファイルに書けます。 このファイルは .vue という独自の拡張子を用います[39]。

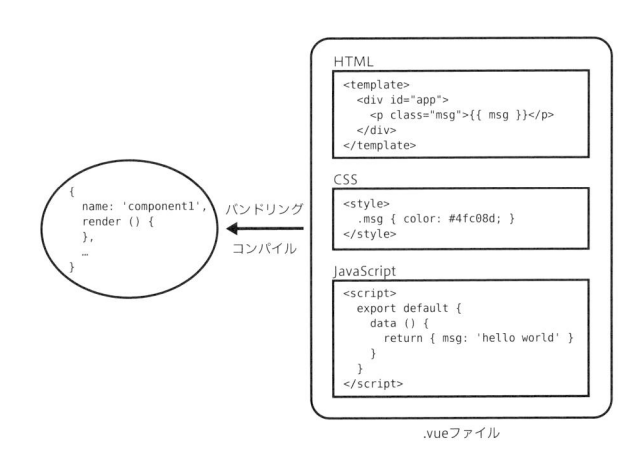

.vueファイル

単一ファイルコンポーネントによるコンポーネント化のイメージ

Vue.jsのコンポーネントは、従来のWeb標準の技術構成(HTML、CSS、JavaScript)にならったかたちで定義できるため、非常に学習コストが低いのが特徴です。

下記のメッセージを返すだけのコンポーネント例のように、1つのファイルにまとめて書けます。

---

[38] シングルファイルコンポーネント、Single File Components、SFCとも。

[39] そのまま表示できるわけではないので、バンドルツールとコンパイラによって最終的には、Vue.jsにコンポーネントとして登録可能なオブジェクトに変換して利用します。

```
<template>
  <p>{{message}}!</p>
</template>

<script>
export default = {
  data () {
    return {
      message: 'こんにちは'
    }
  }
}
</script>

<style scoped>
p {
  color: red;
}
</style>
```

　このように単一のファイルにコンポーネントを書けるのは、強力です。　コンポーネントで大事なのはそれを機能や関心事という言語の役割とは別の粒度で切り出せることです。GUIコンポーネントで1つの関心事を達成しようと思ったとき、HTMLとCSSとJavaScriptの3つを組み合わせ、まとめて1つのコンポーネントとして切り出せるVue.jsのコンポーネントは理解しやすいものです。

1.5.2　リアクティブシステム

　Vue.jsのリアクティブシステム[40]は、オブザーバーパターンをベースに実装されています[41]。平たく言えば、状態の変化をVue.jsが検知（監視）して、自動的にDOM側に反映できるようにする仕組みです。

　リアクティブシステムは、コンポーネントのレンダリングの骨格となります。高度なDOM操作を必要とするアプリケーションではデータバインディングは大変有用です。変更検知だけでなく、値の依存関係に伴う更新などDOMを操作する上で欠かせない部分を、開発者が意識することなく処理してくれます。

　こういった仕組みを持たないライブラリだと、変更と同時に各所を変更させたり、変更がどの箇所に影響を与えるかわからないままプログラミングをすすめる場当たり的なつくりになりがちです。

　本書で後で解説する算出プロパティはリアクティブシステムの恩恵の最たる例です。算出プロパティとは、値の変更を検知して自動的に更新できるプロパティのことです。Vue.jsでテンプレートを書くときは欠かせません[42]。

---

[40]　リアクティブシステムという言葉は「The Reactive Manifesto」（https://www.reactivemanifesto.org/）で策定されたシステム規模レベルで動作するリアクティブ（Reactive:反応的な）を想像するかもしれませんが、ここでいうリアクティブシステムとは、Vue.jsが提供するリアクティブな仕組みのことです。

[41]　英語ではObserver pattern。監視する側のObserverと監視される側のSubjectで構成され、変更検知などに使います。

[42]　2.8で実際に使います。

　リアクティブシステムは、リアクティブプロパティとウォッチャ（Watcher）のセットによって実現します[43]。2章で紹介する算出プロパティや3章のコンポーネントのレンダリングは、ウォッチャ内部のゲッターをうまく利用して、効率よく実現しています。

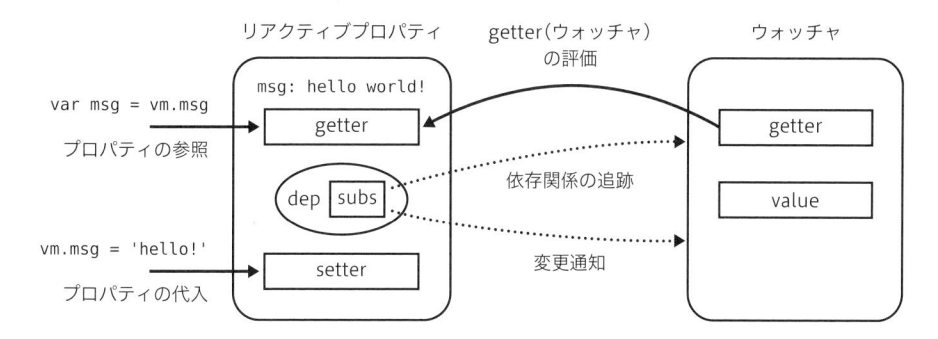

リアクティブシステム

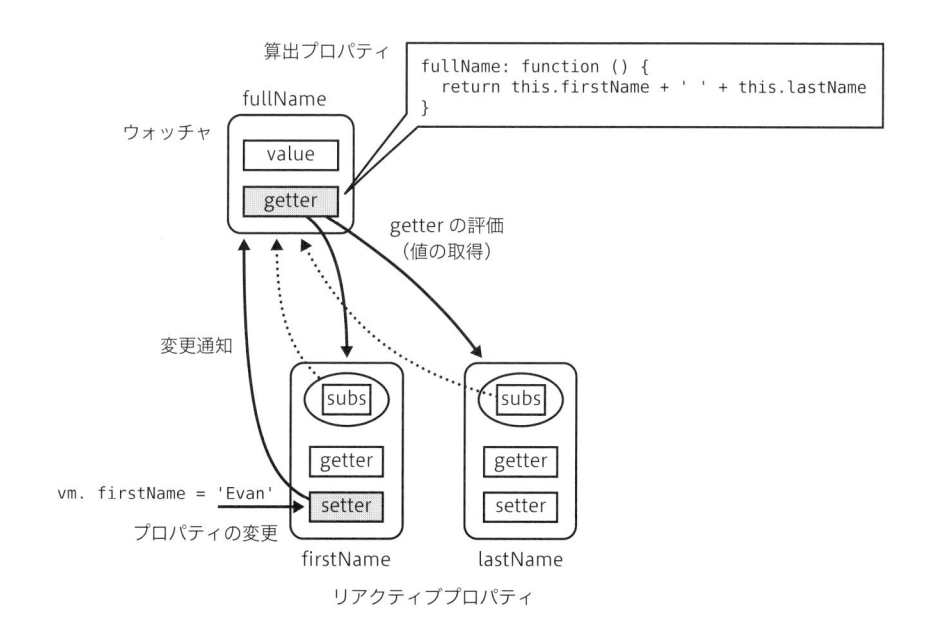

リアクティブシステムによる算出プロパティ

＊43　リアクティブプロパティはプロパティを内部的に変換して実現しています。コンポーネントの初期化時に、プロパティをゲッター（getter）とセッター（setter）を備えたものに変換して、そこに処理をフックさせることで実現しています。`Object.defineProperty`を用いています。ゲッターでは、データが参照された際にウォッチャをフックしてデータを返します。セッターでは、データが代入された際にウォッチャにデータの変更通知を行います。

リアクティブシステムの内側

リアクティブシステムの内側について解説します。これらは現段階ではコードがでてきていないため理解しづらいかもしれません。わからない場合は一度2章で手を動かしてからまた読んでみてください。

算出プロパティにおいては、ウォッチャの内部で保持するゲッターは、算出プロパティで定義した関数になります。算出プロパティが参照されると、ウォッチャ内部のゲッター経由で、リアクティブプロパティの算出結果をウォッチャにキャッシュし、一緒にリアクティブプロパティの依存関係の追跡も完了します。この結果、これ以降の算出プロパティの参照は、キャッシュを返すことで計算コストを抑えることができます。その後、算出プロパティにおいて依存するリアクティブプロパティの一部が、代入経由で変更されるとフック処理でウォッチャに変更通知され、内部のゲッターによって再計算されウォッチャにキャッシュします。

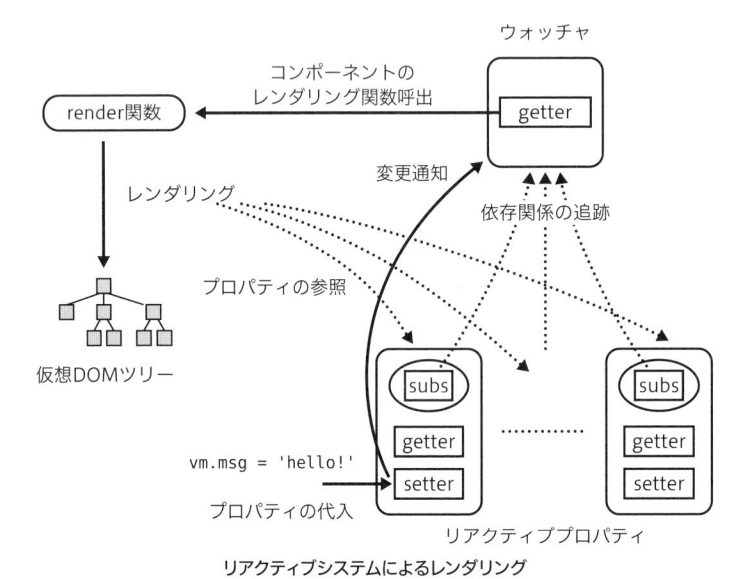

リアクティブシステムによるレンダリング

コンポーネントのレンダリングにおいては、ウォッチャの内部で保持するゲッターは、コンポーネントをレンダリングする関数になります。このウォッチャはコンポーネント毎に存在しており、コンポーネントのデータを全て(算出プロパティも)リアクティブプロパティとして監視しています。コンポーネントのレンダリングにおいては、監視対象となっているいずれかのリアクティブプロパティから変更通知を受けると、その都度ウォッチャのゲッターが実行されることで、コンポーネントがレンダリングされる仕組みになっています。

1.5.3 レンダリングシステム

Vue.jsは仮想DOM（Virtual-DOM）によるDOMの高速[44]なレンダリングを提供しています[45]。

仮想DOMとはDOM操作を簡略化、高速化するための技術です。より高速で使いやすいDOMの代替を作成してそれを操作し、実際のDOMに反映させます。

仮想DOMは、他のライブラリ、フレームワークにおいても採用実績があります。Vue.jsが他のものと異なる点は、HTMLテンプレートでわかりやすく開発でき、かつ最適化された高速なレンダリングができるという優位性です[46]。

Vue.jsの仮想DOMの処理の流れ

仮想DOM処理の流れを追っていきましょう。今回はビルドツールなどで、事前に処理した場合を想定した流れです。

Vue.jsのコンパイラ[1]は、テンプレートをコンパイルした際に生成されたAST[2]に対して最適化を行います。この最適化では、仮想DOMによるレンダリング処理のパフォーマンスを向上させるために、静的なノードとノードツリーを検出してASTに対してマーキングします。

その後、このマーキングにより最適化されたASTを元に、リアクティブプロパティを元にしたレンダリングを行うrender関数と、静的なレンダリングを行うstaticRenderFns関数を生成します。

生成されたこれらの関数を実行し、仮想DOMツリーを生成し、仮想DOMのdiff[3]、patch[4]処理によって、実際にDOM要素が生成されてレンダリングされます。初回のレンダリング以降は、先に説明したVue.jsが持つリアクティブシステムと組み合わせてレンダリングすることで、リアクティブプロパティの変更のたびレンダリングすることによってコンポーネントの表示内容を更新します。

---

[1] Vue.jsのコンパイラとは、テンプレートの表現をJavaScriptに落とし込むプログラムのことです。Vue.jsのテンプレートをブラウザ上で高速に動作させるためには、そのまま公開するよりも公開前にコードにするほうが優れています

[2] Abstract Syntax Treeの略。抽象構文木。テンプレートなどをプログラム上で扱いやすくしたデータ構造。

[3] 既にDOM要素としたレンダリングするために利用した仮想DOMツリーと、再レンダリングのするために生成された仮想DOMツリーから、更新対象となる仮想DOMノードを算出する処理のこと。

[4] diffによって算出された更新対象となる仮想DOMノードを、実際のDOM要素へ適用する処理のこと。

---

[44] https://rawgit.com/krausest/js-framework-benchmark/master/webdriver-ts/table.html

[45] 独自でレンダリング可能な仕組みもあります。

[46] 仮想DOMライブラリの多くはJavaScript内での独自の記法での記述を求めます。

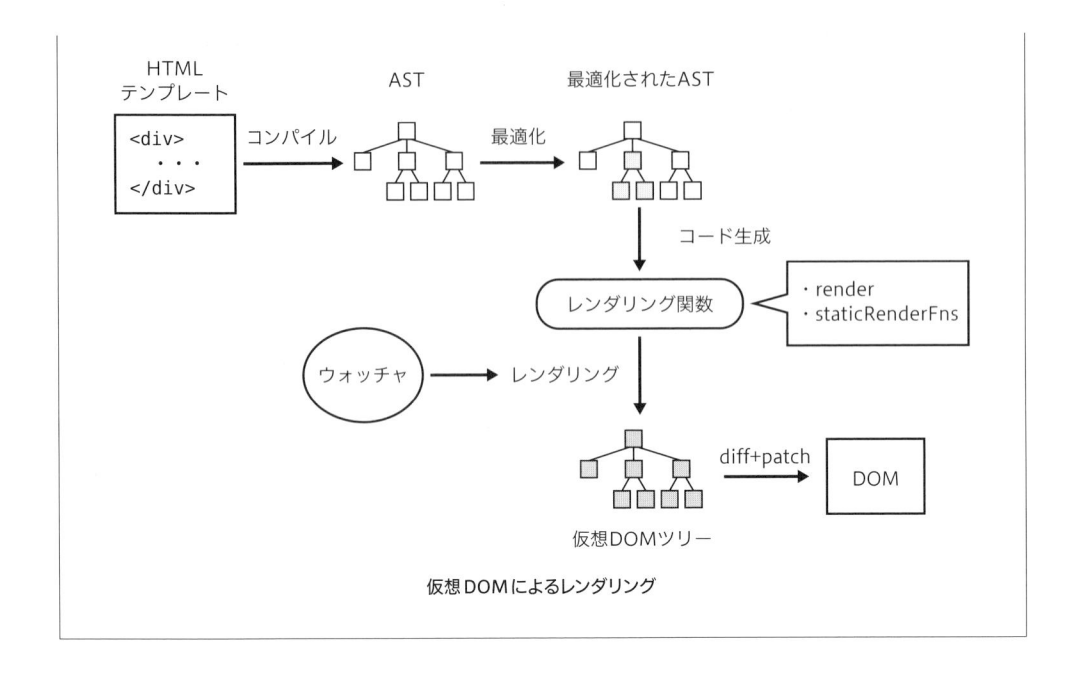

仮想DOMによるレンダリング

1.6 Vue.jsのエコシステム

　Vue.jsはビュー層に焦点が当てられたライブラリで、厳密にはフレームワークではありません。

　このため、シングルページアプリケーションを実現するためのルーティングのように、UI以外の機能を利用してWebアプリケーションを作成するには追加のライブラリ（プラグイン）を利用しなければなりません。また、Webアプリケーションのテスト、ビルドなどの開発環境も自分で構築しなければなりません。

　Vue.jsでは、ユーザーのWebアプリケーション開発をサポートするために本体以外にプラグイン、ライブラリ、ツールを提供しています。以下は、Vue.js公式で提供する代表的なものです。

- Vue Router[47]: シングルページアプリケーションを実現するためのルーティングプラグイン。本書では4章で解説。
- Vuex[48]: 大規模なWebアプリケーションを構築するため状態管理プラグイン。本書では7章で解説。
- Vue Loader[49]: 高度なコンポーネント機能を利用するためのwebpack向けのローダーライブラリ。本書では8章で利用。
- Vue CLI[50]: Webアプリケーションを構築するためのプロジェクト構成の雛形生成やプロトタイピン

＊47　https://github.com/vuejs/vue-router
＊48　https://github.com/vuejs/vuex
＊49　https://github.com/vuejs/vue-loader
＊50　https://github.com/vuejs/vue-cli

グにおいて設定なしビルドを行うためのコマンドラインツール。本書では6章以降で利用。

- Vue DevTools[*51]: Vue.jsアプリケーションをブラウザ(GoogleChrome/MozillaFirefox/Electronアプリケーション)の開発ツールでデバッグするためのツール。本書では10章で利用。

Vue.js公式で提供するもの以外にも、サードパーティが提供するツールもあります。代表的なものを見ていきましょう。

- Nuxt.js[*52]: シングルページアプリケーションとサーバーサイドレンダリングに対応したVue.jsアプリケーションを作成するためのフレームワーク。本書ではAppendix Cで解説。
- Weex[*53]: Vue.jsの構文でiOS、Androidアプリケーションを作成するためのフレームワーク
- Onsen UI[*54]: モバイル向けWebアプリケーションを作成するためのフレームワーク

コミュニティでプラグイン、ライブラリ、ツールなどのおすすめ情報を提供しています。

- Awesome Vue[*55]: Vue.jsに関連するオープンソースプロジェクトやVue.jsが使われているWebサイトやアプリケーションなどの情報がユーザーによって共有される公式サイト
- Vue Curated[*56]: Vue.jsコアチームが厳選したプラグイン、ライブラリ、フレームワークなどを検索できる公式サイト

Vue.jsのプログレッシブフレームワークという設計思想に則って、こうしたエコシステムを利用することで、段階的に柔軟にVue.jsアプリケーション開発の生産性を高められます。

1.7 Vue.jsのはじめの一歩

Vue.jsはシンプルなWebサイトから、複雑なWebアプリケーションまで、段階的に柔軟に対応可能なライブラリ・フレームワークです。ここまでの説明で、Vue.jsのメリットに納得いただけたはずです。

さて、この章では最後にVue.jsを動かしてみましょう。お使いのエディタで下記のhtmlを書いて、ブラウザで開いてみてください[*57]。

---

*51 https://github.com/vuejs/vue-devtools
*52 https://nuxtjs.org
*53 https://weex.incubator.apache.org
*54 https://onsen.io
*55 https://github.com/vuejs/awesome-vue
*56 https://curated.vuejs.org
*57 もしも特定のエディタを使っていない、わかりやすく出力結果を知りたいということならJSFiddle(jsfiddle.net)の利用をおすすめします。使い方は「コラムJSFiddleで実践」を確認してください。

```
<!DOCTYPE html>
<title>はじめてのVue.js</title>
<script src="https://unpkg.com/vue@2.5.17"></script>

<div id="app"></div>

<script>
new Vue({
  template: '<p>{{msg}}</p>',
  data: { msg: 'hello world!' }
}).$mount('#app')
</script>
```

画面に 'hello world!' と表示されれば成功です。簡単に画面に表示できてしまいました。ものものしいビルドツールのセッティングなど必要なく、10行程度で動作を試せます。

コードの中身を見てみましょう。詳細は2章以降に譲るので簡単な説明です。`<script src="https://unpkg.com/vue@2.5.17"></script>` によってVue.jsのインストールを行っています。`<div id="app"></div>` の部分は、Vue.jsによってレンダリングされる部分です。後程JavaScript側からマウントするコードを書きます。`<script>` 以下はVue.jsのアプリケーションを実行するコードです。Vueを動作させるためのインスタンスを生成し、`$mount` メソッドで `<div id="app"></div>` にマウントしています。

Vue.jsが簡単に動かせることがわかっていただけたでしょう。いよいよ、次章からは文法から実践的な紹介を始めていきます。

JSFiddleで実践

ブラウザ上で手を動かしながらVue.jsの動作を確認するのにJSFiddleがおすすめです。JSFiddleのサイト`https://jsfiddle.net`にアクセスします[*1]。

JSFiddleは、以下のような画面構成を持っています。

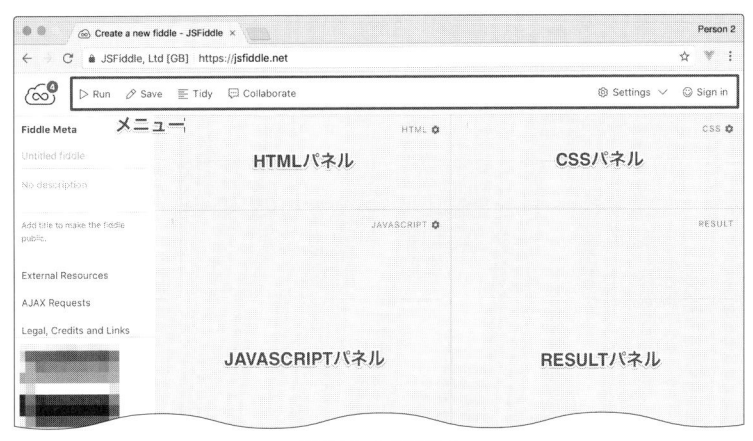

JSFiddleの画面構成

名称	役割
HTMLパネル	HTMLを編集する
CSSパネル	CSSを編集する
JAVASCRIPTパネル	JavaScriptを編集する
RESULTパネル	HTMLなどの実行(読み込み)結果が表示される
メニュー	JSFiddleの各種操作を行う

アクセスした時点では何もされてないので、この状態から雛形を作りましょう。HTMLパネルとJAVASCRIPTパネルの内容をそれぞれ以下のように編集します。先程の実行例と同じです。

```
<script src="https://unpkg.com/vue@2.5.17"></script>

<div id="app"></div>
```

```
new Vue({
  template: '<p>{{msg}}</p>',
  data: { msg: 'hello world!' }
}).$mount('#app')
```

[*1]　本書では、JSFiddleにユーザー登録していない、そしてログインしていないものとして進めます。

雛形の状態

　JSFiddleのメニューの"Run"メニューをクリックしてみましょう。問題なければ、RESULTパネルに"hello world!"というメッセージが表示されます。

　この状態をJSFeddleの"Save"をクリックして保存してみましょう。保存するとメニューの内容、ブラウザのアドレスバーに表示されているURLもhttps://jsfiddle.net/xxxxxxxx/が変わっています。JSFiddleにコードの登録が正常に完了していることを意味しており、今後このURLにアクセスするとこの雛形を利用できます。

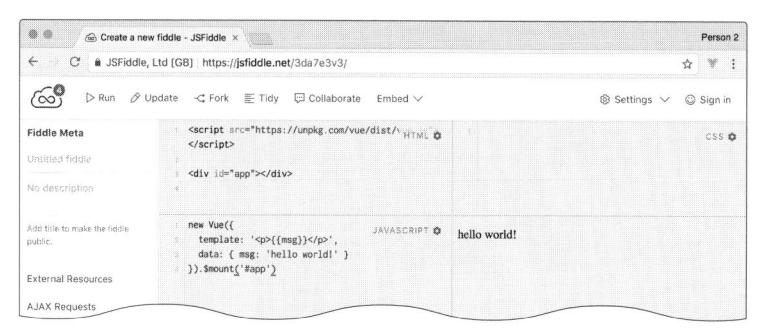

JSFiddleに雛形を登録

　"Fork"メニューは、各パネルで編集した内容をコピーして新しいものを作ります。https://jsfiddle.net/xxxxxxxx/のxxxxxxxxの部分が別ものになります。学習では、"Fork"メニューで今回用意した雛形をコピーすることによって学習していくとわかりやすいでしょう。

Vue.jsのドキュメンテーション

Vue.jsは公式Webサイトをhttps://vuejs.orgでドキュメントを公開しています。GitHubをベースにVue.jsコアチームによって随時更新されています。

Vue.jsの特徴的な点としては、ドキュメントが多数の言語に翻訳されていることがあります。日本語をはじめ、Vue.jsユーザーコミュニティによって翻訳されています。Vue.jsコアチームと密接に連携しながら進めています。原文と差異がなるべく発生しないよう、Vue.jsユーザーコミュニティによる活発な翻訳によって翻訳ドキュメントの品質維持するように務められています。

日本語化されたVue.js公式サイト

Vue.jsコミュニティ

Vue.jsユーザーコミュニティは、Vue.jsの成長とともに形成され、世界でも有数の活発なものに育ちました。開発の中心はGitHub上のVue.jsプロジェクト[*1]およびリポジトリ[*2]です。

他にはフォーラムでも日々活発にコミュニケーションが行われています。

- **Vue.jsフォーラム**[*3]: Vue.jsについて困っていること、分からないことについて議論するためのサイト
- **Vue Land**[*4]: Vue.jsユーザーやVue.jsのコアチームメンバー、Vue.jsのライブラリ作成者とチャットでコミュニケーションするためのコミュニティ

また、世界各国でVue.jsユーザーが集まってVue.jsについて知識やノウハウを共有するミートアップイベントが開催されたり、その国に特化したコミュニティが形成されていたりしています。日本では筆者らが運営するVue.js日本ユーザーグループで、国内向けに啓蒙、コミュニティ活動を行っています。

- **Vue.js Meetup**[*5]: Vue.js日本人ユーザー向けの実際に会ってVue.jsの知識や情報を共有するためのミートアップイベント

[*1]　Vue.jsプロジェクトをホストしているGitHub Organaizations https://github.com/vuejs
[*2]　GitHubのVue.js公式レポジトリ https://github.com/vuejs/vue
[*3]　https://forum.vuejs.org
[*4]　https://vue-land.js.org
[*5]　https://vuejs-meetup.connpass.com

● vuejs-jp Slack[6]: Vue.js日本人ユーザー向けのチャットでコミュニケーションするためのSlackサービス

Vue.js日本ユーザーグループが運営するミートアップイベント

そして、2017年には、Vue.jsコアチームメンバー、世界各国からVue.jsユーザーコミュニティが集まったVue.js公式によるカンファレンスイベント[7]も開催されました。

2017年に開催されたVue.js公式カンファレンス

以後、世界各地でカンファレンスイベントやミートアップイベントが開催されるようになり、さらにVue.jsユーザーコミュニティが成長しています。

2018年11月には、日本でも筆者が運営する日本初のカンファレンスイベントVue Fes Japan[8]を開催します。

---

* 6　https://vuejs-jp-slackin.herokuapp.com
* 7　http://conf.vuejs.org/
* 8　https://vuefes.jp

Vue.jsの対応ブラウザ

対応ブラウザはフレームワーク選定で重視される項目の1つです。

Vue.jsは以下のWebブラウザをサポートしています。Google ChromeおよびMozilla Firefoxについては、どのバージョンからサポートされるか明記されていません。これらは自動アップデートされるため常に最新版を指すからです。Internet Explorer 10以下は2017年4月にMicrosoft社によるサポートが切れていますが、執筆時点のVue.jsのバージョンでは9以降で動作するようサポートしています。

ブラウザ名	Chrome	Firefox	Safari	Edge	Internet Explorer	iOS	Android
バージョン	最新版	最新版	8以降	13以降	9以降	7.1以降	4.2以降

2.
Vue.jsの基本

この章では、Vue.jsの基本機能を解説していきます[*1]。簡単なフォームの作成を通して、Vue.jsでUIを構築する際の考え方を身につけ、基本的な機能をマスターしましょう。

機能とコードを示しつつ、その知識でごく簡単なアプリケーションを作ってVue.jsを学んでいきます。作るのは下記のごく簡単な仕様の「文房具の購入フォーム」です。

- 鉛筆、ノート、消しゴムのそれぞれの購入個数を入力できる
- 合計が1000円以上で購入が可能になる

UIは、**データ**とそのデータを画面に表示する**ビュー**、データを変更するユーザーの**アクション**の3つから成り立っています。この章のサンプルアプリケーションも、この定義に沿って実装を進めていきます。最初にアプリケーションで扱うデータを定義します。次にそのデータをビューとしてどのように見せるかを説明していきます。最後にユーザーのアクションを受け付ける方法について説明します。

これらの説明の過程で、以下のVue.jsの機能を取り扱います。

- データ
- テンプレート記法
- フィルタ
- 算出プロパティ
- ディレクティブ
- メソッド
- ライフサイクルフック
- イベントハンドリング

各機能の説明を読み進めながら、実装例を手元のパソコンで動かしたり、独自の変更を加えたりすることで理解を深めてください。この章の内容を理解することで、普段携わっているプロジェクトの必要な箇所でVue.jsを利用し、リアクティブなUIを実装できるようになります。

2.1 Vue.jsでUIを構築する際の考え方

基本機能について見ていく前に、Vue.jsでUIを構築する際の考え方を紹介します。

これまでjQueryでUIを実装されていた方は、jQueryのコーディングスタイルからVue.jsのコーディングスタイルへ頭の切り替えが求められます。

はじめのうちは慣れず、戸惑うこともあるかもしれません。しかし、慣れてしまえば快適です。Vue.jsのスタイルのほうがUIを保守しやすい形で実装でき、高い生産性を得られることが実感できます。

2.1.1 旧来のUI構築の問題点

jQueryでUIを実装する際に直面する問題について考えてみましょう。

jQueryでUIを実装する場合は、ボタンなどのDOM要素にイベントが発生したときに呼ばれる関数

[*1] 本章では特に覚えておきたい機能の重要な部分を中心に紹介しています。より深く知りたい、あるいはここで紹介していない機能を知りたいときはAPIリファレンスを参照してください。https://jp.vuejs.org/v2/api/

（イベントリスナー）を登録して、その関数が自身や他のDOM要素を操作することで、ダイナミックな
UIを実現します。

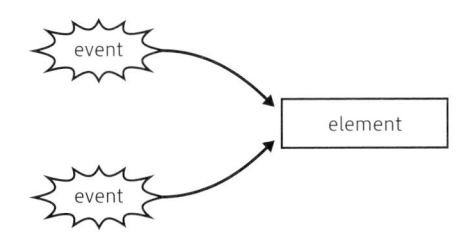

jQueryを利用してイベントとDOM要素の関係が単純な場合

　扱うイベントや要素が少なければ問題はありませんが、イベントや要素が増えていくとどうなるでし
ょうか。イベントが発生した際に画面を意図した見た目に更新するために、適切なDOM操作をおこな
う必要がありますが、このように糸が絡み合ったような複雑な状態になります。

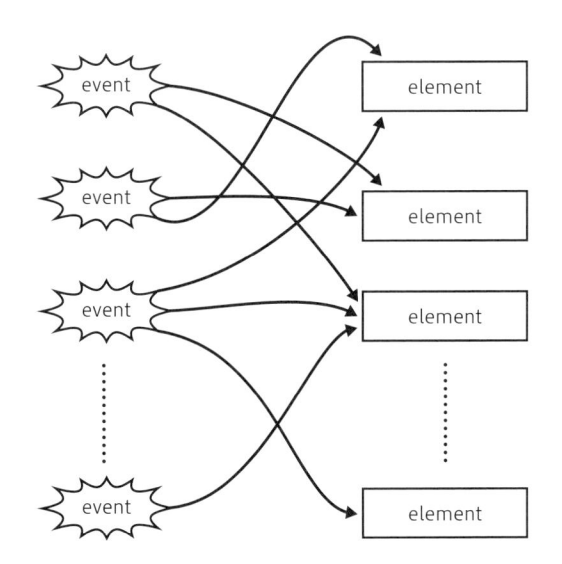

jQueryを利用してイベントとDOM要素の関係が複雑な場合

　例えば、UIを変更するためにあるDOM要素を除く必要が発生した場合を想像してみましょう。各イ
ベントリスナーからそのDOM要素を参照している処理をひとつひとつ丁寧に除く必要があります。こ
れは図の線をひとつひとつ消していくイメージです。
　逆にDOM要素を追加する場合は、必要に応じて各イベントリスナーにそのDOM要素に対する処理
を追加する必要があります。
　このようにjQueryによるUIの実装には、規模が大きくなればなるほどメンテナンスが困難になって
いく、スケーラビリティ上の問題があることが分かります。

2.1.2　Vue.jsのUI構築

Vue.jsがこの問題をどう解決しているか見てみましょう。Vue.jsでは次のようにイベントと要素の間に「UIの状態」(state)が挟まる形になります。

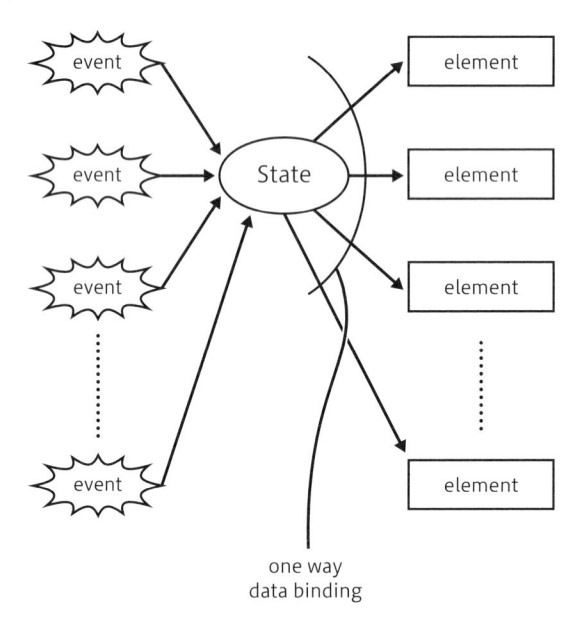

Vue.jsを利用した場合のイベントとDOM要素の関係

イベントや要素の数が少ない場合は、jQueryとVue.jsでさほどツリーに違いはありません。問題となるのは、イベントや要素が増えた場合です。

jQueryではイベントの発生が要素にどのような変更を与えるか、イベントと要素の組み合わせを意識しなければいけませんでした。これはイベントと要素の数が増えれば増えるほど、複雑になっていきます。対してVue.jsでは *イベントによるUIの状態の変更、UIの状態の変更に伴ったDOMツリーやDOM要素の更新* に分けて単純に考えることが可能になります。

jQueryやDOM APIを利用したUIの構築では、DOMツリーやDOM要素がUIの状態を持ってしまうという問題がありました。これだとDOMツリー構造の変更が本来はDOMツリーやDOM要素と関係のないUIの状態を扱うロジックに影響を及ぼしてしまいます。仮にJavaScriptのオブジェクトとしてUIの状態を持たせても、それをどのようにDOMツリーに反映するかまた別の問題として出てきます。

Vue.jsでは、UIの状態をJavaScriptのオブジェクトとして、DOMツリーやDOM要素とは完全に切り離した上で、前章で説明のあったリアクティブな単方向のデータバインディングにより、UIの状態の変更に伴う要素の更新を自動で行うことで、この問題を解決しています。

jQueryとVue.jsそれぞれのコーディングスタイルについてまとめます。jQueryでは、UIを構築するにあたって、DOMツリーを中心に捉えます。DOMツリーがUIの状態を持っており、イベントによってDOMツリーをどのように変更するかを考えます。これがjQueryのコーディングスタイルです。一方のVue.jsでは、UIの状態を担うJavaScriptのオブジェクトを中心に捉えます。「そのUIの持つ状態は何

か、JavaScriptのオブジェクトとしてどう表現できるか」、「データバインディングによってUIの状態と
DOMツリーをどうマッピングするか」、「イベントによってどの状態を変更にするか」という3つの視点
を切り替えながら、UIの構築を進めていくのがVue.jsのコーディングスタイルです。

2.2　Vue.jsの導入

　ここからは実際に手を動かして学んでいきます。

　Vue.jsの一番お手軽な導入方法は、`script`要素で直接読み込むことです[*2]。 最新バージョンがCDN
で https://unpkg.com/vue という URL で配信されています。今回はバージョンが指定された https://
unpkg.com/vue@2.5.17 という URL を利用します。以下のように `script` 要素で読み込みます。読み込
んだ後は、グローバル変数Vueが定義されます。ここからVue.jsの機能を利用できます。

```
<!DOCTYPE html>
<title>はじめてのVue.js</title>
<script src="https://unpkg.com/vue@2.5.17"></script>

<div id="app">
</div>
<script>
  // ロードされ、Vueがグローバル変数として定義されているか確認
  console.assert(typeof Vue !== 'undefined');
</script>
```

　この章で作成するアプリケーションは、上記のHTMLを土台にして、機能を紹介しながらコードを追
加していきます。上記の内容のJSFiddleのURLを用意しました。https://jsfiddle.net/kitak/ufzsw5jL/
説明を読みながら、このURLやエディタを用いてコードを追記していき、動作を確認することでVue.js
への理解を深めてください。

　第一歩としてVue.jsの核の機能であるデータバインディングに触れておきましょう。JavaScriptのデ
ータが画面に反映されることを確認します。

```
<div id="app">
  <p>
    {{ message }}
  </p>
</div>
<script>
  // ロードされ、Vueがグローバル変数として定義されているか確認
  console.assert(typeof Vue !== 'undefined');
  new Vue({
    el: '#app',
    data: {
```

[*2]　上記のCDNのURLでなく、自身で取得したファイルを用いても差し支えありません。

```
        message: 'こんにちは！'
    }
  });
</script>
```

画面に「こんにちは！」と表示されることが確認できました。

Vue.jsの高度な環境構築

この章では平易な環境構築を行いました。開発に高度な環境構築が求められることもあります。

シングルページアプリケーションなどの複数のファイルから構成されるクライアントサイドアプリケーションの場合は、script要素でライブラリを直接読み込むのはおすすめしません。webpackなどのバンドルツールを利用して生成されたファイルを読み込むべきでしょう。

バンドルツールを利用したアプリケーションの構築については以降の章で解説します。

1章でも少し名前の出たVue CLIではこのような高度な環境構築が比較的簡単にできます。気になる人は6章で使い方を解説しているので、そこを参照してください。

この章のようにVue.jsの基本機能について手を動かして学びたい場面や、既存のWebアプリケーションページの一部でリッチなUIの実装を行いたい場合などは、script要素のほうが使いやすいでしょう。

2.3 Vueオブジェクト

ここからはVue.jsのAPIや基本機能を紹介していきます。

script要素でVue.jsのファイルを読み込んだことで、グローバル変数Vue[3]が定義されます。

グローバル変数Vueは、複数の役割を持ったオブジェクトです。役割の1つは**コンストラクタ**、もう1つはVue.jsのAPIを束ねる名前空間(**モジュール**)です[4]。

変数Vueは、Vue.jsの動作の根幹となる重要な変数です。実際にコードを書いて試していきましょう。

2.3.1 コンストラクタ

JavaScriptでは、コンストラクタはオブジェクトを生成するための関数です。通常の関数呼び出しと異なり、コンストラクタとして使う場合はnew演算子を使います。ここで生成されたオブジェクトを**Vueインスタンス**と呼びます。

このインスタンスをDOM要素にマウント(適用)することで、Vue.jsの機能がその要素内で使えるよ

---

[3] Vue.jsの扱いに慣れてきたらAPIドキュメントに一通り目を通して、このグローバル変数にどのようなオプションやAPIが存在しているか把握しておくとよいでしょう。 https://jp.vuejs.org/v2/api/#グローバル設定

[4] Vue.configを通したグローバル設定や、Vue.directiveやVue.componentなどのグローバルAPIを提供します。

うになります*5。

```
var vm = new Vue({
    // ...
})
```

コンストラクタの引数として、オプションオブジェクトを渡します。オプションオブジェクトでは、UIの状態（データ）、状態とDOMのマッピングの定義（テンプレート）、マウントさせるDOM要素、イベントが発生した際に呼び出す振る舞い（メソッド）を指定します。

このオプションオブジェクトの内容によって、Vueインスタンス・UIの挙動が決まります。この章では、以下の主要なオプションについて取り上げます*6。

オプション名	内容	紹介箇所
data	UIの状態・データ	2.5
el	Vueインスタンスを、マウントする要素	2.4
filters	データを文字列と整形する	2.7
methods	イベントが発生した時などの振る舞い	2.10
computed	データから派生して算出される値	2.8

● Vueインスタンスを変数に代入する理由は？

本章のサンプルではVueインスタンスの持つ機能（プロパティやメソッド）を説明するために変数に代入しています。変数に代入せずに用いることも可能です。

実際の開発では、複数のVueインスタンスがコミュニケーションをする必要が出てきたときに変数に代入します。

コミュニケーションとは、あるVueインスタンスのデータが変化した時に、別のVueインスタンスに伝えるような処理です。これを実現するために、それぞれのVueインスタンスを変数に代入して、その変数を通して変更の検知や状態の更新をおこないます。

SNSを例に考えてみましょう。あるユーザーのプロフィールページで、そのユーザーをフォローしたらフォロワーの数をひとつ増やす必要があります。コードで示すと以下のようになります。$watchでフォローボタンのVueインスタンスの変更を検知して、プロフィールのVueインスタンスの状態を変更しています。このようなやりとりを実現するために変数に代入します。

```
followButton.$watch('followed', function (val) {
  if (val) {
    profile.followers += 1;
  } else {
    profile.followers -= 1;
```

＊5　本書のサンプルコードは、5章まではES2015以降の比較的新しいJavaScriptの文法要素は原則用いていません。ビルドツールなしでもすぐ試せるようにするためです。

＊6　オプションオブジェクトのプロパティは多岐にわたっているため、それらを全てここで解説しても、Vue.jsの本質の理解の妨げになってしまいます。UIを構築する上で知っておくべき最低限のものに絞って紹介します。

```
  }
})
```

サンプルでは変数名を vm としています。これは公式ドキュメントにならったものです。Vue インスタンスの変数名は公式のガイドやドキュメントでは、Vue.jsが一部影響を受けている MVVM パターンのビューモデルが由来の vm となっています。

MVVMパターン

　MVVMパターンとはソフトウェアアーキテクチャパターン[*1]の一種です。 Microsoftの WPF (Windows Presentation Foundation) や Silverlight などで生まれた考え方ですが、現在はウェブのフロントエンドや Android でも適用されています。

　MVVM は Model-View-ViewModel の略語です。 ドメイン (ビジネスロジックや内部の処理) を担う Model、レイアウトや見た目を担う View、View を実現するための情報の管理などを担う ViewModel を据えています。Vue.jsに部分的に影響を与えていますが、Vue.jsでアプリケーションを作るときに厳守すべき指針といった類のものではありません。 そのため、本書では詳細な解説は避けます。興味のある方は書籍や Web上のコンテンツで学習してください。

- -

＊1　MVC (Model-View-Controller)やプレゼンテーションモデルなどのソフトウェア設計のパターンのこと。

2.3.2　コンポーネント

　プログラミングで関数やメソッドを適切な粒度・役割で分割するように、Vue.jsでもインスタンスを分割できます。

　この分割の単位をコンポーネントと呼びます。今回のサンプルアプリケーションでは用いないので、コンポーネントについての詳しい説明は次章に譲ります。

　Vue オブジェクトの component メソッドでアプリケーション全体で使うコンポーネントを登録可能です。また、Vue インスタンスを生成する際のオプションの components プロパティで、その Vue インスタンスのスコープ(テンプレート)だけで利用できるコンポーネントを登録できます。

2.4　Vueインスタンスのマウント

　Vue.jsの処理は、Vue インスタンスを生成し、DOM 要素に**マウント**するところから始まります。

　マウントとは、既存の DOM 要素を Vue.jsが生成する DOM 要素で置き換えることです。この DOM 要素はインスタンス生成時のオプションオブジェクトで与えたり、メソッドを呼び出して後から指定したりできます。

2.4.1 Vueインスタンスの適用(el)

オプションオブジェクトのelプロパティで指定したDOM要素がマウント対象になります。elプロパティには、DOM要素のオブジェクト[7]か、CSSセレクタの文字列[8]を指定できます。

```
var vm = new Vue({
  el: '#app',
  // ...
})
```

Vueインスタンスのマウントによってマウントした要素とその子孫が置き換えられます。影響範囲はその中に納まります。例えばVue.jsのテンプレートの構文(2.6参照)は、マウントする要素とその子孫の要素でのみ使えます。

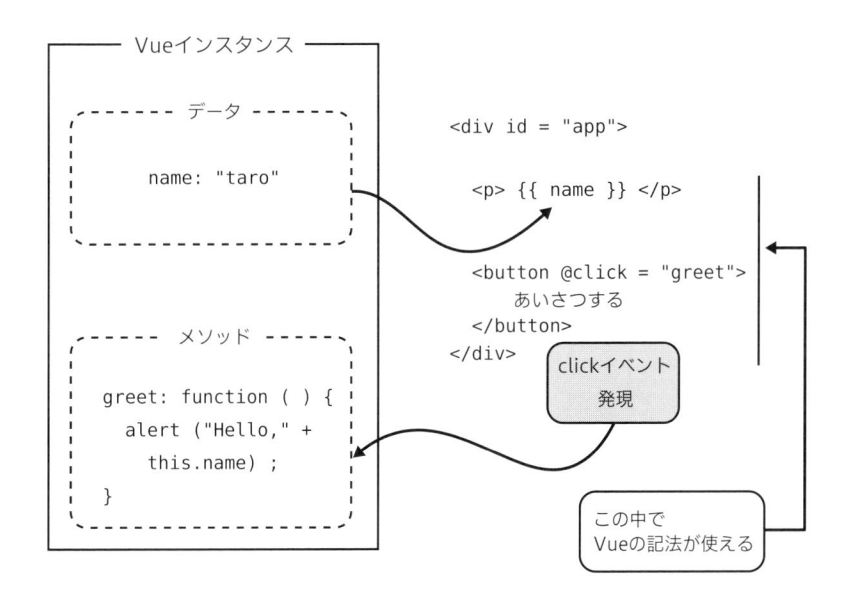

Vueインスタンスのマウントと適用範囲

2.4.2 メソッドによるマウント($mountメソッド)

先述のようにメソッド呼び出しでもマウントできます。elプロパティを定義せずに、$mountメソッドを用います。インスタンス生成後の任意のタイミングでマウントを実行可能になります。

マウント対象のDOM要素がUI操作や通信などで遅延的に追加される場合はこのメソッドを用いまし

＊7　例えばdocument.getElementByIdやdocument.querySelectorなどのAPIで取得したオブジェクト。

＊8　例えば#app。.appなど複数マッチするものは最初にマッチしたDOM要素に適用される。

ょう。追加された後に要素をマウントをする必要があるためです。

```
var vm = new Vue({
  // ...
})
// UI操作や通信の後、要素が生成されてからマウントを行う
vm.$mount(el)
```

Column

Vue.jsを既存アプリケーションに導入する

既存のウェブアプリケーションの一部分でVue.jsを導入するときも、同じようにDOM要素を作成し[1]マウントします。

Vueインスタンスの振る舞いなどを決めたら、後は、サーバーサイドでレンダリングするテンプレートにVue.jsのテンプレート記法を追記していくだけです[2]。Vue.jsのテンプレート記法の@clickや:disabledといった一部のシンタックスシュガーの記法は、テンプレートエンジンによっては文法エラーとなります。この場合は、v-on:clickやv-bind:disabledのように省略しない正式な書き方で記述する必要があります。v-ではじまる記述方法はHTMLとして正しい記述なので、エラーになることはないでしょう。

----

[1]　CSSセレクタやDOM要素を取得する必要があるので、id属性を設定しておくのがよいでしょう。

[2]　Vue.jsのテンプレート記法は本章で解説します。1章で見た{{}}のほかにもいくつかルールがあります。

2.5　UIのデータ定義（data）

マウントした後の表示に欠かせないdataプロパティについて解説します。

dataプロパティには、UIの状態となるデータのオブジェクトを指定します。サンプルアプリケーションなら文房具の名前や価格や個数が該当します。このオブジェクトの各プロパティはテンプレートから参照できます。変数の値に応じた表示などテンプレートに必須のプロパティです。

dataプロパティに与えた値はVue.jsのリアクティブシステムに乗ります。dataプロパティの値が変わるたびにVue.jsがそれを自動で検知して表示などが切り替わっていきます。Vueインスタンス生成時にdataを与えておき、それをテンプレートで表示するのがVue.jsの表示の基本的な仕組みです。

dataにはオブジェクトもしくは関数を与えます。ここに渡したオブジェクトをテンプレートから参照できます。

```
var vm = new Vue({
  data: {
    キー: 値
  }
})
```

　サンプルアプリケーションを例に使い方を解説します。文房具の商品名と1個あたりの値段、個数を
dataに設定します。dataプロパティにセットするオブジェクト、そのitemsプロパティとして設定
してみます[9]。以下に記入例を載せます。JSFiddleに作成した土台のページの https://jsfiddle.net/kitak/
ufzsw5jL/ のJavaScriptのパネルに記述してください。自分のパソコン上のブラウザで確認する場合に
はapp.jsとして保存してください。

```javascript
var items = [
  {
    name: '鉛筆',
    price: 300,
    quantity: 0
  },
  {
    name: 'ノート',
    price: 400,
    quantity: 0
  },
  {
    name: '消しゴム',
    price: 500,
    quantity: 0
  }
]

var vm = new Vue({
  el: '#app',
  data: { // data プロパティ
    items: items
  }
})
// JSFiddleでコンソールからvmにアクセスするための対応
window.vm = vm
```

　最初の商品（itemsプロパティの0番目の要素）の商品名を画面に表示してみましょう。JSFiddleの
HTMLのパネルに下記の内容を記述します。

```html
<script src="https://unpkg.com/vue@2.5.17"></script>
<div id="app">
  <p>{{ items[0].name }}</p>
</div>
```

　ローカルで確認するなら下記をindex.htmlとしてapp.jsと同じディレクトリに作成します。

```html
<!DOCTYPE html>
<title>はじめてのVue.js</title>
<script src="https://unpkg.com/vue@2.5.17"></script>
```

---

[9]　ここでは可読性を考えて変数itemsを介して渡しています。

```
<div id="app">
  <p>{{ items[0].name }}</p>
</div>
<script src="app.js"></script>
<!-- ローカルでは以後も同様にscript要素で読み込みを追記 -->
```

画面に「鉛筆」と表示されるはずです。

Result	Edit in JSFiddle
鉛筆	

「鉛筆」と表示されることの確認。画像はJSFiddleの結果画面。

{{}}のテンプレートの内容は後程解説しますが、dataに定義したitemsプロパティがそのまま使えて、{{}}内のJavaScriptの式を実行して、実行結果を表示しているようです。

dataはあくまでもデータそのもののみを置くべきです。値を処理する関数やデータから派生した値を計算する関数はdataには含まずにmethodsやcomputedに記載します。

2.5.1　Vueインスタンスの確認

ごく単純なVue.jsによるデータの表示は実現できました。この表示に使ったVueインスタンスがどうなっているか確認してみましょう。

Google Chromeで上記のサンプルを開きます。開いているページを右クリックして、メニューの「検証」をクリック、Chrome DevToolsを開き、Consoleタブを選択します[*10]。JavaScriptを入力できるConsole画面が開きます。

[*10]　Google Chromeを使っている場合の操作です。本書ではブラウザーを用いるときはGoogle Chromeを前提とします。

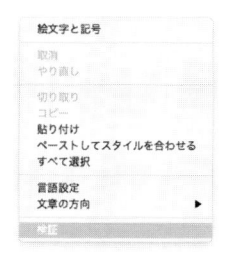
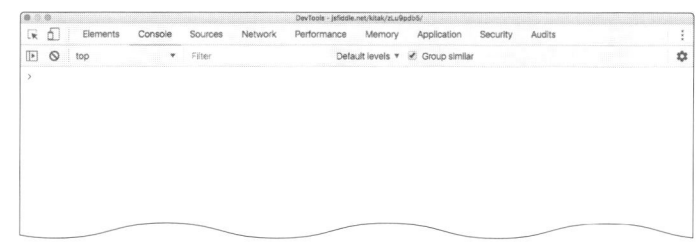

JSFiddleの場合は左上のプルダウンで「result(fiddle.jshell.net/) fiddle.jshell.net」を選択します。

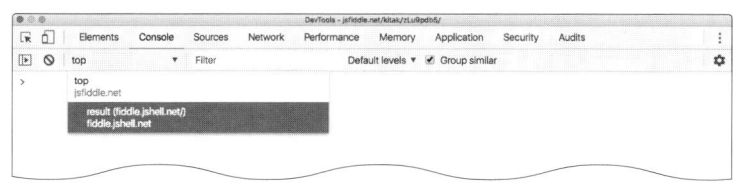

「result(fiddle.jshell.net/) fiddle.jshell.net」を選択

ここで下記のコードを入力してください。vmの内容が表示されます。多くの情報が表示されますがここでは重要な部分だけを抜粋します。

```
console.log(vm)
```

```
▶$el: div#app
...
▼items : Array(3)
  ▶0 : {__ob__: Observer}
  ▶1 : {__ob__: Observer}
  ▶2 : {__ob__: Observer}
  ▶length : 3
```

この情報からわかることはいくつかあります。

ひとつは$elからVueインスタンスをマウントしたDOM要素にアクセスできることです。インスタンスの$...ではじまるプロパティやメソッドはVue.jsが提供するものです。開発時に必要な情報を取得したり、値の変更を監視したりすることでデバッグに活用したりできます[11]。

もうひとつはdataに与えたitems（キー名）がVueインスタンスの直下でプロパティとして公開されていることです。dataがvmの下ですぐに参照できるようになっています[12]。このような特に接頭辞のつかないプロパティは後から追加したものです。以下のようにConsoleで入力実行すると、itemsの内容が表示されます。

```
console.log(vm.items)
```

＊11 インスタンスの_ではじまるプロパティやメソッドはVue.jsが内部的に使うものでユーザーは基本的に触れません。

＊12 正確にはVue.jsのリアクティブシステムの中に組み込まれているのでdataに入力したオブジェクトがそのまま入っているわけではありません。

dataによってデータをプロパティとして提供できる、テンプレート中で使えることを覚えておきましょう。

2.5.2 データの変更を検知する

Vue.jsではデータの代入と参照は監視されるようになっています。これはデータの変更を検知して自動で画面の更新を行うためです。

例えば、プロパティに新しく値をセットしたとします。データの代入(値の変更)を監視しているので、それがトリガーとなってビューの再描画・DOM要素の更新が行われます。これはVue.jsのリアクティブシステムによって実現されています。

●データ変更の例

実際にChrome DevToolsでデータを変更して動作が変わるところを見てみましょう。

Vueインスタンスの変数vmはグローバル変数でした。Consoleタブからも参照できます。「vm.」まで入力するとプロパティ・メソッドの候補が表示されます。入力欄に下記のスクリプトを入力してEnterキーを押します。データの更新をしただけで「鉛筆」の表示が「万年筆」に変わりました[*13]。

```
vm.items[0].name = '万年筆'
```

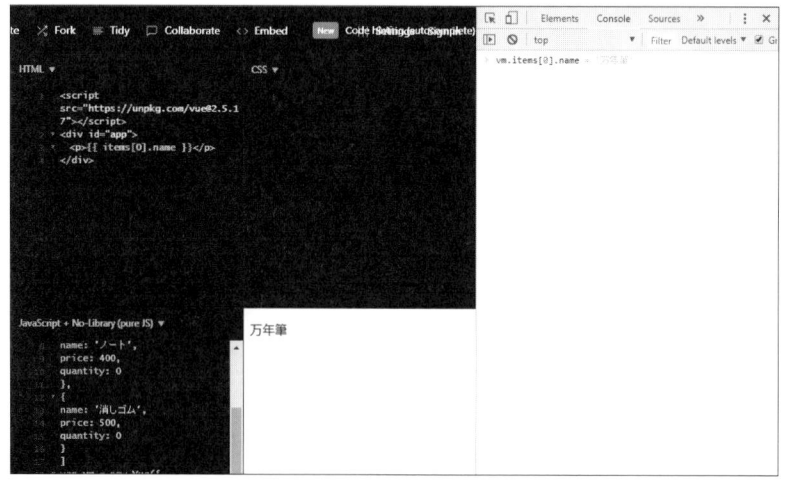

「万年筆」と表示されることの確認

[*13] ここではVueインスタンスをそのまま操作して代入していますが、実際のアプリケーションでは安易にそのまま操作すべきではない場合も多々あります。7章のVuexなども参照してください。

● $watchによる監視

　Vueインスタンスの$watchメソッドは、Vueインスタンスの変更を検知してそれをもとに動作します。開発中の動作確認やログ出力に便利です。

　$watchで変更を検知しましょう[14]。Consoleタブのプロンプトに次のプログラムを記述します。

```
vm.$watch(function () {
  // 鉛筆の個数
  return this.items[0].quantity
}, function (quantity) {
  // このコールバックは、鉛筆の購入個数が変更されたら呼ばれます
  console.log(quantity)
})
```

　$watchメソッドには第一引数に監視対象の値を返す関数、第二引数には値が変わった場合に呼ばれるコールバック関数を渡します。今回は、鉛筆の個数(this.items[0].quantity)の変化を監視してみましょう。

　コールバックが呼ばれるか確かめるために、鉛筆の個数を変更します。Consoleタブのプロンプトに続けて以下のように記述します。1と新たに設定した個数が出力され、コールバックが呼ばれたことが分かりました。

```
vm.items[0].quantity = 1
```

2.6　テンプレート構文

　データが用意できたら、それを実際に適用するテンプレートを構築します。Vue.jsは、テンプレートのための記法や機能をいくつか提供しています。基本的な記法を見ていきましょう。ここまでも使った{{}}などを活用したテンプレートです。

　テンプレートでは、Vueインスタンスのデータとビュー(DOMツリー)の関係を宣言的に定義します。**データとビューの関係を宣言的に定義する**とは、データが決まれば、ビューの内容が決定されるということです。先に見たようにデータを変更すると自動でビューが更新されます。このデータの変更に応じて、ビューを更新する仕組みを**データバインディング**といいます。

　Vue.jsのテンプレート構文で重要なのは次の2つの概念です。

- Mustache記法によるデータの展開
- ディレクティブによるHTML要素の拡張

　1つがHTMLのテキストコンテンツへのデータの展開です。テンプレート中にテキストコンテンツと

---

[14] $から始まるメソッドやプロパティはVue.jsが提供するものです。

してJavaScript側のデータ（data）を使うときなどに用います。dataなどのJavaScript側のものは テキストコンテンツ以外にも、ディレクティブの属性値として用いることもできます。

テキストコンテンツへの展開はMustache[15]というテンプレートエンジンの記法が採用されています。ここまでも見てきた{{と}}を用いた記法です。{{と}}の値にデータや式を記述します[16]。

もうひとつがHTMLの属性を用いて独自の拡張を行う**ディレクティブ**です。データの内容に応じて要素を挿入・削除したり、繰り返し要素を追加します。ディレクティブは名前がv-で始まる属性です。これについては2.9で解説します。ここでは主にテキストや属性値への展開という視点でテンプレート構文を解説していきます。

2.6.1　テキストへの展開

{{}}を用いた展開から使用例を見ていきましょう。ここまでも説明で度々用いましたが、Vue.jsのテンプレートを構成する最も重要な要素です。

VueインスタンスのデータをHTMLのテキストコンテンツとして展開します。展開にはMustache構文（二重中括弧）を利用します。

{{と}}に挟まれた中で、dataプロパティで定義したデータや後述の算出プロパティ、メソッド、フィルタを参照できます。

```
<p>{{ items[0].name }}: {{ items[0].price }} x {{ items[0].quantity }}</p>
```

データが変更された際はビューの再描画・DOM要素の更新が自動的に行われます。データのビューへの反映はVue.jsが担っており、開発者は少ないコード量で動的なUIを実装することが可能です。

2.6.2　属性値の展開

テキストの他にDOM要素の属性に対しても展開が可能です。属性の展開にはMustache記法は使えません。Vue.jsのディレクティブの1つ、v-bindを利用します。

v-bind:属性名="データを展開した属性値"で使います。

次の例ではtitle属性にdataプロパティのloggedInButtonを与えて、マウスオーバー時に表示される内容を調整しています。値（文字列）がそのまま属性値として反映されます。

```
<script src="https://unpkg.com/vue@2.5.17"></script>
<button id="b-button" v-bind:title="loggedInButton">購入</button>
<script>
var vm = new Vue({
```

---

[15]　Mustache記法はMustacheというテンプレートエンジンに限らず、その他多くのテンプレートエンジンやJavaScriptフレームワークで採用されています。そのため、多くの開発者にとって馴染み深い記法です。

[16]　Mustacheは「口ひげ」という意味です。Mustache記法で用いる{ }が口ひげを横にしたようにみえるのが由来です。

```
    el: '#b-button',
    data:{
      loggedInButton: 'ログイン済のため購入できます。'
    }
  })
</script>
```

次の canBuy は参照すると真偽値が返ってくるデータ[17]です。! で真偽値を反転させています[18]。

```
<script src="https://unpkg.com/vue@2.5.17"></script>
<button id="b-button" v-bind:disabled="!canBuy">購入</button>
<script>
var vm = new Vue({
  el: '#b-button',
  data:{
    canBuy: false
  }
})
</script>
```

v-bind に与えた属性値が真の場合は DOM 要素に disabled 属性が追加されます。偽の場合は disabled 属性が削除されます。真偽値の場合は値がそのまま渡されるわけではなく適切に処理されます。disabled=false になるわけではない点に注意してください。

v-bind はディレクティブの中でも特に重要なもので、注意すべき点もいくつかあります。2.9.2 で解説します。

2.6.3 JavaScript式の展開

今までの展開はデータ[19]のバインディングを主に行ってきました。

展開は単純なデータのバインディングだけではなく JavaScript 式もサポートしています。{{}} 内だけでなく属性値も同様です。JavaScript の式は 1 つしか書けないことに注意してください。

次のように記述することで文房具の単価と個数をかけ合わせた値をバインディングできます。

```
<p>{{ items[0].price * items[0].quantity }}</p>
```

この JavaScript 式は簡単ならいいのですが、気がつくと && や || といった論理演算子で項を複数つなげた式を書いてしまって複雑化しがちです。テンプレートの見通しが悪くなったり、保守性を下げてしまったりということも多々あります。

---

[17] ここでは false を直接指定。
[18] 後程解説しますが展開時には JavaScript 式を評価できます。
[19] data オブジェクトの各プロパティのキーのバインディング。

定期的に見直し、後述の算出プロパティやメソッドにロジックを移動できないか検討してください。

2.7 フィルタ（filters）

フィルタは汎用的なテキストフォーマット処理を適用する仕組みです[20]。コンストラクタオプションの1つです。

例えば、DateオブジェクトをYYYY/mm/ddといった形式に変換する処理、0.5といった数値を"50%"というパーセンテージのテキストに変換する処理などが挙げられます。

フィルタはコンストラクタへのオプションfiltersで引数を1つとる関数として定義します[21]。この引数がフィルタに後で与えられる値に相当します。定義したフィルタはテンプレート側で{{}}と | を組み合わせた記法で用います。パイプ（|）の左側の値がフィルタの引数として与えられます。

```
filters: {
  フィルタ名: function (value) {
    // return ...
  }
}
```

```
{{ 値 | フィルタ名 }}
```

合計金額に桁区切り文字を追加するフィルタnumberWithDelimiterをサンプルに追加してみましょう。1000という値を"1,000"という文字列にフォーマットする例で確認します。JSFiddleのURLは https://jsfiddle.net/kitak/1n4s5odx/ です。

```
<script src="https://unpkg.com/vue@2.5.17"></script>
<div id="app">
  <p>{{ items[0].name }}: {{ items[0].price }} x {{ items[0].quantity }}</p>
  <p>フィルタ処理例 {{1000 | numberWithDelimiter}}</p>
</div>
```

```
var items = [
  {
    name: '鉛筆',
    price: 300,
    quantity: 0
```

---

[20] フィルタが利用できる場所はテキストのMustache展開とv-bindディレクティブの属性値の式のみです。1系のバージョンでは、あらゆる属性値でMustache展開が可能でフィルタを利用することができましたが、現在のバージョンでは利用できる場所が制限されています。Web上の情報を参照する際に注意してください

[21] コンストラクタオプションでフィルタを定義した場合、フィルタが利用できる範囲はそのVueインスタンスのみですが、Vueグローバル変数の提供するAPI（Vue.filter）でフィルタを定義すると、アプリケーション全体で利用できます。コンストラクタオプションとグローバル変数の提供するAPIの違いはフィルタに限らず、directiveなど他の機能でも同様です。

```
    },
    {
      name: 'ノート',
      price: 400,
      quantity: 0
    },
    {
      name: '消しゴム',
      price: 500,
      quantity: 0
    }
]
var vm = new Vue({
  el: '#app',
  data: {
    items: items
  },
  filters: { // この節で追加したフィルタの定義
    numberWithDelimiter: function (value) {
      if (!value) {
        return '0'
      }
      return value.toString().replace(/(\d)(?=(\d{3})+$)/g, '$1,')
    }
  }
})
```

　フィルタは受け取った値を文字列にして三桁ごとにカンマを追加するだけの単純な関数です[22]。

　画面上に桁区切りした**1,000**が表示されます。このフィルタはあとで文具の価格表示時の桁区切りに実際に用います。

フィルタの出力の確認

---

[22]　正規表現のパターンはフィルタの解説とは直接関係がないので、説明を省略します。

フィルタの連結

フィルタは連結させられます。値をフィルタで処理し、そのフィルタの処理結果をさらに次のフィルタの入力として渡すことが可能です。Unixのシェルを普段扱われている方はテンプレートの｜（パイプ）記法を見て、ピンときたかもしれませんね。

```
{{ value | filterA | filterB }}
```

2.8　算出プロパティ（computed）

算出プロパティ（computed）は、あるデータから派生するデータをプロパティとして公開する仕組みです。Vueコンストラクタのオプションオブジェクトの1つです。

データそのものに何らかの処理を与えたものをプロパティにしたい[23]ときはcomputedを用います。主に、複雑な式をテンプレートに記述するタイミングで用います。

```
new Vue({
  // ...
  computed: { // 関数として実装、参照時はプロパティとして機能
    算出プロパティ名: function (){
      // return ...
    }
  }
})
```

ここまでもMustacheで式を展開してきましたが、これは複雑な処理には向いていません。

同じ式を複数の箇所に記述したり、複雑な式を記述したりするとテンプレートの保守が困難になります。Mustache展開のJavaScript式は単一の式しか記述できないという制約があるので、そもそもテンプレートには記述ができない式も出てきます。この問題を解決するのが算出プロパティです。

Mustacheと算出プロパティを見比べてみましょう。

```
<!-- あらかじめVue.jsを読み込んでおく -->
<div id="app">
  <!-- テンプレート中で無理に総額を求めようとした場合 -->
  <p>合計: {{ items.reduce(function (sum,item) { return sum + (item.price * item.quantity), 0); }}</p>
</div>
```

---

*23　インスタンスに持たせて参照できるようにしたい

　Mustache記法でも一応動作はしますが、行そのものが長いのと、この式で計算している値が何か読み解くのが非常に困難です。

```
<!-- Vue.jsを読み込んでおく -->
<script>
new Vue({
  // ...マウントやデータ定義
  computed: {
    totalPrice: function () {
      // this経由でインスタンス内のデータにアクセス
      return this.items.reduce(function (sum, item) {
        return sum + (item.price * item.quantity)
      }, 0)
    },
    totalPriceWithTax: function () {
      // 算出プロパティに依存した算出プロパティも定義できる
      return Math.floor(this.totalPrice * 1.08)
    }
  }
})
</script>
<div id="app">
  <p>合計: {{ totalPrice }}<p>
</div>
```

　算出プロパティを使って書いてみました。定義したプロパティは、データと同様にテンプレートで展開することが可能です。呼び出しの()はいりません。関数を定義しましたが、参照するときはメソッドではなくプロパティです。

　computedで参照するとJavaScriptもHTMLのテンプレートも大分すっきりします。変数名を使えるのでテンプレートを見ただけで合計金額を表示することがすぐにわかります。

　console.logからも確認できます。プロパティとして定義されていることがわかるでしょう。

```
console.log(vm.totalPrice) // vmから参照した場合
```

2.8.1　thisによる参照

　算出プロパティや後述のメソッドでデータ(data)や算出プロパティを参照したいときは、this経由で参照します。このthisが指すのはVueインスタンス自身になります。dataやcomputedの内容はプロパティとして公開されるため、ここから参照できます。

```
//...
computed:{
  someFunc: function (){
    // dataやcomputed由来のプロパティ
    return this.item * 3
```

```
  }
}
```

2.8.2　サンプルアプリケーションでの実装

　文房具の購入金額の合計表示を例に記述してみます。実装例の JSFiddle の URL は https://jsfiddle.net/kitak/vjf3tskz/ です。

```
<script src="https://unpkg.com/vue@2.5.17"></script>
<div id="app">
  <p>{{ items[0].name }}: {{ items[0].price }} x {{ items[0].quantity }}</p>
  <p>小計: {{ totalPrice | numberWithDelimiter }}円</p>
  <p>合計(税込): {{ totalPriceWithTax | numberWithDelimiter }}円</p>
</div>
```

```
var items = [
  {
    name: '鉛筆',
    price: 300,
    quantity: 0
  },
  {
    name: 'ノート',
    price: 400,
    quantity: 0
  },
  {
    name: '消しゴム',
    price: 500,
    quantity: 0
  }
]
var vm = new Vue({
  el: '#app',
  data: {
    items: items
  },
  filters: {
    numberWithDelimiter: function (value) {
      if (!value) {
        return '0'
      }
      return value.toString().replace(/(\d)(?=(\d{3})+$)/g, '$1,')
    }
  },
  computed: { // 算出プロパティ
    totalPrice: function () {
      return this.items.reduce(function (sum, item) {
```

```
        return sum + (item.price * item.quantity)
      }, 0)
    },
    totalPriceWithTax: function () {
      // 算出プロパティに依存した算出プロパティも定義できる
      return Math.floor(this.totalPrice * 1.08)
    }
  }
})
window.vm = vm
```

　個数がUIから変更できないので、小計と合計は常に0円で表示されています。Chrome DevToolsの Consoleで計算が正しく行われているか確かめましょう。

```
vm.items[0].quantity = 3 // 表示の変更を確かめる
vm.items[2].quantity = 1 // 表示の変更を確かめる
```

　算出プロパティは依存しているデータ[*24]が更新されれば、自動的に更新されることがわかります。

コンソールで個数を変更したときの表示の確認

2.9　ディレクティブ

　Vue.jsでは、標準のHTMLに対して独自の属性を追加することで、属性値の式の変化に応じたDOM操作を行います。この特別な属性のことを**ディレクティブ（directive）**と呼んでいます[*25]。v- から始ま

[*24]　ここでは items。

[*25]　ディレクティブは Vue.js が標準で提供しているディレクティブの他に、ライブラリの利用者が独自のディレクティブを定義することも可能です。

る属性名を持ちます。テンプレートのMustache記法と同じく、Vueインスタンスをマウントした要素とその子孫でしか使えません。ディレクティブの属性値にはJavaScriptの式を与えます。Vueインスタンスのデータや算出プロパティはJavaScriptの式としてテンプレート中で使えるので、これらを属性値にできます。

ディレクティブによって、先程見た属性の設定の他に、テンプレート中の要素の表示を条件ごとに切り替えたり、繰り返しレンダリングしたりすることが可能になります。

ディレクティブは属性とは若干異なり v-bind:class=〜のように特殊な記法を用いるものもあります。さきほどもこのようなディレクティブのひとつの例として、属性の展開を実現する v-bind ディレクティブを紹介しました。ディレクティブは Mustache 記法による展開と並んで、Vue.js でテンプレートを書くときに重要です。この章では、よく利用される標準のディレクティブについて紹介します。

2.9.1　条件付きレンダリング（v-if/v-show）

テンプレート中の要素の表示・非表示を切り替えたい場合は、v-show ディクレティブまたは v-if ディレクティブを使います。

いずれも属性値の式を評価して真とみなせる場合には要素を表示し、偽とみなせる場合には要素を非表示にします。バリデーションのエラーメッセージの表示、ログイン済ユーザーのみに表示するコンポーネントなどに用います。

```
<p v-if="引数">
  // 真なら表示、偽なら非表示
</p>
```

```
<p v-show="引数">
  // 真なら表示、偽なら非表示
</p>
```

● v-ifとv-showの使い分け

v-if、v-show いずれも式の結果に応じて、表示・非表示を切り替えられます。それをどう実現しているかが異なります。v-if は式の結果に応じて DOM 要素を追加・削除するのに対して、v-show はスタイルの display プロパティの値を変更することで実現します。

見た目上はほぼ同等の v-if と v-show、使い分けの基準は切り替えの頻度と初期表示のコストです。

一般的にスタイルの操作よりも DOM の操作のほうがレンダリングのコストが高くなります。頻繁に式の評価結果が変わる場合には v-show を使うべきです。

一方、式の評価結果がほとんど変わらないときは v-if を利用するのが適切です。評価結果が一度しか変わらないようなケース、例えばページ表示時にログイン状態か確認してからデータを取得して表示するような場合を想定してみましょう。この場合、初期表示時は DOM 要素を生成せずレンダリングのコストを抑え、必要になったら DOM 要素を生成するのが理想です。

●**サンプルアプリケーションでの実装**

これまでのサンプルに購入可能かどうかの真偽値を返す算出プロパティ（canBuy）の定義を追加して、その値を使って要素を出し分けます。サンプルのJSFiddleのURLは https://jsfiddle.net/kitak/jafe8u4w/ です。購入できない場合に式（!canBuy）が真として評価され、エラーメッセージが表示されます。購入可能かどうかは頻繁に変わりうる情報のためv-showを用いています[*26]。

```html
<script src="https://unpkg.com/vue@2.5.17"></script>
<div id="app">
  <p>{{ items[0].name }}: {{ items[0].price }} x {{ items[0].quantity }}</p>
  <p>小計: {{ totalPrice | numberWithDelimiter }}円</p>
  <p>合計(税込): {{ totalPriceWithTax | numberWithDelimiter }}円</p>
  <!-- 属性値に応じて、表示を出し分けする -->
  <p v-show="!canBuy">
    {{ 1000 | numberWithDelimiter }}円以上からご購入いただけます
  </p>
</div>
```

```javascript
var items = [
  {
    name: '鉛筆',
    price: 300,
    quantity: 0
  },
  {
    name: 'ノート',
    price: 400,
    quantity: 0
  },
  {
    name: '消しゴム',
    price: 500,
    quantity: 0
  }
]
var vm = new Vue({
  el: '#app',
  data: {
    items: items
  },
  filters: {
    numberWithDelimiter: function (value) {
      if (!value) {
        return '0'
      }
      return value.toString().replace(/(\d)(?=(\d{3})+$)/g, '$1,')
    }
  },
```

[*26] ここではカートに戻すボタンなどは実装していないので、実際には頻繁に変わるわけではありません。実践を意識してこのように実装しています。

```
  computed: {
    totalPrice: function () {
      return this.items.reduce(function (sum, item) {
        return sum + (item.price * item.quantity)
      }, 0)
    },
    totalPriceWithTax: function () {
      return Math.floor(this.totalPrice * 1.08)
    },
    canBuy: function () {
      return this.totalPrice >= 1000 // 1000円以上から購入可能にする
    }
  }
})
window.vm = vm
```

　ここまでの内容の動作を確認しておきましょう。最初にアプリケーションを動かしたときは「1,000円以上からご購入いただけます」とエラーメッセージが表示されています。

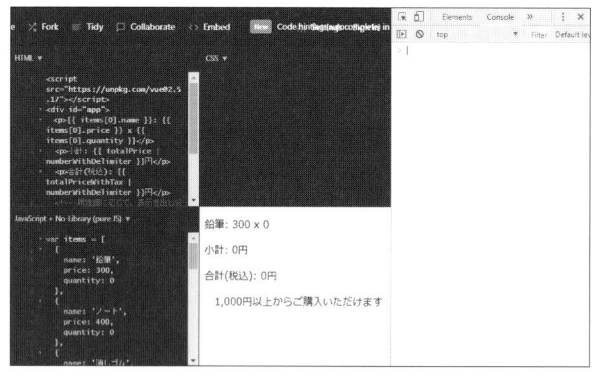

エラーメッセージの表示の確認

　コンソールで個数を変えて、1000円以上で購入しようとするとエラーメッセージが非表示になります。

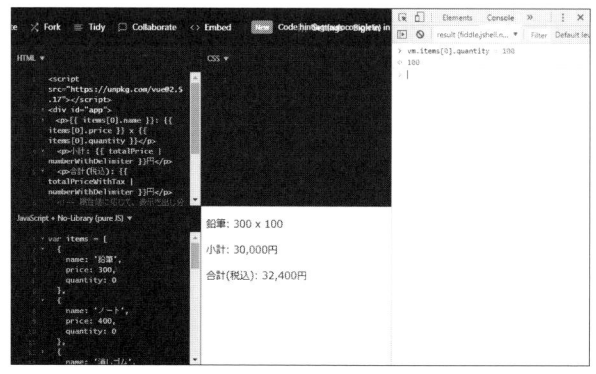

エラーメッセージが非表示になることの確認

2.9.2　クラスとスタイルのバインディング

　UIを実装していて、特定の条件が成立するとき、UIの見た目を変えたい場合があります。例えば、フォーム入力で不正な値が入力された場合は、フィールドの色を赤く表示されるUIがよくみられます。

　このようなときに使えるのが、v-bindディレクティブです。v-bindはディレクティブでは特殊な記法を用います。

```
v-bind:属性名="データを展開した属性値"
```

　ディレクティブの引数の属性名にclassを指定することでクラスの、styleを指定することでスタイルのディレクティブを実現します。v-bind自体がやや特殊な記法を用いますが、classとstyle指定時は更に記法が特殊になります。

　クラスとスタイルの属性値は通常のHTML要素では、classは空白("classA classB")、styleはセミコロン("color: tomato; background: yellow")で値を区切って記述します。

　Vueインスタンスのデータからこういったclassやstyleの属性値を自力で組み立てることは面倒です。

　そこでVue.jsでは、v-bindディレクティブがclassとstyleでは独自の属性値解釈を使えるようになっています。オブジェクトや配列が属性値に指定されたら、それらの要素やプロパティを結合し、最終的に文字列として評価するようになっています。

```
v-bind:class="オブジェクト・配列"
v-bind:style="オブジェクト・配列"
```

　実例を見ていきましょう。

● クラスのバインディング（v-bind:class）

　v-bind:classは、属性値にオブジェクトを指定した場合に、値が真のプロパティ名をclass属性値として反映します。次の場合、classはsharkになります。

```
<p v-bind:class="{shark: true, mecha: false}"></p>
```

　サンプルを参考にもう少し実用的な例を書いてみます。購買金額に到達してない場合は、クラスを付与して表示を変更するケースを考えましょう。次の例は算出プロパティcanBuyが偽の場合、class属性値が"error"となります。

```
<p v-bind:class="{error: !canBuy}">
  1000円以上からご購入いただけます
</p>
```

　アプリケーションの規模が大きくなっていくと、属性値のオブジェクトはプロパティの数や値の式が複雑になっていき、テンプレートのメンテナンスが困難になる傾向があります。その場合は、オブジェ

クトをテンプレートに直接記述するのではなく、算出プロパティとしてVueインスタンスに移すことを
おすすめします。thisはVueインスタンス自身です。

```
computed: {
  errorMessageClass: function () {
    return {
      error: !this.canBuy
    }
  }
}
```

```
<p v-bind:class="errorMessageClass">
  1000円以上からご購入いただけます
</p>
```

● スタイルのバインディング（v-bind:style）

v-bind:styleでは、属性値のオブジェクトのプロパティがスタイルのプロパティと対応して、イン
ラインスタイルとして反映されます。次の例なら<p style="color: red;">a</p>になります。

```
<p v-bind:style="{color: 'red'}">a</p>
```

式と組み合わせて使うことも可能です。以下のように記述した場合、canBuyが偽の場合の属性値は
"border: 1px solid red; color: red;"となります。

```
<p v-bind:style="{border: (canBuy ? '' : '1px solid red'), color: (canBuy ? '' :
'red')}">
  1000円以上からご購入いただけます
</p>
```

v-bind:styleもv-bind:class同様に属性値のオブジェクトや配列の記述が複雑になる場合は、
算出プロパティに移すべきです。

```
errorMessageStyle: function () {
  // canBuyが偽の時に赤く表示する
  return {
    border: this.canBuy ? '' : '1px solid red',
    color: this.canBuy ? '' : 'red'
  }
}
```

```
<p v-bind:style="errorMessageStyle">
  1000円以上からご購入いただけます
</p>
```

●v-bindの省略記法

v-bindディレクティブは、最もよく使われるディレクティブの1つです。簡潔に記述するための特別な記法が用意されています。v-bindディレクティブはv-bindの記述を省略して、：+属性名で記述できます。

```
v-bind:disabled→:disabled
```

```html
<p :class="{error: !canBuy}">
  1000円以上からご購入いただけます
</p>
```

●スタイルのバインディングのサンプルへの適用

ここで学んだ内容をサンプルへ適用しましょう。適用後のJSFiddleのURLは https://jsfiddle.net/kitak/L0pkqg7b/ です。

購入可能になるまで、全体を赤枠で囲み文字色を赤色にします。Chrome DevToolsのConsoleで購入個数を変更して、購入金額(totalPrice)を1000円以上にすると表示が切り替わります。

```html
<script src="https://unpkg.com/vue@2.5.17"></script>
<div id="app">
  <!-- 1000円以上になるまで、赤く表示する -->
  <div :style="errorMessageStyle">
    <p>{{ items[0].name }}: {{ items[0].price }} x {{ items[0].quantity }}</p>
    <p>小計: {{ totalPrice | numberWithDelimiter }}円</p>
    <p>合計(税込): {{ totalPriceWithTax | numberWithDelimiter }}円</p>
    <p v-show="!canBuy">
      {{ 1000 | numberWithDelimiter }}円以上からご購入いただけます
    </p>
  </div>
</div>
```

```javascript
var items = [
  {
    name: '鉛筆',
    price: 300,
    quantity: 0
  },
  {
    name: 'ノート',
    price: 400,
    quantity: 0
  },
  {
    name: '消しゴム',
    price: 500,
    quantity: 0
  }
```

```
]
var vm = new Vue({
  el: '#app',
  data: {
    items: items
  },
  filters: {
    numberWithDelimiter: function (value) {
      if (!value) {
        return '0'
      }
      return value.toString().replace(/(\d)(?=(\d{3})+$)/g, '$1,')
    }
  },
  computed: {
    totalPrice: function () {
      return this.items.reduce(function (sum, item) {
        return sum + (item.price * item.quantity)
      }, 0)
    },
    totalPriceWithTax: function () {
      return Math.floor(this.totalPrice * 1.08)
    },
    canBuy: function () {
      return this.totalPrice >= 1000
    },
    errorMessageStyle: function () {
      // canBuyが偽の時に赤く表示する
      return {
        border: this.canBuy ? '' : '1px solid red',
        color: this.canBuy ? '' : 'red'
      }
    }
  }
})
window.vm = vm
```

　ここまでの内容の動作を確認しておきましょう。エラーメッセージが表示されている場合は要素の枠線と文字色が赤になっていることが確認できます。

表示が赤色になっていることの確認

2.9.3 リストレンダリング（v-for）

v-forディレクティブで、配列あるいはオブジェクトのデータをリストレンダリング（繰り返しレンダリング）できます。

v-forディレクティブの属性値は要素 in 配列というJavaScript式ではない特別な構文が使われます[27]。itemは反復されている配列のそれぞれの要素に参照できる変数です。特別な構文ですが、直感的に分かるものです[28]。

```
v-for="要素 in 配列"
```

v-forで一点補足しておきたいのはv-bind:key=〜で生成時に一意なキーを各要素に与える点です。これはVue.jsのパフォーマンス等の理由で与えられるもので、必須です。

```
<!-- data: { arr: ['い','ろ','は']}を定義しておく -->
<ul>
  <li v-for="item in arr" v-bind:key="item">{{item}}</li>
</ul>
```

```
<!-- レンダリング後 -->
<ul>
  <li>い</li>
  <li>ろ</li>
```

＊27　配列の場合。

＊28　動作サンプルを掲載しておきます。 https://JSFiddle.net/kitak/90cbjen5/1/

```
  <li>は</li>
</ul>
```

現在の要素のインデックスが必要な場合は、以下のように記述します。

```
v-for="( 要素 , インデックス ) in 配列 "
```

```
<!-- data: { arr: [' い ',' ろ ',' は ']} を定義しておく -->
<ul>
  <li v-for="(item, index) in arr" v-bind:key="item">{{ index }} {{ item }}</li>
</ul>
```

```
<!-- レンダリング後 -->
<ul>
  <li>0 い</li>
  <li>1 ろ</li>
  <li>2 は</li>
</ul>
```

オブジェクトに対しても v-for が使えます。

```
v-for=" 値 in オブジェクト "
v-for="( 値 , キー ) in オブジェクト "
```

`Column`

リストレンダリングパフォーマンス

　Vue.jsに限らず、他のビューを扱うライブラリ・フレームワークで話題になるのが、リストレンダリングのパフォーマンスです。リストのデータが変更されるたびに、リスト全体のDOM操作、レンダリングが行われると表示のちらつきが発生してしまいます。ユーザーフレンドリーとはいえません。

　このため、各ライブラリ・フレームワークでは、必要なDOM操作だけ行うように工夫しています。

　Vue.jsでは、配列を操作するメソッド push、pop、shift、unshift などをラップして変更を検知します。また、ユニークキーを指定する属性 key でリストのアイテムを識別可能にし、変更前後のリストの差分を検出することで、効率の良いDOM操作を実現します。

●サンプルアプリケーションの実装

　これまでのサンプルを拡張して、各商品の単価、個数、単価×個数をリスト表示します。拡張後のJSFiddleのURLは https://jsfiddle.net/kitak/dop1e79c/ です。

　以下のコードでは、商品の名前をユニークキー v-bind:key=item.name としています。実際に開発すると、これでは重複してしまうこともありえます。Web APIのレスポンスには、さらにそのバックエンドのデータベースのレコードのidなど、アイテムを識別するユニークな値が含まれていることが多い

です。それを指定すればよいでしょう。

```html
<script src="https://unpkg.com/vue@2.5.17"></script>
<div id="app">
  <div v-bind:style="errorMessageStyle">
    <ul>
      <!-- 各商品の単価と購入個数をリスト表示する -->
      <li v-for="item in items" v-bind:key="item.name">
      {{ item.name }}: {{ item.price }} x {{ item.quantity }} = {{ item.price *
item.quantity | numberWithDelimiter }}円
      </li>
    </ul>
    <p>{{ items[0].name }}: {{ items[0].price }} x {{ items[0].quantity }}</p>
    <p>小計: {{ totalPrice | numberWithDelimiter }}円</p>
    <p>合計(税込): {{ totalPriceWithTax | numberWithDelimiter }}円</p>
    <p v-show="!canBuy">
      {{ 1000 | numberWithDelimiter }}円以上からご購入いただけます
    </p>
  </div>
</div>
```

```javascript
var items = [
  {
    name: '鉛筆',
    price: 300,
    quantity: 0
  },
  {
    name: 'ノート',
    price: 400,
    quantity: 0
  },
  {
    name: '消しゴム',
    price: 500,
    quantity: 0
  }
]
var vm = new Vue({
  el: '#app',
  data: {
    items: items
  },
  filters: {
    numberWithDelimiter: function (value) {
      if (!value) {
        return '0'
      }
      return value.toString().replace(/(\d)(?=(\d{3})+$)/g, '$1,')
    }
  },
```

```
  computed: {
    totalPrice: function () {
      return this.items.reduce(function (sum, item) {
        return sum + (item.price * item.quantity)
      }, 0)
    },
    totalPriceWithTax: function () {
      return Math.floor(this.totalPrice * 1.08)
    },
    canBuy: function () {
      return this.totalPrice >= 1000
    },
    errorMessageStyle: function () {
      // canBuyが偽の時に赤く表示する
      return {
        border: this.canBuy ? '' : '1px solid red',
        color: this.canBuy ? '' : 'red'
      }
    }
  }
})
window.vm = vm
```

ここまでの内容を確認しておきましょう。各商品の単価、個数、単価×個数のリストが表示されていることが確認できます。

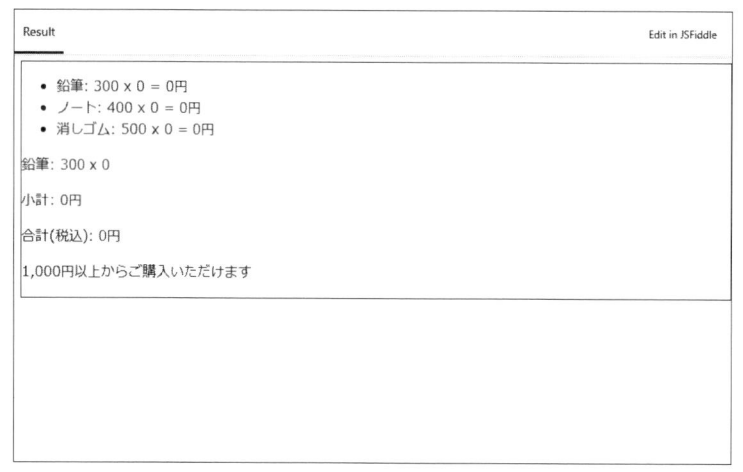

リストレンダリングの確認

2.9.4　イベントハンドリング(v-on)

これまで、Chrome DevToolsのConsoleでVueインスタンスを操作してきました。購入個数の変更などです。これは確認用には便利ですが、実際のアプリケーションで使うわけにはいきません。アプリケーションを操作してVueインスタンス側の個数などを操作できるようにしたいケースもあります。

ここでは、その例としてUIで購入個数を指定できるように拡張します。こういった個数の入力・選択にinput要素が使われます。Vue.jsを用いないJavaScriptのよくある実装としては、この要素のchangeやinputといったイベントをハンドリングしてデータを変更します。

Vue.jsでは、v-onディレクティブを利用して、これを実現します。v-onはイベントが起きた時に属性値の式を実行します。DOM APIのaddEventListenerのようなものだと考えてください。v-onも特殊な記法をするディレクティブです[29]。

```
v-on:イベント名="式として実行したい属性値"
```

v-onディレクティブを使って、UIから入力を受け付けるようにしてみましょう。これまでのサンプルに各文房具の購入個数を入力するためのテンプレートを追加します。変更後のJSFiddleのURLはhttps://jsfiddle.net/kitak/msd0xh9L/ です。

```
<script src="https://unpkg.com/vue@2.5.17"></script>
<div id="app">
  <ul>
    <li v-for="item in items" v-bind:key="item.name">
      <!-- v-onでイベントが発生した時に属性値で指定した式を評価する -->
      {{ item.name }}の個数: <input type="number" v-on:input="item.quantity =
$event.target.value" v-bind:value="item.quantity" min="0">
    </li>
  </ul>
  <hr>
  <div v-bind:style="errorMessageStyle">
    <ul>
      <li v-for="item in items" v-bind:key="item.name">
        {{ item.name }}: {{ item.price }} x {{ item.quantity }} = {{ item.price *
item.quantity | numberWithDelimiter }}円
      </li>
    </ul>
    <p>{{ items[0].name }}: {{ items[0].price }} x {{ items[0].quantity }}</p>
    <p>小計: {{ totalPrice | numberWithDelimiter }}円</p>
    <p>合計(税込): {{ totalPriceWithTax | numberWithDelimiter }}円</p>
    <p v-show="!canBuy">
      {{ 1000 | numberWithDelimiter }}円以上からご購入いただけます
    </p>
  </div>
</div>
```

```
var items = [
  {
    name: '鉛筆',
    price: 300,
    quantity: 0
  },
```

---

[29] 省略表記もあります。詳細は後述します。

```
    {
      name: 'ノート',
      price: 400,
      quantity: 0
    },
    {
      name: '消しゴム',
      price: 500,
      quantity: 0
    }
]
var vm = new Vue({
  el: '#app',
  data: {
    items: items
  },
  filters: {
    numberWithDelimiter: function (value) {
      if (!value) {
        return '0'
      }
      return value.toString().replace(/(\d)(?=(\d{3})+$)/g, '$1,')
    }
  },
  computed: {
    totalPrice: function () {
      return this.items.reduce(function (sum, item) {
        return sum + (item.price * item.quantity)
      }, 0)
    },
    totalPriceWithTax: function () {
      return Math.floor(this.totalPrice * 1.08)
    },
    canBuy: function () {
      return this.totalPrice >= 1000
    },
    errorMessageStyle: function () {
      // canBuyが偽の時に赤く表示する
      return {
        border: this.canBuy ? '' : '1px solid red',
        color: this.canBuy ? '' : 'red'
      }
    }
  }
})
window.vm = vm
```

個数の入力を受け付ける

上の例はinputイベントをハンドリングして、入力の度に入力された値でquantityプロパティを更新しています。入力の度に更新するのではなく、入力が完了してinput要素のフォーカスが外れた時に更新を行いたい場合は、changeイベントを利用します。

```
<ul>
  <li v-for="item in items" v-bind:key="item.name">
    <!-- v-onディレクティブの引数をinputからchangeに変更した -->
    {{ item.name }}の個数: <input type="number" v-on:change="item.quantity =
$event.target.value" v-bind:value="item.quantity" min="0">
  </li>
</ul>
```

v-onディレクティブの属性値をみてみましょう。

```
<!-- 属性値「item.quantity = $event.target.value」に注目する -->
<input type="number" v-on:change="item.quantity = $event.target.value"
v-bind:value="item.quantity" min="0">
```

属性値はJavaScript式になっており、Vue.jsが提供しているDOMイベントのオブジェクトの参照$eventを使って、直接quantityプロパティに入力された値を代入しています。

今回は、購入個数の変更という単純な内容なので属性値に記述できますが、実際には複数の処理を行う必要が出てきます。この場合、JavaScript式だけでなく、後程説明するメソッドを指定します。

●v-onの省略記法

v-onディレクティブもv-bindディレクティブと同様によく使われるため、簡潔に記述するための記法が用意されています。v-onディレクティブはv-on:を@に置き換えることが可能です。

```
v-on:click → @click
```

```
<button :disabled="!canBuy" @click="doBuy">購入</button>
```

省略記法はサーバーサイドのテンプレートエンジンで扱う場合に不正な記述とみなされてエラーになる場合があります。例えば、Javaのテンプレートエンジンの Thymeleaf では @click は Thymeleaf のテンプレートの文法として不正なため、エラーが発生します。その場合は、省略記法を使わずに、v-on:〜, v-bind:〜と記述してください。

2.9.5　フォーム入力バインディング(v-model)

先程は、UIから入力を受け付けて、データを更新するために v-on:change (v-on:input) と v-bind:value を利用しました。

一般的にフォームは複数の入力部品から成り立ちます。これらのひとつひとつに対して、v-on:change (v-on:input) と v-bind:value を記述するのは、なかなか骨の折れることです。この手間を省くために、Vue.js には同様のことを簡潔に記述することができる v-model ディレクティブが提供されています。v-model は双方向データバインディングを実現するディレクティブです。

ビュー(DOM)で変更があった時に、その値を Vue インスタンスのデータとして更新します。逆に Vue インスタンスのデータに変更があった場合はビューを再レンダリング[30]します。

```
<input type="number" v-model="item.quantity" min="0">
```

上記のように記述することで v-on:input と同じ振る舞いを実現できます。先程、v-on を使って記述した箇所を v-model に置き換えてみましょう。変更後の JSFiddle の URL は https://jsfiddle.net/kitak/69yb70tv/ です。

```
<script src="https://unpkg.com/vue@2.5.17"></script>
<div id="app">
  <ul>
    <li v-for="item in items" v-bind:key="item.name">
      <!-- v-onディレクティブの代わりにv-modelを使う -->
      {{ item.name }}の個数: <input type="number" v-model="item.quantity" min="0">
    </li>
  </ul>
  <hr>
  <div v-bind:style="errorMessageStyle">
  <ul>
    <li v-for="item in items" v-bind:key="item.name">
      {{ item.name }}: {{ item.price }} x {{ item.quantity }} = {{ item.price *
```

---

[30] DOMを更新。

```
    item.quantity | numberWithDelimiter }}円
      </li>
    </ul>
    <p>{{ items[0].name }}: {{ items[0].price }} x {{ items[0].quantity }}</p>
    <p>小計: {{ totalPrice | numberWithDelimiter }}円</p>
    <p>合計(税込): {{ totalPriceWithTax | numberWithDelimiter }}円</p>
    <p v-show="!canBuy">
      {{ 1000 | numberWithDelimiter }}円以上からご購入いただけます
    </p>
    </div>
</div>
```

```
var items = [
  {
    name: '鉛筆',
    price: 300,
    quantity: 0
  },
  {
    name: 'ノート',
    price: 400,
    quantity: 0
  },
  {
    name: '消しゴム',
    price: 500,
    quantity: 0
  }
]
var vm = new Vue({
  el: '#app',
  data: {
    items: items
  },
  filters: {
    numberWithDelimiter: function (value) {
      if (!value) {
        return '0'
      }
      return value.toString().replace(/(\d)(?=(\d{3})+$)/g, '$1,')
    }
  },
  computed: {
    totalPrice: function () {
      return this.items.reduce(function (sum, item) {
        return sum + (item.price * item.quantity)
      }, 0)
    },
    totalPriceWithTax: function () {
      return Math.floor(this.totalPrice * 1.08)
    },
```

```
    canBuy: function () {
      return this.totalPrice >= 1000
    },
    errorMessageStyle: function () {
      // canBuyが偽の時に赤く表示する
      return {
        border: this.canBuy ? '' : '1px solid red',
        color: this.canBuy ? '' : 'red'
      }
    }
  }
})
window.vm = vm
```

Column

修飾子による動作の変更

　v-modelを使った動作変更ではinputイベントを置き換えました。inputイベントではなくchangeイベント、v-on:changeと同じ振る舞いを実現する場合は、ディレクティブの挙動を変更する修飾子（Modifier）という仕組みを利用する必要があります。 修飾子はディレクティブ.修飾子の形で利用します。

```
<input type="number" v-model.lazy="name" min="0">
```

　修飾子はいくつかのディレクティブにのみ存在します。v-modelのほかにはv-onディレクティブにも存在します。DOMイベントを中断したりキー入力を制限することが可能です。v-modelの他の修飾子とも併せて公式のガイドやAPIリファレンスを参照してください。

2.10　ライフサイクルフック

　Vueインスタンスには、生成から消滅までに至るまでのライフサイクルがあります。

　例えば、コンポーネントの表示をv-ifで制御している場合に、条件が真になったらVueインスタンスが生成されます。その後、ユーザーのUI操作やデータの変更に応じて更新を繰り返し、v-ifの条件が真から偽に変わったら破棄されます。

　ライフサイクルという言葉はプログラミングに限らず植物や動物に対しても使われる言葉です。動物の脱皮や人間の成人などのようにライフサイクルには節目のタイミングがあります。Vueインスタンスにも同様のタイミングがあり、そのときに呼ばれる処理を事前に登録して、そのタイミングで自動で呼び出すことができます。

　これをライフサイクルフックと呼びます[31]。

----

[31]　ライフサイクルフックはサンプルアプリケーションでは少し使いづらいので、別の例で解説しています。

2.10.1　ライフサイクルフック一覧とフロー

ライフサイクルフックが登録できるタイミングには `created`, `mounted`, `destroyed` などがあります。Vueコンストラクタ（コンポーネント）のオプションに、タイミングの名前をプロパティとして呼び出したい関数を指定します。各フックとそれが呼ばれるタイミングを以下の表にまとめました。

フックの名前	フックが呼ばれるタイミング
beforeCreate	インスタンスが生成され、データが初期化される前
created	インスタンスが生成され、データが初期化された後
beforeMount	インスタンスがDOM要素にマウントされる前
mounted	インスタンスがDOM要素にマウントされた後
beforeUpdate	データが変更され、DOMに適用される前
updated	データが変更され、DOMに適用された後
beforeDestroy	Vueインスタンスが破棄される前
detroyed	Vueインスタンスが破棄された後

ライフサイクルのフックが呼ばれる順番は以下の図のようになります。ライフサイクルの流れやタイミングを全て暗記する必要はありません。大まかな流れだけ把握しておいて、必要なときに図を参照して調べるとよいでしょう。

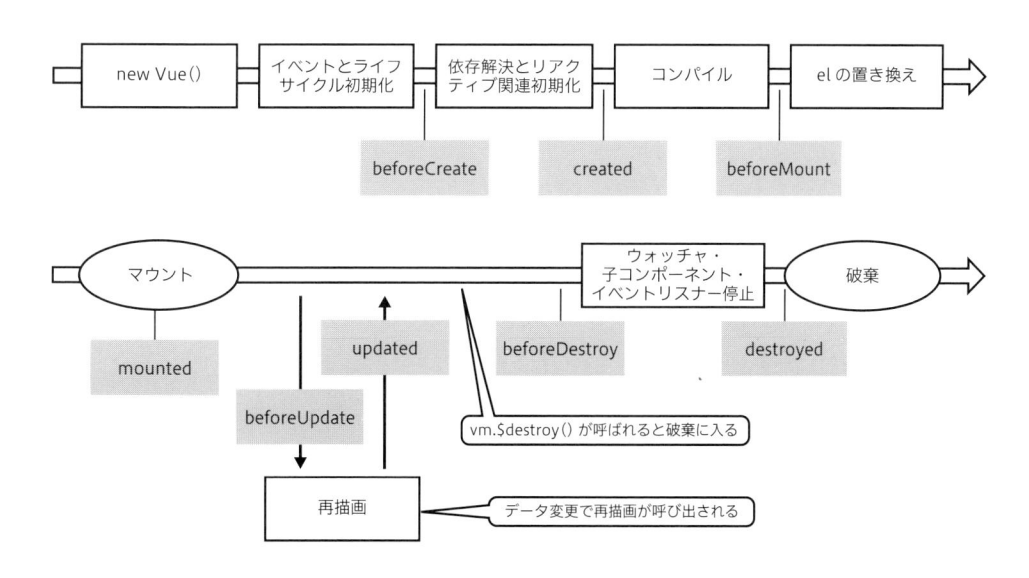

ライフサイクルの図

よく使われるフックをいくつか説明します。

2.10.2　createdフック

createdはインスタンスが生成されて、データが初期化された後に呼ばれます。このライフサイクルフックが呼ばれた段階では、まだDOM要素はインスタンスには紐付いていません。

インスタンスの$elプロパティやDOM APIのgetElementByIdやquerySelectorAllではDOM要素の取得はできないので注意しましょう。

このフックは、Vuexを導入していない小規模のアプリで、Web APIと通信してデータに関する処理を開始したり、setIntervalやsetTimeoutで繰り返し実行したりするタイマー処理を開始するポイントとして利用されます。

2.10.3　mountedフック

mountedはインスタンスにDOM要素が紐付いた後に呼ばれます。インスタンスの$elプロパティやquerySelectorAllなどのDOM APIが利用できるようになるので、DOM操作やイベントリスナーの登録が必要な場合にはこのフックで行います。

2.10.4　beforeDestroyフック

beforeDestroyはインスタンスが破棄される前に呼ばれます。mountedフックでDOM要素に登録したイベントリスナーの破棄や、タイマー処理のクリアといった「後始末」をここで行います。この処理を適切に行わないとメモリリークの原因となり、ユーザー体験を損なう結果に繋がります。

タイマー処理を題材にそれぞれのフックが呼ばれるタイミングの理解を深めてみましょう。以下のHTMLをファイルに保存して、ブラウザで開くか、同じ内容を登録したJSFiddleのURLで動作を確認します https://jsfiddle.net/kitak/e9pthyk3/。

```
<!DOCTYPE html>
<title>Vue.jsでフック</title>
<script src="https://unpkg.com/vue@2.5.17"></script>

<div id="app">
  <p>{{ count }}</p>
</div>
<script>
var vm = new Vue({
  el: '#app',
  data: function () {
    return {
      count: 0,
      timerId: null
    }
  },
```

```
created: function () {
  console.log('created')
  var that = this
  // データを参照できる
  console.log(this.count)
  // DOM 要素が紐付いていないので undefined
  console.log(this.$el)
  // タイマー処理を開始する
  this.timerId = setInterval(function () {
    that.count += 1
  }, 1000)
},
mounted: function () {
  console.log('mounted')
  // DOM 要素が紐付いている
  console.log(this.$el)
},
beforeDestroy: function () {
  console.log('beforeDestroy')
  // タイマーの後始末を行う
  clearInterval(this.timerId)
}
})
window.vm = vm
</script>
```

1秒ごとにカウントが増えていることが分かります。Chrome DevToolsのコンソールで、プログラムのコメントに沿った内容の出力がされているはずです。

ここで、Vueインスタンスを手動で破棄してみましょう。インスタンスの$destroyメソッドを呼び出すことで手動でインスタンスを破棄することができます。開発者ツールのコンソールにvm.$destroy()と入力して実行します。

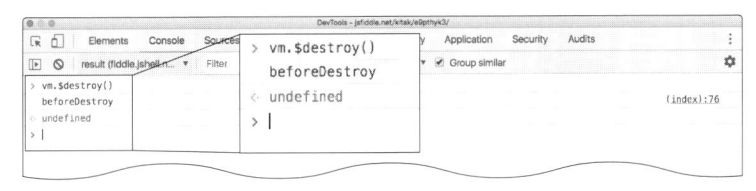

破棄の確認

「beforeDestory」と出力され、beforeDestoryフックが実行されたことを確認できました。

2.11　メソッド(methods)

ここまでグローバル変数Vueのコンストラクタオプションをいくつか紹介してきました。最後にメソッドについて紹介します。

　メソッドは名前の通り、Vueインスタンスのメソッドとして機能します。Vueインスタンスのコンストラクタオプションの`methods`プロパティで定義します。`methods`はデータの変更やサーバーにHTTPリクエストを送る際に用います。

```
methods: {
  メソッド名: function() {
    // 処理
  }
}
```

　定義されたメソッドはVueインスタンスのメソッドとして呼び出せます。よくあるのは`v-on`ディレクティブの属性値にバインディングして、ビューのイベントが発生したときに呼び出す形です。テンプレート内でも`{{メソッド名()}}`のようにテキスト展開の式で呼び出すことができます。

　ボタンを押したら入力した値をサーバーに送信するといったケースを考えてみましょう。テンプレートで以下のように`v-on:click`を利用します。

```
<button v-bind:disabled="!canBuy" v-on:click="doBuy">購入</button>
```

　`v-on`ディレクティブの属性値には、メソッド名または式を指定できます。メソッド名を指定した場合には、イベントオブジェクトがデフォルトの引数として渡されます。このイベントオブジェクトは式の中で`$event`という特別な変数で参照することが可能です。上記のテンプレートと同じ振る舞いを式で実現するには、以下のようにテンプレートを書きます。

```
<button v-bind:disabled="!canBuy" v-on:click="doBuy($event)">購入</button>
```

　イベントオブジェクト以外にも、テンプレートから引数を渡したい場合には式で記述するとよいでしょう。

2.11.1　イベントオブジェクト

　`v-on`ディレクティブの属性値にメソッドを指定した場合、引数にはデフォルトでイベントオブジェクトが渡されます。

　このオブジェクトにはイベントが発生した要素や座標などの情報が含まれています。このオブジェクトは標準のDOM APIの`addEventListener`で指定するイベントリスナーの第一引数に渡されるイベントオブジェクトと同様のものです。

```
methods: {
  メソッド名: function(event) {
    // 引数eventはイベントオブジェクト
  }
}
```

算出プロパティのキャッシュ機構

　ここで説明したメソッドと先程の算出プロパティは、いずれも関数の形を取るという点では同じで、Vue.jsを学び始めたばかりの頃はその使い分けに悩むことがあります。

　算出プロパティは依存しているデータが変更されない限り、一度計算した結果をキャッシュする特徴を持っています。つまり、サンプルで用いたtotalPriceの場合、一度計算をおこなった後は購入個数が変わるまで再計算をおこなわないということです。

　算出プロパティと似た機能としてVueインスタンスにはメソッドもあります。以下の様に合計金額を計算するメソッドを定義してテンプレートで呼び出す({{ totalPrice() }})ことでも同様のことを実現できます。メソッドはキャッシュされません。メソッドが呼ばれる度に計算がされます。この理由から同じ内容の計算を何度もせず、計算した結果を再利用する算出プロパティとして定義することをおすすめします。

```
new Vue({
  // ...
  methods: {
    totalPrice: function () {
      return this.items.reduce(function (sum, item) {
        return sum + (item.price * item.quantity)
      }, 0)
    },
    totalPriceWithTax: function () {
      // 算出プロパティに依存した算出プロパティも定義できる
      return Math.floor(this.totalPrice * 1.08)
    },
  }
})
```

　算出プロパティは必要なときのみ再計算する賢い機能なのですが、**計算のキャッシュは依存するデータにもとづいて行われています**。そのため、Vueインスタンスのデータではない、現在日時やDOMの状態といったいわゆる外界とのやりとり、副作用を伴う値を利用した場合は、その値の変更を検知できないので再計算は行われません。この点には注意しなければいけません。以下の例で説明します。

```
<script src="https://unpkg.com/vue@2.5.17"></script>
<div id="app">
  <p>{{ message }}</p>
</div>
```

```
var vm = new Vue({
  el: '#app',
  data: {
    messagePrefix: 'Hello'
  },
  computed: {
    message: function () {
      var timestamp = Date.now()
      return this.messagePrefix + ', ' + timestamp
    }
```

```
  }
})
window.vm = vm
```

この算出プロパティは、あいさつのメッセージとタイムスタンプを表示します。Chrome DevToolsのコンソールでプロパティを参照してみましょう。数秒待った後のメッセージでそのときの最新のタイムスタンプが表示されるという誤解をされがちですが変わりません。上の例だと、messagePrefixが変更されるまでキャッシュされた値が返ってきます。

```
vm.message // Hello, 1522545486691 (タイムスタンプは実行時時刻です)
// 数秒待って実行
vm.message // Hello, 1522545486691
```

試しにChrome DevToolsのConsoleでmessagePrefixを変更して、参照するとタイムスタンプも変わっていることが分かります。算出プロパティが内部でどのようにこの振る舞いを実現しているか詳しく知りたい場合は前章を参照してください。

```
vm.messagePrefix = 'Hi'
vm.message // Hi, 1522545489695
```

これを利用してpreventDefaultやstopPropagationといったイベントの挙動を制御するメソッドも呼び出せます。

例えば、リンクをクリックした場合に、通常はそのリンク先へ遷移しますが、preventDefaultを呼び出すことで遷移を阻止することができます。また、stopPropagationは、イベントが先祖の要素へ伝播していくのを防ぐメソッドです。これらのメソッドはよく使われる機能なので、ディレクティブの修飾子の仕組みでテンプレートから指定することも可能です。

```
<button v-bind:disabled="!canBuy" v-on:click.prevent="doBuy">購入</button>
```

2.11.2　サンプルでのメソッドの呼び出し

メソッドの大枠はわかりました。これを用いて、ボタンが押されたらアラートが表示されるようにサンプルを拡張してみましょう[32]。

---

[32]　実際、このようなフォームを作成する場合には、ボタンが押されたらフォームの送信やAjax（XMLHttpRequest）でサーバーとの通信が発生します。今回はサーバー実装が用意されていないので、購入が完了したとみなして購入金額（税金）をアラートで表示して、購入個数を全て0にリセットします。

```
<!DOCTYPE html>
<title>Vue.Stationery store</title>
<script src="https://unpkg.com/vue@2.5.17"></script>
<div id="app">
  <ul>
    <li v-for="item in items" v-bind:key="item.name">
      {{ item.name }}の個数: <input type="number" v-model="item.quantity" min="0">
    </li>
  </ul>
  <hr>
  <div v-bind:style="errorMessageStyle">
    <ul>
      <li v-for="item in items" v-bind:key="item.name">
        {{ item.name }}: {{ item.price }} x {{ item.quantity }} = {{ item.price *
item.quantity | numberWithDelimiter }}円
      </li>
    </ul>
    <p>{{ items[0].name }}: {{ items[0].price }} x {{ items[0].quantity }}</p>
    <p>小計: {{ totalPrice | numberWithDelimiter }}円</p>
    <p>合計(税込): {{ totalPriceWithTax | numberWithDelimiter }}円</p>
    <p v-show="!canBuy">
      {{ 1000 | numberWithDelimiter }}円以上からご購入いただけます
    </p>
    <!-- ボタンが押されたら、メソッドを呼び出す -->
    <button v-bind:disabled="!canBuy" v-on:click="doBuy">購入</button>
  </div>
</div>
```

```
var items = [
  {
    name: '鉛筆',
    price: 300,
    quantity: 0
  },
  {
    name: 'ノート',
    price: 400,
    quantity: 0
  },
  {
    name: '消しゴム',
    price: 500,
    quantity: 0
  }
]
var vm = new Vue({
  el: '#app',
  data: {
    items: items
  },
  filters: {
```

```
      numberWithDelimiter: function (value) {
        if (!value) {
          return '0'
        }
        return value.toString().replace(/(\d)(?=(\d{3})+$)/g, '$1,')
      }
    },
    methods: {
      doBuy: function () {
        // 本来はここで、サーバーと通信を行う
        alert(this.totalPriceWithTax + '円のお買い上げ！')
        this.items.forEach(function (item) {
          item.quantity = 0
        })
      }
    },
    computed: {
      totalPrice: function () {
        return this.items.reduce(function (sum, item) {
          return sum + (item.price * item.quantity)
        }, 0)
      },
      totalPriceWithTax: function () {
        return Math.floor(this.totalPrice * 1.08)
      },
      canBuy: function () {
        return this.totalPrice >= 1000
      },
      errorMessageStyle: function () {
        // canBuyが偽の時に赤く表示する
        return {
          border: this.canBuy ? '' : '1px solid red',
          color: this.canBuy ? '' : 'red'
        }
      }
    }
  })
  window.vm = vm
```

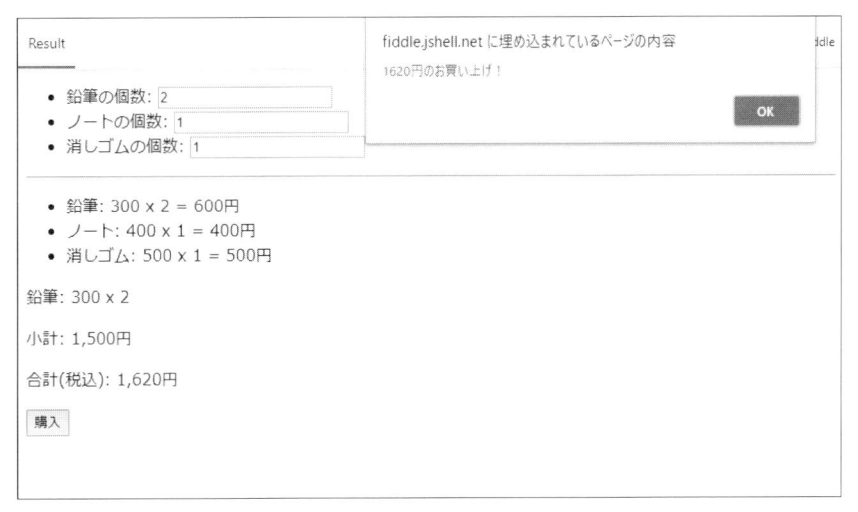

購入前

メソッドの呼び出し、アラートの表示の確認

　上記コード例で、基本機能の紹介のためのお題に使った文房具の購入フォームは完成です。完成した内容のJSFiddleのURLは https://jsfiddle.net/kitak/doar3mn5/ になります。実際に手元で動かしたり、ロジックに手をいれることでVue.jsの機能に対する理解を深めてください。

　この章では、Vue.jsのテンプレート構文を中心にメソッド、ディレクティブ、フィルタ、算出プロパティなどの基本機能の紹介をおこないました。いずれも重要なので、本章や公式ガイドを参考にしっかり身につけてください。

ライブラリをあまり使わないベタな実装やjQueryになれている人には少し冗長に思えたかもしれません。しかし、今回のような比較的小規模なアプリケーションでも、Vue.jsを用いなければ混沌としたコードになりがちです。

Vue.jsの記法がコードを整理しやすくすることは、章を追うごとに実感できます。

3.
コンポーネントの基礎

本章では、Vue.jsのコンポーネントの基礎から実践までを学んでいきます。Vue.jsにおいてコンポーネントシステムは最も重要な概念、機能の1つです。ここでは、コンポーネントの定義、基本的な使用方法、UI設計を解説します。

3.1 コンポーネントとは何か

Vue.jsにおけるコンポーネントシステムを見る前に、Web開発における(UI)コンポーネント[*1]について解説します。Webフロントエンドの開発ではUIコンポーネントをどれだけ効率的に書けるかが重要になります。

Vue.jsはこのようなUIコンポーネントを適切に扱うための仕組み、コンポーネントシステムを備えています。

それでは、なぜWebフロントエンド開発でコンポーネントシステムが重要か、コンポーネント化のメリットは何かを見ていきましょう。

3.1.1 全てはUIコンポーネントから構成される

ウェブアプリケーションのUIは、それを構成する複数の部品の組み合わせとして捉えられます。

例えばGoogleのトップページを考えてみましょう。Gmailやログインリンクをまとめたヘッダー、検索フォーム、免責などへのリンクをまとめたフッターの3要素から構成されています。さらにヘッダーを分割すれば、ヘッダーはGmailへのリンク、画像検索へのリンク、ログインボタンから構成されています。これらの部品をUIコンポーネントと呼びます。

Googleのトップページ

[*1]　Webフロントエンドの開発においては、コンポーネントと言ったときにはUIの部品をモジュール化したものを総合的に指すことが多いです。本章ではコンポーネントといったときには基本的にVue.jsのコンポーネントを指します。また、UIの部品をモジュール化したものを指すときはUIコンポーネントと呼びます。開発の現場では、コンポーネントが何を意味するのかの共通認識をとったうえでコミュニケーションを取ると良いでしょう。紛らわしい場合は、Vueコンポーネントのように呼ぶとよいでしょう。

　Webサイトは規模の大小を問わず、このようなUIコンポーネントの木構造、コンポーネントツリーで構成されます。

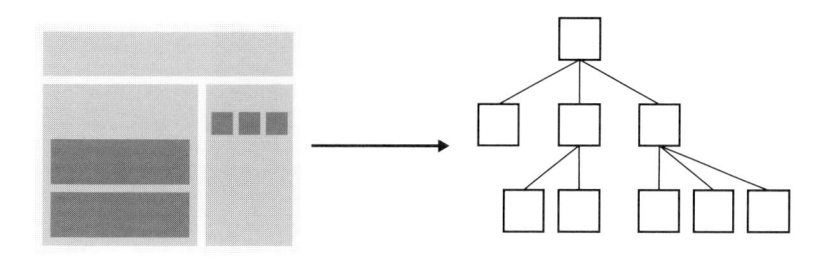

コンポーネントのイメージ図。公式ガイドを参考に作成。

　Webサイトを観察すると、全体がUIコンポーネントの木構造になっていることのほかに、もう1つ気づくことがあります。同一ページ内で似通った見た目や機能を持つもの、他ページでも利用できるものなど、同等のUIコンポーネントが繰り返し使用されているのです[2][3]。多くのUIコンポーネントは文言やリンク先など、ごく一部の挙動を変えれば再利用できます。この再利用性はUIコンポーネントの最も重要な面です。

　こういった再利用できるUIコンポーネントをどう実装するべきでしょうか？　じかに同じHTML要素やスタイル、その部品の状態や振る舞いを繰り返し定義(コピー&ペースト)するのは煩雑です。ミスが介在しやすくなりますし、どこか1箇所に変更があった際の変更の手間も少なくありません。

　このような背景を考えると、UIコンポーネントを柔軟に再利用できるかたちで定義できるライブラリやフレームワークの導入がWebフロントエンド開発に役立つことがわかります。

3.1.2　コンポーネント化のメリットと注意点

　UI開発に限らず、システムをコンポーネント単位で開発することには、以下のようなメリットがあります。これらの利点はプログラムの構造化にもつながる見覚えのあるものでしょう。

- 再利用性が高まり、開発効率を上げられる
- 既に使用されているコンポーネントを再利用することで、品質を保てる
- コンポーネントを適切に区切り、疎結合にした場合、保守性が高まる
- カプセル化されて開発で意識すべき範囲を限定できるようになる

　UIをパーツごとに構築していくというと、なんとなく面倒に感じる人もいるかもしれません。しかし、実際にはのちのち使いまわせるストックを作ることができる、開発ですでに作ったパーツを再利用できることは大きな手間の軽減になります。

　また影響範囲が適切に閉じたコンポーネントなら、どこの変更がどこに影響を及ぼすかわからないと

---

*2　Googleのトップページなら前者はGmailリンクと画像リンク、後者はログインボタンなどが当てはまります。

*3　読者の皆さんも同じような見た目、振る舞いの要素をWebサイトに実装した経験は多いはずです。

いった混沌とした開発状況を未然に防げます。

しかし、コンポーネント化のメリットは何もせず享受できるわけではありません。設計に注意を払う必要があります。

UIをコンポーネント化する大きなメリットは、その再利用可能性にあります。再利用することを意識してコンポーネントを設計することは、アプリケーションの開発のしやすさやメンテナンス性を高めます。もちろん、作成するコンポーネントが一度きりしか使われないものであれば、コンポーネントの設計が他に与える影響は少なく済むかもしれません。

3.1.3　Vue.jsのコンポーネントシステム

それでは、Vue.jsのコンポーネントシステムの概要を見ていきましょう。

Vue.jsは小さく、自己完結し、（多くの場合）再利用可能という特徴を持ったコンポーネントを組み合わせ、アプリケーションを設計する思想を持っています[4]。コンポーネント指向に重きを置いたUIライブラリです[5]。使いやすく、洗練されたコンポーネントシステムを持っています。

Vue.jsにおけるコンポーネントとは、再利用可能なVueインスタンスのことです。

これだけでは実態がわかりませんね。実例を見てみましょう。以下のコードは、Vue.jsのコンポーネントです。Vue.component()の第一引数にコンポーネント名を、第二引数にコンポーネントの内容などのオプションを与えています。ごく単純なコードで、これでVue.jsのコンポーネントは完成です。Vueインスタンス作成時とは実は構文も近いです。

```
Vue.component('list-item',{
  template: '<li>foo</li>'
})
```

このコンポーネントは下記のように使えます[6]。ルートVueインスタンス[7]内では、コンポーネント名をHTMLタグ名として記載するだけでその箇所にコンポーネントの内容を流し込めます。このタグ名をカスタムタグと呼びます。

```
<script src="https://unpkg.com/vue@2.5.17"></script>

<ul id="example">
  <list-item></list-item>
</ul>

<script>
// コンポーネント
Vue.component('list-item',{
```

---

[4]　https://vuejs.org/v2/guide/index.html#Composing-with-Components

[5]　ReactやAngularなど、いくつかのライブラリ・フレームワークは似たようなコンポーネント化の仕組みを持っています。コンポーネントという言葉自体はそれぞれ意味するところが違うので混同しないよう注意しましょう。

[6]　JSFiddleでの記載例です。https://jsfiddle.net/Lbth8n43/

[7]　ここではul要素以下。

```
    template: '<li>foo</li>'
})

// ルート`Vue`インスタンスの作成
new Vue({ el: '#example' })
</script>
```

```
• foo
```

表示例

　定義の詳細は後に譲りますが、Vue.jsではコンポーネントの作成も、作成したコンポーネントの適用も非常に簡便なことがわかりました。

　Vue.jsのコンポーネントでは、HTMLの要素やスタイル、状態、振る舞いなどをひとまとまりのコンポーネントとして定義します。つまり、個々のコンポーネントごとにUIを構築できるということです。UIコンポーネントを組み合わせてUIデザインを行うことができるようにもなります。

　Vue.jsのコンポーネントはひとまとまりの要素をひとつのカスタムタグで表現できます。複雑なHTMLの文字列をよりシンプルにできるのもコンポーネントを使用するメリットの1つです。

　Vue.jsはこのような使いやすいコンポーネントシステムを構築し、開発効率を高めています。

●Vueコンポーネントは再利用可能なVueインスタンス

　Vueコンポーネントは再利用可能なVueインスタンスです。そのため、Vueコンポーネント中ではVueインスタンスで学んだテンプレート構文も使えます。

```
<script src="https://unpkg.com/vue@2.5.17"></script>

<ul id="example">
  <list-item></list-item>
</ul>

<script>
// コンポーネント
Vue.component('list-item',{
  template: '<li>foo {{ contents }} </li>',
  data: function () {
    return {contents: 'bar'}
  }
})

// ルート`Vue`インスタンスの作成
new Vue({ el: '#example' })
```

Vue.jsのコンポーネントとWeb Components

UIコンポーネントと聞くと、jQuery UIやBootstrapなどを思い浮かべる方もいるかもしれません。

これらも含め様々なライブラリがUIを部品化する仕組みを持っています。これらのコンポーネントの仕組みは特に標準化されているわけではなく、それぞれの作法で書かれています。したがって、使用するにはそれぞれのライブラリ独特のルールを別々に学習する必要があります。往々にして、これらのライブラリはコンポーネント化の仕組みが整いきっていません。コンポーネント内で適切に処理を閉じきれなかったり、コンポーネント化のための独自記述によりHTMLやJavaScriptのコードが複雑になってしまったりといった課題を抱えています。

UIコンポーネントへの根強い需要がありながら、それにふさわしい標準化がなされていないという課題がありました。そこで、Web Componentsという仕様が生まれます。Web Componentsは、開発者が新たに再利用可能なHTML要素を定義することができるようにする一連のAPIです。Web Componentsは単一APIではなく、仕様策定中のウェブプラットフォームAPI群です。以下の4つの仕様が基になっています[1]。これらの仕様が正式に搭載されれば、平易にコンポーネントが書けるようなります。

- Custom Elements
- HTML Template
- Shadow DOM
- HTML imports

Vue.jsのコンポーネントの文法は、このCustom Elementsの仕様をもとに作られています。そのため平易かつ、将来的に標準となりうる書き方でコンポーネントが書けます。

残念ながらWeb Componentsはまだ全てのブラウザに実装されているわけではありません。このような事情から、Vue.jsのコンポーネントシステムは、大まかにWeb Componentsの仕様に沿って設計しつつ、独自にコンポーネントシステムを構築しています[2]。Web Componentsの理想を、仕様策定やブラウザサポートの状況を踏まえて現実的に実現したのがVue.jsと言えるでしょう。

---

[1] https://www.webcomponents.org/introduction

[2] Vue.jsは自前でこれらのコンポーネントを処理するため、Custom Elementsのブラウザサポートの有無とは関係なく、Vue.jsがサポートしているブラウザ上であれば動作します。

3.2 Vueコンポーネントの定義

コンポーネントの重要性やごく初歩的な書き方については学びました。ここでは、コンポーネントを定義する際の基本的な文法について説明します。

Vueコンポーネントは用途に応じてグローバルコンポーネント、ローカルコンポーネントとして定義できます。定義の方法には`Vue.component()`を使ったカスタムタグ方式と、`Vue.extend()`を使ったサブコンストラクタ方式があります。

3.2.1　　グローバルコンポーネントの定義

　Vue.jsのコンポーネントを定義します。ここではグローバルコンポーネントをカスタムタグベースで定義してみましょう。もっとも一般的なコンポーネントの定義方法です。

　定義には、以下のようにVue.component()APIを使用します。

```
Vue.component(tagName, options)
```

　第一引数のtagNameには、作成するコンポーネント名(文字列)を渡します。この文字列がカスタムタグのタグ名になります。また、第二引数のoptionsは、コンポーネント自体の様々な構成情報を持ったオブジェクトが入ります。このオブジェクトには、基本的にVueインスタンスで使用されるオプションを渡せます[8]。2章で紹介したオプション[9]や、template、props、ライフサイクルフックなどです。代表的なものをまとめます。

オプション名	用途
data	UIの状態・データ
filters	データを文字列に整形する
methods	イベントが発生した時などの振る舞い
computed	データから派生して算出される値
template	コンポーネントのテンプレート
props	親から子へのデータの受け渡し
created 他	ライフサイクルフック(作成時)

　この中でコンポーネント向けに使われるのがtemplate、propsです。templateは、コンポーネントがもつテンプレートを定義するオプションです。propsは、カスタムタグを親のコンポーネントに記述するときに、子のコンポーネントに対して外から渡される値を受け取る変数を定義するオプションです。これらのオプションについての詳細は、本章の中で例を交えて紹介していきます。

●シンプルなコンポーネントの実装

　それでは実際に例を見ていきましょう。ここでは、<h1>フルーツ一覧</h1>という文字列の要素のみをもつシンプルなコンポーネントを作成してみましょう。まず、以下のようなVueインスタンスが存在したとします。

```
new Vue({
  el: '#fruits-list'
})
```

＊8　Vueコンポーネントは、再利用可能なVueインスタンスです。

＊9　elについては最上位のVueインスタンスのみにしか追加できません。コンポーネントが様々な箇所で再利用されることを考えれば、elを指定することができないのは自然に理解できるでしょう。

また、HTMLの中に以下の要素が存在するとします。

```
<div id="fruits-list"></div>
```

ここで、`fruits-list-title` という要素名で、`<h1>`フルーツ一覧`</h1>` というHTML要素をもったコンポーネントを定義するには以下のように書きます。マウント前に定義します。

```
Vue.component('fruits-list-title', {
  template: '<h1>フルーツ一覧</h1>'
})
```

登録したコンポーネントを別のコンポーネントから使用するには、以下のように親となるHTML要素の中に、定義したHTML要素を書きます。

```
<div id="fruits-list">
  <fruits-list-title></fruits-list-title>
</div>
```

以上のように構成した場合、実際にレンダリングされるHTML要素は以下のようになります。

```
<div id="fruits-list">
  <h1>フルーツ一覧</h1>
</div>
```

コンポーネントをカスタムタグを作るようにして定義できました。最後に全体像も見てみましょう。

```
<script src="https://unpkg.com/vue@2.5.17"></script>

<div id="fruits-list">
  <fruits-list-title></fruits-list-title>
</div>

<script>
Vue.component('fruits-list-title', {
  template: '<h1>フルーツ一覧</h1>'
})

new Vue({
  el: '#fruits-list'
})
</script>
```

● コンポーネントがやや複雑になった場合の例

これだけだと、あまり役に立つ感じがしないかもしれません。コンポーネントが複雑になってきた場合に、直接HTMLを記述するよりもシンプルに記述できるようになります。例えば、以下のようなHTML

ファイルがあったとします。

```
<div id="fruits-list">
  <h1>フルーツ一覧</h1>
  <p>季節の代表的なフルーツの一覧です</p>
  <table>
    <tr> <!-- サンプルのためtbody、theadを省略 -->
      <th>季節</th>
      <th>フルーツ</th>
    </tr>
    <tr>
      <td>春</td>
      <td>いちご</td>
    </tr>
    <tr>
      <td>夏</td>
      <td>スイカ</td>
    </tr>
    <tr>
      <td>秋</td>
      <td>ぶどう</td>
    </tr>
    <tr>
      <td>冬</td>
      <td>みかん</td>
    </tr>
  </table>
</div>
```

　なんとなくHTMLの意味するところは分かりますが、長くて読みづらくなってしまっています。これを以下の3つのコンポーネントに分割してみます。

- fruits-list-title: フルーツ一覧ページのタイトル
- fruits-list-description: フルーツ一覧ページの説明文
- fruits-list-table: フルーツ一覧ページの一覧テーブル

　各コンポーネントはカスタムタグで表現できます。親のHTMLには以下のようにコンポーネントをカスタムタグで記述できるようになり、シンプルになります。

```
<div id="fruits-list">
  <fruits-list-title></fruits-list-title>
  <fruits-list-description></fruits-list-description>
  <fruits-list-table></fruits-list-table>
</div>
```

　JavaScriptで記述した各コンポーネントもコンポーネントごとに役割がはっきりして見通しがよくな

りました*10。

```
Vue.component('fruits-list-title', {
  template: '<h1>フルーツ一覧</h1>'
})

Vue.component('fruits-list-description', {
  template: '<p>季節の代表的なフルーツの一覧です</p>'
})

Vue.component('fruits-list-table', {
  template: `
  <table>
    <tr>
      <th>季節</th>
      <th>フルーツ</th>
    </tr>
    <tr>
      <td>春</td>
      <td>いちご</td>
    </tr>
    <tr>
      <td>夏</td>
      <td>スイカ</td>
    </tr>
    <tr>
      <td>秋</td>
      <td>ぶどう</td>
    </tr>
    <tr>
      <td>冬</td>
      <td>みかん</td>
    </tr>
  </table>
  `
})
//...Vueのマウント
```

●コンポーネントの再利用

　コンポーネントは通常のVueインスタンスが1回きりの利用だったのに対して何度でも使えます。次のような記述が可能です。フルーツ一覧というh1要素が3つ表示されます。

```
Vue.component('fruits-list-title', {
  template: '<h1>フルーツ一覧</h1>'
})
```

---

*10　ここでは文字列を囲むのにバッククォートを使っています。これはES2015で導入されたテンプレートリテラルという表記方法です。改行を含む文字列を表すのに有用なのでここでは使っています。Google ChromeやMozilla Firefoxなどモダンなブラウザではすでにこの表記に対応しています。

```
<div id="fruits-list">
  <fruits-list-title></fruits-list-title>
  <fruits-list-title></fruits-list-title>
  <fruits-list-title></fruits-list-title>
</div>
```

● コンポーネントの親と子

　コンポーネントには親子関係が存在します[11]。

　コンポーネントを利用する側が親、対して利用される側が子という関係で成立します。直接の子ではないいわゆる孫も子コンポーネントと呼称します。

　今までの例はVueインスタンスを親、使っていたコンポーネントが子という対応でした。Vueインスタンス自体は正確にはコンポーネントではありませんが、それぞれ親コンポーネントと子コンポーネントと呼ぶこともあります。

　コンポーネント同士の親コンポーネントと子コンポーネントを実例で見てみましょう。ここではコンポーネントの中にコンポーネントの定義を用いているだけです。

```
<script src="https://unpkg.com/vue@2.5.17"></script>
<main id="main">
  <fruits-list></fruits-list>
</main>

<script>
Vue.component('fruits-list-title', {
  template: '<h1>フルーツ一覧</h1>'
})

Vue.component('fruits-list', {
  template: '<div><fruits-list-title></fruits-list-title></div>'
})

new Vue({el: '#main'})
</script>
```

3.2.2　コンストラクタベースの定義

　Vue.extend()というグローバルなAPIを使用して、ベースのVueコンストラクタを継承した、サブクラスコンストラクタを作成できます。これを用いても、コンポーネントを作れます。

　Vue.extend()でコンポーネントを定義します。定義したものを直接特定の要素にマウントするには$mount関数を使います。

---

[11]　これは、最終的にレンダリングされるDOM要素の子孫関係と同等と考えてください。

```
var FruitsListTitle = Vue.extend({
  template: '<h1>フルーツ一覧</h1>',
})

new FruitsListTitle().$mount('#fruits-list')
```

カスタム要素が使えていませんが、ほぼ先程見た Vue.component() と同じように使えそうです。

Vue.component() の第2引数に直接オプションのオブジェクトを渡しました。代わりにここで作ったサブクラスコンストラクタを渡してコンポーネントを登録することもできます[*12]。こうすればカスタム要素も使えます。

```
Vue.component('fruits-list-title', FruitsListTitle)
```

以上のように、Vue.js では、要素を定義してそれを要素に組み込むテンプレートベースの方法と、インスタンス化してそれをマウントするコンストラクタベースの方法が存在します。基本的にはカスタムタグを定義して、HTML上でそれを使用できるようにするために Vue.component() で定義するのをおすすめします。プログラマティックにコンポーネントのマウントを制御したい場合は、サブコンストラクタと $mount を使用すると良いでしょう。

3.2.3　ローカルコンポーネントの定義

ここまではグローバルの Vue.js にコンポーネントを定義しました。グローバルに何かを登録するのは往々にしてトラブルやコードの複雑化を生みます。ビルド段階のコード最適化でもグローバルなコンポーネントは削除できないなどの問題があります。

ここではあるコンポーネントの中でしか使えないローカルコンポーネントについて解説します。

ある特定の Vue インスタンスの中でのみ使えるように、コンポーネントを登録できます[*13]。親となる Vue インスタンスや Vue コンポーネントのオプションに components オブジェクトを定義し、そこにコンポーネントを登録します。これでその中でしか使えないローカルコンポーネントが完成します。

以下に例を示します。これでグローバルに定義した際と同じように、Vue インスタンスを親に fruits-list-title コンポーネントがレンダリングされます。

定義が閉じているので他の箇所では、この fruits-list-title は利用できません。

```
<script src="https://unpkg.com/vue@2.5.17"></script>
<div id="fruits-list">
  <fruits-list-title></fruits-list-title>
</div>

<script>
```

[*12] 実は、Vue.component() の第2引数にオブジェクトを渡すと、暗黙的に Vue.extend() が呼ばれています。

[*13] Vue コンポーネントはインスタンスと同等なのでコンポーネント内でも限定できます

```
new Vue({
  el: "#fruits-list",
  components: {
    'fruits-list-title': {
      template: '<h1>フルーツ一覧</h1>'
    }
  }
})
</script>
```

　直接の子を制限するわけではなく、その中で使えるコンポーネントを制限します。次のような記載でも使えます。

```
<div id="fruits-list">
  <div>
    <fruits-list-title></fruits-list-title>
  </div>
</div>
```

　ローカルコンポーネントの定義には、コンストラクタベースのテンプレートも指定できます。

```
var FruitsListTitle = Vue.extend({/* 略 */})

new Vue({
  // ...
  components: {
    'fruits-list-title': FruitsListTitle
  }
})
```

3.2.4　テンプレートを構築するその他の手段

　これまでの例では、templateの値としてHTMLのタグを直接文字列で記述していました。しかし、それ以外にもテンプレートを定義する様々な方法があります。
　主に使われるのは、以下の5つです。

- text/x-template
- インラインテンプレート
- 描画関数
- JSX
- 単一ファイルコンポーネント

　ここではtext/x-template、描画関数について解説します。単一ファイルコンポーネントについては6章で、JSXについては5章の「コラム JSX」で解説します。

●text/x-template
　HTMLファイル中にtext/x-templateをtypeとして定義したscript要素を用意し、その中にテン

プレートのHTML要素を記述します。また、このscript要素にidを付与しておきます。ここまで使ってきたtemplateと違い、記述をHTML側に分割できるためある程度複雑なテンプレートを書くときに読みやすくなります。

```
<script type="text/x-template" id="fruits-list-title">
  <h1>フルーツ一覧</h1>
</script>
```

上で定義したidを、templateの値として文字列で指定します。

```
Vue.component('fruits-list-title', {
  template: '#fruits-list-title'
})
```

text/x-templateはブラウザが認識できないMIMEタイプです。そのため、このscript要素の記述を無視します。Vue.jsだけがこれを処理します[14]。

●描画関数

今まで見てきたテンプレートの弱点の1つにプログラマブルな記述が難しいことがあげられます。v-ifやv-forなどを組み合わせて分岐や繰り返し使おうと思えば使えますが、むやみに使うとコードが複雑化してしまいます。

Vue.jsではコンポーネントでコードを使うためにrenderオプションが提供されています。正確にはtemplateとは異なるオプションですが、覚えておくとテンプレートを生成したいときに役立ちます。

以下の例は、<input type=date>のvalueに今日の日付を与える例です[15][16]。

```
<script src="https://unpkg.com/vue@2.5.17"></script>

<div id="app">
  <input-date-with-today></input-date-with-today>
</div>

<script>
Vue.component('input-date-with-today', {
  render: function (createElement) {
    return createElement(
      'input',
      {
        attrs: {
          type: 'date',
          value: new Date().toISOString().substring(0,10)
```

---

[14] テンプレートエンジンなどでこの仕組みがよく使用されています。見たことある方もいるでしょう。余談ですが、標準化されていないMIMEタイプには、x- をつける決まりになっています。https://tools.ietf.org/html/rfc2045#section-6.3

[15] ここで使っているcreateElementはdocument.createElementとは別物です。柔軟に要素をつくれます。https://jp.vuejs.org/v2/guide/render-function.html#createElement-%E5%BC%95%E6%95%B0

[16] ここでの例は解説のために簡略化しています。実際はtemplateでもほぼ問題ない単純なものです。また、JSXを使えば表記をもっとスマートなものにもできます。5.4も参照してください。

```
        }
      }
    )
  }
})

new Vue({el: '#app'})
</script>
```

コンポーネントの命名規則について

コンポーネントを登録する際の命名規則について触れておきます。コンポーネント名には、ケバブケースとパスカルケースの2種類の命名規則を使えます。 ここまではいずれもケバブケースで書いてきました。

```
// ケバブケース
components: {
  'kebab-fruits-list': {/* ... */}
}

// パスカルケース
components: {
  'PascalFruitsList': {/* ... */}
}
```

ケバブケースで記述した場合は、HTMLテンプレートの中でそのままにコンポーネントを使用します。

```
<kebab-fruits-list></kebab-fruits-list>
```

パスカルケースで記述した場合は、HTMLテンプレートの中で以下のようにケバブケースでもパスカルケースでもどちらでも書けます。

```
<pascal-fruits-list></pascal-fruits-list>
<PascalFruitsList></PascalFruitsList>
```

どちらも使えはしますが筆者はケバブケースの利用を推奨します。Web ComponentsのCustom Elementsの仕様のドラフトでは、ハイフン付きのケバブケースで定義することになっているからです[*1]。

Vue.jsのスタイルガイドではコンポーネントは複数の単語から構成することを推奨しています。 ここまで特に説明もなく複数の単語を用いてきましたが、自分でコンポーネントを作るときは意識しておきましょう。

---

*1　https://www.w3.org/TR/custom-elements/#valid-custom-element-name

---

3.2.5　コンポーネントのライフサイクル

コンポーネントはそれぞれのコンポーネントごとにライフサイクルを持ちます。Vueインスタンスと

同じように、ライフサイクルフックを持っています。コンポーネントはライフサイクルのそれぞれのタイミングで対応したイベントを発火させるので、Vueインスタンスと同じようにそれぞれのイベントに対してフック関数を定義できます。2章や公式ドキュメントを参照してください。

3.2.6 コンポーネントのデータ

Vueインスタンスと同じように、コンポーネントがもつデータをdataオプションで定義できます。Vueコンポーネントではdataは関数で定義します。

Vueインスタンスでは、dataはオブジェクトで定義していました。しかし、dataオブジェクトをコンポーネントでも使おうとすると、コンポーネントの全てのインスタンスでdataオブジェクトが共有されてしまいます。そのため、各コンポーネントインスタンスごとに異なるdataオブジェクトを定義したいとき、コンポーネントの中のdataはオブジェクトを返す関数にします。そうすることで、それぞれのコンポーネントごとに状態を持てます。

```
// dataを関数のreturnで返している。
Vue.component('simple-counter', {
  template: '<h1>フルーツ一覧</h1>',
  data: function () {
    return {
      fruits: ['りんご', 'みかん']
    }
  }
})
```

オブジェクトを指定した場合の警告

以下のようにdataを関数ではなくオブジェクトとして定義すると、同じオブジェクトを参照することになり、Vue.jsによってコンソール上で警告されます。なおコンポーネント作成時は、dataプロパティと同じように、elプロパティも全てのインスタンスをまたいで同じものを参照します。そのため、関数として宣言する必要があります。

```
Vue.component('simple-counter', {
  template: '<h1>フルーツ一覧</h1>',
  data: {
    fruits: ['りんご', 'みかん']
  }
})
```

3.3 コンポーネント間の通信

コンポーネント間のデータのやりとりを解説します。Vue.jsでは各コンポーネントは、それぞれ独立したスコープを持ちます。そのため基本的にコンポーネント間でデータのやりとりはできません。

しかし、実際にはコンポーネント間でやりとりしないと表現できない処理が多いことに気づきます。外部の値に応じて、処理を変更するケースなどです。コンポーネントの最大の利点は再利用できることでした。再利用可能なコンポーネントに求められるのは、基本的な機能を備えつつ、外部からの情報で見た目や振る舞いを変える柔軟性です。

例えば、季節ごとにフルーツのラインナップが変わる状況で、フルーツ一覧を箇条書きで表示するコンポーネントを考えてみましょう。再利用性や実際の作業効率を考えると、それぞれの箇条書きにフルーツ一覧をじか打ちするのはよくありません。外から与えられた情報を箇条書きとして表示するだけのコンポーネントを作成して、外からフルーツ一覧の情報を与えるほうが取り回しがよさそうです。

他にも、コンポーネントの再利用性を考えるとコンポーネント間のやりとりは何かしら必要になります。かといって野放図にデータに触れるようでは設計が混乱してしまいます。

そこで、Vue.jsでは親コンポーネントからのみ、子コンポーネントへデータを渡すことが可能となっています。子コンポーネント内から親のデータの参照はできません。親から子へは props というオプションを使用して通信を行えるようにしています。

子コンポーネントで何が起こったかを把握して親コンポーネントの状態を変える必要があることもあります。例えば、ECサイトでカートに追加ボタンがクリックされたときにそのことを追加ボタンのコンポーネントだけが知っていても意味がありません。カートの中身などを管理する親にクリックされたことを伝播しなければいけません。子から親へはイベントを使用して通信を行えるようになっています。

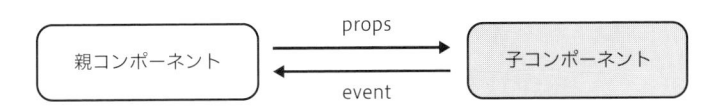

3.3.1 親コンポーネントから子コンポーネントへデータの伝播

親コンポーネントから子コンポーネントへデータを渡すには、props オプションを利用します。props はコンポーネントがインスタンス化したときにオブジェクトのプロパティとして利用できます。data などと同じくテンプレート中で展開できるということです。

使い方を見ていきましょう。あらかじめ親でデータを定義しておき、テンプレート中で属性として子に渡します。子は props オプションに { 属性名: バリデーションなどのオプション } を定義しておきます[17]。バリデーションを指定しておくと、条件を満たさない場合はコンソール上に警告を発します。

----

[17] props はオプションなしの変数名単体でも定義できます。ただし、保守性などを考えてバリデーションが推奨されています。props のデータ型を指定する type を最もよく用います。他には、デフォルト値（default）や親コンポーネント内での値の有無（required）を指定できます。これらを用いることで、コンポーネントに値がないときのエラーなどを適切に検出できます。https://jp.vuejs.org/v2/guide/components-props.html

```
Vue.component(コンポーネント名,{
  props: {
    親から受け取る属性名:{
      type: StringやObjectなどのデータ型,
      defalut: デフォルト値,
      required: 必須かどうかの真偽値,
      validator: バリデーション用の関数
    }
  }
  // ...template内で「親から受け取る属性」が使える
}
```

　propsは親からテンプレートの属性(v-bind)経由で渡します。例で確認しましょう。子コンポーネントでpropsを指定し、テンプレート経由で渡すことで、親から子に値を渡せます。ここでは親のmyItemを、子のpropsであるitemNameに渡しています。

　propsにキャメルケースでitemNameと書いた場合、テンプレート側の属性名にはケバブケースでitem-nameと書きます。

```
<script src="https://unpkg.com/vue@2.5.17"></script>

<div id=app>
  <item-desc v-bind:item-name='myItem'></item-desc>
</div>

<script>
Vue.component('item-desc',{
  props: {
    itemName: {
      type: String
    }
  },
  template: '<p>{{ itemName }}は便利です。</p>'
})
new Vue({
  el: '#app',
  data: { myItem: 'pen'}
})
</script>
```

　もう少し複雑な例を見ていきましょう。フルーツの名前をリストするコンポーネントを作成します。propsはv-bindで渡せるので、ここではv-forと組み合わせて渡しています。レンダリング結果と合わせて確認しましょう。JSFiddle http://jsfiddle.net/16ze4msr/ でも確認できます。

```
<script src="https://unpkg.com/vue@2.5.17"></script>
<!-- 親がfruits-componentにマウントされたインスタンス -->
<div id="fruits-component">
  <ol>
    <!-- v-forで繰り返した各fruitをprops(fruits-item)に与えている -->
```

```
    <fruits-item-name v-for="fruit in fruitsItems" :key="fruit.name" :fruits-
item="fruit"></fruits-item-name>
  </ol>
</div>

<script>
Vue.component('fruits-item-name', {
  props: {
    fruitsItem: { // テンプレート中ではケバブケース
      type: Object, // オブジェクトかどうか
      required: true // このコンポーネントには必須なのでtrue
    }
  },
  template: '<li>{{fruitsItem.name}}</li>'
})

new Vue({
  el: '#fruits-component',
  data: { // 親では配列だがv-forでObjectとして渡している
    fruitsItems: [
      {name: '梨'},
      {name: 'イチゴ'}
    ]
  }
})
</script>
```

```
<div id="fruits-component">
  <ol>
    <li>梨</li>
    <li>イチゴ</li>
  </ol>
</div>
```

外部からのデータに応じて柔軟に処理を変えられ、コンポーネントを再利用性の高い形で定義できます。

3.3.2 　子コンポーネントから親コンポーネントへの通信

　子コンポーネントから親コンポーネントへの通信では、カスタムイベントを使用します。Vueインスタンスには、以下のようなイベントのインターフェイスが実装されています。

　イベントは v-on でも listen できます。

用途	インターフェイス
イベントの listen	$on(eventName)
イベントの trigger	$emit(eventName)

　こちらも例を見ていきましょう。以下のように counter-button コンポーネントが定義されている

とします。ボタンを押すとこのコンポーネントの addToCart() メソッドが呼ばれ、その中で increment というカスタムイベントが発行されます。

```javascript
// 子コンポーネントのカウンターボタン
var counterButton = Vue.extend({
  template: '<span>{{counter}}個<button v-on:click="addToCart">追加</button></span>',
  data: function () {
    return {
      counter: 0
    }
  },
  methods: {
    addToCart: function () {
      this.counter += 1
      this.$emit('increment') // increment カスタムイベントの発火
    }
  },
})
```

親コンポーネント側では v-on:increment(increment) で increment イベントを listen しています。そのため、ボタンを押した時に親の incrementCartStatus() メソッドが呼ばれます。

```javascript
// 親コンポーネントのカート
new Vue({
  el: '#fruits-counter',
  components:{
    'counter-button': counterButton
  },
  data: {
    total: 0, // カート内の合計商品数
    fruits: [
      {name: '梨'},
      {name: 'イチゴ'}
    ]
  },
  methods: {
    incrementCartStatus: function () {
      this.total += 1
    }
  }
})
```

```html
<div id="fruits-counter">
  <div v-for="fruit in fruits">
    <!-- カスタムイベントをv-onで捕足 -->
    {{fruit.name}}: <counter-button v-on:increment="incrementCartStatus()"></counter-button>
  </div>
  <p>合計: {{total}}</p>
```

```
  </div>
```

全体像です http://jsfiddle.net/ua4nc96o/ 。子コンポーネントでイベントが起きたとき、親で把握できます。

```
<script src="https://unpkg.com/vue@2.5.17"></script>

<div id="fruits-counter">
  <div v-for="fruit in fruits">
    {{fruit.name}}: <counter-button v-on:increment="incrementCartStatus()"></
counter-button>
  </div>
  <p>合計: {{total}}</p>
</div>

<script>
var counterButton = Vue.extend({
  template: '<span>{{counter}}個<button v-on:click="addToCart">追加</button></
span>',
  data: function () {
    return {
      counter: 0
    }
  },
  methods: {
    addToCart: function () {
      this.counter += 1
      this.$emit('increment') // incrementカスタムイベントの発火
    }
  },
})

new Vue({
  el: '#fruits-counter',
  components:{
    'counter-button': counterButton
  },
  data: {
    total: 0,
    fruits: [
      {name: '梨'},
      {name: 'イチゴ'}
    ]
  },
  methods: {
    incrementCartStatus: function () {
      this.total += 1
    }
  }
})
</script>
```

propsとイベントを用いない親子間のやりとり

実は、親コンポーネントのデータに対して、$parentを使って、また、子コンポーネントのデータに対して$childrenを使ってアクセスすることも可能です。

例えば、下記の例だとthis.$parent.fruitsなどと記述することで親のデータにアクセスが可能です。しかし、ドキュメント[*1]にも書かれている通り、これらの利用はどうしても避けられないケース以外は使うべきではありません。propsとイベントを用いない親子間のやりとりは設計上の混乱を呼びます。親子間のやりとりにはpropsとイベントを使いましょう。

```
<script src="https://unpkg.com/vue@2.5.17"></script>
<div id='fruits-container'><fruits-name></fruits-name></div>
<script>
Vue.component('fruits-name', {
  template: '<p> {{ this.$parent.fruits[0].name }} </p>'
})

new Vue({
  el: '#fruits-container',
  data: {
    fruits: [
      {name: '梨'},
      {name: 'イチゴ'}
    ]
  }
})
</script>
```

直接子コンポーネントを参照するには、refを使う方法もあります。以下のように記述することで、親コンポーネントのインスタンスから子コンポーネントを参照できるようになります。

```
<div id="fruits-counter">
  <counter-button ref="counter"></counter-button>
</div>
<script>
var parent = new Vue({ el: '#fruits-counter' })
var child = parent.$refs.counter
</script>
```

---

*1   https://vuejs.org/v2/api/#parent

親子以外のコンポーネントでデータをやりとりする

　大規模なアプリケーションを作成していると、親と子の関係以外にも、コンポーネント同士がさまざまな関係を持つことがあります。例えば、兄弟関係にある複数のコンポーネント同士で同じ値の状態を共有したい場合もあるでしょう。また、コンポーネントの状態や、それを管理する関数が大量に生まれて、コンポーネント間で共通化したい場合もあります。

　このような比較的複雑なケースについては、ストアというオブジェクトに状態を持たせてそこで管理する方法[1]が有効です。状態管理を無理に個々のコンポーネント間で行わず、別に用意した専用の場所で行うことで、コンポーネント自体をよりシンプルに保てます。

　独自にストアオブジェクトを持つファイルを用意しても良いですし、それらの状態管理を行うことができるVuexという代表的なライブラリもあります。Vuexの解説は7章で行います。

[1]　ストアパターン。

子から親のネイティブDOMイベントを取得したい場合 ― .native修飾子

　親の要素で起きたclickイベントなどのネイティブなイベントをトリガーにして子のメソッドを実行したい場合は、子コンポーネントの要素の中で以下のように書きます。

```
<my-component v-on:click.native="someMethod"></my-component>
```

　このように記述することで、親の要素のDOMイベントを監視できるようになります。他ライブラリとの組み合わせ時などに威力を発揮します。

---

propsの値に関して双方向バインディングを実現したい場合 ― .sync修飾子

　基本的にVue.jsではデータは親コンポーネントから子コンポーネントへの一方通行です。 propsに渡した値が更新されれば、その変更が親から子に伝播されますが、その逆は起きません。単方向のバインディングです。しかし、双方向のバインディングを実現したい場合もあるでしょう。

　この場合は.sync修飾子を用いて疑似的に実現します。子コンポーネントのイベントを購読し、それが発火したときにそれに合わせて親の値を更新します[1]。

[1]　https://jp.vuejs.org/v2/guide/components-custom-events.html#sync-修飾子

3.4 コンポーネントの設計

　ここまで、コンポーネントの定義の方法とコンポーネント間でのデータのやりとりの方法について説明してきました。

　実際にWebアプリケーションを開発する際には、どのようにコンポーネントを設計すればよいのでしょうか。ここでは、アプリケーションのページをコンポーネントに分割するための設計と、それぞれのコンポーネント自体の設計に分けて説明します。

3.4.1 コンポーネントの分割方針

　まずは、Webアプリケーションの中であるページを設計する際のコンポーネントの分割のひとつの考え方を紹介します。大規模なアプリケーションを作成する際は、ページをいくつかの要素に分割してツリー上に構成することができます。例えば、あるページを設計する際に、次の3つの要素を配置するとします。

- ナビゲーションバー
- サイドバー
- メインコンテンツ

サイドバーの中にはカテゴリを配置し、メインコンテンツの中には複数のアイテムを配置します。図に示すと、以下のようになります。

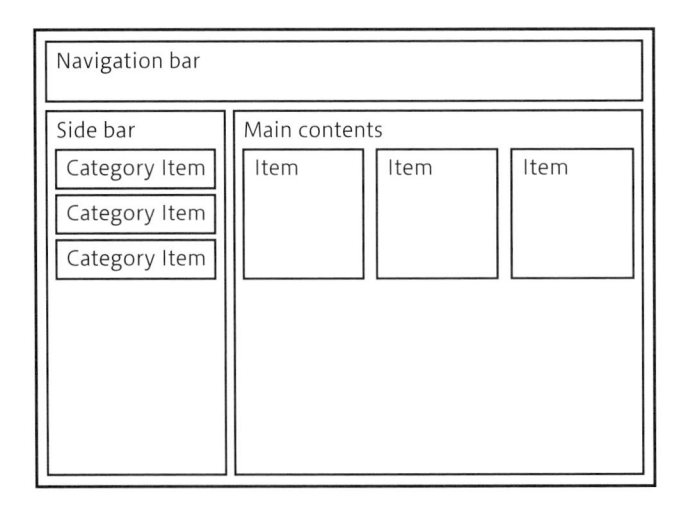

　このように、ページを何らかの単位でいくつかの要素に分割して、それぞれをコンポーネントとして捉えると、以下のようなコンポーネントのツリーとして表現できます。ページのルートに、ナビゲーションバー、サイドバー、メインコンテンツの3つのコンポーネントがぶら下がっています。さらにそれ

ぞれのコンポーネントの下に、アイテムのコンポーネントがぶら下がっています。

　ツリー状に書くと次のように表現できます。ここでやったようにツリーで妥当な範囲まで分割し、その粒度でコンポーネントを作成するという方針が考えられます。

- ● ルート
  - ● ナビゲーションバー
  - ● サイドバー
    - ● カテゴリ×3
  - ● メイン
    - ● アイテム×3

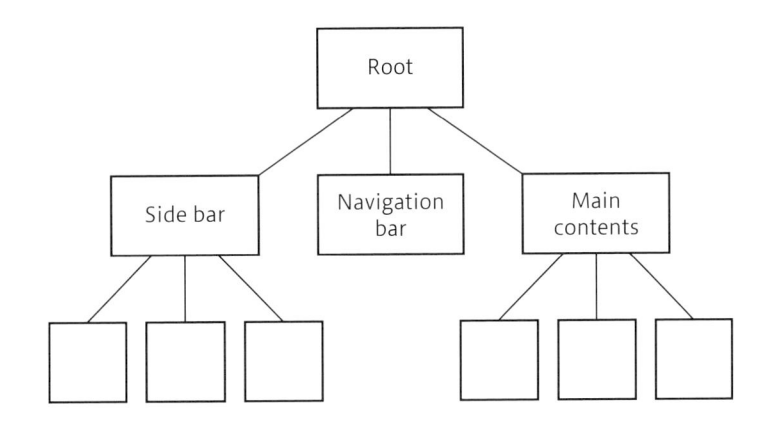

　どの段階まで細かく分割してコンポーネント化するべきかは、デザインを含めてどのような開発プロセスを採用するかや、実際にどの程度再利用の可能性があるかにもよります。図に書き起こしたり、プロトタイプ書いてみたりしながら分割、設計していってください。

3.4.2　コンポーネント自体の設計

　アプリケーションのUIをコンポーネントへ分割する方針が決まったら、コンポーネント自体の設計も考えなくてはなりません。

　コンポーネントは再利用されることでその力を発揮します。そのため、コンポーネントを作成する際には、外部から使用されることを意識して設計するべきです。

　一度しか使用されないであろうコンポーネントを設計する際は、その設計が他に悪影響を与えることは少ないでしょう。しかし、特に多くの箇所で再利用されるコンポーネントを作成する際には注意が必要です。特定の親に依存した密結合な書き方をしてしまうと、途端に再利用が難しくなります。どのような親コンポーネントから使用されたとしても耐えうるように、疎結合になるようにインターフェイスをうまく設計しなければなりません。

Column

Atomic Design

コンポーネントの分割のベースとなる考え方として、2013 年に Brad Frost 氏によって提案された Atomic Design[1] (アトミックデザイン)とよばれる設計手法が優秀です。

Atomic Design とは、Atoms (アトムス)、Molecules (モルキュース)、Organisms (オーガニズムス)、Templates (テンプレーツ)、Pages (ページス)という 5 つの段階に分けてコンポーネントを管理するデザイン手法です[2]。

- Atoms はボタン、ラベルやカラーパレット、フォントなどの最小の構成要素。
- Molecules は複数の Atom を構成したもので、例えばラベル付きのフォームなど。
- Organisms は Molecules よりもさらに複雑なもので、ログインフォームやコメントフォーム、ナビゲーションバーなど。
- Templates は Organisms の組み合わせで、デザインをする際のワイヤーフレーム。まだ実際のデータは入っていませんが、ページの構成が説明できる段階です。
- Pages は実際のデータを Template にあてはめたもの。ページそのもの。

コンポーネントではどこまで分割するか、分割の指針とする粒度や名前付けに苦心しがちですが、このような考え方を援用すればだいぶ楽になります。

8 章〜10 章では実際にこの指針に従って開発を進めています。

*1　http://atomicdesign.bradfrost.com/
*2　Atoms から順にそれぞれ原子、分子、生物、有機体、テンプレート、ページの意。

3.4.3　スロットコンテンツを活かしたヘッダーコンポーネントの作成

より実践的なコンポーネントを実際に作成していきましょう。

Web アプリケーションのヘッダーを、再利用可能な Vue.js のコンポーネントとして作成してみましょう。ヘッダーはアプリケーションの各ページに共通して置かれることが多いため、コンポーネント化しておくと便利です。ここでは page-header という名前でコンポーネントを作成します。

page という親コンポーネントの下に、ヘッダー(page-header)と、ページのコンテンツをそれぞれ子コンポーネントとして構成した例を示します。

```
<page>
  <page-header></page-header>
  <!-- ページのコンテンツ -->
</page>
```

ヘッダーは表示しているページを示したり、キャンペーンで表示内容をかえたりと部分的な差し替えの多い UI コンポーネントです。ここでも書き換えられるように設計したいところです。

コンポーネント間通信でも実現できますが、やりたいことの簡単さに対して実装が重くなりそうです。

親のコンポーネントごとに子のコンポーネントの内容を書きかえるためにスロットコンテンツ[18] という仕組みを使います[19]。コンポーネントの中に、親から差し替えやすい部分を残すための仕組みです。5.2も参照してください。

ヘッダーのコンポーネント page-header コンポーネントを定義します。ヘッダーのコンポーネントの中に slot という要素を埋め込みます。この部分が親の指定で差し替えられます。

```
var headerTemplate = `
  <div style="color: gray;">
    <slot name="header">※親から何も渡って来ない場合、この文が表示されます</slot>
  </div>
`

Vue.component('page-header', {
  template: headerTemplate
})

new Vue({
  el: "#fruits-list"
})
```

親コンポーネントからは、以下のように子コンポーネントに対して埋め込みを行います。親のコンポーネントから使用する際に、子コンポーネントの slot 要素の name 属性を指定することで、子コンポーネントのコンテンツをカスタマイズできます。以下の例では、夏の果物という文字列を page-header コンポーネントに表示させています。

```
<div id="fruits-list">
  <page-header>
    <h1 slot="header">夏の果物</h1>
  </page-header>
  <ul>
    <li>スイカ</li>
    <li>マンゴー</li>
  </ul>
</div>
```

実際にレンダリングされる HTML は以下のようになります。

```
<div id="fruits-list">
  <div style="color: gray;">
    <h1>夏の果物</h1>
  </div>
  <ul>
    <li>スイカ</li>
    <li>マンゴー</li>
  </ul>
</div>
```

＊18 content distribution とも。

＊19 Vue.js の content distribution の API は、Web Components の仕様のドラフトに基づいて設計されたものです。https://github.com/w3c/webcomponents/blob/gh-pages/proposals/Slots-Proposal.md

```
  </div>
```

冬になって 冬の果物 を表示したくなったら、以下のように変更します。

```
<div id="fruits-list">
  <page-header>
    <h1 slot="header">冬の果物</h1>
  </page-header>
  <ul>
    <li>りんご</li>
    <li>イチゴ</li>
  </ul>
</div>
```

　この仕組みを利用して、頻繁に使用するレイアウトをslotを使ったコンポーネントとして作成しておき、中身のコンテンツを埋め込むようにして別のUIコンポーネントで構成していく、といった使い方もできます。以下のように、ヘッダーとコンテンツをそれぞれpage-header と page-content として設置し、CSSでスタイルを定義します。なお、ここでは便宜上埋め込まれるコンテンツを想定して li 要素にもあらかじめスタイルを定義していますが、実際には使用するコンポーネントごとにスタイルが当たるように定義するとよいでしょう。

```
<!-- vue.jsの読み込み -->
<div id="fruits-list">
  <page-header class="header"></page-header>
  <page-content class="content"></page-content>
</div>
<!-- 追加のJS、CSSの読み込み -->
```

```
var headerTemplate = `
  <div>
    <slot name="header">No title</slot>
  </div>
`

var contentTemplate = `
  <div>
    <slot name="content">No contents</slot>
  </div>
`

Vue.component('page-header', {
  template: headerTemplate
})
Vue.component('page-content', {
  template: contentTemplate
})

new Vue({
```

```
  el: "#fruits-list"
})
```

```
.header h1{
  width: 100%;
  height: 30px;
  background-color: #f1f1f1;
  border: 1px solid #d3d3d3;
  padding: 30px 15px;
}

.content li {
  width: 100%;
  height: 30px;
  padding: 30px 15px;
  background-color: white;
  border: 1px solid #d3d3d3;
  text-align: left;
}
```

コンテンツを埋め込まずにslotを使いました。以下のような画面が表示されます。

No title

No contents

　ここに、slotでコンテンツを埋め込みます。レイアウトのみを定義していた親コンポーネントの中に、コンテンツが埋め込まれ、以下のように表示されます https://jsfiddle.net/upd9843j/ 。

```
<div id="fruits-list">
  <page-header class="header">
    <h1 slot="header">
      冬の果物
    </h1>
  </page-header>
  <page-content class="content">
    <ul slot="content">
      <li>りんご</li>
      <li>イチゴ</li>
    </ul>
  </page-content>
</div>
```

冬の果物

いちご

りんご

3.4.4 ログインフォームコンポーネントの作成

ここまでの知識を踏まえてログインフォームの機能をもったコンポーネントを作成しましょう。

まずは template を作成します。少し長くなるので text/x-template スタイルで書きましょう。下記3つから構成されるものとします。

- ログインID入力欄
- パスワード入力欄
- ログインボタン

ログインID とパスワードの input フォームをそれぞれ用意します。コンポーネントの data に userid と password を置くことを想定して、v-model でコンポーネントの userid と password とをバインドします。ボタンには @click="login" と記述し、クリックイベントが発生した際に login() メソッドが呼ばれるようにしておきます[20]。

```
<script type="text/x-template" id="login-template">
  <div id="login-template">
    <div>
      <input type="text" placeholder="ログインID" v-model="userid">
    </div>
    <div>
      <input type="password" placeholder="パスワード" v-model="password">
    </div>
    <button @click="login">ログイン</button>
  </div>
</script>
```

コンポーネントの data には上で説明した通り、userid と password を返す関数を定義し、methods には login() メソッドを定義しています。

```
Vue.component('user-login', {
  template: '#login-template',
  data: function () {
    return {
      userid: '',
      password: ''
    }
  },
  methods: {
    login: function () {
      auth.login(this.userid, this.password)
    }
  }
})
```

---

[20] @click="login" は、v-on:click="login" の省略記法です。

ログイン用に auth を作成します。ここでは解説をシンプルにするために、認証の仕組みは実装していません。その代わりに、auth.login というアラートダイアログ上に username と password を表示するだけの仮の関数を置いています[21]。

```
var auth = {
  login: function(id, pass){
    window.alert("userid:" + id + "\n" + "password:" + pass)
  }
}
```

以上で簡単なログイン用のUIコンポーネントが作成できました。このコンポーネントを、親となるコンポーネントの中で以下のように呼びだすと、ログインのコンポーネントを再利用することができます。全体像を見てみましょう。

```html
<script src="https://unpkg.com/vue@2.5.17"></script>

<div id="login-example">
  <user-login></user-login>
</div>

<!-- テンプレート -->
<script type="text/x-template" id="login-template">
  <div id="login-template">
    <div>
      <input type="text" placeholder="ログインID" v-model="userid">
    </div>
    <div>
      <input type="password" placeholder="パスワード" v-model="password">
    </div>
    <button @click="login()">ログイン</button>
  </div>
</script>

<script>
// コンポーネント定義
Vue.component('user-login', {
  template: '#login-template',
  data: function () {
    return {
      userid: '',
      password: ''
    }
  },
  methods: {
    login: function () {
      auth.login(this.userid, this.password);
    }
  }
})
```

＊21　実際にはサーバーサイドに認証の処理を記述し、それを呼ぶ関数を定義してください。

```
// ログイン周りのダミー
var auth = {
  login: function(id, pass){
    window.alert("userid:" + id + "\n" + "password:" + pass);
  }
}

new Vue({
  el: "#login-example"
});
</script>
```

ブラウザにはこのように表示されます。実際に `userid` と `password` を入力してログインボタンを押すと、methods内の `login()` メソッドが呼ばれてブラウザのアラートダイアログが表示されます。

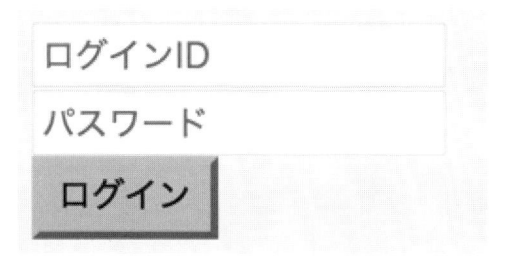

実践的なコンポーネントが完成しました。このようなコンポーネントを組み合わせて、Vue.jsではアプリケーションを開発します。

3章では、Vue.jsの基本的かつ強力な機能、コンポーネントについて説明しました。コンポーネントは繰り返し出てくるVue.jsの最も根幹的な機能の1つです。以後の章でわからないところがあればここに戻ってきてください。コンポーネント間の通信などはつまずきやすいので注意しましょう。

もし3章に分からないところがあれば、適宜2章も参照しながらコンポーネントへの理解を深めてください。Vueコンポーネントは基本的にはVueインスタンスと大きな違いはありません。

次の章では、本章で説明したコンポーネントも使いつつ、より実践的なSPAのアプリケーションを開発していきます。

コンポーネント単位のテスト

コンポーネントは再利用されることでその力を発揮します。複数の箇所でコンポーネントが再利用されるということは、コンポーネントに欠陥があると、アプリケーション全体に影響を与える可能性が高いということです。

そのため、コンポーネントのような比較的小さな単位でテストをしておくことは、アプリケーション全体の品質を保つ上でも重要です。ここでは、公式ドキュメントでも紹介されているKarmaをテストランナーとして使用し、テストフレームワークにはmochaを使用してVueコンポーネントをテストします。

まず、Karmaのインストールと設定をしてみましょう。パッケージを初期化してpackage.jsonを作成し、Karmaとmochaをインストールします。

```
$ mkdir vue-components && cd vue-components
$ npm init -y
$ npm install -g karma
$ npm install --save-dev mocha
```

karmaを設定します。いくつか質問をされるので、テストフレームワークはmochaを指定し、テスト対象ファイルとテストファイルの場所は、それぞれ components/*.js 、test/*.js としておきましょう[1]。

```
$ karma init
Which testing framework do you want to use ?
Press tab to list possible options. Enter to move to the next question.
> mocha
What is the location of your source and test files ?
You can use glob patterns, eg. "js/*.js" or "test/**/*Spec.js".
Enter empty string to move to the next question.
> components/*.js
> test/*.js
```

karma start でKarmaを立ち上げて、問題なく起動することを確認します[2]。確認ができたら準備は完了です。あわせてwebpack[3]を使用してブラウザ上でもrequireが使えるようにしておきましょう。本書では6.1で解説します。

テスト対象のコンポーネントを配置します。3.4で紹介したログインフォームのコンポーネントを説明のために少し変更しています。これを、configファイルで指定した components ディレクトリの下に、components/loginForm.jsという名前で保存します。

```
var Vue = require('vue')

var auth = {
  login: function (id, pass) {
    return({userid: id, password: pass});
  }
}
```

＊1 　後は好みに応じて設定します。不明な個所は空欄のまま進めてください。

＊2 　http://localhost:9876/ からアクセスできます。

＊3 　webpackはJavaScriptやCSSなどを表示用にまとめる（バンドルする）ツールです。

```
module.exports = Vue.extend({
  template: "#login-template",
  data: function () {
    return {
      userid: '',
      password: ''
    }
  },
  methods: {
    login: function () {
      return auth.login(this.userid, this.password);
    }
  }
})
//
```

コンポーネントのテストを書きましょう。これを test/test.js という名前で保存します[*4]。

```
var assert = require('assert') // webpackを用いてモジュール間依存を解決
var loginForm = require('../components/loginForm')

describe('login()', function () {
  var vm
  beforeEach(function () {
    vm = new loginForm().$mount()
  })
  // userid, passwordのそれぞれの初期値を確認
  it('check initial values', function () {
    assert.equal(vm.userid, '')
    assert.equal(vm.password, '')
  })

  // login() メソッドの返り値をテスト
  it('check returned value - login()', function () {
    vm.userid = 'testuser'
    vm.password = 'password'
    var result = vm.login()
    assert.deepEqual(result, {userid: 'testuser', password: 'password'})
  })
})
```

　Vue.jsのコンポーネントをマウントし、そのマウントされたインスタンスに対して2つのテストを実行しています。1つめは、dataの下のuserid及びpasswordの初期値をテストしています。2つめのテストでは、login()メソッドのテストをしています。Karmaを使って実行して、テストが通ることを確認してみましょう。以上のように、コンポーネントのデータ、メソッドをテストできます。

[*4] ここではテストフレームワークやES2015以降の文法の詳細は解説しません。mochaの利用法については https://mochajs.org/ を、karmaの利用法については https://karma-runner.github.io/2.0/index.html を参照してください。

4.

Vue Routerを活用した
アプリケーション開発

Vue.js単体はシンプルなビュー層のライブラリです。そのため、複数ページでネイティブアプリのように ユーザーインタラクションが多く発生するアプリケーションを開発する場合など、しばしばVue.js 単体では実装が難しい時があります。

　例えば、取得したデータに応じて一部のコンポーネントを動的に表示・非表示するなどWeb上で軽快に動作するアプリケーションとしての実装はこれまでの章で解説したVue.jsの基本的な機能を使っても可能です。ただし、それだけではユーザーが画面が切り替わった後に戻るボタンを押した時など、うまく対応することが難しいです。

　公式プラグインであるVue Routerを使えば、シングルページアプリケーションはじめURL遷移を伴うような動作を簡単に実現できるようになります。本章ではVue.jsとVue Routerを使ったサンプルアプリケーションの実装方法を解説します。

4.1　Vue Routerによるシングルページアプリケーション

　この章ではVue Routerでシングルページアプリケーションを構築していきます。

　まずはシングルページアプリケーションとは何か、Vue Routerの特徴はどこにあるか、本章ではどんなアプリケーションを作成するか整理します。

4.1.1　シングルページアプリケーションとルーティング

　シングルページアプリケーション（SPA）とは、初めに1つのHTMLをロードし、以後はユーザーインタラクションに応じてAjaxで情報を取得し、動的にページを更新するWebアプリケーションのことです。

　通常のWebアプリケーションでは、ページ遷移時に指定するURLに応じて、その都度サーバーへアクセスしHTMLコンテンツ全体をロードします。

　SPAではページ遷移をクライアントサイドで行います。その際に、Ajaxを使用して必要な時に必要なデータを取得してViewの表示を行います。HTMLを取得して最初から読み込むというオーバーヘッドが軽減され、高速に動作します。より滑らかなユーザー体験を提供できるようになります。

　SPAを実装するには、多くのことを考慮する必要があります。

- クライアントサイドでの履歴管理なども含めたページ遷移[*1]
- 非同期によるデータ取得
- Viewのレンダリング
- モジュール化されたコードの管理

　それらの機能を担ってくれるのがルーター、ルーティングライブラリと呼ばれるモジュールです。ルーターによってURLごとに特定のコンポーネントを出し分ける、表示を変えるといったページ遷移を実

[*1]　ルーティング管理

現するための動作が可能になります。

　Vue.jsプロジェクトも公式にルーティングライブラリを提供しています[*2]。

4.1.2　Vue Routerとは

　Vue RouterはVue.jsの公式のプラグインとして提供されているSPA構築のためのルーティングライブラリです。Vue.jsでのルーティング（ページ遷移など）の管理を担います。Vue.jsそのものにURLを管理させる、SPAの構築には欠かせません。

　本章では入門者向けに、ルーターの基本的な機能を活用してサンプルアプリケーションを構築する例を紹介します。

　ルーターの基本機能を押さえましょう。下図で示すように宣言的にページ遷移のルールを定義し、直接ブラウザでURLにアクセスした時やリンクをクリックした時に対応するVue.jsのコンポーネントがアクティブになる、という仕組みで動作します。

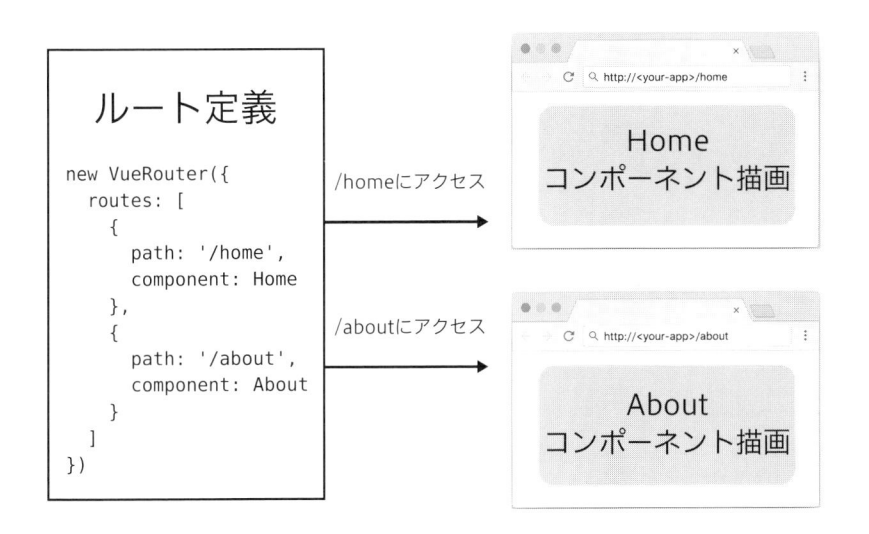

Vue Routerの基本概念図

　Vue Routerは基本的なページ遷移の機能の他にも以下のような高度な機能も提供しています。

- ネストしたルーティング
- リダイレクトとエイリアス
- HTML5 History APIとURL Hashによる履歴管理（IE9での自動的なフォールバック）
- 自動的にCSSクラスがアクティブになるリンクの仕組み

[*2]　ReactやAngularに代表されるような近年の人気JavaScriptライブラリの多くは、ルーターの機能をプラグインもしくは本体の機能として提供しています。

- Vue.jsのトランジションの仕組みを使ったページ遷移時のトランジション
- スクロールの振る舞いのカスタマイズ

いくつかの機能については4.5で解説しますが、その他より詳しい情報に興味のある方はVue Routerの公式ドキュメント[*3]を参照してください。

4.2　ルーティングの基礎

本節では具体的な実装に入る前に、Vue Routerのインストール方法や、使い方について紹介します。

4.2.1　ルーターのインストール

Vue Routerをインストールするにはスクリプト要素でVue.js本体に続けて読み込んでください。以下のようにunpkg.comなどのCDNサービスを使うと便利です[*4]。

```
<script src="https://unpkg.com/vue@2.5.17"></script>
<script src="https://unpkg.com/vue-router@3.0.1"></script>
```

4.2.2　ルーティング設計

ルーティングを実装する流れを理解しましょう。ルートとルーターコンストラクタを用います。

ルートとは、URLとViewの情報を保持する1つのレコードです。このURLのときはこのページを表示するという情報だと考えてください。アプリケーションを構成するページごとにこのルートを定義し、使いたいルートを指定して、そのルートが示すページ遷移の実行(SPAの場合は要素の出し入れや更新)を行います。

例えば、/goodsというURLに対してはgoodsコンポーネントを表示するというルートを定義すれば、/goodsにアクセスされたときは、goodsページが表示されるようにするのがルーターの仕事です。

Vue Routerにおけるルートは、Vue.jsのコンポーネントを特定のURLにマッピングしたオブジェクトです。これをルーターコンストラクタを用いたルーター初期化時の **routes** オプションに設定します。

ルート定義、ルーターコンストラクタそれぞれの例を見てみましょう。 このようにルート定義を作成し、ルーターコンストラクタに与えたうえで、Vue インスタンスの作成時に反映させます。 どのようなURLでアクセスした時にどのコンポーネントをレンダリングするかを指定します。

[*3]　https://router.vuejs.org/
[*4]　サンプルでは執筆時点での最新バージョンのVue.js v2.5.17とVue Router v3.0.1を使用します

```
// ルート定義
{
  path: '/someurl', //URLを指定 ファイル名#/someurlでアクセスできる
  component: {
    template: '...' // 3章で用いたコンポーネントの構文、もしくはコンストラクタベースのコンポーネ
ントのを用いる
  }
}
```

```
// ルーターコンストラクタ、これをnew Vue()に渡す
new VueRouter({
  routes: [   ] // ルート定義を配列で渡す。
})
```

　基本的な書式は押さえたので、一通り書いてみましょう。これだけで基本的なルートの定義は完了です。これを実際にページで動作させるには、HTML側でも用意しておく必要があります。

```
<!-- Vue.jsとVue Routerを読み込んでおく -->
<script>
// ルートオプションを渡してルーターインスタンスを生成
var router = new VueRouter({
  // コンポーネントをマッピングしたルート定義を配列で渡す
  routes: [
    {
      path: '/top',
      component: {
        template: '<div>トップページです。</div>'
      }
    },
    {
      path: '/users',
      component: {
        template: '<div>ユーザー一覧ページです。</div>'
      }
    }
  ]
})

// ルーターのインスタンスをrootとなるVueインスタンスに渡す
var app = new Vue({
  router: router
}).$mount('#app')
</script>
```

●HTML側の指定とページ遷移の実行

　ルーターの定義と、Vueインスタンスの作成は済みました。あとは実際に動作させるためにHTMLを書くだけです。

　Vue インスタンスをマウントする要素のほかに、ルート定義で書いたコンポーネントを実際に反映させる要素が必要です。これには、router-view要素を使用します。ルート内でマッピングしたコンポーネントが<router-view>の部分にレンダリングされます。しかし、ページを開いてからページ遷移ができません。リンクを表示してページ遷移をできるようにしましょう。リンクの定義にはrouter-link要素を使用します。

```
<div id="app">
  <!-- リンク先を `to` プロパティに指定します -->
  <!-- デフォルトで <router-link> は `<a>` タグとしてレンダリングされます -->
  <router-link to="/top">トップページ</router-link>
  <router-link to="/users">ユーザー一覧ページ</router-link>
  <router-view></router-view>
</div>
```

　これまでのコードの全体は以下のようになります。コード全体をHTMLファイルとしてローカルに保存し、そのファイルをブラウザで開くことで動作確認ができます。

```
<!DOCTYPE html>
<html>
  <head>
    <meta charset="UTF-8">
    <title>Vue.js SPAのサンプルアプリケーション</title>
  </head>
  <body>
    <div id="app">
      <router-link to="/top">トップページ</router-link>
      <router-link to="/users">ユーザー一覧ページ</router-link>
      <router-view></router-view>
    </div>
    <!-- Vue.js本体とVue Routerの読み込み -->
    <script src="https://unpkg.com/vue@2.5.17"></script>
    <script src="https://unpkg.com/vue-router@3.0.1"></script>
    <script>
    // ルートオプションを渡してルーターインスタンスを生成します
    var router = new VueRouter({
      // 各ルートにコンポーネントをマッピングします
      // コンポーネントはVue.extend() によって作られたコンポーネントコンストラクタでも
      // コンポーネントオプションのオブジェクトでも構いません
      routes: [
        {
          path: '/top',
          component: {
            template: '<div>トップページです。</div>'
          }
        },
        {
          path: '/users',
          component: {
            template: '<div>ユーザー一覧ページです。</div>'
          }
```

```
        }
      ]
    })

    // ルーターのインスタンスをrootとなるVueインスタンスに渡します
    var app = new Vue({
      router: router
    }).$mount('#app')
    </script>
  </body>
</html>
```

リンクをクリックしてみると、以下のようにページが切り替わります[*5]。わずかなコード量でシンプルなシングルページアプリケーションの基礎ができました。

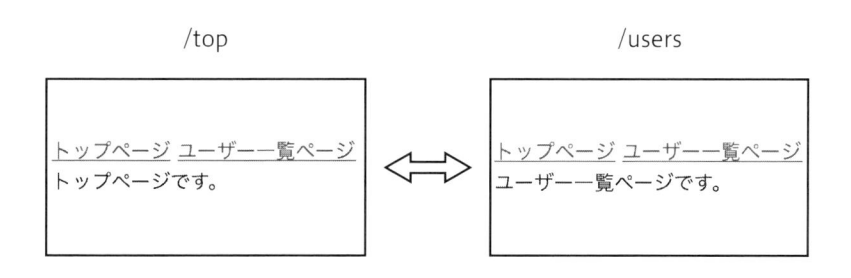

サンプルアプリケーションの基礎コード

4.3　実践的なルーティングのための機能

ごく基本的なルーティングの設定はわかりました。サンプルアプリケーションを作る前に、ルーティングをより柔軟に扱うための、補助的なVue Routerの機能を見ていきましょう。

4.3.1　URLパラメーターの扱いとパターンマッチング

SPAでは、アクセスするURLのパターンマッチングによりパラメーターを受け渡したいケースが出てきます。例えば、ユーザの詳細ページを/user/:userIdというURLで受け付けて、URL内に含まれるユーザのIDに応じて表示を切り替えるようなUIを実装する場合です。

こういったケースではpath内のURLに : を使用してパターンを記述します。マッチしたURL上のパラメーターはコンポーネント内の$route.paramsからパターンに使用したパラメーター名と同じ名前

[*5]　ルート定義した先にブラウザで直接入力してアクセスすることも可能です。index.htmlなら、index.html#/topなどでアクセスできます。

でアクセスして取得することができます。

　以下のコード例では、/user/123へアクセスがあった時に、コンポーネント内部でアクセスできる$route.params.userIdの値は123になります。$routeについては4.5.2を参照してください。

```
var router = new VueRouter({
  routes: [
    {
      // コロンで始まるパターンマッチング
      path: '/user/:userId',
      component: {
        template: '<div>ユーザーIDは {{ $route.params.userId }} です。</div>'
      }
    }
  ]
})
```

4.3.2　名前付きルート

　Vue Routerではルートを定義した時に名前を付与して、その名前をHTML側(<router-link>)で指定してページ遷移を実行できます。

　例えば、ユーザーIDをもとにURLを組み立てるような場合、静的にHTML側に記載することはできません。このケースでページ遷移を実現するとき、ルートの名前を付けられれば問題が解決します。

　以下、/user/:userIdというpathにuserという名前をつけてルートを定義する例です。

```
var router = new VueRouter({
  routes: [
    {
      path: '/user/:userId',
      name: 'user',
      component: {
        template: '<div>ユーザーIDは {{ $route.params.userId }} です。</div>'
      }
    }
  ]
})
```

　上記の名前付きルートを呼び出すには、<router-link>のtoパラメーターに指定します。同時にURLパターンへのパラメーターも同時に渡すことができます。

```
<router-link :to="{ name: 'user', params: { userId: 123 }}">ユーザー詳細ページ</
router-link>
```

4.3.3　router.pushを使った遷移

ここまで使ってきたhtml内の`<router-link>`は宣言的な書き方です。`router.push`を使ったプログラム上での遷移も可能です。渡される引数は`<router-link>`の`to`プロパティで受け取るオブジェクトと同じものです。名前付きルートを使えます。

```
router.push({ name: 'user', params: { userId: 123 }})
```

4.3.4　フック関数

Vue Routerでは、ページ遷移が実行される前後に処理を追加できるフック関数が提供されています。リダイレクトやページ遷移前の確認などはフック関数で実装します。グローバルのフック関数、ルート単位のフック関数、コンポーネント内のフック関数それぞれ3つのパターンを紹介します。

●グローバルのフック関数

全てのページ遷移に対して設定できるフック関数です。`router.beforeEach`に関数をセットすると、ページ遷移が起こる直前にその関数が実行されます。

引数の`to`と`from`には、現在遷移しようとしているルーティングの遷移先ルートと遷移元ルートの情報が入っています。この`to`と`from`に格納されるルートは、マッチしたルートのパスやコンポーネントの情報を持っています。ルートオブジェクトの詳細については公式ドキュメントを参照してください。

```
router.beforeEach(function (to, from, next) {
  // ユーザー一覧ページへアクセスした時に/topへリダイレクトする例
  if (to.path === '/users') {
    next('/top')
  } else {
    // 引数なしでnextを呼び出すと通常通りの遷移が行われる
    next()
  }
})
```

上記の例では、ユーザー一覧ページへアクセスした時に`/top`へリダイレクトする方法を紹介するために`next('/top')`と記述しています。問題なく通常のルーティングとして遷移したい場合は、`next()`と引数なしで呼び出してください。このフック関数内で`next`を呼び出さないと、延々と遷移が終わらなくなる点に注意してください。

●ルート単位のフック関数

全ての遷移に対してではなく特定のルート単位でフックを追加するには、Vue Router初期化時のルート定義の時個別に設定します。

ルート定義に`beforeEnter`を記述することで、ルーティング前のフックを追加します。

```
var router = new VueRouter({
  routes: [
    {
      path: '/users',
      component: UserList,
      beforeEnter: function (to, from, next) {
        // /users?redirect=true でアクセスされた時だけtopにリダイレクトするフック関数を追加
        if (to.query.redirect === 'true') {
          next('/top')
        } else {
          next()
        }
      }
    }
  ]
})
```

● コンポーネント内のフック関数

　ルート定義時ではなく、コンポーネント側でもフック関数は定義できます。コンポーネントのオプションとして beforeRouteEnter を使ってデータを取得する例を紹介します。

```
var UserList = {
  template: '#user-list',
  data: function () {
    return {
      users: function () { return [] },
      error: null
    }
  },

  // 「ページ遷移が行われて、コンポーネントが初期化される前」に呼び出される
  beforeRouteEnter: function (to, from, next) {
    getUsers((function (err, users) {
      if (err) {
        this.error = err.toString()
      } else {
        // nextに渡すcallbackでコンポーネント自身にアクセス可
        next(function (vm) {
          vm.users = users
        })
      }
    }).bind(this))
  }
}
```

　この例ではコンポーネントが表示されるタイミングのフック関数である beforeRouteEnter を利用しました。他にも、次の遷移の発生によりコンポーネントが去っていく際のフック関数 beforeRouteLeave も利用可能です。beforeRouteLeave を使うと、たとえば保存していない変更

がある時にページを去る際に、confirmを表示するなどの実装も可能になります。

4.4　サンプルアプリケーションの実装

Vue Routerの基本 + αの機能はここまでで押さえました。ここからはデータの取得やフック関数などVue Routerの機能を活用し、より実践的なSPAを実装していきます[6][7]。

例として、簡易的なユーザー情報登録・閲覧が可能なアプリケーションを用います。このアプリケーションはトップページ、リストページ、詳細ページ、認証機能付き登録ページ、ログイン/ログアウトのメニューから構成されます。トップページなどいくつかの実装は3章や、本章のここまでの例でみてきたものを流用します。

以下がグローバルのメニューとページ遷移のフローの対応を表した図です。

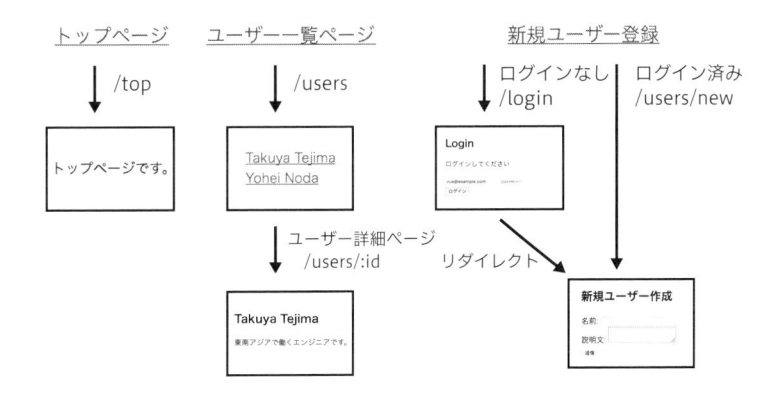

サンプルアプリケーションのグローバルのメニューとページ遷移のフロー図

今回のサンプルアプリケーションの雛形となるHTMLファイルの構成は以下のようになります。

```
<!DOCTYPE html>
<title>Vue.js SPAのサンプルアプリケーション</title>
<style>
  /* 任意のCSSを記載、今回は割愛 */
</style>
<div id="app">
  <nav>
    <!-- router-link によるナビゲーション定義 -->
    <router-link to="/top">トップページ</router-link>
```

＊6　本書ではVue.jsによるクライアントサイドの実装について解説を行うため、サーバーサイドのAPIの内部の実装に関しては割愛します。

＊7　本章で紹介するコード例は比較的シンプルなアプリケーションとして、1つのHTMLファイル内でマークアップとスクリプト要素の記述をすることを想定しています。さらに複雑なアプリケーションの開発を行う場合は、6章で紹介するwebpackなどを用いてコンポーネントごとにファイルを分割して実装することを検討してください。また、本章では代表的な多くのブラウザが直接解釈可能な、ECMAScript 5準拠のコードを用いて解説しています。ES2015以降でプログラムを作成したい場合もwebpackの利用はほぼ必須です。

```
    <router-link to="/users">ユーザー一覧ページ</router-link>
  </nav>
  <router-view></router-view>
</div>


<!-- Vue.js本体とVue Routerの読み込み -->
<script src="https://unpkg.com/vue@2.5.17"></script>
<script src="https://unpkg.com/vue-router@3.0.1"></script>


<!-- ここからを以後書いていく -->
<!-- 必要な分のコンポーネントのテンプレート定義 -->
<script type="text/x-template" id="user-list">
  <!-- コンポーネントで使用するテンプレートHTMLを記載。コンポーネントごとに繰り返しscriptタグで定
義 -->
</script>


<!-- ...いくつかのテンプレート定義が続く... -->


<!-- 任意のJS実装 -->
<script>
  // コンポーネントとルート定義からVueインスタンスの生成など
  // ここにコードを書いていく。
</script>
<!-- ここまでを以後書いていく -->
```

　以下の順で実装していきます。やや複雑になるのでサンプルを参照しながら進めてください。本節の
最後に全コードも載せています。

1. リストページ
2. リストページの改修
3. 詳細ページ
4. ユーザー登録ページ
5. ログインページとログイン状態

4.4.1　リストページの実装

　ユーザー一覧のためのリストページの中身を実装します。Vue Router初期化時に/usersへのアクセ
スとUserListコンポーネントをマッピングします。UserListコンポーネントが複雑になってもいい
ように、text/x-templateに切り出しています。これでリストページの実装が一通りできました。簡
単なページ遷移だけですが、SPAの完成です。リストページにはもう少し機能を追加します。

```
<script type="text/x-template" id="user-list">
  <!-- ここにコンポーネントのtemplateを記載する -->
  <div>ユーザー一覧ページです。</div>
</script>
```

```
<script>
  var UserList = {
    // HTML上のscriptタグのidを指定する
    template: '#user-list',
  }

  var router = new VueRouter({
    routes: [
      {
        path: '/top',
        component: {
          template: '<div>トップページです。</div>'
        }
      },
      {
        path: '/users',
        component: UserList
      }
    ]
  })

  var app = new Vue({
    router: router
  }).$mount('#app')
</script>
```

4.4.2　APIによるデータ通信

　SPAではページ遷移をした際に、APIを通じて取得したデータをUIに表示する場面が頻繁にあります。Vue RouterでAjaxによる非同期通信によるデータ取得を行う場合は、Vue.jsのコンポーネントのcreatedとwatchを使って実装するのが一般的です。

　watchは、算出プロパティを汎用的にしたVueコンポーネントのオプションです。ここでは$routeを監視して、ルートに変更があるたびに処理を呼び出しています。watchによる$routeの検出は頻出するパターンです。

　ここまでで、トップページとユーザー一覧ページがあるシンプルなSPAを作成しました。このSPAを拡張して、ユーザー一覧ページに切り替えたタイミングでユーザーの情報を取得して表示してみましょう。ナビゲーションのHTMLのテンプレートはそのままで、UserListコンポーネントのテンプレートとJavaScriptを改修していきます。

　UserListのコンポーネントHTMLの定義を変更します。v-ifで読み込み中の表示やエラー表示を行っています。Vueコンポーネントのデータ変数usersの情報をループして名前を表示しています。

```
<script type="text/x-template" id="user-list">
  <div>
    <div class="loading" v-if="loading">読み込み中...</div>
```

```
      <div v-if="error" class="error">
        {{ error }}
      </div>
      <!-- usersがロードされたら各ユーザーの名前を表示する -->
      <div v-for="user in users" :key="user.id">
        <h2>{{ user.name }}</h2>
      </div>
    </div>
</script>
```

　次は、このテンプレートを使用して、ユーザー一覧データを表示するコンポーネントのJavaScriptを実装していきます。

```
// JSONを返す関数
// この関数を用いて擬似的にWeb API経由で情報を取得したようにする
var getUsers = function (callback) {
  setTimeout(function () {
    callback(null, [
      {
        id: 1,
        name: 'Takuya Tejima'
      },
      {
        id: 2,
        name: 'Yohei Noda'
      }
    ])
  }, 1000)
}

// UserListを改修
var UserList = {
  // HTML上のscriptタグのidを指定する
  template: '#user-list',
  data: function () {
    return {
      loading: false,
      users: function () { return [] }, // 初期値の空配列
      error: null
    }
  },

  // 初期化時にデータを取得する
  created: function () {
    this.fetchData()
  },

  // $routeの変更をwatchすることでルーティングが変更された時に再度データを取得
  watch: {
    '$route': 'fetchData'
  },
```

```
methods: {
  fetchData: function () {
    this.loading = true
    // 取得したデータの結果をusersに格納する
    // Function.prototype.bindはthisのスコープを渡すために利用
    getUsers((function (err, users) {
      this.loading = false
      if (err) {
        this.error = err.toString()
      } else {
        this.users = users
      }
    }).bind(this))
  }
}
```

これでUserListコンポーネント、リストページの実装は完了です。実行すると、"読み込み中..."と表示された後に、以下のような結果が表示されるでしょう。

<u>トップページ ユーザー一覧ページ</u>

Takuya Tejima

Yohei Noda

UserListページの結果

4.4.3 詳細ページの実装

詳細ページを実装します。一覧ページ上に表示される名前をクリックした時に、当該の詳細ページを表示するようにします。ルート定義、コンポーネント定義の順に見ていきましょう。

まずはルート定義を追加します。URLパラメーターに含まれるIDを:userIdを用いてパターンマッチで受け取ります。

```
var router = new VueRouter({
  routes: [
    {
      path: '/top',
      component: {
```

```
        template: '<div>トップページです。</div>'
      }
    },
    {
      path: '/users',
      component: UserList
    },
    { // ルート定義の追加
      path: '/users/:userId',
      component: UserDetail
    }
  ]
})
```

ユーザー詳細ページのコンポーネントを実装します。

```
<script type="text/x-template" id="user-detail">
  <div>
    <div class="loading" v-if="loading">読み込み中...</div>
    <div v-if="error" class="error">
      {{ error }}
    </div>
    <div v-if="user">
      <h2>{{ user.name }}</h2>
      <p>{{ user.description }}</p>
    </div>
  </div>
</script>
```

UserDetailのコンポーネントを表示する際にはページ遷移時に指定したuserIdを使ってAPIを通じて詳細データをロードします[8]。

```
var userData = [
  {
    id: 1,
    name: 'Takuya Tejima',
    description: '東南アジアで働くエンジニアです。'
  },
  {
    id: 2,
    name: 'Yohei Noda',
    description: 'アウトドア・フットサルが趣味のエンジニアです。'
  }
]

// 擬似的にAPI経由で情報を取得したようにする
var getUser = function (userId, callback) {
```

---

[8] このAPIを呼ぶgetUserの実装はUserListの時に使用したサンプルと同様に擬似的なものです。実際にはサーバーサイドのAPIを利用するコードに置き換えてください。

```
    setTimeout(function () {
      var filteredUsers = userData.filter(function (user) {
        return user.id === parseInt(userId, 10)
      })
      callback(null, filteredUsers && filteredUsers[0])
    }, 1000)
}

// 詳細ページのコンポーネント
var UserDetail = {
  template: '#user-detail',
  // 初期値のセット
  data: function () {
    return {
      loading: false,
      user: null,
      error: null
    }
  },

  created: function () {
    this.fetchData()
  },

  watch: {
    '$route': 'fetchData'
  },

  methods: {
    fetchData: function () {
      this.loading = true
      // this.$route.params.userIdに現在のURL上のパラメーターに対応したuserIdが格納される
      getUser(this.$route.params.userId, (function (err, user) {
        this.loading = false
        if (err) {
          this.error = err.toString()
        } else {
          this.user = user
        }
      }).bind(this))
    }
  }
}
```

4.4.4　ユーザー登録ページの実装

　ユーザー登録ページを実装しましょう。ユーザー登録ページでは、/users/newでアクセスした時に
ユーザーの情報を追加できるページを作成します。これまでと同様にルート定義を行います。ここでの
注意点は今回追加した/users/newのルート定義は/users/:userIdの前に配置する必要があること

です。ルーターの解釈は配列の先頭から順番に行われるため、この順番を逆にしてしまうと/users/newでアクセスした際に/users/:userIdのパターンと合致し詳細ページへのルーティングになってしまいます。

　次に、テンプレートとコンポーネント実装も追加します。内容はシンプルなフォームを持つコンポーネントです。

```
var router = new VueRouter({
  routes: [
    {
      path: '/top',
      component: {
        template: '<div>トップページです。</div>'
      }
    },
    {
      path: '/users',
      component: UserList
    },
    { // ルート定義を追加
      path: '/users/new',
      component: UserCreate
    },
    {
      path: '/users/:userId',
      component: UserDetail
    }
  ]
})
```

```
<!-- ユーザー作成ページのテンプレート -->
<script type="text/x-template" id="user-create">
  <div>
    <div class="sending" v-if="sending">Sending...</div>
    <div>
      <h2>新規ユーザー作成</h2>
      <div>
        <label>名前: </label>
        <input type="text" v-model="user.name">
      </div>
      <div>
        <label>説明文: </label>
        <textarea v-model="user.description"></textarea>
      </div>
      <div v-if="error" class="error">
        {{ error }}
      </div>
      <div>
        <input type="button" @click="createUser" value="送信">
      </div>
    </div>
```

```
    </div>
</script>
```

　このコンポーネントでは送信ボタンがクリックされた際に、データのバリデーションを行った後、ユーザー情報の登録として更新系のPOST APIを発行します。

　サンプルコードのAPI実装はクライアントサイドでのみデータを追加しています。操作を行った際に見た目上のユーザーデータは増えますがアプリケーションの再起動によりデータはリセットされます。

```
// 擬似的にAPI経由で情報を更新したようにする
// 実際のWebアプリケーションではServerへPOSTリクエストを行う
var postUser = function (params, callback) {
  setTimeout(function () {
    // idは追加されるごとに自動的にincrementされていく
    params.id = userData.length + 1
    userData.push(params)
    callback(null, params)
  }, 1000)
}

// 新規ユーザー作成コンポーネント
var UserCreate = {
  template: '#user-create',
  data: function () {
    return {
      sending: false,
      user: this.defaultUser(),
      error: null
    }
  },

  created: function () {
  },

  methods: {
    defaultUser: function () {
      return {
        name: '',
        description: ''
      }
    },

    createUser: function () {
      // 入力パラメーターのバリデーション
      if (this.user.name.trim() === '') {
        this.error = 'Nameは必須です'
        return
      }
      if (this.user.description.trim() === '') {
        this.error = 'Descriptionは必須です'
        return
      }
```

```
    postUser(this.user, (function (err, user) {
      this.sending = false
      if (err) {
        this.error = err.toString()
      } else {
        this.error = null
        // デフォルトでフォームをリセット
        this.user = this.defaultUser()
        alert('新規ユーザーが登録されました')
        // ユーザー一覧ページに戻る
        this.$router.push('/users')
      }
    }).bind(this))
  }
 }
}
```

これで新規ユーザー登録用のコンポーネントが動作するようになりました。

4.4.5 ログイン・ログアウトの実装

ルート単位のフック関数を使用して、ダミーデータを利用した簡易認証付きSPAを実装します。

現在は誰でも新規ユーザー登録ができますが、新規ユーザー登録ページへのアクセスにはログインが必要になるような実装を紹介します。

ダミーデータ(emailアドレス:vue@example.com、パスワード:vue)を使った、認証用のモジュールとしてAuthを作成します。ローカルストレージを用いて認証状態を保持するので、ログアウトしない限り永続的にログイン状態が続きます。

```
var Auth = {
  login: function (email, pass, cb) {
    // ダミーデータを使った擬似ログイン
    setTimeout(function () {
      if (email === 'vue@example.com' && pass === 'vue') {
        // ログイン成功時はローカルストレージにtokenを保存する
        localStorage.token = Math.random().toString(36).substring(7)
        if (cb) { cb(true) }
      } else {
        if (cb) { cb(false) }
      }
    }, 0)
  },

  logout: function () {
    delete localStorage.token
  },

  loggedIn: function () {
```

```
      // ローカルストレージにtokenがあればログイン状態とみなす
      return !!localStorage.token
  }
}
```

ユーザー登録ページへ遷移しようとした時に、認証ページを表示するようにルート単位のフック関数を定義します。新規ユーザー登録ページのルート定義に beforeEnter のフック関数を追加しています。

```
var router = new VueRouter({
  routes: [
    {
      path: '/top',
      component: {
        template: '<div>トップページです。</div>'
      }
    },
    {
      path: '/users',
      component: UserList
    },
    {
      path: '/users/new',
      component: UserCreate,
      beforeEnter: function (to, from, next) {
        // 認証されていない状態でアクセスした時はloginページに遷移する
        if (!Auth.loggedIn()) {
          next({
            path: '/login',
            query: { redirect: to.fullPath }
          })
        } else {
          // 認証済みであればそのまま新規ユーザー作成ページへ進む
          next()
        }
      }
    },
    {
      path: '/users/:userId',
      component: UserDetail
    },
    {
      path: '/login',
      component: Login
    },
    {
      path: '/logout',
      beforeEnter: function (to, from, next) {
        Auth.logout()
        next('/')
      }
    }
  ]
```

```
})
```

● ログインコンポーネントの作成

ログインページに相当する、ログインコンポーネントを作成しましょう。認証に失敗した場合は、エラーメッセージを表示するようにします。

```
<script type="text/x-template" id="login">
  <div>
    <h2>Login</h2>
    <p v-if="$route.query.redirect">
      ログインしてください
    </p>
    <form @submit.prevent="login">
      <label><input v-model="email" placeholder="email"></label>
      <label><input v-model="pass" placeholder="password" type="password"></
label><br>
      <button type="submit">ログイン</button>
      <p v-if="error" class="error">ログインに失敗しました</p>
    </form>
  </div>
</script>
```

上記HTMLテンプレートを以下のコンポーネントで指定します。

```
var Login = {
  template: '#login',
  data: function () {
    return {
      email: 'vue@example.com',
      pass: '',
      error: false
    }
  },
  methods: {
    login: function () {
      Auth.login(this.email, this.pass, (function (loggedIn) {
        if (!loggedIn) {
          this.error = true
        } else {
          // redirectパラメーターが付いている場合はそのパスに遷移
          this.$router.replace(this.$route.query.redirect || '/')
        }
      }).bind(this))
    }
  }
}
```

グローバルメニューに新規で作成したページへのリンクを追加しましょう。v-showを使用してログ

イン状態でログアウトメニュー、ログアウト状態でログインメニューが表示されるようにしています。

```
<div id="app">
  <nav>
    <router-link to="/top">トップページ</router-link>
    <router-link to="/users">ユーザー一覧ページ</router-link>
    <router-link to="/users/new?redirect=true">新規ユーザー登録</router-link>
    <router-link to="/login" v-show="!Auth.loggedIn()">ログイン</router-link>
    <router-link to="/logout" v-show="Auth.loggedIn()">ログアウト</router-link>
  </nav>
  <router-view></router-view>
</div>
```

　上記の実装でユーザー登録ページにアクセスすると以下のような認証ページが表示されます。

トップページ ユーザー一覧ページ 新規ユーザー登録 ログイン

Login

ログインしてください

| vue@example.com | password |

ログイン

ログイン画面

　メールアドレスに vue@example.com、パスワードに vue を入力すると認証が成功し、ユーザーの登録ページへ遷移します。

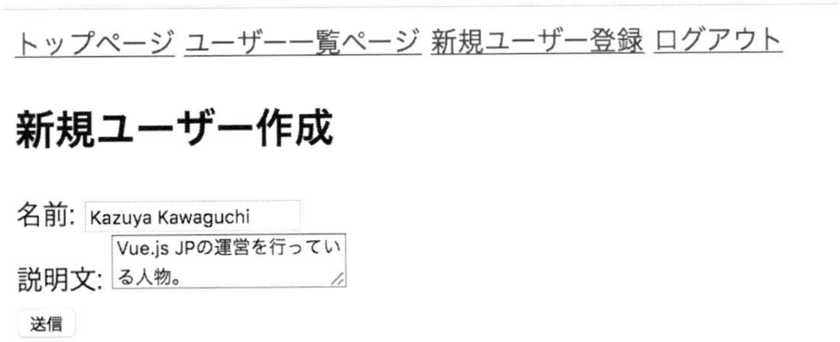

トップページ ユーザー一覧ページ 新規ユーザー登録 ログアウト

新規ユーザー作成

名前: Kazuya Kawaguchi

説明文: Vue.js JPの運営を行っている人物。

送信

ユーザー登録画面

　上図のように新規ユーザーの名前と説明文を作成すると、一覧ページに遷移し、先程追加したユーザーがリストに表示されます。これでアプリケーションは完成です。

トップページ ユーザー一覧ページ 新規ユーザー登録 ログアウト

Takuya Tejima

Yohei Noda

Kazuya Kawaguchi

ユーザー追加後の一覧画面

4.4.6 サンプルアプリケーションの全体像

　以下に今回作成したサンプルアプリケーション全体のソースコードを記載します。このソースコードをHTMLファイルとして保存し、ブラウザで開けば動作します。今回は解説のために単一のHTMLファイルにまとめていますが、適切に複数ファイルに分割するほうが適当でしょう。

　動作確認とソースコードは https://jsfiddle.net/tejitak/qkrzyh08/ も参照してください。

```html
<!DOCTYPE html>
<title>Vue.js SPAのサンプルアプリケーション</title>
<style>
  /* https://jp.vuejs.org/v2/api/index.html#v-cloak */
  [v-cloak] {
    display: none /* テンプレートの{{}}を非表示にする */
  }
</style>
<div id="app">
  <nav v-cloak>
    <router-link to="/top">トップページ</router-link>
    <router-link to="/users">ユーザー一覧ページ</router-link>
    <router-link to="/users/new?redirect=true">新規ユーザー登録</router-link>
    <router-link to="/login" v-show="!Auth.loggedIn()">ログイン</router-link>
    <router-link to="/logout" v-show="Auth.loggedIn()">ログアウト</router-link>
  </nav>
  <router-view></router-view>
</div>

<script src="https://unpkg.com/vue@2.5.17"></script>
<script src="https://unpkg.com/vue-router@3.0.1"></script>

<!-- ユーザー一覧ページのテンプレート -->
<script type="text/x-template" id="user-list">
  <div>
    <div class="loading" v-if="loading">読み込み中...</div>
    <div v-if="error" class="error">
      {{ error }}
    </div>
    <div v-for="user in users" :key="user.id">
```

```
      <router-link :to="{ path: '/users/' + user.id }">{{ user.name }}</router-
link>
    </div>
  </div>
</script>

<!-- ユーザー詳細ページのテンプレート -->
<script type="text/x-template" id="user-detail">
  <div>
    <div class="loading" v-if="loading">読み込み中...</div>
    <div v-if="error" class="error">
      {{ error }}
    </div>
    <div v-if="user">
      <h2>{{ user.name }}</h2>
      <p>{{ user.description }}</p>
    </div>
  </div>
</script>

<!-- ユーザー作成ページのテンプレート -->
<script type="text/x-template" id="user-create">
  <div>
    <div class="sending" v-if="sending">Sending...</div>
    <div>
      <h2>新規ユーザー作成</h2>
      <div>
        <label>名前: </label>
        <input type="text" v-model="user.name">
      </div>
      <div>
        <label>説明文: </label>
        <textarea v-model="user.description"></textarea>
      </div>
      <div v-if="error" class="error">
        {{ error }}
      </div>
      <div>
        <input type="button" @click="createUser" value="送信">
      </div>
    </div>
  </div>
</script>

<!-- ログインページのテンプレート -->
<script type="text/x-template" id="login">
  <div>
    <h2>Login</h2>
    <p v-if="$route.query.redirect">
      ログインしてください
    </p>
    <form @submit.prevent="login">
      <label><input v-model="email" placeholder="email"></label>
```

```html
      <label><input v-model="pass" placeholder="password" type="password"></
label><br>
      <button type="submit">ログイン</button>
      <p v-if="error" class="error">ログインに失敗しました</p>
    </form>
  </div>
</script>

<script>
// サンプルアプリケーション用のダミー認証モジュール
var Auth = {
  login: function (email, pass, cb) {
    // ダミーデータを使った擬似ログイン
    setTimeout(function () {
      if (email === 'vue@example.com' && pass === 'vue') {
        // ログイン成功時はローカルストレージにtokenを保存する
        localStorage.token = Math.random().toString(36).substring(7)
        if (cb) { cb(true) }
      } else {
        if (cb) { cb(false) }
      }
    }, 0)
  },

  logout: function () {
    delete localStorage.token
  },

  loggedIn: function () {
    // ローカルストレージにtokenがあればログイン状態とみなす
    return !!localStorage.token
  }
}

// ダミーデータの定義。本来はデータベースの情報をAPI経由で取得する
var userData = [
  {
    id: 1,
    name: 'Takuya Tejima',
    description: '東南アジアで働くエンジニアです。'
  },
  {
    id: 2,
    name: 'Yohei Noda',
    description: 'アウトドア・フットサルが趣味のエンジニアです。'
  }
]

// 擬似的にAPI経由で情報を取得したようにする
var getUsers = function (callback) {
  setTimeout(function () {
    callback(null, userData)
  }, 1000)
```

```
}

var getUser = function (userId, callback) {
  setTimeout(function () {
    var filteredUsers = userData.filter(function (user) {
      return user.id === parseInt(userId, 10)
    })
    callback(null, filteredUsers && filteredUsers[0])
  }, 1000)
}

// 擬似的にAPI経由で情報を更新したようにする
// 実際のWebアプリケーションではServerへPOSTリクエストを行う
var postUser = function (params, callback) {
  setTimeout(function () {
    // idは追加されるごとに自動的にincrementされていく
    params.id = userData.length + 1
    userData.push(params)
    callback(null, params)
  }, 1000)
}

// ログインコンポーネント
var Login = {
  template: '#login',
  data: function () {
    return {
      email: 'vue@example.com',
      pass: '',
      error: false
    }
  },
  methods: {
    login: function () {
      Auth.login(this.email, this.pass, (function (loggedIn) {
        if (!loggedIn) {
          this.error = true
        } else {
          // redirectパラメーターが付いている場合はそのパスに遷移
          this.$router.replace(this.$route.query.redirect || '/')
        }
      }).bind(this))
    }
  }
}

// ユーザーリストコンポーネント
var UserList = {
  template: '#user-list',
  data: function () {
    return {
      loading: false,
      users: function () {
```

```
      return []
    },
    error: null
  }
},

created: function () {
  this.fetchData()
},

watch: {
  '$route': 'fetchData'
},

methods: {
  fetchData: function () {
    this.loading = true
    getUsers((function (err, users) {
      this.loading = false
      if (err) {
        this.error = err.toString()
      } else {
        this.users = users
      }
    }).bind(this))
  }
}
}

// ユーザー詳細コンポーネント
var UserDetail = {
  template: '#user-detail',
  data: function () {
    return {
      loading: false,
      user: null,
      error: null
    }
  },

  created: function () {
    this.fetchData()
  },

  watch: {
    '$route': 'fetchData'
  },

  methods: {
    fetchData: function () {
      this.loading = true
      // this.$route.params.userId に現在のURL上のパラメーターに対応したuserIdが格納される
      getUser(this.$route.params.userId, (function (err, user) {
```

```
        this.loading = false
        if (err) {
          this.error = err.toString()
        } else {
          this.user = user
        }
      }).bind(this))
    }
  }
}

// 新規ユーザー作成コンポーネント
var UserCreate = {
  template: '#user-create',
  data: function () {
    return {
      sending: false,
      user: this.defaultUser(),
      error: null
    }
  },

  created: function () {
  },

  methods: {
    defaultUser: function () {
      return {
        name: '',
        description: ''
      }
    },

    createUser: function () {
      // 入力パラメーターのバリデーション
      if (this.user.name.trim() === '') {
        this.error = 'Nameは必須です'
        return
      }
      if (this.user.description.trim() === '') {
        this.error = 'Descriptionは必須です'
        return
      }
      postUser(this.user, (function (err, user) {
        this.sending = false
        if (err) {
          this.error = err.toString()
        } else {
          this.error = null
          // デフォルトでフォームをリセット
          this.user = this.defaultUser()
          alert('新規ユーザーが登録されました')
          // ユーザー一覧ページに戻る
```

```
          this.$router.push('/users')
        }
      }).bind(this))
    }
  }
}

// ルートオプションを渡してルーターインスタンスを生成
var router = new VueRouter({
  // 各ルートにコンポーネントをマッピング
  // コンポーネントはVue.extend() によって作られたコンポーネントコンストラクタでも
  // コンポーネントオプションのオブジェクトでも渡せる
  routes: [
    {
      path: '/top',
      component: {
        template: '<div>トップページです。</div>'
      }
    },
    {
      path: '/users',
      component: UserList
    },
    {
      path: '/users/new',
      component: UserCreate,
      beforeEnter: function (to, from, next) {
        // 認証されていない状態でアクセスした時はloginページに遷移する
        if (!Auth.loggedIn()) {
          next({
            path: '/login',
            query: { redirect: to.fullPath }
          })
        } else {
          // 認証済みであればそのまま新規ユーザー作成ページへ進む
          next()
        }
      }
    },
    {
      // /users/newの前にこのルートを定義するとパターンマッチにより/users/newが動作しなくなるの
で注意
      path: '/users/:userId',
      component: UserDetail
    },
    {
      path: '/login',
      component: Login
    },
    {
      path: '/logout',
      beforeEnter: function (to, from, next) {
        Auth.logout()
```

```
      next('/top')
    }
  },
  {
    // 定義されていないパスへの対応。トップページへリダイレクトする。
    path: '*',
    redirect: '/top'
  }
  ]
})
// ルーターのインスタンスをrootとなるVueインスタンスに渡す
var app = new Vue({
  data: {
    Auth: Auth
  },
  router: router
}).$mount('#app')
</script>
```

4.5　Vue Routerの高度な機能

サンプルアプリケーションの実装では使わなかった、Vue Routerの高度な機能を紹介します。

4.5.1　RouterインスタンスとRouteオブジェクト

ここまでページ遷移や監視などに使ってきた `$router` と `$route` について解説します。これらは名前が似ていますが別のものなので注意してください。

サンプルコードの中に `this.$router.push` など、コンポーネントから Routerインスタンスにアクセスしている例が登場しました。`$router` は Routerインスタンスを表します。Routerインスタンスは Webアプリケーション全体に対して1つ存在し、全般的な Router機能を管理しています。例えば、アプリケーション全体として履歴をどのように管理するかを指定する設定や、`router-link` 要素を使わずにプログラムでページ遷移を実行する場合などに Routerインスタンスを使用します。

一方、`this.$route.params` などでアクセスしているのは Routeオブジェクトと呼ばれるものです。ページ遷移によるルーティングが発生するごとに生成されます。現在アクティブなルートの状態を保持したオブジェクトで、現在のパスや URLパラメーターなどの情報を取得できます。コンポーネントの内部に実装する Routerのフック関数などからアクセスできます。`watch` の監視対象としても用いました。

以下、それぞれ代表的な機能を表にまとめて紹介します。

Routerインスタンスの代表的なプロパティとメソッド

プロパティ/メソッド名	説明
app	ルーターが使用されているrootのVueインスタンス
mode	ルーターのモード（履歴の管理の節にて後述）
currentRoute	Routeオブジェクトとして表される現在のルート
push(location,onComplete?,onAbort?)	ページ遷移の実行。historyスタックに新しいエントリを追加し、ブラウザの戻るボタンがクリックされた際には前のURLに戻る
replace(location,onComplete?,onAbort?)	ページ遷移の実行。historyスタックには新しいエントリを追加しません
go(n)	historyスタックの中でどのくらいステップを進めるか、もしくは戻るのか、を表す1つのintegerをパラメーターとして受け取ります。window.history.go(n)と類似
back()	historyスタックを1つ戻す。history.back()と同様
forward()	historyスタックを1つ進める
addRoutes(routes)	動的にルートをルーターに追加できる

Routeオブジェクトの代表的なプロパティ

プロパティ名	説明
path	現在のルートのパスに対応した文字列。
params	定義したURLパターンにマッチした現在のパラメーターをkey/valueペアで保持するオブジェクト。もしパラメーターがない場合、この値は空オブジェクトになる
query	クエリ文字列のkey/valueペアを保持するオブジェクト。例えば /foo?user=1 というパスの場合、$route.query.user == 1となる。もしクエリがない場合は、この値は空オブジェクトになる
hash	URLに#によるハッシュがある時の現在のルートのハッシュ値を取得できる。もしハッシュがない場合、この値は空オブジェクトになる
fullPath	クエリやhashを含む全体のURL
name	名前付きルートで指定された名前

4.5.2　ネストしたルーティング

アプリケーションが少し複雑になってくると、ネストされたルートを定義したいことがあります。Vue Routerのネストされたルートとは、任意のコンポーネントに対して入れ子となるコンポーネントのルート定義です。

例えば、ページ内容は`/user/`ユーザーIDを基本としつつ、`/user/`ユーザーID`/posts`のときはポスト情報を、`/user/`ユーザーID`/profile`のときはプロフィール情報を部分的に表示するような定義をすることです。Vue Routerなら簡単に実現できます。コンポーネント定義で`<router-view>`、ルート定義で`children`を使って入れ子となる部分を設定します。

`// ユーザー詳細ページのコンポーネント定義`

```javascript
var User = {
  template:
    '<div class="user">' +
      '<h2>ユーザーIDは {{ $route.params.userId }} です。</h2>' +
      '<router-link :to="\'/user/\' + $route.params.userId + \'/profile\'">ユーザ
ーのプロフィールページを見る</router-link>' +
      '<router-link :to="\'/user/\' + $route.params.userId + \'/posts\'">ユーザーの
投稿ページを見る</router-link>' +
      '<router-view></router-view>' +
    '</div>'
}

// ユーザー詳細ページ内で部分的に表示されるユーザーのプロフィールページ
var UserProfile = {
  template:
    '<div class="user-profile">' +
      '<h3>こちらはユーザー {{ $route.params.userId }} のプロフィールページです。</h3>' +
    '</div>'
}

// ユーザー詳細ページ内で部分的に表示されるユーザーの投稿ページ
var UserPosts = {
  template:
    '<div class="user-posts">' +
      '<h3>こちらはユーザー {{ $route.params.userId }} の投稿ページです。</h3>' +
    '</div>'
}

var router = new VueRouter({
  routes: [
    {
      path: '/user/:userId',
      name: 'user',
      component: User,
      children: [
        {
          // /user/:userId/profile がマッチした時に
          // UserProfileコンポーネントはUserコンポーネントの <router-view> 内部でレンダリン
グされます
          path: 'profile',
          component: UserProfile
        },
        {
          // /user/:userId/posts がマッチした時に
          // UserPostsコンポーネントはUserコンポーネントの <router-view> 内部でレンダリング
されます
          path: 'posts',
          component: UserPosts
        }
      ]
    }
  ]
})
```

/user/123としてアクセスしたユーザ詳細ページからそれぞれプロフィールページと投稿ページをクリックした際にページ内の該当箇所が部分的に更新されます。

4.5.3　リダイレクト・エイリアス

状況に応じて、SPAでも通常のWebアプリケーションと同様に、リダイレクトの機能を使用したいケースが出てくることもあるでしょう。Vue Routerは、実行した時にURLを書き換えるリダイレクトと、URLは書き換えずルーティング処理を実行するエイリアスを使用できます。

●リダイレクト

以下のリダイレクトのコード例では、/aへアクセスした時に/bへ遷移します。その時URLも遷移先のものに書き換わります。また、*を使うことで定義している全てのルートにマッチしなかった時のリダイレクト先を指定できます。代表的な例として、Not Foundページを作る時に便利です。

```
var router = new VueRouter({
  routes: [
    { path: '/a', redirect: '/b' },
    { path: '/b', component: B },
    { path: '/notfound', component: NotFound },
    // 現在のURLが定義したルートのいずれにもマッチしなかった時に/notfoundに遷移する
    { path: '*', redirect: '/notfound' }
  ]
})
```

●エイリアス

URL上はアクセスした時のものを保持した状態で、別のルートで定義したものとして遷移の処理を実行させたい時に、エイリアスが使えます。以下の1つめの例では、/bへアクセスした時にURL上は/bのままですが、コンポーネントAがレンダリングされ、あたかも/aへアクセスしたかのように振る舞います。2つめの例のようにエイリアスは複数指定することもできます。

```
var router = new VueRouter({
  routes: [
    { path: '/a', component: A, alias: '/b' }
    { path: '/c', component: C, alias: ['/d', '/e'] }
  ]
})
```

4.5.4　履歴の管理

SPAではサーバー側のルーティングを介していないため、ブラウザの戻る・進むボタンを押した時の

履歴操作もクライアント側で管理しなくてはなりません。

履歴管理を実現する方法にはURL Hashを使った方法とHTML5 History APIを使った方法があります。

● URL Hash

URL Hashを使った場合、URLの末尾に#/が付与され、ルーティングのパスを管理します。Vue RouterはデフォルトでURL Hashとして動作します。

クライアント側でURLが変更されるため、ブラウザの履歴にはURLがそれぞれ追加されます。ブラウザの戻る・進むボタンを押した際には、内部的にhashchangeイベントを使ってルーティングの変更時の処理が行われます。

この方式だと直接ブラウザのURLを入力したユーザーがアクセスしてきても特に処理を工夫しなくても、ページがそのまま返せます。

● HTML5 History API

もう1つの履歴の管理方法として、HTML5から導入された履歴スタックを操作できるHTML5 History APIがあります。

こちらを使った場合、#/は付与されず、URLが通常のサーバーサイドで遷移を行った時と同じ形式になります。このモードではユーザが直接ブラウザで該当のURLを入力してアクセスした時に、サーバー側がエラーを起こさずに適切にSPAのページを返す処理をしなくてはならない点に注意が必要です。

'history'をVue Routerインスタンス生成時にmodeオプションとして指定することで切り替えられます。

Column

Vue Routerを使った大規模なアプリケーションの実装

アプリケーションの規模が大きくなりコンポーネントの入れ子構造が多くなってくると、コンポーネント間のデータ受け渡しが複雑化してしまう傾向があります。

例えば、親コンポーネントから子コンポーネントへpropsを使ったデータの受け渡しチェーンや$emitイベントを通じたデータの受け渡しが多くなり複雑化すると、一部の実装変更により予期せぬコンポーネントが反応してしまうような副作用を生むことがあります。

もし複数コンポーネント間のデータ管理が複雑になってしまうのを避けたい場合には、7章で紹介するVue.jsの公式プラグインであるVuexを導入するのが1つの手です。

Vue Routerベースのアプリケーション内でvuex-router-sync[1]を利用してVuexと連携できます。このツールを使うとVuex内で現在のルーティング情報が管理されるようになり、コンポーネントやルーティングの状態を一元管理できます。詳細については7.8で解説します。

大事なのは、規模が大きくなりそうなアプリケーションは必ずVue RouterとVuexを使えば良いというわけではないことです。Vue Routerのみを使う場合、Vuexのみを使う場合、Vue RouterとVuexを組み合わせて使う場合など、アプリケーションの特性や設計方針から適宜判断をすると良いでしょう。

[1]　Vue Roterともvuexとも独立したライブラリ。https://github.com/vuejs/vuex-router-sync

どのような特徴を持ったアプリケーションがプラグインの組み合わせにマッチするか、1つの目安として例を記載します。

- Vue RouterもVuexも使わないアプリケーション
  - 従来型のECウェブサイトのようなサーバー側でルーティングを行い、クライアント側では複雑なコンポーネント構成を持たないアプリケーション
  - サービス紹介サイトなど、一部動的に動くコンポーネント実装が必要なランディングページ
- Vue Routerのみを使うアプリケーションの例
  - SPAベースの管理画面など、各ページでシンプルな機能を提供するアプリケーション
  - ネイティブアプリのようにクライアント側で軽快なページ遷移を提供するアプリケーションやゲーム
- Vuexのみを使うアプリケーションの例
  - ダッシュボード、チャットアプリ、写真加工アプリなど、1つのページ内で複数のコンポーネント間のデータ連携が必要になる、単一ツールのようなアプリケーション
- Vue RouterとVuexを両方使うアプリケーションの例
  - メールアプリやカレンダーアプリなど、複数ページで複雑なコンポーネント構成が想定される大規模SPA

`Column`

Vue RouterとReact Router

近年フロントエンドのライブラリとして注目を集めているReactにもReact Router[1]というルーティング用ライブラリが存在します。機能的な位置付けはVue.jsに対するVue Routerと大きな差はありませんが、Vue RouterはVue.jsの開発チームが公式に拡張・メンテナンスを行っている一方、React Routerは開発母体であるFacebookとは独立してメンテナンスが行われているという点は大きく異なります。

新規でフロントエンド開発のライブラリ選定を行う際に、Vue.jsを使うかReactを使うかはよく議論になるポイントです。現時点でReactの方がWeb上に情報量は多いかもしれませんが、Vue RouterやVuexなどのプラグインが本体の開発と並行して、公式に進めているエコシステムがしっかりしているという点はReactと比べてVue.jsの魅力の1つとして挙げられます。

---

[1]　https://github.com/ReactTraining/react-router

5.
Vue.jsの高度な機能

この章では、Vue.jsの高度な機能について、重要なものをいくつか紹介します。ここでの高度な機能とは、Vue.jsに備わっている機能のうち、アプリケーションのUXやコードの保守性・再利用性を高める際に有用な機能を指します。Vue.jsでアプリケーションを作る際に必須の機能ではありませんが、一定以上のクオリティを出すためには覚えておきたいものです。

5.1 トランジションアニメーション

ここでは、Vue.jsでトランジションアニメーションを扱う機能について説明します。

私たちは日常で様々なアプリケーションを利用しています。それらのアプリケーションでは、モバイル、デスクトップを問わずに、アニメーションの効果が活用されています。例えば、画面遷移で画面を左右にスライドさせたり、要素を画面に出現させる際に透過度や高さを徐々に変えるような効果です。アプリケーションを使う中でこれらの効果を体験したことがない人はいないでしょう。こういった効果はユーザーに注意を与えることで適切な操作を促したり、その動きによって、心地よい体験や体感速度の向上をもたらします。

iOSやAndroidに代表されるモバイルプラットフォームでは、これらの効果を実装する機能が標準で提供されています。ウェブでは、当初はこのようなアニメーションを実現する仕様はありませんでしたが、Ajaxに始まるリッチインターネットアプリケーションやスマートフォンの普及に伴って、実現する必要性に迫られるようになりました。一時はJavaScriptでタイマーを駆使し、ランタイムパフォーマンスを考慮しながら、アニメーションを苦労して実装していましたが、最近では、CSS3やWeb Animation APIといったウェブ標準の規格、Velocity.js, Anime.jsなどに代表されるアニメーションライブラリが整い、これらの実装は以前に比べて容易になっています。

Vue.jsでは、要素の表示・非表示をトリガーにして、先に述べた標準仕様やライブラリと連携し、トランジションアニメーションを容易に実装することができるようになっています。ユーザーにより良い体験を提供するためにおさえておきましょう。

5.1.1 transitionラッパーコンポーネント

Vue.jsでは、要素の出現、トランジションに伴ったアニメーションに`transition`ラッパーコンポーネントを利用します。

`transition`ラッパーコンポーネントは、自身が囲んでいるコンポーネントあるいは要素の表示状態に応じて、アニメーションに関する処理を行うコンポーネントです。具体的には、アニメーションの開始、終了といった各過程で、`v-enter`, `v-enter-active`などの事前にVue.jsが定めたクラスを付け替えします。以下はそれらのクラスが適用される要素(ディレクティブ)とその条件です。

```
<transition>
  <!-- transitonコンポーネント、この中の要素を対象にアニメーションを行う -->
</transiton>
```

transitionコンポーネントは、自身が囲んでいるコンポーネントあるいは要素が出入り（enter/leave）する際にトランジションを追加します。出入りは、以下の場合に起きます。

- v-ifの条件が変わった時
- v-showの条件が変わった時
- 動的コンポーネント（componentコンポーネント）のis属性値が変わった時

5.1.2 トランジションクラス

transitionコンポーネントに囲まれた要素では、出入りの際にアニメーションを実現するために以下のクラスが適切なタイミングで付与されます。このクラスをトランジションクラスといいます。それぞれのクラスが状態と遷移の内容に対応しています。

v-enter	要素が挿入される前に付与され、アニメーション開始時に削除されるクラスです。挿入のアニメーションの初期スタイルを適用するために使用します。
v-enter-to	挿入のアニメーションの開始時に付与され、アニメーション終了後に削除されるクラスです。挿入のアニメーションの終了時のスタイルを適用するために使用します。
v-enter-active	要素の挿入前からアニメーション終了まで付与されるクラスです。トランジションの設定を書くために使用します。
v-leave	削除のアニメーションの開始前に付与され、アニメーション開始時に削除されるクラスです。削除時のアニメーションの初期スタイルを適用するために使用します。
v-leave-to	削除のアニメーションの開始時に付与され、アニメーション終了後に削除されるクラスです。削除時のアニメーションの終了時のスタイルをあてるために使用します。
v-leave-active	削除のアニメーションの開始前から終了後まで付与されるクラスです。トランジションの設定を書くために使用します。

アニメーションの定義とは開始と終了の状態と、開始の状態から終了の状態へどのように遷移するかの定義です。出現のトランジションに焦点を当てると、v-enterはアニメーションの初期状態、v-enter-toは終了状態、v-enter-activeは初期状態から終了状態にどのように変化するかの設定を記述するためのクラスになります。

デフォルトのクラス名はv-がプレフィックスとして付与されていますが、name属性で変更可能です。<transition name="fade">と指定すれば、v-enterではなくfade-enterとなります。

5.1.3 fadeトランジションの実装

トランジションクラスについて理解するために、ここからは実際にコードを見ていきます。フェードイン・フェードアウトのアニメーションの実装を考えてみましょう。

コードは以下のようになります。CSSのトランジション定義がほとんどです。

```
<!DOCTYPE html>
<title>Vue app</title>
<link rel="stylesheet" href="style.css">
<script src="https://unpkg.com/vue@2.5.17"></script>

<div id="app">
  <button @click="isShown = !isShown">表示の切り替え</button>
  <transition>
    <p v-show="isShown">Hello, world!</p>
  </transition>
</div>
<script src="./app.js"></script>
```

```
.v-enter-active,
.v-leave-active {
  /* アニメーションの時間、イージングなどを設定 */
  transition: opacity 500ms ease-out;
}

/* フェードイン */
.v-enter {
  /* フェードインの初期状態 */
  opacity: 0;
}

.v-enter-to {
  /* フェードインの終了状態 */
  opacity: 1;
}

/* フェードアウト */
.v-leave {
  /* フェードアウトの初期状態 */
  opacity: 1;
}

.v-leave-to {
  /* フェードアウトの終了状態 */
  opacity: 0;
}
```

```
new Vue({
  el: '#app',
  data: function () {
    return {
      isShown: false
    }
  }
})
```

　index.html、style.css、app.jsを保存して、HTMLをブラウザで開きます。「表示の切り替え」ボタンをクリックすると、フェードインで要素が表示され、もう一度クリックするとフェードアウトで非表示になります。

[　表示の切り替え　]

Hello, world!

フェードインで徐々にテキストが表示されている

　Chrome DevToolsでは、要素の属性値に変更でブレークポイントを設定することが可能です。この機能を利用して、ボタンのクリックに伴うクラスの付け替えの過程を追跡してみましょう。ブレークポイントはElementsタブでトランジションアニメーションを行う要素を右クリック → Break on → attribute modificationsの順に選択して登録できます。

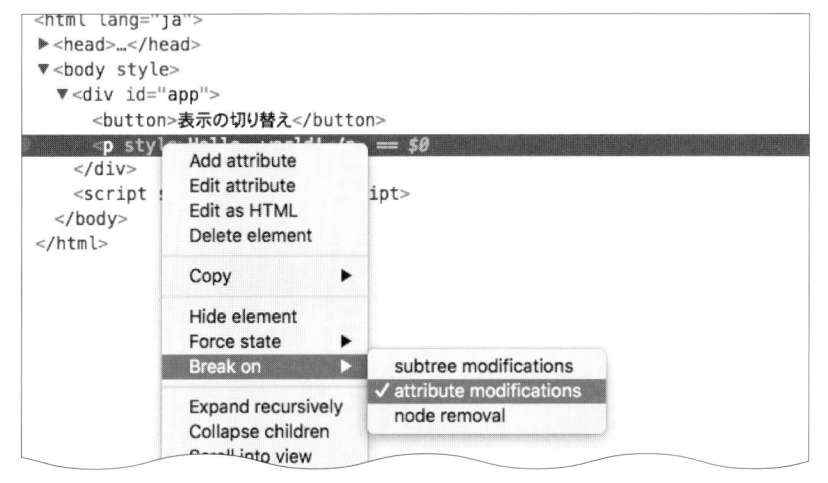

属性の変更に対してブレークポイントの設定

　ブレークポイントを登録したら、「表示の切り替え」ボタンをクリックしてみましょう。すると以下のように要素の属性に変更を加えようとするタイミングでコードの実行が止まります。最初はアニメーションの初期値を設定するためのクラス「v-enter」を追加しようとしているのが分かります。

```
7365    }
7366
7367    /* istanbul ignore else */
7368    if (el.classList) {  el = p
7369      if (cls.indexOf(' ') > -1) {  cls = "v-enter"
7370        cls.split(/\s+/).forEach(function (c) { return el.classList.add(c); });  el = p
7371      } else {
7372        el.classList.add(cls);
7373      }
7374    } else {
7375      var cur = " " + (el.getAttribute('class') || '') + " ";
7376      if (cur.indexOf(' ' + cls + ' ') < 0) {
7377        el.setAttribute('class', (cur + cls).trim());
7378      }
7379    }
7380  }
7381
```

クラスの追加でコードの実行が止まった

処理は、画面上の「Paused in debugger」の再生ボタンを押すと再開されます。

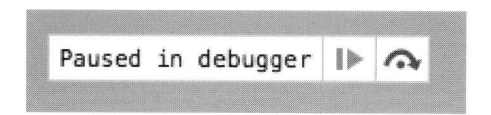

再生ボタンで再開する

この手順を繰り返すことで、アニメーションが完了するまでにどのようなクラスの付け替えがされているか把握できます。

1. v-enterの追加
2. v-enter-activeの追加
3. v-enterの削除、v-enter-toの追加（CSSトランジションによるアニメーションの開始）
4. （アニメーションの終了。transitionendイベントの発火）
5. v-enter-toの削除、v-enter-activeの削除

ここまでの内容を記載したJSFiddleのURLを用意しました。https://jsfiddle.net/vwsx7e80/ 動作の確認や、コードをいじることで理解を深めることにご利用ください。

Vue Routerのトランジション

Vue Routerでもトランジションが使えます。<router-view>を囲むだけです。複雑な利用方法はドキュメント[1]を参照してください。

```
<transition>
  <router-view></router-view>
</transition>
```

- -

*1   https://router.vuejs.org/ja/guide/advanced/transitions.html

カスタムトランジションクラス

　トランジションクラスの仕組みは直感的ですが、外部ライブラリとの連携を考えると使いづらい点もあります。 Animate.cssなどのサードパーティーのアニメーションライブラリを使う場合には、ライブラリが定義しているクラス名に変更する必要があります。 次の属性を transition の属性として指定することで、デフォルトのクラス名の規約を上書きします。

- enter-class
- leave-class
- enter-active-class
- leave-active-class
- enter-to-class
- leave-to-class

　Animate.cssは bounce や flash などのエフェクトの名前をクラスとして要素に追加すると、そのエフェクトアニメーションを実行するスタイルシートです。 詳しい使い方やどのような効果が提供されているかは GitHub - daneden/animate.css: A cross-browser library of CSS animations. As easy to use as an easy thing.[*1] のREADMEを参照してください。今回は、CDNで提供されているファイルをロードして、Animate. cssの効果のお試しアプリをつくります。 READMEに書かれているエフェクトを入力して、「表示の切り替え」ボタンをクリックすることで試すことが可能です。

　以下のHTMLとJavaScriptをそれぞれファイルに保存して、ブラウザで開くと、初回はbounceエフェクトを伴って要素が出現するのを試すことができます。 または、同じ内容が記載されたJSFiddleのURLも用意しているので、そちらもお試しください。http://jsfiddle.net/kitak/t29ag6hf/

```html
<!DOCTYPE html>
<title>Vue app</title>
<!-- CDN で配信されているファイルをロードして、Animate.css を利用する -->
<link rel="stylesheet" href="https://cdn.jsdelivr.net/npm/animate.↵
css@3.5.2/animate.min.css">
<script src="https://unpkg.com/vue@2.5.17"></script>

<div id="app">
  <p><input type="text" v-model="animationClass"></p>
  <button @click="isShown = !isShown">表示の切り替え</button>
  <!-- トランジションアニメーションで付け替えするクラスを変更するために enter-active-
class プロパティと leave-active-class プロパティを指定する -->
  <transition
    :enter-active-class="activeClass"
    :leave-active-class="activeClass"
  >
    <p v-show="isShown">Hello, world!</p>
  </transition>
</div>
<script src="./app.js"></script>
```

```javascript
new Vue({
  el: '#app',
  data: function () {
```

[*1]　https://github.com/daneden/animate.css

```
    return {
      animationClass: 'bounce',
      isShown: false
    }
  },
  computed: {
    activeClass: function () {
      // 設定するクラスの値を計算する。インプットフィールドの入力に応じて再計算される
      return this.animationClass + ' animated'
    }
  }
})
```

Animate.cssを使うには、アニメーションの開始から終了までの間、付与されているクラスの名前を変更する必要があります。 すなわち、enter-active-classプロパティとleave-active-classプロパティを変更します。 今回は、適用するクラスはユーザーの入力に応じて変わるので、算出プロパティで計算して、プロパティの値にバインディングしています。 Chrome DevToolsでボタンのクリックに伴う要素の出現時に意図したクラスが付与されていることを確認することができます。

以下が動作している様子です。slideOutRightを指定して、出現時に右にスライドするアニメーションを追加しています。

> slideOutRight

> 表示の切り替え

Hello,

5.1.4   JavaScriptフック

transitionコンポーネントとCSSトランジション、CSSアニメーションだけで大抵のアニメーションは実現できます。ただし、場合によってはJavaScriptを使う必要があります。 アニメーションに、要素の大きさや画面上での位置、コンポーネントの状態といった動的な値を用いる場合です。

例えば、メニューのUIについて考えてみましょう。マウスホバーすることでメニューのアイテムを下方向に展開するメニューです。この際、メニューアイテムの数はメニューによって異なるので、アニメーションに必要な高さは動的に変わるものになります。

このようなケースに対応するためにtransitionコンポーネントには、JavaScriptによる処理をアニメーションの過程でフックできる機能があります。以下のイベントが各過程で発生します。

イベント名	タイミング
before-enter	要素が挿入される前
enter	挿入されてアニメーションされる前
after-enter	挿入アニメーション後
enter-cancelled	挿入キャンセル時
before-leave	削除アニメーションが実行される前
leave	削除アニメーションが実行される前でbefore-leaveの後
after-leave	要素が削除された後
leave-cancelled	削除キャンセル時

各イベントに対するイベントリスナーはv-onで設定します。

```
<transition
  v-on:before-enter="beforeEnter"
  v-on:enter="enter"
  v-on:after-enter="afterEnter"
  v-on:enter-cancelled="enterCancelled"

  v-on:before-leave="beforeLeave"
  v-on:leave="leave"
  v-on:after-leave="afterLeave"
  v-on:leave-cancelled="leaveCancelled"
>
  <p v-if="isShown">Hello, world!</p>
</transition>
```

それぞれのイベントリスナーの第一引数にはトランジションの対象となるDOM要素が渡されます。先で述べた要素の大きさや画面上での位置は、このDOM要素から取得できます。メニューのアニメーションを実装してみましょう。enterフックで要素の高さを取得し、Anime.jsを用いてメニューを下に展開するアニメーションを実行します。

```
<!DOCTYPE html>
<title>Vue app</title>
<link rel="stylesheet" href="./style.css">
<script src="https://cdnjs.cloudflare.com/ajax/libs/animejs/2.2.0/anime.min.js"></script>
<script src="https://unpkg.com/vue@2.5.17"></script>

<div id="app">
  <pull-down-menu></pull-down-menu>
</div>
<script src="app.js"></script>
```

```
var PullDownMenu = {
```

```
data: function () {
  return {
    isShown: false,
    name: 'メニュー',
    items: [
      '1-1',
      '1-2',
      '1-3'
    ]
  }
},
template: `
  <div @mouseleave="isShown = false">
    <p @mouseover="isShown = true"><a href="#" class="menu">{{ name }}</a></p>
    <transition
      @before-enter="beforeEnter"
      @enter="enter"
      @leave="leave"
      :css="false"
    >
      <ul v-if="isShown">
        <li v-for="item in items" :key="item">
          <a href="#" class="menu-item">{{ item }}</a>
        </li>
      </ul>
    </transition>
  </div>
`,
methods: {
  beforeEnter: function (el) {
    // el: トランジションの対象となるDOM要素
    // アニメーションの初期状態 (高さを0、透明度を0) を設定する
    el.style.height = '0px'
    el.style.opacity = '0'
  },
  enter: function (el, done) {
    // el: トランジションの対象となるDOM要素
    // 要素の高さを取得し、Anime.jsを用いてメニューを下に展開する
    // 3秒かけて、透明度と高さを変更して出現させる
    anime({
      targets: el,
      opacity: 1,
      height: el.scrollHeight + 'px',
      duration: 3000,
      complete: done
    })
  },
  leave: function (el, done) {
    // el: トランジションの対象となるDOM要素
    anime({
      targets: el,
      opacity: 0,
      height: '0px',
```

```
      duration: 300,
      complete: done
    })
  }
  }
  }
}

new Vue({
  el: '#app',
  components: {
    PullDownMenu: PullDownMenu
  }
})
```

```
div, ul, li, a, p {
  margin: 0;
  padding: 0;
}

ul {
  list-style-type: none;
  margin: 0;
  padding: 0;
  font-size: 14px;
}

div {
  width: 90px;
}

.menu {
  width: 90px;
  text-decoration: none;
  background-color: #9999FF;
  color: #000;
  border : solid 1px #6666CC;
  display: block;
  height: 30px;
  line-height: 30px;
  text-align: center;
}

.menu-item {
  width: 90px;
  text-decoration: none;
  background-color: #CCCCFF;
  color: #000;
  border : solid 1px #6666CC;
  border-top: none;
  display: block;
  height: 30px;
```

```
  line-height: 30px;
  text-align: center;
}
```

　以上の内容を記述したJSFiddleのURLはhttps://jsfiddle.net/kitak/r84y9c1v/です。動作を確認したり、コードをいじってみることで機能や説明への理解を深めてください。

　動作を確認しておきます。表示されているメニューをマウスホバーすると、透明度と高さがアニメーションで変化しながら、下にメニューのアイテムが展開します。

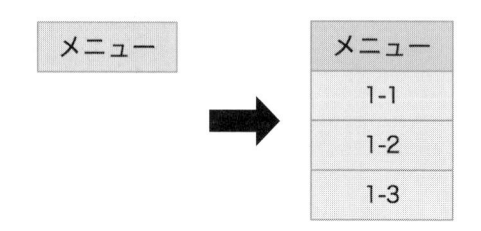

マウスホバー前後のメニュー

　各フックの処理を見ていきましょう。 `beforeEnter`フックでは、アニメーションの初期状態を設定します。今回は高さを0、透明度を0(透明)にします。

　`enter`と`leave`フックでは、Anime.jsを用いて、3秒かけて高さと透明度を変化させます。Anime.jsは軽量でシンプルなアニメーションライブラリです。`enter`と`leave`のフックは、第二引数にイベントの完了をVue.jsに伝えるためのコールバックを受け取ります。Vue.jsはデフォルトで`transitionend`や`animationend`イベントでトランジション(アニメーション)の終了を検知しますが、アニメーションをCSSを使わずにJavaScriptのみで実現する場合は、このコールバックを使う必要があります。`:css="false"`を属性として指定し、先述の終了の検知を無効化します。JavaScriptのみでアニメーションを実現する場合は、設定しておくのが確実でしょう。

　この例からもわかるように、`enter`、`leave`フックを利用すれば、アニメーションの実行タイミングのみVue.jsが管理し、実際のアニメーションの内容は自由に記述可能です。アニメーションの実現手段はVelocity.js、jQueryのアニメーション機能、Web Animation APIなどから好きなものを選択すればよくなります。

5.2　スロット

　この節では、スロットの機能について紹介します。3章でも簡単に解説しました。

　Vue.jsのコンポーネントでは、基本的に開始タグと終了タグの間のコンテンツ(他のコンポーネント、要素、テキストノード)は無視されてレンダリングされます。しかし、コンポーネントの中には、そのコンポーネントが使われる状況に応じて、外からコンテンツを受け付けたほうが再利用性が高まる場合があります。この外からコンテンツを受け付ける仕組みをスロットと呼びます。

　モーダルウィンドウのコンポーネントについて考えてみましょう。モーダルウィンドウの内容は、そ

のモーダルウィンドウが開かれるタイミングによって異なります。単純にテキストを表示するだけなら
ば、プロパティでテキストを渡して表示してもよいかもしれません。

```
<Modal :message="text">
</Modal>
```

しかし、メッセージ内で強調表示を行ったり、メッセージ内のURLをリンク化したりする必要が出て
きたらどうでしょうか。単純にプロパティとして渡すだけでは間に合いません。このようなときにスロッ
トの機能で外からのコンテンツを受け付けるようにすれば柔軟性が増し、モーダルウィンドウで表示
するコンテンツが何かテンプレートを見れば一目瞭然になります。

```
<Modal>
  <p>
    <b>重要なお知らせ</b>
    <a href="./terms.html">利用規約</a>が来年1月から変更になります。
  </p>
</Modal>
```

また昨今では、Atomic Designに則ったコンポーネント設計や、ブランドの統一のために企業内でUI
フレームワークを作成する事例が増えています。このとき、ボタンなどのプリミティブな要素について
も、スタイルを統一させるためにコンポーネントとして定義されます。HTML標準のbutton要素では
テキストノードとして指定しますが、スロットを用いることでコンポーネントでもHTML標準のbutton
要素と同様の指定を実現できます。

```
<!-- ボタンのテキストをプロパティ経由で指定する -->
<MyButton text="送信する">
</MyButton>
<!-- ボタンのテキストをテキストノードとして指定する -->
<MyButton>送信する</MyButton>
```

他にもスロットを使う具体的な場面として、以下のようなものがあります。

- ページ全体のレイアウトを表現するコンポーネントに、ページのヘッダー・ボディ・フッターを挿入
- アクションシートのコンポーネントに対して、選択可能なアクションを挿入する
- スライダーの各アイテムの内容を指定する

5.2.1 単一スロット

スロットには単一スロット(名前なしのスロット)、名前付きスロットの大きく分けて2つの種類があ
ります。単純な単一スロットから紹介します。
先に使ったMyButtonの実装を取り上げて解説します。以下のHTMLとスクリプトをファイルに保存
して、HTMLをブラウザで開いてみましょう。

```html
<!DOCTYPE html>
<title>Vue app</title>
<script src="https://unpkg.com/vue@2.5.17"></script>

<div id="app">
  <!-- コンテンツ有りでコンポーネントを設置する  -->
  <my-button>送信する</my-button>
  <!-- コンテンツ無しでコンポーネントを設置する  -->
  <my-button></my-button>
</div>
<script src="./app.js"></script>
```

```javascript
var MyButton = {
  template: `
    <button>
      <!-- 親コンポーネントで渡されたコンテンツに差し替えられる  -->
      <slot>OK</slot>
    </button>
  `
}

new Vue({
  el: '#app',
  components: {
    MyButton: MyButton
  }
})
```

　開くと「送信する」「OK」のように2つのボタンが並んでいることが分かります。表示結果のDOMツリーを参照しながら、スロットの振る舞いについて確認していきましょう。

単一スロットのサンプルの表示結果

単一スロットのサンプルのDOM構造

コンポーネントのテンプレートにある slot 要素がコンテンツが差し込まれる場所です。ここでは MyButton の OK を囲んでいる `<slot>...</slot>` です。

HTML 側に最初に `<my-button>` を設置した際に、「送信する」というコンテンツを指定しました。すると子コンポーネントの `<slot>OK</slot>` の部分が送信するに置換されます。最終的なレンダリング結果は `<button>送信する</button>` になります。

次に `<my-button>` を設置した際はコンテンツは指定しませんでした。この場合は、子コンポーネントの slot 要素内のコンテンツがデフォルトのコンテンツとして使用されます[*1]。最終的なレンダリング結果は `<button>OK</button>` です。

5.2.2 名前付きスロット

スロットには slot 要素の name 属性で名前を指定できます。これによって名前で指定した特定の箇所にスロットを挿入することが可能です。先程の単一スロットでは固定の 1 箇所にしかコンテンツを渡せませんでした。

コンポーネントによっては、様々なコンテンツが合わさって成り立っているものもあるでしょう。ページのレイアウトやモーダルウィンドウは、ヘッダー、ボディ、フッターといったコンテンツから成り立っています。このような場合に、それぞれのコンテンツを個別のスロットとして扱えるようにするために名前を付けるのです。

ここでは、ページのレイアウトを題材に考えてみましょう。まずはページのレイアウトを扱うコンポーネントを示します。slot 要素が 3 回登場しています。ヘッダーとフッターのスロットには名前が付いていて、ボディは名前のないスロット、先程取り上げた単一スロットになります。このように名前付きスロットと単一スロットは併用が可能です。

```
var MyPage = {
  template: `
    <div>
      <header>
        <!-- ヘッダーのスロット（名前付きスロット） -->
        <slot name="header"></slot>
      </header>
      <main>
        <!-- ボディのスロット -->
        <slot></slot>
      </main>
      <footer>
        <!-- フッターのスロット（名前付きスロット） -->
        <slot name="footer"></slot>
      </footer>
    </div>
  `
```

[*1] 今回は、デフォルトのコンテンツを指定しましたが、「デフォルトのコンテンツを指定せず、親コンポーネントでコンテンツを渡さない場合」は、子コンポーネントの `<slot>...</slot>` の記述は破棄されます。

```
}
new Vue({
  el: '#app',
  components: {
    MyPage: MyPage
  }
})
```

次にこのコンポーネントと、スロットに挿入するコンテンツを指定する記述を見てみましょう。`<my-page>`の内側には3つのコンテンツがあります。コンテンツのslot属性にスロットの名前を指定することでコンテンツを挿入する先を指定することが可能です。slot属性の指定のないコンテンツは単一スロットのコンテンツとして扱われます。

```
<!DOCTYPE html>
<title>Vue app</title>
<script src="https://unpkg.com/vue@2.5.17"></script>

<div id="app">
  <my-page>
    <!-- name 属性値が header の <slot> と置き換わるコンテンツ -->
    <h1 slot="header">This is my page</h1>
    <!-- 単一スロットと置き換わるコンテンツ -->
    <p>
      Lorem ipsum dolor sit amet, duo ex illum debet inermis, putant scaevola id
vim, cu platonem cotidieque vix. At est atqui efficiendi deterruisset. Sed eu
solet antiopam, ex hinc errem altera est. Doming theophrastus ius et, quem latine
delicata cum an. Ut aliquid debitis duo, nisl deleniti sit et.
    </p>
    <!-- name 属性値が footer の <slot> と置き換わるコンテンツ -->
    <p slot="footer">This is footer</p>
  </my-page>
</div>
<script src="./app.js"></script>
```

ブラウザで開いてみると、各スロットがそれぞれのコンテンツに置き換わっていることが分かります。

This is my page

Lorem ipsum dolor sit amet, duo ex illum debet
inermis, putant scaevola id vim, cu platonem
cotidieque vix. At est atqui efficiendi
deterruisset. Sed eu solet antiopam, ex hinc
errem altera est. Doming theophrastus ius et,
quem latine delicata cum an. Ut aliquid debitis
duo, nisl deleniti sit et.

This is footer

名前付きスロットのサンプルの表示結果

フッターを表示したくないときは、HTMLから`<p slot="footer">This is footer</p>`を除いてみましょう。フッターが無しの表示になっていることが確認できるはずです。

5.2.3 スロットのスコープ

ここまでスロットをだいぶ直感的に使えることがわかりました。しかし注意すべき点もあります。スロットを利用する際にはまりやすいスコープの罠を取り上げます。

```html
<!DOCTYPE html>
<title>Vue app</title>
<script src="https://unpkg.com/vue@2.5.17"></script>

<div id="app">
  <!-- 「parent」と「child」どちらが参照されるでしょうか -->
  <my-button>{{ textLabel }}</my-button>
</div>
<script src="./app.js"></script>
```

```javascript
var MyButton = {
  data: function () {
    return {
      textLabel: 'child'
    }
  },
  template: `
    <button>
      <slot>OK</slot>
    </button>
  `
}
new Vue({
  el: '#app',
  data: function () {
    return {
      textLabel: 'parent'
    }
  },
  components: {
    MyButton: MyButton
  }
})
```

textLabelは、MyButtonを利用しているコンポーネント(親コンポーネント)、MyButton(子コンポーネント)、どちらのデータがバインディングされるでしょうか？　正解は親のコンポーネントです。つまりparentが`{{ textLabel }}`の位置に書き込まれます。

スロットに差し込まれるコンテンツは、親コンポーネントのテンプレートの`<my-button>`の中にあ

るので、<my-button>（子）のスコープが適用される気もしますが、実際には親のスコープが適用されます。Vue.jsでは、親のコンポーネントのテンプレートで行われるデータバインディングは、スロットとして挿入されるコンテンツであっても、親のコンポーネントのスコープが適用されます。同様に子のコンポーネントのテンプレートでは、子のスコープが適用されます。

● スコープ付きスロット

スロットに差し込まれるコンテンツのデータバインディングは、親コンポーネントのスコープが適用されることを見てきました。しかし、コンポーネントを使う側でコンポーネントの動作をコントロールしたい場合などに、子コンポーネントのデータにアクセスしたいこともあるはずです。

TODOリストを実例に考えてみましょう。リストビューで基本的なロジックはそのままで、リストアイテムのビュー構造をリストアイテムを設置する場所に応じて変更したり、表示するデータを絞りたいようなケースがあります。

この場合、親コンポーネントで個々のリストアイテムのデータ（子コンポーネントのデータ）にアクセスする必要があります。

以下はTodoListのコンポーネントの定義です。子コンポーネントから親コンポーネントにデータを渡すには、子コンポーネントのslot要素にv-bindでデータを渡すようにします。

```
var TodoList = {
  props: {
    todos: {
      type: Array,
      required: true
    }
  },
  template: `
    <ul>
      <template v-for="todo in todos">
        <!-- v-bindディレクティブでtodoを親コンポーネントに渡す  -->
        <slot :todo="todo">
          <li :key="todo.id">
            {{ todo.text }}
          </li>
        </slot>
      </template>
    </ul>
  `
}

new Vue({
  el: '#app',
  data: function() {
    return {
      todos: [
        { id: 1, text: 'C++',        isCompleted: true  },
        { id: 2, text: 'JavaScript', isCompleted: false },
        { id: 3, text: 'Java',       isCompleted: true  },
        { id: 4, text: 'Perl',       isCompleted: false }
```

```
      ]
    }
  },
  components: {
    TodoList: TodoList,
  }
})
```

　次に渡されたデータを受け取る親コンポーネントのテンプレートを見てみましょう。受け取りは、slot-scopeプロパティを用いて親コンポーネントから渡されたデータをスコープ（オブジェクト）としてまとめて受け取ります。スコープの名前は属性値のslotPropsです。

　slotPropsを通して、todoのデータを参照します。今回のサンプルでは、isCompletedプロパティがtrueのデータだけ表示するようにします。

```
<!DOCTYPE html>
<title>Vue app</title>
<script src="https://unpkg.com/vue@2.5.17"></script>

<div id="app">
  <todo-list :todos="todos">
    <li slot-scope="slotProps" v-if="slotProps.todo.isCompleted">
      {{ slotProps.todo.text }}
    </li>
  </todo-list>
</div>
<script src="./app.js"></script>
```

　サンプルをもう少し改善してみましょう。渡されたデータにアクセスするために都度slotPropsにアクセスしなければいけないのは冗長です。これをES2015の分割代入の仕様を活用し、不要にします。属性値に分割代入の式を記述して、todo変数を宣言することで、テンプレートで直接todoを参照できるようにします。分割代入は配列やオブジェクトへの代入を簡略化するものです。

```
<!DOCTYPE html>
<title>Vue app</title>
<script src="https://unpkg.com/vue@2.5.17"></script>

<div id="app">
  <todo-list :todos="todos">
    <li slot-scope="{ todo }" v-if="todo.isCompleted">
      {{ todo.text }}
    </li>
  </todo-list>
</div>
<script src="./app.js"></script>
```

ReactのRender Props

　React.jsでは、複数のコンポーネントに適用したい汎用的な振る舞いを抽出するための実装パターンとして Render Props[*1] が知られています。Vue.jsのスコープ付きスロットではこれとまったく同じことが実現できます。React.jsのrenderプロパティがスロット、renderプロパティの関数の引数に渡されるデータが slot-scope プロパティで受け取れるデータに相当します。

---

　*1　Render Props - React https://reactjs.org/docs/render-props.html

5.3　カスタムディレクティブ

　この節では、カスタムディレクティブの作り方について紹介します。

　これまでの章で、v-if、v-for、v-on、v-modelなど、様々なディレクティブを見てきました。

　ディレクティブが何を行っているか、プログラムの視点から考えてみましょう。ディレクティブは内部で与えられたデータに応じて、DOM操作を行います。例えば、v-showは、値の真偽値に応じて、DOM要素のスタイルのdisplayプロパティの値を変更します。

　ディレクティブという仕組みによって、煩雑なDOM操作なしに、動的なUIを実現できます。

　一方でこれまでに紹介したビルトインのディレクティブだけに留まらない開発者のニーズに応じた独自のディレクティブ（カスタムディレクティブ）を作成する必要も出てくるはずです。

　例えば、Vue.jsのアプリケーションを実装する上で、ビルトインのディレクティブでは手が届かない込み入ったDOM操作を共通化したい、DOM APIを呼び出すライブラリをVue.jsのアプリケーションに再利用可能な形で取り込みたい場合などです。

　カスタムディレクティブは、DOM要素に対する低レベルのアクセスを提供します。言い換えると、DOM要素を操作して、与えたい振る舞いや新しい機能を追加することを可能にします。

　ディレクティブには、ローカルとグローバルの2種類があります。グローバルディレクティブは、アプリケーション全体、任意の要素で利用できます。一般的に、ディレクティブは特定のコンポーネントに依存しない汎用的な機能を持つ場合が多いです。大抵のディレクティブはグローバルとして定義すればよいはずです。

　一方、ローカルディレクティブは、そのディレクティブを登録したコンポーネント内のテンプレートでのみ使用できます。これは、あるコンポーネントでのみ使用する必要のあるカスタムディレクティブがある場合に使用します。例えば、1つのコンポーネントだけで動作するドロップダウンの選択リストや、ブログエントリのタグ付けのUIなどです。

コンポーネントやミックスインとの違い

カスタムディレクティブは、コンポーネントや5.5のミックスインとは異なるものです。この点には注意してください。

ミックスイン、カスタムディレクティブ、およびコンポーネント、共にコードの再利用を促すという共通点はありますが、再利用をどのような観点で行うか、という点で違いがあります。

コンポーネントは、大きなVueインスタンス（コンポーネント）を、いくつかの部品に分割し、要素として再利用するのに適しています。これは複数のHTML要素で構成され、テンプレートも含みます。一方、ミックスインはテンプレートを扱いません。ロジックを複数のコンポーネントやインスタンスで共有できる再利用可能なまとまりで分割するのに適しています。

カスタムディレクティブは、先に述べたように低レベルのDOMアクセスを要素に追加するためのものです。これら3つのうちのいずれかを使用する前に、自分が解決しようとしている問題に対して、どの選択肢が適切か十分検討するようにしてください。

機能	再利用の内容
カスタムディレクティブ	DOM要素にアクセスする処理を共通化する。**属性として指定する。**
コンポーネント	Vueインスタンスを再利用・管理しやすい単位で分割する。**要素として指定する。**
ミックスイン	Vueインスタンス・コンポーネント間で共有できる機能を抜き出す。**コンポーネントと違ってテンプレートを含まない。**

5.3.1 作成するカスタムディレクティブの定義

新しくファイルを作成して、簡単なディレクティブを定義してみましょう。

ここでは、img要素を拡張して、渡されたURLが無効であれば、代わりの画像をフォールバックして表示するディレクティブ`v-img-fallback`を作成します[*2]。HTMLのimg要素にカスタムディレクティブを適用して、画像が取得できなかった場合のロジックを追加します。

以下をindex.html、app.jsという名前のファイルに保存します。また、ファイルを保存したディレクトリと同じディレクトリにVue.jsのロゴをlogo.pngという名前で保存してください。

Vue.jsのロゴ

[*2] 全てのカスタムディレクティブは、他のディレクティブと同様にv-から始まる名前で利用します。

```
<!DOCTYPE html>
<title>Vue app</title>
<script src="https://unpkg.com/vue@2.5.17"></script>

<div id="app">
  <!-- 定義したカスタムディレクティブを利用する -->
  <img v-fallback-image src="./logo.png">
</div>
<script src="app.js"></script>
```

```
Vue.directive('fallback-image', {
  bind: function (el) {
    el.addEventListener('error', function () {
      // 画像のロードに失敗したら実行される処理
      el.src = 'https://dummyimage.com/400x400/000/ffffff.png&text=no+image'
    })
  }
})

new Vue({
  el: '#app'
})
```

　HTMLファイルをブラウザで開いてみましょう。src属性に設定した通りにVue.jsのロゴが表示されています。ここで、v-fallback-imageのロジックを動かすためにsrc属性の値を./logo2.pngのように変えてみましょう。すると以下のようにno imageの画像が表示されます。

no imageの画像

　スクリプトの内容を見ていきましょう。

　グローバルディレクティブを登録するには、Vue.directiveというAPIを使って登録します。第一引数はディレクティブの名前、第二引数が振る舞いを定義するディレクティブ定義オブジェクトです。

　ディレクティブ定義オブジェクト内のbindに定義された関数は、カスタムディレクティブが紐付けられたときに実行される関数を定義しています。関数の引数には、ディレクティブを適用する要素が与えられます。ここではimg要素です。これに対する操作を行っています。

　URLが不正で画像の取得に失敗すればerrorイベントが発火します。errorイベントに対するイベ

ントリスナーを登録し、`src`属性にフォールバック用の no image の画像の URL を設定しています[*3]。

　下記の書き方で比較的簡単にディレクティブを自作できました。続いて、ディレクティブ定義オブジェクトの中身を見ていきます。

```
Vue.directive('/* ディレクティブ名 */', /* ディレクティブ定義オブジェクト */)
```

5.3.2　ディレクティブ定義オブジェクト

　ディレクティブ定義オブジェクトについて詳しく見ていきましょう。このオブジェクトは、カスタムディレクティブが DOM 要素に紐付いたタイミングなどにフックして、実行する関数を指定します。

　具体的な DOM 操作はその関数の中で行います。フックできるタイミングの一覧です。

オプション名	内容
bind	ディレクティブが対象の要素にひも付いた1度だけ呼ばれます。ここで初回のセットアップ処理を実行します。具体的には、要素へのイベントリスナーの登録などです。
inserted	ひも付いた要素が親要素に挿入された時に呼ばれます（親要素が存在することを保証しますが、ドキュメントに要素がアタッチされているとは限りません）
update	ディレクティブの値が変化などに伴って、ひも付いた要素を含んでいるコンポーネントの VNode が更新される度に呼ばれます。ディレクティブの値が変化しなくても呼ばれる場合があるので、以前の値と比較することで不要な更新を回避する必要があります。
componentUpdated	コンポーネントの VNode と子コンポーネントの VNode が更新された後に呼ばれます。
unbind	ディレクティブが紐付いている要素から取り除かれた時、1度だけ呼ばれます。bind で登録したイベントリスナーの削除など後始末の処理を実行します。

　先程のサンプルでは、`bind`フックに対して呼び出される関数を用意しました。この関数の第一引数に DOM 要素が渡されています。これ以外にも、ディレクティブの挙動や振る舞いを変えるための引数を受け取ることができます。5.3.3で解説します。

●VNode

　いくつかのフックの説明で VNode という単語が出てきました。

　VNode は、レンダリング時に Vue.js が作成する Virtual DOM のコンポーネントツリー（仮想ツリー）の個々のコンポーネントを表します。VNode は仮想ノード[*4]の略で、Vue.js が DOM とやりとりするときに作成される仮想ツリーで使用されます。

[*3]　no image の画像は、Dynamic Dummy Image Generator - DummyImage.com https://dummyimage.com/ というダミー画像を動的に生成するサービスを利用して用意しました。

[*4]　Virtual Node。

5.3.3 フック関数の引数

ディレクティブ定義オブジェクトのそれぞれのオプションに渡す関数を、フック関数と呼びます。

フック関数には、以下の引数が渡されます。bindingのプロパティも含めるとかなりの種類のデータが渡されますが、全てを使う必要はありません。自身の実装するカスタムディレクティブで必要なものだけ取捨選択してください。

引数名	内容
el	ディレクティブが紐付く要素です。DOM操作に利用します
binding	後述のプロパティを含んでいるオブジェクトです

bindingでよく使われるプロパティと、その使い所を紹介していきます。

bindingのプロパティ	内容
name	v- 接頭辞 (prefix) 無しのディレクティブ名
value	ディレクティブに渡される値です。例えば v-my-directive="1 + 1" では、valueは 2 となります
expression	文字列としてのバインディング式です。例えば v-my-directive="1 + 1" では、式は "1 + 1" となります
arg	ディレクティブに渡される引数を参照できます。例えば v-my-directive:foo では、argは "foo" です
modifiers	修飾子 (modifier) を含んでいるオブジェクトを参照できます。例えば v-my-directive.foo.bar では、modifiersオブジェクトは { foo: true, bar: true } です

● updateフックによる値の変更の検知

ここからはフック関数の使い方をサンプルとともに見ていきましょう。

DOM操作はランタイム[5]のパフォーマンスに影響を及ぼしえます。UIの操作に違和感を与える可能性があるということです。そのため、DOM操作は可能な限り避けるべきです。

そこで、bindingの value、update と componentUpdated フックで利用できる変更前の値 oldValue プロパティを比較して変更があった場合だけDOM操作を行うようなサンプルを作成してみましょう。updateフックの関数で使われるイディオムとして覚えておくと良いでしょう。

updateフックはVNodeの更新のフックです。このフックでは、bindingの value プロパティを参照して、DOM操作を行います。ひとつ注意しておきたいのが、updateフックは、ディレクティブの値に変更がなかった場合にも呼ばれる可能性があるということです。

```
{
  update: function (el, binding) {
    if (binding.value !== binding.oldValue) {
      // ディレクティブの値が確実に変わっているので、elを使ったDOM操作を行う
    }
  }
}
```

---

[5] アプリケーション実行時間。

```
  }
```

　VNodeの更新と聞いても、ピンとこないかもしれません。少し不自然な例ですが、属性のデータバインディングで、VNodeを更新しupdateフック関数が呼ばれることを確認してみましょう。以下のHTMLとJavaScriptをそれぞれファイルに保存して、HTMLをブラウザで開いてください。

```html
<!DOCTYPE html>
<title>Vue app</title>
<script src="https://unpkg.com/vue@2.5.17"></script>

<div id="app">
  <img v-fallback-image src="./logo.png" :alt="altText">
</div>
<script src="app.js"></script>
```

```javascript
Vue.directive('fallback-image', {
  bind: function (el, binding) {
    console.log('bind', binding)
    el.addEventListener('error', function () {
      el.src = 'https://dummyimage.com/400x400/000/ffffff.png&text=no+image'
    })
  },
  update: function (el, binding) {
    console.log('update', binding)
  }
})

var vm = new Vue({
  el: '#app',
  data: function () {
    return {
      altText: 'logo'
    }
  }
})
```

　Chrome DevToolsのConsoleでaltTextを変更します。これで、img要素に対応するVNodeが更新され、updateフック関数が呼ばれます。Consoleに「update」と表示されるか確認します。

```
> vm.altText = 'LOGO';
  update ▶ {name: "fallback-image", rawName: "v-fallback-image", modifiers: {…}, def: {…}, oldValue: undefined}
< "LOGO"
```

updateフック関数の実行

●引数と修飾子とディレクティブの設計方針
　フック関数の引数bindingのargプロパティ（引数）とmodifiers（修飾子）を見ていきましょう。

引数(arg)は、名前の通り、ディレクティブに渡すことができる引数です。修飾子(modifiers)は、ディレクティブを利用する箇所に応じてディレクティブの振る舞いを変えるためのものです。この2つは、これまで見てきた範囲ではビルトインのv-onディレクティブなどで活用されています。

v-on:click.prevent.stop="foo"という記述を例に考えてみましょう。この場合、clickがディレクティブの引数(arg)、preventとstopが修飾子(modifiers)です。

この例では、引数(arg)はどのイベントを購読するかの指定、修飾子(modifiers)はイベントリスナーで受け取るイベントオブジェクトをどう扱うか指定するために利用しています。

自身が定義するディレクティブでも引数(arg)と修飾子(modifiers)を使えるようにしておくとディレクティブの汎用性や記述性が向上します。これらを使わずに、全ての設定をオブジェクトにまとめ、ディレクティブの値として渡すことも可能です。ただし、静的な内容と動的な内容をひとつのオブジェクトに混ぜて扱うよりも、区別して記述できるほうが扱いやすくなります。宣言的な記述が可能になり、可読性が向上します。

「どのイベントを監視するか」「イベントが発生時にそのイベントをどう扱うか」といったディレクティブを要素に記述する時点で決定している静的な設定については、引数や修飾子を通して設定すべきです。一方で、記述する時点で決定しない、データバインディングによって動的に変化する内容に関しては、値としてディレクティブに渡すべきでしょう。ディレクティブ作成時に、引数、修飾子、値のいずれを用いるべきか判断の参考にしてください。

5.3.4　image-fallbackディレクティブの機能追加

ここまでで学んだ内容を利用して、image-fallbackに機能を追加してみましょう。追加する内容は次の2点です。

- no imageのURLをディレクティブの値として指定できるようにする
- onceという修飾子を追加して、フォールバックを一度限りにする

以下に機能を追加したサンプルコードを示します。

```
<!DOCTYPE html>
<title>Vue app</title>
<script src="https://unpkg.com/vue@2.5.17"></script>

<div id="app">
  <!-- src 属性は前回に続き、存在しないURLになっています -->
  <img v-fallback-image.once="noImageURL" src="./logo2.png" :alt="altText">
</div>
<script src="app.js"></script>
```

```
Vue.directive('fallback-image', {
  bind: function (el, binding) {
    console.log('bind', binding)
```

```
      var once = binding.modifiers.once // 修飾子
      el.addEventListener('error', function onError () {
        // 値として指定されたno imageのURLをimg要素のsrc属性値として設定する
        el.src = binding.value
        // once修飾子が指定されている場合は、イベントリスナーを削除する
        if (once) {
          el.removeEventListener('error', onError)
        }
      })
    },
    update: function (el, binding) {
      console.log('update', binding)
      if (binding.oldValue !== binding.value && binding.oldValue === el.src) {
        el.src = binding.value
      }
    }
  })

  var vm = new Vue({
    el: '#app',
    data: function () {
      return {
        altText: 'logo',
        noImageURL: 'https://dummyimage.com/400x400/000/ffffff.png&text=no+image'
      }
    }
  })
```

no imageのURLをディレクティブの値として指定するところから見てみましょう。noImageURLプロパティにURLの文字列をセットして、属性値を指定します。

```
<img v-fallback-image.once="noImageURL" src="./logo2.png" :alt="altText">
```

値は、bindingオブジェクトのvalueプロパティで参照できます。画像の取得に失敗してerrorイベントが発火した場合にそのイベントリスナーでプロパティを参照して、img要素のsrc属性値として設定します。

```
el.src = binding.value
```

次にonce修飾子(modifier)の実装について説明します。修飾子が指定されているかはbindingオブジェクトのmodifiersプロパティで調べられます。modifiersは、指定されている修飾子をプロパティとして持つオブジェクトです。プロパティの値はtrueです。
サンプルコードでは、その値が真の場合には、最初のフォールバックの実行時にイベントリスナーを削除しています。これで、次回以降は、画像の取得に失敗した場合のフォールバックは実行されません。

```
if (once) {
```

```
  el.removeEventListener('error', onError)
}
```

実際にサンプルコードを動かしてみましょう。HTMLとスクリプトをそれぞれファイルに保存して、HTMLをブラウザで開いてください。HTMLのimg要素の属性値のURL(./logo2.png)は存在しないURLなので、フォールバックの処理が実行されてディレクティブの利用者が指定した「no image」の画像が表示されるはずです。

img要素のsrc属性値を変更して、once修飾子が有効になっているか確認してみましょう。有効になっていれば、フォールバックの処理は実行されず、no image画像も何も表示されなくなるはずです。src属性値を変更するためのChrome DevToolsのElementsタブで要素を選択します。

選択された要素はConsoleで$0という変数で参照できます。この変数を通して、src属性値を変更します。404 File not foundのエラーがConsoleに表示され、画面にはブラウザデフォルトの画像取得失敗時の画面とalt属性値が表示されることを確認できます。

```
> $0.src = "./logo3.png";
< "./logo3.png"
⊗ ▶GET http://localhost:8000/logo3.png 404 (File not found)
>
```

once 修飾子の動作確認。画像が表示されないのが正しい。

DOM操作を行うライブラリをラップする

カスタムディレクティブは自分で機能を作り込む他に、UIライブラリなどの既存のDOM操作を伴うライブラリをVue.jsで扱いやすくするのにも有用です。

説明のために、日付選択のライブラリとして定評のあるPikaday[*1]を取り上げます。これをカスタムディレクティブを駆使してVue.jsと組み合わせましょう。

PikadayのREADMEを見ると、以下のように適用するDOM要素を引数にとって、ライブラリの初期化を行っていることが分かります。

```
var picker = new Pikaday({ field: document.getElementById('datepicker')
});
```

このライブラリをVue.jsとどう組み合わせればよいでしょうか？ Vueインスタンスの $el プロパティや $refs プロパティを通して、DOM要素は取得できます。そのDOM要素を利用して、各コンポーネントで上記のような記述を行うこともできるでしょう。しかし、ライブラリのバージョンアップによってAPIが変わったり、別の日付選択のライブラリを使いたくなった場合は困ります。これらの記述を全て書き換える必要が出てくるからです。これを避けるためには、ライブラリを直接使用する箇所を一箇所にまとめておけばいいのです。

また、コンポーネントのユニットテストの際に、実行環境によってはDOM APIが使えずに直接DOM操作を行うとエラーが発生する可能性があります。

これらの理由から、DOM要素を扱う処理をカスタムディレクティブに委譲して、コンポーネントでは直接DOM要素は扱わないようにすべきです。

著名なライブラリでは、有志によって、Vue.jsのカスタムディレクティブを提供するライブラリが提供されています。Pikadayの場合は、vue-pikaday[*2]などがあります。自身でカスタムディレクティブを定義するのが手間になる場合は、まずは作成するアプリケーションの要求に合致するサードパーティのラッパーライブラリが提供されていないか調べてみるとよいでしょう。

```
<!-- importや初期化が必要だがv-dateだけで簡単にバインディングできる -->
<input type="text" v-date="date">
```

今回は、このラッパーライブラリの中身を見てみましょう。以下はvue-pikaday@v0.0.4のカスタムディレクティブの定義です。

```
import Pikaday from 'pikaday'
import 'pikaday/css/pikaday.css'

export default {
  bind: (el, binding) => {
    el.pikadayInstance = new Pikaday({
      field: el,
      onSelect: () => {
        var event = new Event('input', { bubbles: true })
        el.value = el.pikadayInstance.toString()
```

*1　https://github.com/dbushell/Pikaday
*2　https://github.com/panteng/vue-pikaday

```
        el.dispatchEvent(event)
      }
            // add more Pikaday options below if you need
            // all available options are listed on https://github.com/
dbushell/Pikaday
    })
  },

  unbind: (el) => {
    el.pikadayInstance.destroy()
  }
}
```

やっていることはシンプルです。bindフックでPikadayのインスタンスを生成しています。Pikadayコンストラクタのオプションオブジェクトのfieldプロパティにbindフックの第一引数のDOM要素を与えています。onSelectプロパティには日付が選択された際のコールバックを指定します。ここでは、選択された日付を値としてinputイベントを発火しています。コンポーネントで、このイベントを監視するか、v-modelディレクティブを利用することで、選択された値を受け取ります。

unbindフックは、ディレクティブが紐付いていた要素から取り除かれるときに呼ばれるのでした。bindフックで生成したPikadayインスタンスの後始末をここで行わないと、pikadayがライブラリの内部で要素に登録したイベントリスナー等がメモリに残り続けてしまうので、このタイミングでpikadayの提供しているdestroyメソッドを呼び出すことで後始末しています。

5.4 描画関数

これまでの章では、テンプレートを用いて、Vue.jsアプリケーションを記述してきました。

実際、アプリケーションを開発するには、ほとんどの場合、テンプレートを用いれば十分です。しかし、場合によっては、テンプレートのような宣言的な記述ではなく、プログラムによる柔軟な記述を行ったほうが簡潔に記述できる場合があります。

Vue.jsでこれを実現するにはtemplateオプションの代わりに、renderオプションで描画関数を指定します。

描画関数と聞くと、なにか特別なことのように聞こえるかもしれませんが、Vue.jsではコンパイラがテンプレートを描画関数に変換しています。このコンパイラの処理をスキップして、開発者が直接、描画関数を記述するというだけです。

一般的には、宣言的な記述ができるテンプレートを利用するべきですが、場合によっては直接、描画関数を定義したほうが記述が簡潔になります。

5.4.1　描画関数を用いないと書きづらい例

具体的に描画関数を用いないと難しい例を見てみましょう。HTMLとJavaScriptを示します。

```html
<!DOCTYPE html>
<title>Vue app</title>
<script src="https://unpkg.com/vue@2.5.17"></script>

<div id="app">
  <my-button href="https://vuejs.org/">anchor</my-button>
  <my-button tag="span">span</my-button>
  <my-button>button</my-button>
</div>
<script src="./app.js"></script>
```

```javascript
var MyButton = {
  props: ['href', 'tag'],
  template: `
    <a v-if="(!tag && href) || tag === 'a'" :href="href || '#'">
      <slot></slot>
    </a>
    <span v-else-if="tag === 'span'">
      <slot></slot>
    </span>
    <button v-else>
      <slot></slot>
    </button>
  `
}
new Vue({
  el: '#app',
  components: {
    MyButton: MyButton
  }
})
```

各ファイルを保存して実行したら以下のような表示になります。ここでは、a、span、buttonのそれぞれの要素を表示しているだけですが、実際にはスタイルで全てボタンのような見た目にします。

MyButtonコンポーネントの表示結果

アプリケーションで用いるためのボタンのコンポーネントを定義します。このコンポーネントは、hrefとtagというプロパティを受け取ります。

HTMLにはボタンを表現するためのbutton要素がありますが、ボタンが置かれる場所によっては、buttonではなく、span要素でインラインに配置したり、a要素でリンクにしたい場合があります。

これを実現するために、tagプロパティで実際にボタンをどの要素にするのか指定します。aで指定する場合にはさらに遷移先のURLを指定する必要があります。hrefプロパティで指定します。

また、tagプロパティが指定されていない場合はデフォルトはbutton要素になりますが、hrefプロパティが指定されている場合は、リンクとして扱いたいものとみなし、a要素とします。

```
<my-button href="https://vuejs.org/">anchor</my-button>
<my-button tag="span">span</my-button>
<my-button>button</my-button>
```

このような複雑な仕様をコンポーネントのテンプレートで書けば、以下のような形になるでしょう。propsで渡された値をv-if、v-else-ifの条件式で参照して、要素を出し分けます。

```
<a v-if="(!tag && href) || tag === 'a'" :href="href || '#'">
  <slot></slot>
</a>
<span v-else-if="tag === 'span'">
  <slot></slot>
</span>
<button v-else>
  <slot></slot>
</button>
```

このテンプレートには保守性や仕様の実現の観点からいくつか問題があります。

1つめは先程説明したコンポーネントの仕様を実現するためにコンポーネントの出し分けの条件式が読みづらいことです。

2つめは、テンプレートに同じような記述が立て続けに並んでおり冗長です。ボタンの要素で囲まれたコンテンツ(<slot></slot>)を変更したい場合に要素に対して、修正を行う必要があります。

3つめは、ボタンとして表現する要素の種類が固定になってしまうことです。a要素、span要素、button要素に対応していますが、例えば、inputや他の要素をボタンとして扱いたくなった場合はどうでしょうか? 対応する要素を増やすたびにテンプレートに追加していく必要があります。

5.4.2 描画関数による効率化

これを描画関数を用いて書き直してみましょう。テンプレートは用いずに以下のコンポーネントのrenderオプション、描画関数の定義だけで、同じ振る舞いを実現することが可能です[6]。

描画関数の内容について見ていきましょう。描画関数は、引数にcreateElement関数を受け取ります。

この関数を呼び出すことで要素を生成します。要素といってもDOM要素ではありません。仮想DOMを構成する仮想の要素(ノード)です。この要素は内部ではVNodeと呼ばれています。

---

[6] 最初に述べたようにVueコンポーネント用に定義したテンプレートは全て、createElement関数を返すrender関数に変換されます。この理由から、描画関数はテンプレート定義よりも優先されます。

　VNodeはどのノードを描画するか、子ノードは何を描画するかといった情報を持っています。コンポーネントをテンプレートを記述する限りでは意識することはありませんが、描画関数やカスタムディレクティブの機能を利用する際に名前をみかけることになるでしょう。

　createElement関数の仕様は5.4.3で紹介しますが、一番重要なのは、要素の名前を文字列で指定できることでしょう。プロパティの値を調べて、どの要素でボタンを表現するかプログラマブルに記述できています。以前のようなテンプレートの条件分岐は存在していません。

　一方で、柔軟性の高い強力な機能なので、利用する際は慎重に判断するべきです。本来はコンポーネントを分割してテンプレートを記述すればよいのに、プログラムの力に頼って描画関数に複雑なロジックを書いてしまう事態も考えられます。

　筆者は、これまで自身でアプリケーションを構築する上でテンプレートではなく描画関数を用いたほうがよいケースに遭遇したことは数えられる程度しかありません。少なくとも、今回の例のように汎用的にさまざまなケースで使われることが想定されたコンポーネントだったり、設定によって柔軟なカスタマイズが可能なライブラリにおいて、描画関数が活躍するはずです。

```javascript
var MyButton = {
  props: ['href', 'tag'],
  render: function (createElement) {
    var tag = this.tag || (this.href ? 'a' : 'button')

    return createElement(tag, {
      attrs: {
        href: this.href || '#'
      }
    }, this.$slots.default)
  }
}
new Vue({
  el: '#app',
  components: {
    MyButton: MyButton
  }
})
```

5.4.3　createElement関数

　createElement関数の仕様について見ていきましょう。生成される要素の要素名、オプションを含むデータオブジェクト[7]、および子ノードまたは子ノードの配列の3つの引数をとります。

　第一引数は必須で、第二、第三引数はオプションです。属性オブジェクトを指定しない場合は、2番目の引数として子を指定できます。それらを個別に見てみましょう。

＊7　HTML属性、プロパティ、イベントリスナー、クラスとスタイルバインディングなど

```
createElement(/* タグ名、コンポーネントオプション、もしくは非同期にそれらを解決する関数 */, /* オ
プション */, /* 子ノード */)
```

●要素名、コンポーネントオプション、もしくは非同期にそれらを解決する関数

　第一引数には、要素名、コンポーネントオプション、もしくは非同期にそれらを解決する関数を指定します。例えば、要素名として "h1" といった文字列を指定すれば、h1要素が作成されます。

　描画関数はVueインスタンスとしてのthisにアクセスできます。これを利用して、サンプルで見せたプロパティの他に、状態(データ)や算出プロパティ、メソッドなどから要素名を設定できます。要素名を動的に決めることができるのは、テンプレートにはない描画関数の大きな利点です。

　要素名の他にコンポーネントオプションも指定可能です。コンポーネントオプションを第一引数に渡せば、componentsオプションで登録しなくても、コンポーネントを利用することが可能になります。

●データオブジェクト

　データオブジェクトは、コンポーネントまたは要素の属性を指定する場所です。

　テンプレートでは、要素名と閉じ要素の間に書いていたもの全てです。<my-button tag="a" v-bind:href="url">の場合、属性はtag="a" v-bind:href="url" となります。

　createElement関数を用いて、MyButtonコンポーネントを設置してみましょう。hrefはコンポーネントに渡される通常のHTML属性であり、bindはurl変数がバインドされたコンポーネントのプロパティです。createElementを使用した同じ例では、次のように記述できます。MyButtonコンポーネントを登録し、要素名として "my-button" を指定します。

```
new Vue({
  el: '#app',
  render: function (createElement) {
    return createElement('my-button', {
      attrs: {
        href: 'https://vuejs.org/'
      },
      props: {
        tag: 'a'
      }
    }, 'anchor')
  },
  components: {
    MyButton: MyButton
  }
})
```

　第一引数にコンポーネントオプションを指定して、コンポーネント登録を省略可能です。

```
new Vue({
  el: '#app',
  render: function (createElement) {
    return createElement(MyButton, {
```

```
      attrs: {
        href: 'https://vuejs.org/'
      },
      props: {
        tag: 'a'
      }
    }, 'anchor')
  }
})
```

　テンプレートで記述していた v-bind ディレクティブはもう使用していません。描画関数の中では url の値が参照できるので、データバインディングを行う必要がないからです。

　url の値が変わった場合に描画関数が呼ばれ、画面に変更が反映されます。

　他のオプションの利用例も簡単に見てみましょう。クラスとスタイルは attrs プロパティでは指定しないことに注意してください。これは v-bind:class や v-bind:style がオブジェクトやクラスを扱える特別な仕様であり、それを実現するためのものです。

　createElement 関数の仕様は膨大なので、ここでその全てを扱うことはできません。必要に応じて、公式のドキュメント[8]をチェックしてください。

```
{
  // HTML 属性
  attrs: {
    type: 'submit'
  },

  // コンポーネントに渡されるプロパティ
  props: {
    text: 'クリック'
  },

  // innerHTML などのDOM 要素のプロパティ
  domProps: {
    innerHTML: 'HTML コンテンツ'
  },

  // イベントリスナー
  on: {
    click: this.handleClick
  },

  // テンプレートに slot="exampleSlot" と記述するのと同じ
  // 別のコンポーネントの子として使われる
  slot: 'exampleSlot',

  // key="exampleKey" と同じ。ループで生成されたコンポーネントで使う
  key: 'exampleKey',
```

＊8　https://jp.vuejs.org/v2/guide/render-function.html#createElement-%E5%BC%95%E6%95%B0

```
  // ref="exampleRef" と同じ
  ref: 'exampleRef',

  // v-bind:class="['example-class'... と同じ
  class: ['example-class', { 'conditional-class': true }],

  // v-bind:style="{ backgroundColor: 'red' }" と同じ
  style: { backgroundColor: 'red' },
}
```

● 子ノード

　最後の3番目の引数は、要素の子を指定する場所です。この引数は文字列または配列のいずれかを受け取ります。文字列の場合、指定された文字列はテキストコンテンツとしてレンダリングされます。配列の場合は、配列内で createElement を再度呼び出して、複雑なツリーを生成できます。3番目の引数と書きましたが、データオブジェクトを指定しない場合には、子ノードは3番目の引数ではなく2番目の引数として渡すことができます。

　以下にカウンターのサンプルを示します。単純なカウンターですが、関数のコードは読みづらく、機能を追加したり、構造を変更することもしづらいものになっています。描画関数を使えば柔軟さは得られます。その反面、要素を入れ子にしたり、兄弟要素を持つコンポーネントを記述するとコードが記述しづらくなるという問題があります。

```
new Vue({
  el: '#app',
  data: function () {
    return {
      counter: 0
    }
  },
  render: function (createElement) {
    return createElement(
      'div',
      [
        createElement(
          'button',
          {
            on: {
              click: () => this.counter += 1
            }
          },
          'クリックでカウントアップ'
        ),
        createElement(
          'p',
          [
            'クリックされた回数: ',
            createElement(
              'b',
```

```
                this.counter + ' 回'
          )
        ]
      )
    ]
  )
  }
})
```

```
<!DOCTYPE html>
<title>Vue app</title>
<script src="https://unpkg.com/vue@2.5.17"></script>

<div id="app">
</div>
<script src="./app.js"></script>
```

　テンプレートの代わりに描画関数を使用してHTMLを構築する方法を説明しました。レンダリングにはcreateElement関数を使用します。3章の内容と合わせてよく確認してください。

> Column
>
> # h関数
>
> 　Vueエコシステムでは、慣習としてcreateElementをhにエイリアスしています。ツリーを構築するために都度「createElement」と入力するのは手間なので、一文字にしているわけです。
> 　この名前はJSXの仕様に由来しています。

Column

JSX

　JSXはReactで採用されているXMLに似たJavaScriptの構文拡張です。大まかにはJavaScript内にHTMLをそのまま書けるようなものだと考えてください。Vue.jsでも描画関数としてJSXが利用できます。

```
// 記述例
return <div className='hoge'>fuga</div>
```

　JSXで描画関数を記述することで、プログラムによる柔軟さとマークアップによる宣言的な記述の両方の良いところを取り入れることが可能になります。JSXの仕様は多岐にわたるので、ここで全てを説明することはできません。詳しくは公式サイト[*1]を参照してください。

　JSXで書かれたコンポーネントのコードを読むと、JavaScriptのプログラムにHTMLが入っているように見えますが、このHTMLの記述は、最終的にJavaScriptの関数呼び出しに変換されます[*2]。

　Vue.jsでJSXを使うにはこの変換を行うためにトランスパイラのBabelと、Vue.jsでJSXを扱うためのプラグインのbabel-plugin-transform-vue-jsx[*3]が必要です。

　Babelとそのプラグインを含むプロジェクトをセットアップして、先程のカウンターのアプリをJSXで書き換えてみます。Vue CLIを使用して新しいアプリを作成します[*4]。ターミナルウィンドウを開き、jsx-counterという新しいアプリケーションを作成します。プロンプトでpresetの選択を求められますが、ここではdefault (babel, eslint)を選択します。

```
$vue create jsx-counter

? Please pick a preset: (Use arrow keys)
> default (babel, eslint)
  Manually select features
```

　準備が完了したら、src/App.vueファイルを開いて、テンプレートを更新します[*5]。imgノードなどの不要な要素やコンポーネントを削除します。最終的には以下のような内容になります。

```
<template>
  <div id="app">
    <counter/>
  </div>
</template>

<script>
import Counter from './components/Counter'

export default {
  name: 'app',
```

---

*1　https://reactjs.org/docs/jsx-in-depth.html

*2　Vue.jsの場合は、createElement関数の呼び出し。

*3　https://github.com/vuejs/babel-plugin-transform-vue-jsx

*4　Node.js、npm、Vue CLIを使います。これらの導入は続く6章で解説しています。

*5　単一ファイルコンポーネントを用いています。6章で詳細に解説します。ここではJSXの部分だけ注目していれば内容を理解しなくても差し支えありません。

```
  components: {
    Counter: Counter
  }
}
</script>
```

次にsrc/components/Counter.vueを作成します。カウンターのロジックを記述します。

template要素の記述を完全に削除します。今回はJSXで記述するのでこのテンプレートは不要です。JSXで記述された内容を見てみましょう。createElement関数の呼び出しがHTMLのような記法になっているので、以前と比べるとかなり読みやすくなっているはずです。

```
<script>
export default {
  name: 'counter',
  data: function () {
    return {
      counter: 0,
    }
  },
  // eslint-disable-next-line no-unused-vars
  render: function (h) {
    return <div>
      <button
        on-click={() => this.counter+=1}
      >
        クリックでカウントアップ
      </button>
      <p>
        クリックされた回数：
        <b>{this.counter}回</b>
      </p>
    </div>
  },
}
</script>
```

ファイルを保存してサーバーを起動します。srcディレクトリに移動して、コマンドラインでvue serveを実行すると、http://localhost:8080でカウンターが動作するWebページを開くことができます。

5.5 ミックスイン

　ミックスインは、機能を再利用するための仕組みです。オブジェクトとして表現し、各コンポーネントに渡します。

　Vue.jsアプリケーションを実装するにあたって、複数のコンポーネントを定義することになります。異なるコンポーネントでも、全く同様の機能を実装するケースは相当数出てきます。

　例えば、UI操作に応じたGoogle Analyticsへのイベント送信などです。ミックスインは、このような汎用的な小さい機能を取り出し、複数のコンポーネント間で共有することを可能にします。

　ミックスイン[9]は、Vue.jsに限らず、オブジェクト指向プログラミングの世界で広く使われる用語です。これは、アイスクリームに様々なトッピングを加えて混ぜ合わせるところからヒントを得て使われるようになった用語と言われています。コンポーネントがベースとなるアイスクリーム、ひとつひとつのミックスインがトッピングというわけです。

　プログラミングの重要な考え方のひとつにDRY（Don't Repeat Yourself）という概念があります。同じコードの記述を一箇所にまとめることで、後々の修正を容易にし、保守性を向上させます。複数のコンポーネントで同じコードを繰り返し記述していることに気がついたら、そのコードをミックスインとして抜き出して、リファクタリングを図るべきです。

　Vue.jsのミックスインは、複数のコンポーネントに限らず、担う責務が多い単一のコンポーネントに着目した場合でも有用な機能です。

　担う責務が多いというのは、様々な機能が入っている「ファットなコンポーネント」と考えてください。WYSIWYGエディタであったり、動画のプレイヤーなどをイメージしてもらえばよいでしょう。

　様々なコントロールから成り立っており、それらがイベントやデータをやりとりすることでアプリケーションとしての機能を提供します。こういった複雑な仕様のコンポーネントも、そのコンポーネントが担っている機能を整理し、ミックスインとして抜き出すことで、コンポーネントの本体をシンプルにし、メンテナンス性を高めることが可能になります。

5.5.1 ミックスインで機能を再利用する

　簡単な題材を通して、ミックスインについて解説します。

　ここでは題材として、シェア機能を取り上げます。ブログなどのメディアサイトで、SNSへシェアするボタンを見かけることは多いのではないでしょうか。このボタンは、ページによって見た目が異なっていることがあります。例えば、SNSサービスのロゴが入ったボタンであったり、「○○へシェア」といったラベルにアクションが書かれたボタンであったりと様々です。今回はとりあえず愚直にアイコンとテキストの入ったボタンをそれぞれ定義します。以下にコードを示すので、適当なファイル名で保存してください[10]。

---

[9]　Sassなどでミックスインという名称になじみのある人も多いでしょう。

[10]　アイコンのボタンの実装にはFont Awesomeを利用しています。Font Awesomeとは、様々なアイコンをウェブフォントとして利用できるようにしたものです。利用できるアイコン一覧はサイトから確認できます。 https://fontawesome.com/ を見ると種類が非常に豊富で

```
<!DOCTYPE html>
<title>Vue app</title>
<link href="https://use.fontawesome.com/releases/v5.0.6/css/all.css"
rel="stylesheet">
<script src="https://unpkg.com/vue@2.5.17"></script>

<div id="app">
  <icon-share-button></icon-share-button>
  <text-share-button></text-share-button>
</div>
<script src="app.js"></script>
```

```
var IconShareButton = {
  template: `
    <button @click="share"><i class="fas fa-share-square"></i></button>
  `,
  data: function () {
    return {
      _isProcessing: false
    }
  },
  methods: {
    share: function () {
      if (this._isProcessing) {
        return
      }
      if (!window.confirm('シェアしますか？')) {
        return
      }
      this._isProcessing = true
      // 実際はここでSNSのSDKのAPIを呼び出す
      setTimeout(() => {
        window.alert('シェアしました')
        this._isProcessing = false
      }, 300)
    }
  }
}

var TextShareButton = {
  template: `
    <button @click="share">{{ buttonLabel }}</button>
  `,
  data: function () {
    return {
      buttonLabel: 'シェアする',
      _isProcessing: false
```

```
    }
  },
  methods: {
    share: function () {
      if (this._isProcessing) {
        return
      }
      if (!window.confirm('シェアしますか？')) {
        return
      }
      this._isProcessing = true
      // 実際はここでSNSのSDKのAPIを呼び出す
      setTimeout(() => {
        window.alert('シェアしました')
        this._isProcessing = false
      }, 300)
    }
  }
}

new Vue({
  el: '#app',
  components: {
    IconShareButton,
    TextShareButton
  }
})
```

　保存されたHTMLファイルをブラウザで開いてみましょう。シェアアイコンのボタンと「シェアする」というテキストラベルのボタンが並んでいます。クリックすると、シェアするか否か確認するダイアログが表示され、「OK」を選択すると少し後に「シェアしました」というアラートが表示されます。ボタンの見た目は異なっていますが、ボタンを押した後のインタラクションは両方とも同じです。

Sharable ミックスインの適用結果

　JavaScriptのコードの内容を見てみましょう。

　アイコンを使ったボタンは`IconShareButton`コンポーネント、テキストを使ったボタンは`TextShareButton`コンポーネントとして、アプリケーションを起動するルートのVueインスタンスのローカルのコンポーネントに登録しています。

　コンポーネントの内容を見てみましょう。それぞれ、**share**というメソッドを定義しています。このメソッドでは、実際にSNSにシェアする代わりにタイマー処理を使って、少し待った後に「シェアしま

した」というアラートを表示するようにしています[*11]。どちらのコンポーネントも、_isProcessing という状態をもっています。これはボタンの連打を防ぐための状態です。一度、ボタンを押してからシェアが完了するまで、この状態はtrueになり、trueの間は、ボタンのクリックがされても何もしないようメソッドの処理を即座に返すようにしています。

コードを見て分かる通り、IconShareButtonコンポーネントとTextShareButtonコンポーネントはUIの見た目は異なるもののそのロジックは全く同じです。

このような重複があると、シェアのロジックを修正する必要が発生したとき、それぞれのコンポーネントに手をいれなければいけません。また、異なる見た目のシェアボタンを実装する必要が出てきたケースを考えてみましょう。これまでと同様のコードをコンポーネントに記述する必要があり、重複箇所が増え、ますます保守性が下がっていきます。

今こそ、ミックスインの出番です。共通のロジックをミックスインとして抜き出してみましょう。以下に修正したJavaScriptのコードを示します。テンプレートは修正する必要はありません。

```javascript
// ミックスインの定義
var Sharable = {
  data: function () {
    return {
      _isProcessing: false
    }
  },
  methods: {
    share: function () {
      if (this._isProcessing) {
        return
      }
      if (!window.confirm('シェアしますか？')) {
        return
      }
      this._isProcessing = true
      // 実際はここでSNSのSDKのAPIを呼び出す
      setTimeout(() => {
        window.alert('シェアしました')
        this._isProcessing = false
      }, 300)
    }
  }
}

var IconShareButton = {
  mixins: [Sharable],
  template: `
    <button @click="share"><i class="fas fa-share-square"></i></button>
  `
}

var TextShareButton = {
```

[*11]　名前の通りシェアの処理を行いますが、SNSのSocial Pluginの込み入った仕様を解説するのを避けてダミーの処理です。

```
  mixins: [Sharable],
  template: `
    <button @click="share">{{ buttonLabel }}</button>
  `,
  data: function () {
    return {
      buttonLabel: 'シェアする'
    }
  }
}

new Vue({
  el: '#app',
  components: {
    IconShareButton,
    TextShareButton
  }
})
```

Sharableというミックスインを定義しました。コードを見て分かる通り、コンポーネントのオプションと同じプロパティを持ったプレーンなオブジェクトです。

ミックスインの機能をコンポーネントに追加するには、コンポーネントオプションのmixinsプロパティの配列の要素として、ミックスインのオブジェクトを渡します。

mixinsが配列になっているのは、コンポーネントに、複数のミックスインの追加を可能にするためです。アイスクリームに、ナッツやチョコスプレーといった様々なトッピングができるのと同じですね。

ミックスインのオブジェクトは、コンポーネントオプションと同じプロパティを持ちます。ミックスインのオプションはコンポーネントオプションとマージされます。

Sharableは_isProcessingという状態を持っています。TextShareButtonコンポーネントはbuttonLabelという状態をもっています。Sharableをミックスインとして、TextShareButtonコンポーネントに追加すると、ふたつの状態はマージされ、_isProcessingとbuttonLabel両方の状態を持つことになります。

mountedやcreatedといったフック関数もミックスインとコンポーネントで指定した全ての関数が呼ばれるようにマージされます。以下の様なコードを動かして、Consoleからで確認してみましょう。

```
var Sharable = {
  data: function () {
    return {
      _isProcessing: false
    }
  },
  created: function () {
    console.log('Sharableミックスインのフックが呼ばれました')
  },
  methods: {
    share: function () {
      if (this._isProcessing) {
        return
      }
```

```
      if (!window.confirm('シェアしますか？')) {
        return
      }
      this._isProcessing = true
      // 実際はここでSNSのSDKのAPIを呼び出す
      setTimeout(() => {
        window.alert('シェアしました')
        this._isProcessing = false
      }, 300)
    }
  }
}

var IconShareButton = {
  mixins: [Sharable],
  created: function () {
    console.log('IconShareButtonのフックが呼ばれました')
  },
  template: `
    <button @click="share"><i class="fas fa-share-square"></i></button>
  `
}

var TextShareButton = {
  mixins: [Sharable],
  created: function () {
    console.log('TextShareButtonのフックが呼ばれました')
  },
  template: `
    <button @click="share">シェアする</button>
  `
}

new Vue({
  el: '#app',
  components: {
    IconShareButton,
    TextShareButton
  }
})
```

　Consoleの出力から、ミックスイン→コンポーネントの順番フック関数が呼ばれていることが分かります。複数のミックスインを追加している場合には、mixinsオプションの配列の先頭から末尾へと順番にフック関数が呼ばれ、その後にコンポーネントのフック関数が呼ばれます。

Sharableミックスインのフックが呼ばれました	app.js:8
IconShareButtonのフックが呼ばれました	app.js:31
Sharableミックスインのフックが呼ばれました	app.js:8
TextShareButtonのフックが呼ばれました	app.js:41

フック関数の呼ばれる順番

methodsやcomponents、directives等のオプションもミックスイン、コンポーネントそれぞれのオプションのプロパティがマージされて、ひとつのオブジェクトとして扱われます。

ここで注意しないといけないのは、ミックスインとコンポーネントで同じプロパティが存在している場合です。実際にメソッドで確かめます。Sharableミックスインでは、shareというメソッドを定義していますが、あえて、コンポーネントで同名のshareというメソッドを定義してみます。

```javascript
var Sharable = {
  data: function () {
    return {
      _isProcessing: false
    }
  },
  methods: {
    share: function () {
      if (this._isProcessing) {
        return
      }
      if (!window.confirm('シェアしますか？')) {
        return
      }
      this._isProcessing = true
      // 実際はここでSNSのSDKのAPIを呼び出す
      setTimeout(() => {
        window.alert('シェアしました')
        this._isProcessing = false
      }, 300)
    }
  }
}

var IconShareButton = {
  mixins: [Sharable],
  template: `
    <button @click="share"><i class="fas fa-share-square"></i></button>
  `
}

var TextShareButton = {
  mixins: [Sharable],
  template: `
    <button @click="share">シェアする</button>
  `,
  methods: {
    share () {
      // どちらのメソッドが呼ばれる？
      window.alert('コンポーネントからシェアしました')
    }
  }
}

new Vue({
```

```
  el: '#app',
  components: {
    IconShareButton,
    TextShareButton
  }
})
```

　TextShareButtonをクリックすると「コンポーネントからシェアしました」というダイアログが表示されるはずです。このようにプロパティが衝突してしまった場合には、コンポーネントのオプションが優先されます。

　ここまででコンポーネント間に共通の処理をミックスインにして抜き出すことを見てきました。次は全てのコンポーネントに対して適用されるグローバルミックスインについて見ていきます。

5.5.2　グローバルミックスイン

　各コンポーネントでmixinsプロパティの配列の要素にミックスインオブジェクトを指定することでコンポーネントに機能を追加してきました。

　これとは別に全体に適用できるミックスインがあります。アプリケーションで作成された全てのVueインスタンスに影響するということです。これをグローバルミックスインと呼びます。

　個々のコンポーネントでmixinsプロパティを指定する必要はなく、問答無用で全てのコンポーネントに適用されます。影響範囲が広いので、慎重に利用するべきです。

　どのような場合に、グローバルミックスインを利用すればよいのでしょうか。代表的なユースケースとしては、全てのVue.jsのコンポーネントとインスタンスのオプションオブジェクトに独自のオプションを追加したいというものがあります。

　例えば、アプリケーションにログインの機能を追加した場合に、非ログイン状態では開かせたくないページが出てくるはずです。このようなロジックを各コンポーネントで実装するのは手間ですが、グローバルミックスインを使えば、ロジックをミックスインで定義しておき、オプションにauth: trueと指定することで、ロジックを一箇所に集約させつつ、宣言的にチェックのロジックを走らせることができるようになります。

　もう1つのユースケースとしては、アプリケーション全体で参照したい状態やプロパティを扱う場合です。先程のログインの機能なら、ログイン済みのユーザーを表現するオブジェクトは、アプリケーションの広い範囲でアクセスしたいデータになります。

　グローバルミックスインを実装してみましょう。

```
Vue.mixin({
  data: function () {
    return {
      loggedInUser: null
    }
  },
  created: function () {
```

```
    var auth = this.$options.auth
    this.loggedInUser = JSON.parse(sessionStorage.getItem('loggedInUser'))
    if (auth && !this.loggedInUser) {
      window.alert('このページはログインが必要です')
    }
  }
})

var LoginRequiredPage = {
  auth: true,
  template: `
    <div>
      <p v-if="!loggedInUser">
        このページはログインが必要です
      </p>
      <p v-else>
        {{ loggedInUser.name }}さんでログインしています
      </p>
    </div>
  `
}

new Vue({
  el: '#app',
  components: {
    LoginRequiredPage
  }
})
```

```
<!DOCTYPE html>
<title>Vue app</title>
<script src="https://unpkg.com/vue@2.5.17"></script>

<div id="app">
  <login-required-page></login-required-page>
</div>
<script src="app.js"></script>
```

　グローバルミックスインを登録するには、Vue.mixinにミックスインオブジェクトを渡します。このアプリケーションでは、ログイン時にはユーザーの情報がブラウザのセッションストレージに格納されていると仮定しています。

　createdフックで、ストレージからログインしているユーザーの情報を取得して、ストレージにデータがなく、かつ、コンポーネントオプションのauthプロパティが真の場合に、このページはログインが必要です」というアラートを表示しています[12]。

　ログインしているユーザーの情報は、loggedInUserというプロパティとしてアクセス可能です。こ

＊12　ここではアラートを表示していますが、シングルページアプリケーションの場合はアラートを表示する代わりにルーターのオブジェクトを通して、ログインページやインデックスページにリダイレクト処理を行う場合もあるでしょう。

のプロパティを参照することで、ログイン・非ログイン時の表示の切り替えを実現しています。非ログイン時は「このページはログインが必要です」と表示され、ログイン時はログインしているアカウントのユーザー名が表示されます。

それぞれのHTMLとJSをファイルに保存して開いてみましょう。最初は非ログイン状態なので、アラートが表示されるはずです。

グローバルミックスインによるアラートの表示

次にログイン時の状態を確認してみましょう。Chrome DevToolsのConsoleを開いて、手動でセッションストレージにログインしているユーザーの情報を保存することで、ログインしている状態を再現します。Consoleで次のように入力して、Enterキーで実行してください。

```
sessionStorage.setItem('loggedInUser', JSON.stringify({name: 'Evan You'}))
```

> `sessionStorage.setItem('loggedInUser', JSON.stringify({name: 'Evan You'}));`

ストレージへの書き込みによるログイン状態の再現

実行後にページをリロードしてみてください。入力した名前が表示されます。

Evan Youさんでログインしています

ログイン結果の表示

ここまでグローバルミックスインについて見てきました。アプリケーション全体に適用されるので、慎重に使うべき機能ですが、正しく利用することでコードのメンテナンス性を向上させることが可能になります。コンポーネントやVueインスタンスを生成する際のオプションを拡張したり、アプリケーションの広い範囲で共有したい状態を提供するのに役立ちます。

ミックスインの命名規則

　ここまで述べてきたようにミックスインはロジックの共通化を可能にする便利な機能です。しかし、その扱いには注意も必要です。

　1つのミックスインに機能を詰め込みすぎると、不要な機能をコンポーネントに追加することになり、かえって個々の機能の再利用がしづらくなるなど、意図しない挙動を引き起こす原因になります。また、コンポーネントのコードを読む際、あまりに多くのミックスインが適用されていると、どの機能（例えば、メソッド）がどのミックスインによって追加されたものなのか分かりづらくなってしまい、コードの保守性が逆に下がってしまいます。

　ミックスインとして定義する機能は可能なかぎり単一の小さい機能にすること、ミックスインにつける名前はどのような機能がコンポーネントに取り込まれるかひと目で把握できるようなものにすることを意識してください。

　ミックスインの名前付けの1つの方針として、ミックスインを定義する際に「動詞 + able」、「~できるようになる」という名前にすることを意識してみてください。例えば、モーダルを開く機能、openModalメソッドの機能をミックスインとして提供する場合には「ModalOpenable」という名前を付けます。

　このようなルールを設けることで、ミックスインの名前から付与される機能（メソッド）が何であるか、またその逆にメソッドの名前からどのミックスインから機能が追加されたかが調べやすくなります。これは後でコードを見返す際や、リファクタリングを行う際に効く重要なポイントでしょう。

6.
単一ファイルコンポーネント
による開発

　3章では、Vue.jsのAPIを利用したコンポーネント化について学習しました。4章ではこのコンポーネントとVue Routerを利用して小規模なシングルページアプリケーションを作成しました。

　これまでの学習によって、特殊なツールを使わずともコンポーネントを組み合わせてWebサイトやWebアプリケーションを作成することは可能になりました。ただし、中規模以上のプロジェクトでは、以下のようないくつかの問題があります。

- JavaScriptのグローバルなスコープにおけるコンポーネントの管理
- エディタにおいてシンタックスハイライトが効かないJavaScriptによる文字列テンプレート
- コンポーネントに適用するCSSの名前空間管理
- コンポーネントのビルド処理

　本章では、こうした問題を解決する高度なコンポーネントシステムである**単一ファイルコンポーネント**について学習します。

6.1　ツールのインストール

　本章以降、Vue.jsの高度な内容について学習していくにあたり、コマンドラインを利用した様々なツールが必要になります。そのための準備を行いましょう。

　Vue.jsで提供されるツールは、Node.jsで開発、npmによって配信されています。利用にはこれらが必要です。

　Node.jsを、Node.js日本語公式サイト[*1]からインストールします。LTSと書かれた方をクリックしてインストールしてください。Node.jsが手元の環境にインストールされるといっしょにnpmもインストールされます。本書では、執筆時点の最新安定バージョン、v8.11.1を使用します。

6.1.1　Vue CLI

　Vue CLI[*2]は、Vue.js向けのアプリケーション開発環境セットアップなどの機能を提供する公式のコマンドラインツールです。

　1章でも説明しましたが、現代のWebフロントエンドにおいて、JavaScriptでアプリケーションを構築する場合、モジュール化、バンドルツール/プリプロセッサによるビルド、JavaScriptの静的構文チェック（リント）、単体テストやE2Eテストなどが必要になります。

　これらを満たした開発環境のセットアップは長期的なメンテナンスと開発の生産性を考えると必須です。ただ、自分で一から用意するのはかなりの手間です。ツールの調査など動かすまでにすることが多く、徒労感の伴う作業となるでしょう。

---

*1　https://nodejs.org/ja/
*2　ここまでも何度か紹介してきました。https://github.com/vuejs/vue-cli

Vue.jsでこの面倒なアプリケーション開発環境のセットアップを担ってくれるのがVue CLIです。Vue CLIによりすぐにVue.jsアプリケーションの開発に着手できます。

npmでVue CLIと依存モジュールをインストールします[3]。

```
$ npm install -g @vue/cli@3.0.1 @vue/cli-service-global@3.0.1
```

インストールが完了したら、vueコマンドが使用できるようになります。これで環境が整いました。以後はこれを前提に進めていきます[4]。

```
$ vue --version
3.0.1
```

6.2 単一ファイルコンポーネントとは

単一ファイルコンポーネント(Single File Components)とは、Vue.jsのコンポーネントを単独のファイルとして作成する機能です。

.vue拡張子ファイル内に定義したコンポーネントで、以下のような、<template>、<script>、<style>のブロックで構成されたHTMLベースの構文で定義します。

```
<template>
  <div id="app">
    <h1 class="greeting">あいさつ: {{ msg }}</h1>
    <Content/>
  </div>
</template>

<script>
import Content from './content.vue'

export default {
  components: {
    Content
  },
  data () {
    return { msg: 'こんにちは!' }
  }
}
</script>
```

---

* 3　ここではVue CLIをコマンドとしていつでも利用できるようにするためのインストールを行っています。環境によっては管理者権限が必要となることもあります。

* 4　本書では、Vue CLI 3.0.1を用います。npm install @vue/cli@3.0.1のように記述してバージョンを固定してインストールできます。

```
<style>
.greeting { color: #42b983; }
</style>
```

　Vue.jsでは、上記のような単一ファイルコンポーネントのことを、単一ファイルコンポーネントの英語の呼び名のSingle File Componentsの頭文字から、SFC、sfcと略して呼ぶことがあります。また、Vueコンポーネント(Vue Components)と呼ぶことがあります。

　単一ファイルコンポーネントは、従来のWeb標準の技術構成(HTML、JavaScript、CSS)で構成されています。新しい概念を覚えるといった、学習コストはほぼありません[5]。

　その名の通り、1つのファイルに1つしかコンポーネントを定義できません。しかし、これがかえってメリットとなります。ブロック要素の役割ごとに明確に区分してファイルに定義できるため、一貫性と保守性が高いコンポーネントを実現できます。

　3章では、Vue.component/componentsオプションによるUIをコンポーネント化する仕組みを紹介しました。ここでコンポーネント化できたのはJavaScriptによるtemplateオプションもしくはrender関数によるコンポーネントのUIを構造化した**テンプレート**と、コンポーネントの振る舞いを定義した**ロジック**だけでした。

　単一ファイルコンポーネントでは、さらにコンポーネントの見た目である**スタイル**も含めてコンポーネントとして定義できるため、より再利用性の高い、明確なUIのコンポーネント化が実現できます。

6.3　単一ファイルコンポーネントの仕様

　単一ファイルコンポーネントを構成するブロックを確認していきましょう。基本的には、HTMLと同じ仕組みです。

6.3.1　<template>ブロック

　<template>ブロックは、テンプレートを書き込むブロックです。templateオプションに対応します。

　コンポーネントにおいてHTMLのようなUIのセマンティックな構造をテンプレートとして書き込めるブロックです。単一ファイルコンポーネント内には最大1つの<template>ブロックを書き込めます。

　ブロック内のマークアップ言語は標準でHTMLです。基本的にはHTMLでテンプレートを記載します。バンドルツールの設定次第で、Pugなどの言語を使用できます。

　コンポーネントのtemplateオプションと同じく、Mustache記法、v-ifなどのVue.jsで提供する文

＊5　HTMLベースの構文であるため、エディタによるシンタックスハイライトのサポートも容易です。現在ではさまざまなエディタ、IDEでサポートされています。例えば、Microsoft社が提供するVisual Studio Code(https://www.microsoft.com/ja-jp/dev/products/code-vs.aspx)や、JetBrains社が提供するWeb Storm (https://www.jetbrains.com/webstorm/)などがあります。

法がそのまま利用可能です。

6.3.2 <script>ブロック

<script>ブロックは、コンポーネントにおいてUIの振る舞いをスクリプトで制御するブロック要素です。これまでにscript要素のJavaScriptでDOMを操作して動的なUIを実装してきたのと同じ役割を持ちます。スクリプト言語は標準ではJavaScriptを使用できます[6]。

単一ファイルコンポーネント内には最大1つの<script>ブロックを含むことができます。

ライブラリや他のコンポーネントのインポートはこのブロック内で行います。以下のコード例のように、ES2015のimport構文を利用できます[7]。

```
<script>
import MyModal from 'my-modal'
// ... 何らかしらの処理
</script>
```

Vue.jsアプリケーションで単一ファイルコンポーネントを利用するためには、エクスポートしなければなりません。以下のコード例のように、ES Modulesのexport構文を使用してエクスポートします。以降の例を参照してください。

```
<script>
// ... 何らかしらの処理
export default {// exportは必須!
  // ... 何らかしらの処理
}
</script>
```

6.3.3 <style>ブロック

<style>ブロックは、コンポーネントにおいてUIの見た目を制御する要素です。HTMLのstyle要素と同様です。スタイル言語は標準ではCSSです[8]。

単一ファイルコンポーネント内には複数の<style>ブロックを含むことができます。

<style>ブロックは、単一ファイルコンポーネント毎に**スタイルをカプセル化**できます。

---

[6] JavaScript使用する場合は利用可能な構文などはWebブラウザの環境に依存します。Babelを使って、ES2015以降の構文でも幅広いWebブラウザで動作するようにトランスパイルするテクニックが広く用いられています。JavaScriptだけでなくビルドツールの設定でTypeScript、CoffeeScriptなど他の言語も使用できます。

[7] Vue CLIを用いてコンパイルすることで動作させます。本章からES2015以降の文法を積極的に用います。

[8] バンドルツールのプリプロセッサの設定次第では、Sass、Lessなどの他のスタイル言語を使用することができます。

従来のCSSは、グローバルスコープであるため他のスタイル定義と干渉しないようBEM[*9]などの記法が開発に利用されてきました。

これに対して単一ファイルコンポーネントでは、スコープ付きCSS/CSSモジュールによってコンポーネント単位でスタイル定義をカプセル化することで、スタイル定義の干渉を回避できます。

単一ファイルコンポーネントでは、以下のように、カプセル化されたローカルなスタイルの`<style>`ブロックと、カプセル化の指定のないグローバルなスタイルの`<style>`ブロックを混在させられます。

```
<!-- カプセル化されたスタイル -->
<style scoped>
.message { color: #42b983; }
</style>

<!-- グローバルなスタイル -->
<style>
.theme {
  color: ##34495e;
  /* 何らかのスタイル */
}
</style>
```

6.4 単一ファイルコンポーネントのビルド

単一ファイルコンポーネントは、Web標準の技術から構成したもので読み書きしやすいものです。ただし、Vue.js独自の仕組みです。そのためWebブラウザで動作可能なように変換しないと利用できません。

バンドルツールと、解析用のミドルウェアライブラリで単一ファイルコンポーネントをビルド（変換）します。単一ファイルコンポーネント内の`<template>`、`<script>`、`<style>`の各ブロックは、ファイル内容が抽出され解析されます。

[*9] 名前空間の分離などに有効。http://getbem.com

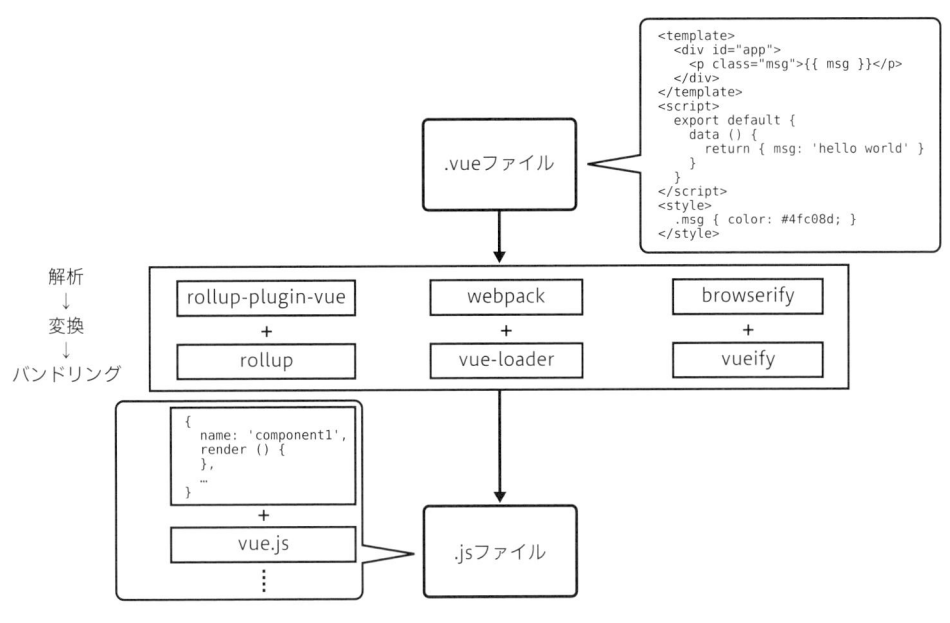

```
<template>
  <div id="app">
    <p class="msg">{{ msg }}</p>
  </div>
</template>
<script>
  export default {
    data () {
      return { msg: 'hello world' }
    }
  }
</script>
<style>
  .msg { color: #4fc08d; }
</style>
```

.vueファイル

解析
↓
変換
↓
バンドリング

rollup-plugin-vue	webpack	browserify
+	+	+
rollup	vue-loader	vueify

```
{
  name: 'component1',
  render () {
  },
  …
}
```

+

vue.js

.jsファイル

単一ファイルコンポーネントのビルド

　ミドルウェアライブラリに解析された各ブロックがHTML、JavaScript、CSSに変換されます。適当なディレクトリに保存して、適宜読み替えてください。さらに、最終的にこれらはWebブラウザで動作可能なJavaScriptコードに変換されます。

　Vue.jsでは様々なバンドルツール[10]に対してミドルウェアライブラリサポートを提供しています。執筆時点では、単一ファイルコンポーネントが提供する全ての機能（仕様）を利用できるのは、webpack向けのVue Loader[11]だけです[12][13][14]。

　本章では、以降webpackとVue Loaderの利用を前提としています。

6.5　単一ファイルコンポーネントの動作を体験する

　単一ファイルコンポーネントの基礎がわかりました。実際に手を動かしていきましょう。

　ここでは、本章のはじめで準備したVue CLIの **serve** サブコマンドを利用して確認します[15]。

---

[10]　Vue.js公式ではサポートしませんが、ParcelやFuseBoxといった他のバンドルツールでも単一ファイルコンポーネントを利用可能です。

[11]　ここまでも何度か紹介。https://github.com/vuejs/vue-loader

[12]　https://github.com/vuejs/rollup-plugin-vue

[13]　https://github.com/vuejs/vueify

[14]　Vue.jsの開発チームは現在、バンドルツールの機能に依存せず、単一ファイルコンポーネントを全ての機能を利用できるようにするために、そのコンパイラを開発中です。https://github.com/vuejs/vue-component-compiler 。将来、webpack以外のバンドルツールでも単一ファイルコンポーネントの機能を全て使えるようになる予定です。

[15]　ビルドツール、ミドルウェアの準備と設定はなかなかの手間ですがVue CLIを用いることで大きくその負担が軽減されます。

vue serveは、内部ではwebpackとVue Loaderを利用しており、webpackの設定なしでもVue.jsアプリケーションとしてビルドできる大変便利なコマンドです。プロトタイピング開発や本章のような学習には最適なので使わない手はありません。それでは、はじめてみましょう。

まず、上記の単一ファイルコンポーネントの説明でも掲載した以下のコードを、テキストエディタで記述して、hello.vueとして保存します。ここでは、説明のためにディレクトリ/users/vuejs-primer/sfc/に保存したものとして進めます。適当なディレクトリに保存して、適宜読み替えてください。

```
<template>
  <p class="message">メッセージ: {{ msg }}</p>
</template>

<script>
export default {
  data () {
    return { msg: 'こんにちは！' }
  }
}
</script>

<style>
.message { color: #42b983; }
</style>
```

続いて、コマンドラインで、保存した単一ファイルコンポーネントの同じディレクトリ/users/vuejs-primer/sfc/に移動します。そして、ビルドして表示するコマンドを実行します[16]。

```
$ cd /users/vuejs-primer/sfc/
$ vue serve hello.vue --open
```

上記のvue serveでは、単一ファイルコンポーネントhello.vueをビルドして、Vue.jsの本体とその他依存JavaScriptライブラリを1つのJavaScriptファイルにバンドルします。

--openオプションで、ブラウザでビルド結果が表示できます。Vue CLIがローカルでHTTPサーバーを起動し、エントリポイントのhttp://localhost:8080にビルドした単一ファイルコンポーネントを表示するよう動作します。

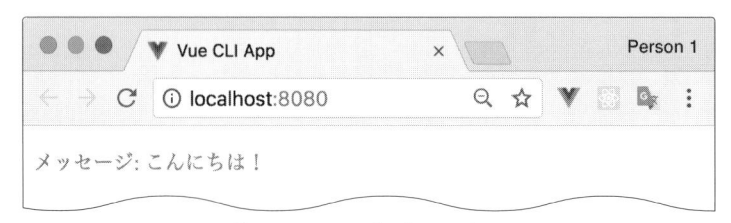

単一ファイルコンポーネントの表示

＊16　Windowsで通信に関する警告が表示された場合は許可してください。

`<style>`ブロックのCSS`.message { color: #42b983; }`によるフォント色で、`<template>`と`<script>`によるメッセージ：こんにちは！という内容が表示されれば問題ありません。

Vue.jsのコンポーネントに関する文法と、HTML/CSS/JavaScriptの基礎知識があれば、単一ファイルコンポーネントの構築は簡単です。

レンダリングされたHTMLを見てみましょう。Chrome DevToolsで確認します。

```
<!DOCTYPE html>
..<html lang="en"> == $0
▼<head>
    <meta charset="utf-8">
    <title>Vue CLI App</title>
    <link rel="preload" as="script" href="/app.js">
    <style type="text/css">
    .message { color: #42b983;        ← 3. 挿入されたスタイル
    }
    </style>
</head>
▼<body>
    <p class="message">メッセージ：こんにちは！</p>   ← 2. 描画されたテンプレート
    <script type="text/javascript" src="/app.js"></script>   ← 1. JavaScriptにバンドル化されたファイル
</body>
</html>
```

レンダリングされた単一ファイルコンポーネント

6.5.1 動作を押さえる

この内容から確認するポイントは3点あります。順を追ってみていきます。

- JavaScriptファイルへのバンドル化
- HTMLとして描画されたテンプレート
- 挿入されたスタイル

●JavaScriptファイルへのバンドル化

単一ファイルコンポーネントとそのコンポーネントが依存するライブラリ[*17]が、JavaScriptファイルにバンドル化されてます。

webpackなどのバンドルツールは、JavaScriptはもちろん、HTML、CSSといったWebブラウザ上でWebページとして表示させるために必要なリソースを全てJavaScriptファイルに束ねるようになっています。

ここではVue CLIから、webpackとVue Loaderを使ってバンドルしています。今回使用した`vue serve`では、1つのJavaScriptファイルにバンドリングしたファイルを`script`要素で読み込むことで、単一ファイルコンポーネントを利用したVue.jsアプリケーションとして動作するようになっています。

[*17] Vue.js本体など。

●HTMLとして描画されたテンプレート

単一ファイルコンポーネントの`<template>`ブロックのテンプレートが**body**要素以下にHTMLとして描画されます。

ページ内容は実際にHTMLファイルに記載されているわけではありません。Vue CLIが単一ファイルコンポーネントから今まで見てきたコンポーネントオブジェクトに変換し、JavaScriptで配置しています。JavaScriptがJavaScriptとしてまとめられるのは当然のように感じられますが、HTMLもJavaScriptとしてまとめられています。

●挿入されたスタイル

webpackとVue Loaderを使用した場合は、CSSもJavaScript化されています。`<style>`ブロックで定義したスタイルは、JavaScriptによって**head**要素内に`<style>`として挿入されています。

Vue Loaderはスコープ付きCSSの処理なども行っています、ここでは詳細は割愛します。

`script`、`template`、`style`の3つの要素はいずれもJavaScriptに変換されたのちにそれぞれJavaScript、HTML、CSSとして動作するようになっています。

6.6 単一ファイルコンポーネントの機能

ごく単純な動作は試しました。単一ファイルコンポーネントは他にも便利な機能を提供します。ここからは、それらについて学習していきます。

6.6.1 外部ファイルのインポート

単一ファイルコンポーネントは、各ブロックにおいて`src`属性で以下のように外部ファイルの内容をインポートできます。`src`属性による外部ファイルのインポートは、既存のアプリケーション資産を流用できるので大変便利です。

```
<template src="./template.html"></template>

<script src="./script.js"></script>

<style src="./style.css"></style>
```

`src`属性にはインポート対象となる外部ファイルのパスを指定します。パスには、当該の単一ファイルコンポーネントからの相対パスを指定してください。

上記の例では全て`src`を使っていますが、混在させられます。`<style>`ブロックだけ`src`で、後はファイルをインポートする例です。

```
<template>
```

```
    <p class="message">メッセージ: {{ msg }}</p>
</template>

<script>
export default {
  data () {
    return { msg: 'こんにちは!' }
  }
}
</script>

<style src="./style.css"></style>
```

6.6.2　スコープ付きCSS

　<style>ブロックにscoped属性を付与することで、その単一ファイルコンポーネント内の要素にのみ適用するカプセル化を実現します[18]。Vue.jsの単一ファイルコンポーネントでは、スコープ付き CSS（Scoped CSS）と呼んでいます。

　CSSは実用レベルの名前空間がないため、BEMなど CSS側の記法を工夫することで干渉を防ぐ必要があるなどかなり手間のかかる言語です。 スコープ付き CSSを利用することで疑似的な名前空間（ファイルごとのスコープ）を設けて、この干渉の危険を防ぎます。直感的なスタイル定義が可能になり、より CSSをメンテナンスしやすくなるため、大変便利です。

● スタイルのカプセル化を実現する仕組み

　スコープ付き CSSによってスタイルがどのようにカプセル化されているか見ていきましょう。

　以下の例を、単一ファイルコンポーネントとして記述して、vue serveで確認してみましょう。

```
<template>
  <p class="message">こんにちは!</p>
</template>

<style scoped>
.message { color: #42b983; }
</style>
```

```
$ # エディタで単一ファイルコンポーネントを作成保存 (editorは説明用擬似コマンドです)
$ editor index.vue
$ # 単一ファイルコンポーネントをビルドしてWebブラウザでオープン
$ vue serve index.vue --open
```

＊18　WebComponentsのShadow DOMのスタイルに近いカプセル化をエミュレートして提供し、コンポーネントにおけるローカルなスコープを持ったスタイルを定義しています。

以下のようなHTMLがレンダリングされます[19]。

```html
<html>
  <head>
    ...
    <style type="text/css">
      .message[data-v-3bcf9374] { color: #42b983; }
      ...
    </style>
    ...
  </head>
  <body>
    <p data-v-3bcf9374 class="message">こんにちは!</p>
    ...
  </body>
</html>
```

単一ファイルコンポーネントで定義したスタイルがhead要素に挿入されています。また単一ファイルコンポーネントの<template>ブロックの内容がbody要素にレンダリングされています。ここまではすでに確認しました。

ここで、レンダリングされた単一ファイルコンポーネントの要素に、data-v-ではじまるハッシュ値で構成されたカスタムデータ属性が付与されていることに注目します[20]。これは、scoped属性によるスタイルのカプセル化を実現(エミュレート)するために**一意なスコープID**を付与しています。

head要素に挿入されたstyle要素のスタイルも見てみましょう。挿入されたスタイルにおいても、同じカスタムデータ属性が入っていることに気がつきます。

このようにスコープ付きCSSは、ビルドする際に挿入された一意なスコープIDであるカスタムデータ属性と、CSSの要素にスタイルをカスケードに適用する性質、これらを利用して実現させます。

●**複数の<style>ブロックの定義**

単一ファイルコンポーネントでは<style>ブロックを複数持つことができます。例えば、カプセル化された<style>ブロックによるローカルなスコープで定義されたスタイルと、カプセル化しない<style>ブロックでグローバルなスコープで定義されたスタイルを持てます。

これを確認するために、「コラム スコープ付きCSSのメリット(後述)」の単一ファイルコンポーネントfoo.vueとroot.vueを以下のように変更し、bar.vueをそのまま利用します。適宜サンプルを参照してください。

```html
<template>
  <div class="foo">
    <h1 class="header">Fooコンポーネント</h1>
    <p>これはFooコンポーネントです。</p>
  </div>
</template>
```

---

[19] 紙面の都合上、WebブラウザにレンダリングされたHTMLドキュメント全ては載せていません。

[20] data-v-ではじまるハッシュ値はユーザーの実行環境によって異なります。

```
<!-- 先の例でRootコンポーネントのスタイル定義されていたp要素のスタイルをFooコンポーネントに移動
-->
<style>
p { text-decoration: underline; }
</style>

<style scoped>
.foo {
  border: solid 1px green;
  margin: 4px;
  padding: 4px;
}
.header { font-size: 150%; }
</style>
```

```
<template>
  <div id="root">
    <h1 class="header">Rootコンポーネント</h1>
    <p>これはRootコンポーネントです。</p>
    <foo/>
    <bar/>
  </div>
</template>

<script>
import Foo from './foo'
import Bar from './bar'
export default {
  components: {
    Foo,
    Bar
  }
}
</script>

<style>
#root {
  border: solid 1px blue;
  margin: 4px;
  padding: 4px;
}
.header { font-size: 200%; }
</style>
```

　コマンドラインで vue serve root.vue --open を実行してみましょう。コラムと同じ画面がWeb
ブラウザに表示されます。

　見た目は同じようですがWebブラウザにレンダリングされるHTMLは少し構造が違います。以下はそ
の内容です。理解しやすいようにコメントを入れています。

```html
<html>
  <head>
    ...
    <!-- Rootコンポーネントのグローバルなスタイル -->
    <style type="text/css">
      #root {
        border: solid 1px blue;
        margin: 4px;
        padding: 4px;
      }
      .header { font-size: 200%; }
      ...
    </style>
    <!-- Fooコンポーネントのグローバルなスタイル -->
    <style type="text/css">
      p { text-decoration: underline; }
      ...
    </style>
    <!-- Fooコンポーネントのカプセル化されたローカルなスタイル -->
    <style type="text/css">
      .foo[data-v-5350b588] {
        border: solid 1px green;
        margin: 4px;
        padding: 4px;
      }
      .header[data-v-5350b588] { font-size: 150%; }
      ...
    </style>
    <!-- Barコンポーネントのカプセル化されたローカルなスタイル -->
    <style type="text/css">
      .bar[data-v-29f5b3ee] {
        border: 1px solid red;
        margin: 4px;
        padding: 4px;
      }
      .header[data-v-29f5b3ee] { font-size: 125%; }
      ...
    </style>
  </head>
  <body>
    ...
    <!-- 以降にレンダリングされた内容については構造が同じなため省略-->
```

　上記より、head要素に、追加したFooコンポーネントのグローバルな`<style>`ブロックの内容が挿入されているのを確認できます。

　このようにして単一ファイルコンポーネント毎にグローバルなスタイルも定義できます。

　実際にはスタイルの管理上グローバルなスタイル定義は、個々の単一ファイルコンポーネントで定義するので、一番トップとなるところに定義するべきです。この例のようなRootコンポーネントで定義してスタイル管理するのがメンテナンス上に望ましいでしょう。

●**子コンポーネントのルート要素におけるスタイルの注意事項**

Vue.jsのコンポーネントとなる要素でclass属性を用いた時、属性は**コンポーネント内のルート要素に追加**されます。

例えば、`<div>`に展開されるhogeコンポーネントで考えてみます。`<hoge class="a">`とした場合、`<div class="a"></div>`と展開されるということです。直感的な動作です。

この機能には一点問題があります。スコープ付きCSSを持つコンポーネントに対してclass属性を指定すると、そのコンポーネントのスタイルのカプセル化が有効にならなくなる可能性があるのです。

これを確認するために、前項で利用した単一ファイルコンポーネントのBarコンポーネントを以下のように変更します。

```
<template>
  <div class="bar">
    <h1 class="header">Barコンポーネント</h1>
    <p>これはBarコンポーネントです。</p>
    <!-- Fooコンポーネントに対してheaderクラスを指定 -->
    <foo class="header"/>
  </div>
</template>

<script>
import Foo from './foo'
export default {
  components: {
    Foo
  }
}
</script>

<style scoped>
.bar {
  border: 1px solid red;
  margin: 4px;
  padding: 4px;
}
.header { font-size: 125%; }
</style>
```

`vue serve root.vue --open`を実行してどうなるのか確認してみましょう。

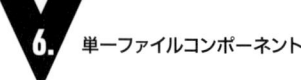

Rootコンポーネント

これはRootコンポーネントです。

Fooコンポーネント

これはFooコンポーネントです。

Barコンポーネント

これはBarコンポーネントです。

Fooコンポーネント

これはFooコンポーネントです。

scoped属性によるカプセル化が効かなくなった単一ファイルコンポーネント

```
<!-- body要素内の必要な部分のみ抜粋 -->
<div id="root">
  <h1 class="header">Rootコンポーネント</h1>
  <p>これはRootコンポーネントです。</p>
  <div data-v-6a9c143d class="foo">
    <h1 data-v-6a9c143d class="header">Fooコンポーネント</h1>
    <p data-v-6a9c143d>これはFooコンポーネントです。</p>
  </div>
  <div data-v-7f49950a class="bar">
    <h1 data-v-7f49950a class="header">Barコンポーネント</h1>
    <p data-v-7f49950a>これはBarコンポーネントです。</p>
    <!-- BarコンポーネントでFooコンポーネントに指定したheaderクラスがFooコンポーネントのルート
要素に追加された -->
    <div data-v-6a9c143d data-v-7f49950a class="foo header">
      <h1 data-v-6a9c143d class="header">Fooコンポーネント</h1>
      <p data-v-6a9c143d>これはFooコンポーネントです。</p>
    </div>
  </div>
</div>
```

　上記HTMLドキュメントの内容から、Barコンポーネント内の`<foo class="header">`をもとに
`<div data-v... class="foo header">`が生成されたことがわかります。

　`.header`にマッチする要素が当初想定していないところにまで波及しています。Vue Loaderの仕組
み上、どちらにもスタイルが適用されています。この影響でBarコンポーネント内のFooコンポーネン
トのスタイルはカプセル化が効かなくなります。

　こうした影響があるため、コンポーネントに対して`class`属性をコンポーネント外から与えるときは
注意が必要です。

スコープ付きCSSのメリット

スコープ付きCSSについて、より理解するために複数の単一ファイルコンポーネントを組み合わせた例で確認してみましょう[*1]。3つの単一ファイルコンポーネントを同一ディレクトリに用意してください。

Fooコンポーネント foo.vue

```
<template>
  <div class="foo">
    <h1 class="header">Fooコンポーネント</h1> <p>これはFooコンポーネントです。</p>
  </div>
</template>
<style scoped>
.foo { border: solid 1px green; margin: 4px; padding: 4px; }
.header { font-size: 150%; }
</style>
```

Barコンポーネント bar.vue

```
<template>
  <div class="bar">
    <h1 class="header">Barコンポーネント</h1> <p>これはBarコンポーネントです。</p>
    <foo/> <!-- Fooコンポーネントの利用。scriptブロックも要注目 -->
  </div>
</template>
<script>
import Foo from './foo'
export default { // FooコンポーネントをBarコンポーネントに登録
  components: { Foo }
}
</script>
<style scoped>
.bar { border: 1px solid red; margin: 4px; padding: 4px; }
.header { font-size: 125%; }
</style>
```

Rootコンポーネント root.vue

```
<template>
  <div id="root">
    <h1 class="header">Rootコンポーネント</h1> <p>これはRootコンポーネントです。</p>
    <foo/> <bar/>
  </div>
</template>
<script>
import Foo from './foo'
import Bar from './bar'
export default {
  components: { Foo, Bar }
}
</script>
<style>
#root { border: solid 1px blue; margin: 4px; padding: 4px; }
.header { font-size: 200%; }
p { text-decoration: underline; }
</style>
```

[*1] ここではSFCを親子で用いた例も初めて出ています。注目してみてください。

テンプレート構成とスタイルは以下のようになっています。

- 全てのコンポーネントにおいてclass属性にheaderが割り当てられたh1要素とp要素を持つ
- Barコンポーネントは Foo コンポーネントを持つ
- Rootコンポーネントは Foo コンポーネントと Bar コンポーネントを持つ
- 全てのコンポーネントのスタイルにおいてheaderクラス向けのスタイル（フォントサイズ）定義を持ち、個々のコンポーネントにおいて各々のスタイル定義を持つ
- FooコンポーネントとBarコンポーネントは scoped 属性付きによりスタイルがカプセル化
- Rootコンポーネントは、p要素のスタイル（テキスト下線）定義を持ち、scoped 属性によるカプセル化なし

同ディレクトリ上で、以下のように vue serve を実行します。

```
$ vue serve root.vue --open
```

複数の単一ファイルコンポーネントにおいてscoped属性でカプセル化されたスタイル

Web ブラウザにレンダリングされた HTML です。理解しやすいようにコメントを入れています。

```
...
<!-- Rootコンポーネントのスタイル -->
<style type="text/css">
  #root {
    border: solid 1px blue;
    margin: 4px;
    padding: 4px;
  }
  .header { color: blue; }
  p { text-decoration: underline; }
  ...
</style>
<!-- Fooコンポーネントのスタイル -->
<style type="text/css">
  .foo[data-v-4213363b] {
    border: solid 1px green;
    margin: 4px;
    padding: 4px;
  }
  .header[data-v-4213363b] { color: green; }
  ...
</style>
<!-- Barコンポーネントのスタイル -->
```

```html
<style type="text/css">
  .bar[data-v-56c0b708] {
    border: 1px solid red;
    margin: 4px;
    padding: 4px;
  }
  .header[data-v-56c0b708] { color: red; }
  ...
</style>
</head>
<body>
  <!-- Root コンポーネント -->
  <div id="root">
    <h1 class="header">Root コンポーネント</h1>
    <p>これはRoot コンポーネントです。</p>
    <!-- Foo コンポーネント -->
    <div data-v-4213363b class="foo">
      <h1 data-v-4213363b class="header">Foo コンポーネント</h1>
      <p data-v-4213363b>これはFoo コンポーネントです。</p>
    </div>
    <!-- Bar コンポーネント -->
    <div data-v-56c0b708 class="bar">
      <h1 data-v-56c0b708 class="header">Bar コンポーネント</h1>
      <p data-v-56c0b708>これはBar コンポーネントです。</p>
      <!-- Foo コンポーネント -->
      <div data-v-4213363b data-v-56c0b708 class="foo">
        <h1 data-v-4213363b class="header">Foo コンポーネント</h1>
        <p data-v-4213363b>これはFoo コンポーネントです。</p>
      </div>
    </div>
  </div>
  ...
```

FooコンポーネントとBarコンポーネントではカプセル化されたそれぞれのスタイルが適用されているのを確認できます。HTMLドキュメントにおいて、Fooコンポーネントで定義したスタイルと、Barコンポーネントで定義したスタイルそれぞれ、style要素にカスタムデータ属性（上記においてdata-v-4213363bとdata-v-56c0b708）がセレクタ指定される形で挿入されることによってカプセル化が実現できています。

各コンポーネントにおいてp要素がレンダリングされていますが、FooコンポーネントとBarコンポーネントのp要素については、Rootコンポーネントで定義したp要素のスタイルが定義されていることに気がつくでしょう。これら両コンポーネントのスタイルにおいては特にスタイルの定義がないので、親で定義されたスタイルが適用されたという形です。単一ファイルコンポーネントの`<style>`ブロックにscoped属性の指定がない場合は、ビルドした際にグローバルなスコープで定義されたスタイルとして扱います。

Rootコンポーネントの`<style>`ブロックによるスタイル定義においてscoped属性の指定がありませんでしたが、レンダリングされた上記のHTMLでレンダリングされたRootコンポーネントの要素にカスタムデータ属性が付与されず、またhead要素に挿入されたRootコンポーネントのスタイルにおいても、カスタムデータ属性がセレクタ指定されていないことに気がついたでしょう。Rootコンポーネントの子であるFooコンポーネントとBarコンポーネントを仮にscoped属性を指定しない場合は、それらコンポーネントで定義したスタイルはグローバルなスコープとして処理されます。このため、それらコンポーネントにおいて、例えば`p { color: red; }`のようにスタイルを定義すると、親に対してもスタイルが波及してしまうので注意が必要です。

6.6.3　CSSモジュール

CSSをモジュール化するための、CSSモジュールでも名前空間衝突を防止できます。

<style>ブロックにmodule属性を付与することで、その単一ファイルコンポーネント内のスタイル定義をモジュール化することができます。この機能は、CSSモジュール[*21]の設計概念、指針を単一ファイルコンポーネントで利用するためのものです。

CSSモジュールが提供する機能として、デフォルトでローカルなスタイルのスコープを提供します。CSSモジュールはコンポジション[*22]などのスタイルをモジュール化する機能を提供するため、スコープ付きCSSより強力です。

●スタイルのモジュール化を実現する仕組み

単一ファイルコンポーネントにおけるCSSモジュールがどのようなものか、スコープ付きCSSの時の説明と同じようなシンプルな例でまずは確認してみましょう[*23]。

```
<template>
  <p :class="$style.message">こんにちは！</p>
</template>

<script>
export default {
  created () {
    // eslint-disable-next-line no-console
    console.log('css modules: $style', this.$style)
  }
}
</script>

<style module>
.message { color: #42b983; }
</style>
```

上記のコード例から、スコープ付きCSSと比較すると、<template>ブロックでの要素のクラスへのスタイルの適用の仕方が異なります。

スコープ付きCSSでは、<style>ブロックで定義したスタイルをそのまま要素のclass属性に指定していました。CSSモジュールでは、class属性の指定に、Vue.jsのv-bind[*24]で指定します。

スタイルのセレクタに指定するクラス名はJavaScriptで参照可能なスタイル識別子オブジェクトに変換します。スタイル識別子オブジェクトは算出プロパティ$styleとしてアクセスできます。

このため<template>ブロックの要素にスタイルを適用するには、v-bindによる指定が必要となっています。また、変換されたスタイル識別子オブジェクトは算出プロパティ$styleなので、上記の

[*21]　CSSのモジュール化のための仕様。Web標準ではない。https://github.com/css-modules/css-modules
[*22]　composition
[*23]　このコード例は、本学習のためvue serveコマンド側で設定されているESLintのno-consoleルールを無効にするため、コメントを入れています。
[*24]　例では省略記法：を使用

<script>ブロックのように、JavaScriptのコードにおいても参照できます。

$styleは算出プロパティであるため、Vue.jsのクラスに対して使用可能なオブジェクト／配列構文を使用することもでき、リアクティブにスタイルを変更することができるため、かなり強力です。

実際にどのように動作しているのか確認してみましょう。上記の例を、適当に単一ファイルコンポーネントとしてエディタで記述して、以下のようにvue serveコマンドを実行します。

```
$ editor index.vue
$ vue serve index.vue --open
```

上記コマンドを実行すると、Webブラウザが起動し、以下のようにレンダリングされます[25]。

```
<html>
  <head>
    ...
    <style type="text/css">
    ._15Zw8hAKaKZIxMKvofG7GX_0 { color: #42b983; }
    ...
    </style>
  </head>
  <body>
    <p class="_15Zw8hAKaKZIxMKvofG7GX_0">こんにちは！</p>
    ...
  </body>
</html>
```

スコープ付きCSSと同等の画面が表示されますが、レンダリングされたHTMLは少し異なります[26]。

<style>ブロックで定義したスタイル.messageが、._15Zw8hAKaKZIxMKvofG7GX_0のような人間には読めないスタイル識別子に変換されます。一意な識別子を生成することで名前衝突を防いでいます。これは、Vue CLIが内部で利用しているwebpackと、Vue Loader[27]によって実現されています。

スコープ付きCSSでは、接頭辞data-v-とハッシュ値で構成されたカスタムデータ属性によってスタイルのカプセル化を実現していましたが、CSSモジュールではこの一意なスタイル識別子によって、カプセル化を実現しています。

<template>のp要素にv-bindで指定したクラスが_15Zw8hAKaKZIxMKvofG7GX_0として、変換されたスタイル識別子が指定されています。これにより、head要素に挿入されたstyle要素のスタイルが適用されるようになっています。

<script>ブロックではconsole.logで$style算出プロパティのスタイル識別子の内容を出力するようにしていますが、Chrome DevToolsから$styleの、messageプロパティに_15Zw8hAKaKZIxMKvofG7GX_0が格納されていることを確認できます。

＊25　誌面の都合上、一部抜粋しています。
＊26　これまでの、単一ファイルコンポーネントの動作確認と同様、単一ファイルコンポーネントで定義したスタイルがhead要素に挿入され、
　　　単一ファイルコンポーネントの<template>ブロックの内容がbody要素でレンダリングされています。
＊27　厳密にはVue Loaderが依存しているcss-loader

●名前付きスタイル識別子の算出プロパティ

同一の単一ファイルコンポーネント内の複数<style>ブロックでCSSモジュールを利用し、かつ同名のスタイル名が存在する場合は$style算出プロパティがどちらかのスタイルで上書きされてしまいます。これを回避するために、module属性にモジュール名を与えます。こうすることでそれぞれ独自の算出プロパティが定義されます。

```
<template>
  <form novalidate>
    <p :class="alertValidation">{{ validMessage }}</p>
    <textarea @input="onInput" :class="textboxValidation"></textarea>
  </form>
</template>

<script>
export default {
  data () {
    return { valid: false }
  },
  computed: {
    validMessage () {
      return this.valid ? '入力されています。' : '入力されていません。'
    },
    alertValidation () {
      return this.valid ? this.alert.success : this.alert.error
    },
    textboxValidation () {
      return this.valid ? this.textbox.success : this.textbox.error
    }
  },
  methods: {
    isRequired (value) {
      return value.length > 0
    },
    onInput (e) {
      this.valid = this.isRequired(e.target.value)
    }
  }
}
</script>

<style module="alert">
.success {
  color: green;
}
.error {
  font-weight: bold;
  color: red;
}
</style>

<style module="textbox">
```

```
.success {
  border: solid 2px green;
}
.error {
  border: solid 2px red;
}
</style>
```

　上記は、単一ファイルコンポーネントのコードはフォームのテキストボックスに入力があるかどうかの簡単なバリデーションの例です。実行してみましょう。

```
$ editor form.vue
$ vue serve index.vue --open
```

　コマンド実行後、Webブラウザに form 要素にアラート情報を表示する p 要素とテキスト入力を受け付ける textarea 要素が表示されますが、適当にテキストを入力したり、テキスト入力が全く無い状態に、キーボードで操作してみてください。テキスト入力がある、なしで動的にスタイルが適用されているのを確認できます。

　この単一ファイルコンポーネントでは、以下の `<style>` ブロックが module 属性を利用して定義されています。

- `<style module="alert">`: バリデーション結果のアラートメッセージ向けに alert モジュールとして持つスタイル
- `<style module="textbox">`: バリデーション結果のテキストボックス向けの textbox モジュールとして持つスタイル

　これら `<style>` ブロック内では同じクラス名のスタイルが定義されています。module 属性によって、それぞれ alert、textbox のスタイル識別子が算出プロパティとして定義されてアクセスできます。

6.6.4　他言語実装のサポート

　今日のWeb開発では、作成するWebアプリケーションや開発規模に応じて、以下のようなWeb標準以外の言語環境を用いることが一般的となっています。

- HTMLに変換できるマークアップ言語（Haml、Pugなど）
- CSSプリプロセッサ（Sass、Lessなど）
- AltJS（TypeScript、Flowなど）

　単一ファイルコンポーネントにおいても、これらの言語を利用できます。単一ファイルコンポーネントをバンドルツールによってまとめて変換できるためです。

●プリプロセッサによるに変換
　各ブロックで lang 属性にデフォルト以外の他言語を指定して実装できます。

221

　以下は、<template>ブロックではPug、<script>ブロックではTypeScript、<style>ブロックではStylusを使用する単一ファイルコンポーネントの例です。

```
<template lang="pug">
  p.message メッセージ: {{ msg }}
</template>

<script lang="ts">
export default {
  data (): Object {
    return { msg: 'こんにちは!' }
  }
}
</script>

<style lang="stylus">
vue-color = #42b983
.message
  color vue-color
</style>
```

　デフォルト以外の言語を使用する場合はそれぞれの言語の処理用の設定が必要です。この設定に手作業は推奨しません。大変な苦痛です。Vue CLIでアプリケーション開発環境をセットアップするサブコマンドcreate[*28]を使用しましょう。

　作業ディレクトリ上で、以下のようにvue createコマンドを実行します。

```
$ vue create other-lang
```

　引数のother-langはアプリケーション開発環境をセットアップするプロジェクト名です。実行すると以下のような内容がターミナルに出力されます。

```
Vue CLI v3.0.0-beta.6
? Please pick a preset: (Use arrow keys)
> default (babel, eslint)
  Manually select features
```

　ここでは他の言語を選択できるよう、キーボードでManually select featuresにカーソルを移動して、Enterキーで決定します。その後、以下のように様々なツール、ライブラリの設定指示が促される内容がターミナルに表示されます。

```
Vue CLI v3.0.0-beta.6
? Please pick a preset: Manually select features
? Check the features needed for your project: (Press <space> to select, <a> to
toggle all, <i> to invert selection)
```

＊28　以下vue createと称します。

222

```
>○ TypeScript
 ○ Progressive Web App (PWA) Support
 ○ Router
 ○ Vuex
 ○ CSS Pre-processors
 ○ Linter / Formatter
 ○ Unit Testing
 ○ E2E Testing
```

今回動作確認する単一ファイルコンポーネントでは、TypeScript と Stylus を使用したものを動作確認するので、TypeScript と CSS Pre-processors を画面に指示された方法で選択して Enter キーで決定します。選択後、さらにいくつか設定指示が促されますが、以下の内容で選択します。

対話項目	意味	選択内容
Use class-style component syntax?	単一ファイルコンポーネントでクラススタイルのコンポーネント構文を使用するかどうか	Yes
Use Babel alongside TypeScript for auto-detected polyfills?	自動検出されたポリフィルに対して TypeScript と並んで Babel を使用するかどうか	Yes
Pick a CSS pre-processor (PostCSS, Autoprefixer and CSS Modules are supported by default)	CSS プリプロセッサの言語の選択	Stylus
Where do you prefer placing config for Babel, PostCSS, ESLint, etc.?	各ツールの設定内容の保存先	In dedicated config files
Save this as a preset for future projects?	この Vue CLI の対話内容をプリセットとして保存するかどうか	No

　これら選択が完了すると、Vue CLI によってアプリケーション開発環境のセットアップが開始されます。セットアップ完了すると、以下のような内容がターミナルに出力されます。

```
  Successfully created project other-lang.
  Get started with the following commands:

 $ cd other-lang
 $ npm run serve
```

　ターミナルの指示に従って、cd コマンドでセットアップされた other-lang ディレクトリに移動し、同ディレクトリのトップには以下のような構成でアプリケーション開発環境がセットアップされているのを確認できます[29]。

```
$ cd other-lang
$ tree . -a -L 1

.
├──  .babelrc
├──  .git
```

＊29　セットアップされた other-lang ディレクトリ内の構成については、ここでは他の言語による単一ファイルコンポーネントの動作確認が目的なので詳しくは説明しません。

```
├──── .gitignore
├──── .postcssrc
├──── node_modules
├──── package-lock.json
├──── package.json
├──── public
├──── src
└──── tsconfig.json

4 directories, 6 files
```

アプリケーションのソースコードがセットアップされた src ディレクトリ内にあるアプリケーションのトップコンポーネントである単一ファイルコンポーネント App.vue をエディタで開いてみましょう。

```
<template>
  <div id="app">
    <img src="./assets/logo.png">
    <HelloWorld msg="Welcome to Your Vue.js + TypeScript App"/>
  </div>
</template>

<script lang="ts">
import { Component, Vue } from 'vue-property-decorator';
import HelloWorld from './components/HelloWorld.vue';

@Component({
  components: {
    HelloWorld,
  },
})
export default class App extends Vue {}
</script>

<style lang="stylus">
#app
  font-family 'Avenir', Helvetica, Arial, sans-serif
  -webkit-font-smoothing antialiased
  -moz-osx-font-smoothing grayscale
  text-align center
  color #2c3e50
  margin-top 60px
</style>
```

上記の単一ファイルコンポーネント App.vue の内容から、<script> ブロックの lang 属性には TypeScript を示す ts が確認できます。また、<style> ブロックの lang 属性においては、CSS プリプロセッサとして stylus が指定されていることを確認できます[*30]。

さて、<template> ブロックのマークアップ言語としては Web 標準の HTML ですが、ここで Pug を

[*30] 以後既存のコードを一部差し替えるときは追記した行に +、削除した行に - を表記して記載していきます。

使用してみましょう。以下のように HTML から Pug に変更します。

```
-<template>
-  <div id="app">
-    <img src="./assets/logo.png">
-    <HelloWorld msg="Welcome to Your Vue.js + TypeScript App"/>
-  </div>
+<template lang="pug">
+  div#app
+    img(src="./assets/logo.png")
+    hello-world(msg="Welcome to Your Vue.js + TypeScript App")
 </template>

 <script lang="ts">
 import { Component, Vue } from 'vue-property-decorator';
 import HelloWorld from './components/HelloWorld.vue';

 @Component({
   components: {
     HelloWorld,
   },
 })
 export default class App extends Vue {}
 </script>

 <style lang="stylus">
 #app
   font-family 'Avenir', Helvetica, Arial, sans-serif
   -webkit-font-smoothing antialiased
   -moz-osx-font-smoothing grayscale
   text-align center
   color #2c3e50
   margin-top 60px
 </style>
```

　vue create でセットアップしたアプリケーション開発環境には、Pug が依存モジュールとしてインストールされていないので、以下の npm install コマンドでインストールします。

```
$ npm install --save-dev pug pug-plain-loader
```

　これで、他の言語で実装されたアプリケーションを動作させる準備ができました。以下のように npm run コマンドを実行して開発サーバーを動作させてみましょう。

```
$ npm run serve
```

　コマンド実行後、以下のような画面が Web ブラウザで表示されます。

他の言語で実装された単一ファイルコンポーネントを動作させた様子

　本章では中規模以上のアプリケーション開発において必須となる、単一ファイルコンポーネントについて解説しました。単一ファイルコンポーネントは、他のフレームワークにはないVue.js独特のコンポーネントシステムです。直感的に書けるため、使いやすいと感じたのではないでしょうか。従来のWeb標準技術で構成されているため、学習コストはほぼ無いに等しいです。

　<template>、<script>、<style>という3つのブロックで、役割ごとに区分したコンポーネントを定義できるため、開発において高い一貫性と保守性を提供します。

　中でもCSSについては特筆すべきでしょう。スタイルのカプセル化そしてモジュール化の仕組みが標準で搭載されているため、従来のWeb開発で課題であったCSSの名前空間の衝突を回避することが非常に容易です。単一ファイルコンポーネントを導入することで、CSSの名前空間を意識したスタイル設計や実装にかかるコストを低減できるために、劇的に生産性を高められます。

Column

カスタムブロック

　単一ファイルコンポーネントは、<template>、<script>、<style>のブロック要素のように、**カスタムブロック(custom blocks)**として独自にブロック要素を定義できます。ユーザー自身で独自の処理やコンテンツを単一ファイルコンポーネントに追加して拡張できます。

　実際にカスタムブロックを使ったケースとして、筆者はVue.js向けにアプリケーションの多言語化をサポートするvue-i18n[*1]というライブラリを提供しています。<i18n>カスタムブロック[*2]を利用することで、多言語化リソースを単一ファイルコンポーネント毎に管理できるようになります。

＊1　https://github.com/kazupon/vue-i18n
＊2　https://github.com/kazupon/vue-i18n-loader

カスタムブロックの定義

　カスタムブロックを実際に定義します。単一ファイルコンポーネントにドキュメンテーションのコンテンツを追加するカスタムブロックを作ってみましょう。定義は簡単です。単一ファイルコンポーネントに独自のHTML要素からなるブロックを作成するだけです。markdownで記載されたドキュメントを扱う<docs>カスタムブロックを定義します。

```
<docs>
# HelloWorldコンポーネント

## 概要
これはHelloWorldコンポーネントの使用方法について書かれたドキュメントです。

## 使用方法
...
</docs>
```

　このように、ユーザー自身が独自に定義することで単一ファイルコンポーネントを拡張可能です。

　ただし、このように定義しただけでは足りません。実際にどのように機能するかを指定しないと動作はしません。このために**カスタムローダー**[*1]を用意してカスタムブロックを取り扱えるようにし、さらにそのカスタムブロックの値を処理して表示する必要があります。

カスタムブロックを使った単一ファイルコンポーネントの例

　先程定義した<docs>カスタムブロックを例にカスタムローダーを実装します。カスタムローダーでmarkdownで記載されたコンテンツを処理して、実際の表示を変更するところまでを解説します。

　カスタムローダー（ローダー）とはwebpackがバンドル時にファイルをどう処理するか指定するための仕組みです。webpackの機能なので、しばらくVue.js特有の事情は出てきません。

　まずは、動作確認用の環境をセットアップします。セットアップが完了したら、ターミナルに出力された指示に従ってアプリケーション開発環境が動作するかどうか確認しておきます。

```
$ vue create custom-block
Vue CLI v3.0.1
? Please pick a preset: (Use arrow keys)
> default (babel, eslint)
  Manually select features
...
 $ cd custom-block
 $ npm run serve
```

　動作確認で使用するライブラリをnpm installでインストールします。

```
$ npm install --save-dev marked
```

[*1]　カスタムローダーとはWebpackの機能でVue本体で動作するものではありません。Vue.jsの仕様として存在してはいますが、執筆時点でカスタムブロックを利用するには、バンドルツールwebpack（とミドルウェアライブラリVue Loader）が必須です。

コンポーネントにカスタムブロックのコンテンツを注入する、以下のようなカスタムローダー`loader.js`をカレントディレクトリに実装します。webpackとVue Loaderによる単一ファイルコンポーネントの解析が完了した後に呼び出されます。

```
module.exports = function (source, map) {
  this.callback(
    null,
    `export default function (Component) {
      Component.options.__docs = ${
        JSON.stringify(source)
      }
    }`,
    map
  )
}
```

`source`引数にはカスタムブロックのコンテンツがVue Loaderによって渡されます[*2]。

カレントディレクトリに`vue.config.js`というVue CLIの動作設定を行うファイルを作成します。

```
const loader = require.resolve('./loader.js') // カレントディレクトリに作成したカ
スタムローダーを読み込む

module.exports = {
  chainWebpack: config => {
  // Vue Loaderの設定をカスタマイズする
    config.module
      .rule('docs')
      .resourceQuery(/blockType=docs/)
      .use('docs')
      .loader(loader)
  }
}
```

Vue CLI[*3]の動作設定でwebpackが`loader.js`を使うようにしています。Vue Loaderの設定にカスタムブロックの設定をマージする形でカスタマイズしています。これで、カスタムブロックを処理できるようになります。上記設定が完了したら、`src/components`ディレクトリに既に存在する単一ファイルコンポーネント`HelloWorld.vue`を以下のよう編集しましょう。

---

*2 カスタムローダーでは、webpackの`this.callback`APIを利用して、webpackでバンドルした際に評価されるJavaScript関数を定義しています。この関数はコンポーネントのオプション`Component.options`に、`source`引数の内容をJSON文字列にシリアライズして、`__docs`オプションに設定することによって、カスタムブロックのコンテンツが注入されるようになっています。

*3 公開APIでカスタマイズ。詳細はAPIリファレンスを参照。https://cli.vuejs.org/guide/webpack.html（英語）

228

```
+<docs>
+# HelloWorldコンポーネント
+
+## 概要
+これはHelloWorldコンポーネントの使用方法について書かれたドキュメントです。
+
+## 使用方法
+...
+</docs>
+
 <template>
   <div class="hello">
-    <!-- 既存のdiv.hello内を削除 -->
+    <p class="message">メッセージ: {{ msg }}</p>
+    <!-- 変換されたカスタムブロックのコンテンツを挿入 ( 注意 :XSS の脆弱性の危険性がある
`v-html`は今回の例目的で使用しています。) -->
+    <p v-html="docs"></p>
   </div>
 </template>

 <script>
+// markdownをHTMLに変換するライブラリを読み込む
+import marked from 'marked'
+
 export default {
   name: 'HelloWorld',
-  props: {
-    msg: String
-  }
+  data () {
+    return {
+      // webpack/Vue Loaderによって注入されたカスタムブロックのコンテンツは、
`$options`経由で取得可能
+      // ここでは、__docsのmarkdown形式のコンテンツをライブラリによってHTMLに変換し
て、`docs`に初期データとして設定
+      docs: marked(this.$options.__docs),
+      msg: 'こんにちは!'
+    }
+  }
 }
 </script>

 <!-- Add "scoped" attribute to limit CSS to this component only -->
 <style scoped>
- /* 既存のスタイルを全て削除 */
+.message { color: #42b983; }
 </style>
```

　準備ができました。npm run serveを実行して開発サーバーを立ち上げて、Webブラウザで確認してみ
ましょう。正常に開発サーバーが起動すると以下のような画面が表示するのを確認できます。

コンポーネント内でカスタムブロックのコンテンツの処理

Chrome DevToolsでHTMLの構造を確認してみてください。

<docs>カスタムブロック内のmarkdown形式のコンテンツが、カスタムローダーで処理されたHTMLコンテンツとして表示されているのを確認できます。

HTMLとしてレンダリングされたカスタムブロックのコンテンツ

7.

Vuexによる
データフローの設計・状態管理

アプリケーションが大きくなるに連れて、状態管理が重要になっていきます。

状態とはアプリケーションが保持するデータのことです。ユーザーの操作やイベントの発生などによってその値が更新されていきます。状態の例として、ECサイトのショッピングカートがあります。カートは何も入っていない空の状態から始まり、ユーザーが商品をカートに入れる操作を行うことで、商品がカートの中に追加されていきます。最後にユーザーが購入操作を行うことでカートは空の状態に戻り、購入処理が完了します。

規模が大きいアプリケーションは保持する状態の数、それぞれの組み合わせの数も多くなり、そのままでは扱いきれなくなります。状態管理のコストを下げるために、データフローの設計を適切に行う必要があります。

データフローとは状態を含む、アプリケーションが持つデータの流れのことを指します。具体的にはどこにデータを保持し、データを読み込む時や更新する時はどこからどのように行うのかという点を表すことが多いです。大規模な状態管理を行う際はデータフローの設計の良し悪しで実装の複雑さや難易度が大きく変わります。現在のフロントエンド開発においてはいくつかのベストプラクティスがあるため、それにならって実装するのが良いでしょう。

フロントエンドにおける状態管理、データフロー設計のパターンとしては、Facebookが提唱しているFlux[*1]が有名です。以下はFluxのデータフローを表している図です。

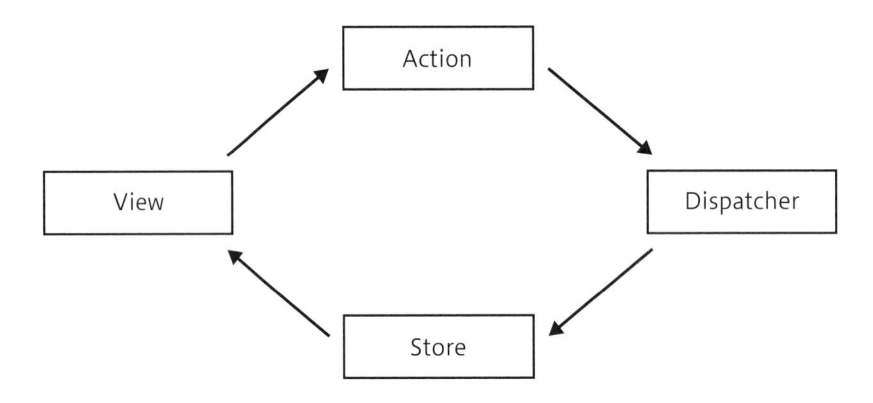

Fluxのデータフロー。公式サイトを参考に簡略化したもの。

Fluxはデータフローが単方向である点が特徴です。アプリケーションの表示を行うViewで必要となる状態の取得はStoreから行う一方で、状態の更新はActionというデータをDispatcherに渡すことで行うというように、取得と更新の役割が分担されています。

Fluxは現在の複雑化するフロントエンド開発に大きく影響を与えました。現在の状態管理ライブラリ、フレームワークの多くはFluxベースの考えを大なり小なり取り込んでいます[*2]。

Vue.jsのエコシステムには状態管理のライブラリとしてVuex[*3]があります。VuexもFluxに影響を受

---

*1 http://facebook.github.io/flux/
*2 Fluxに影響を受けた最も代表的な例はReduxでしょう。
*3 https://vuex.vuejs.org/ja/

けているライブラリで、データフローが単方向になるように設計されています。データフローを一から構築するのは、難しい作業です。Vuexを使用することで、すでにライブラリ作者が設計したデータフローの設計に乗ることができるため、はじめはそれに従って開発を行うと良いでしょう。また、Vuexでは優れた開発ツールも提供されており、複雑なアプリケーションを作る際には大きな助けとなるでしょう。

この章では、はじめに複雑な状態管理とはどのようなものかをタスク管理のアプリケーションの開発の例を交えながら説明します。複雑な状態管理をするアプリケーションを開発するためのデータフロー設計の必要性、良いデータフロー設計の方法論についても手を動かしだす前に紹介します。

データフローの基礎知識を身につけたうえで、Vuexのコンセプトや使用方法、Vue.jsのコンポーネントとVuexとの連携、Vue RouterとVuexの連携について具体例を交えて解説します。

7.1 複雑な状態管理

複雑な状態管理とはどういったものなのか、どのような問題が発生するのかを追っていきましょう。

タスク管理アプリケーションを例として、どのようなケースで状態管理が複雑になっていくのかを考えます。ユーザーがタスク名を入力することで、一覧にタスクが追加され、そのタスクが完了した場合にはチェックをつけることができるという単純なものを想像してください。

アプリケーションの開発を進めていると、しばしば1つの状態を様々な箇所で参照し、それぞれ異なった表示を行っているという状況が生まれます。これはアプリケーションの状態が複雑になってきている兆候で、データフローの設計を行わずに開発を続けると、最終的にはメンテナンスの難しいアプリケーションとなってしまいかねません。

素朴に実装をすると、同じ種類の状態をアプリケーションの複数の箇所に複製してしまったり、状態を変更するロジックがアプリケーションの至る所に分散してしまったりします。この状況になってしまうと、後に仕様変更などで実装を書き換えるときに問題が生じます。同じ変更を様々な場所に対して繰り返し行う、変更の必要があるロジックを探すだけで多くの時間を使うということになりかねません。

タスク管理アプリケーションで、タスクごとにラベルを付けて管理する機能を追加する例を考えます。何も考慮しなければ、タスク自身に付与されているラベルのデータを持たせれば実装できます。

```
// アプリケーションが保持しているタスクの一覧
[
  {
    id: 1,
    name: '牛乳を買う',
    done: false,

    // このタスクに付けられたラベル
    labels: ['買い物', '食料']
  }
]
```

しかし、このような実装にしてしまうと、ラベルの名前を変更する機能をつける際に、全てのタスク

が持っているラベルのデータを変更するという実装をすることになってしまいます。例えば以下のように「牛乳を買う」と「Vue.jsの本を買う」という2つのタスクが「買い物」ラベルを持っている時、ラベル名を「買物」に書き換えたいときには、2つのタスクが持つラベルの値を書き換える必要があります。この例では、ラベルのデータが各タスクに対して複製されてしまっており、「ラベルの名前を変更する」という機能追加をする際に不都合が出てしまったということです。

```
[
  {
    id: 1,
    name: '牛乳を買う',
    done: false,
    labels: ['買い物', '食料']
  },
  {
    id: 2,
    name: 'Vue.jsの本を買う',
    done: true,

    // 「牛乳を買う」と同様に「買い物」ラベルを持っている
    labels: ['買い物', '本']
  }
]
```

　この場合、アプリケーション内で定義されているラベルの一覧をタスクとは別の状態として切り離し、タスク内からはラベルを一意に参照できるIDを持たせるのが良いでしょう。タスクとラベルのデータをそれぞれ独立させたことにより、データの実体は必ず1つしか存在しなくなります。そして、データの更新も1つの場所に存在するデータを対象とするだけでよくなり、メンテナンスが容易になります。

```
// タスクの一覧
[
  {
    id: 1,
    name: '牛乳を買う',
    done: false,

    // 付与されているラベルのIDを持つ
    // 表示の時にラベル一覧から実際のデータを取得する
    labelIds: [1, 2]
  },
  {
    id: 2,
    name: 'Vue.jsの本を買う',
    done: true,
    labelIds: [1, 3]
  }
]

// ラベルの一覧
[
  {
```

```
      id: 1,
      text: '買い物'
    },
    {
      id: 2,
      text: '食料'
    },
    {
      id: 3,
      text: '本'
    }
  ]
```

　少し視点を変えて、タスクの絞り込みをする機能を追加する場合を考えましょう。絞り込みはタスクの一覧表示で行いたいので、一覧表示コンポーネントの中で実装するのが直感的には良さそうです。おそらく以下のような実装になるでしょう。input 要素で絞り込むテキストの入力を受け取り、filteredTaskList 算出プロパティ内で絞り込みの処理を行っています。

```html
<template>
  <div>
    <!-- 絞り込みのテキストを入力する  -->
    <input type="text" v-model="filterWord">
    <ul>
      <!-- タスクの一覧を表示  -->
      <li v-for="task in filteredTaskList" v-bind:key="task.id">
        <Task v-bind:task="task" />
      </li>
    </ul>
  </div>
</template>

<script>
import Task from './Task.vue'

export default {
  name: 'TaskList',

  components: {
    Task
  },

  props: {
    // タスクの一覧はプロパティで受け取る
    taskList: {
      type: Array,
      required: true
    }
  },

  data () {
    return {
```

```
      // 絞り込みをするテキスト
      filterWord: ''
    }
  },

  computed: {
    // 絞り込み後のタスク一覧を返す
    filteredTaskList () {
      const filtered = this.taskList.filter(task => {
        return task.name.includes(this.filterWord)
      })
      return filtered
    }
  }
}
</script>
```

　この機能を実装したあと、追加の機能として、タスクの終了状態でタスク一覧を絞り込みできる機能を追加することになりました。この機能を実装する人は先のテキストによる絞り込み機能を実装した人とは別だったので、すでに別の絞り込みのロジックが書かれていることに気が付かず、TaskListコンポーネントの親のコンポーネント内にその絞り込みの処理を書いてしまいます。

```
<template>
  <div>
    <!-- 絞り込みの種類を選択 -->
    <label>
      <input type="radio" value="all" v-model="filter">全て表示
    </label>
    <label>
      <input type="radio" value="active" v-model="filter">未完了のみを表示
    </label>
    <label>
      <input type="radio" value="done" v-model="filter">完了済のみを表示
    </label>

    <!-- タスク一覧を表示 -->
    <TaskList v-bind:task-list="filteredTaskList" />
  </div>
</template>

<script>
import TaskList from './TaskList.vue'

export default {
  // ... 他の処理やタスクのデータの取得など ...

  data () {
    return {
      // 絞り込みの種類を表すデータ
      filter: 'all'
    }
```

```
    },

  computed: {
    // 完了状態によって絞り込み後のタスクを返す
    filteredTaskList () {
      if (this.filter === 'all') {
        return this.taskList
      }

      const filtered = this.taskList.filter(task => {
        return this.filter === 'active'
          ? !task.done
          : task.done
      })
      return filtered
    }
  }
}
</script>
```

　このような状況になると、どちらもタスクの一覧に対する絞り込みであるのにもかかわらず、それぞれ異なるコンポーネント内にその実装が書かれていて、プログラムを理解するのが困難になります。また、処理を2回に分けて行っているため非効率です。

　これを避けるために、データを処理するためのロジックを置く場所を1つに定め、それらをコンポーネントにインポートして使用するというようなルールを決めるのが良いでしょう。1つの場所にロジックがまとまっていることで、同じような処理がある場合にはそれらをまとめることができます。また、実装のある場所を探し回る必要がなくなるので、プログラムを理解しやすくなります。

　例で見たように、状態管理が複雑になってきたときには、同じ状態の複製を作らない、ロジックがアプリケーションの至る所に分散しないようにする必要があります。

　そのためには開発者個人が気をつけるだけでは不十分です。プロジェクト内でルールを設ける必要があります。そのルールの1つとしてアプリケーションのデータフローの設計があります。次の節ではデータフローの設計をする際に考慮すべき点を説明します。

7.2　データフローの設計

　データフローは、アプリケーションの状態がどこから、どのように読み書きされるかを表します。

　例えば、以下のようなボタンをクリックする度に数を増やしていく単純なカウンターアプリでデータフローを考えてみましょう。グローバルな変数storeがアプリの状態を保持しており、下部のVueインスタンスがその状態を受け取って見た目を描画しています。

```
const store = {
  // 状態
  state: {
```

```
    count: 0
  },

  // 更新処理
  increment () {
    this.state.count += 1
  }
}

new Vue({
  // ビュー
  template: `
  <div>
    <p>{{ count }}</p>
    <button v-on:click="increment">+</button>
  </div>
  `,

  // 状態をビューに渡す
  data: store.state,

  methods: {
    // 更新処理を呼び出す
    increment () {
      store.increment()
    }
  }
})
```

　このカウンターアプリは *状態、ビュー、更新処理* の3つの要素から構成されています[4]。この3つの要素は以下のように関連し合いながらアプリを動作させていることがわかります。

- 状態はカウンターアプリを表現するために必要なデータを保持
- ビューは状態の値に応じてカウンターアプリの見た目を構築
- 更新処理はビューから呼び出され、状態を更新

　この関連性を図で表すと以下のようになり、単方向の流れができていることがわかります。データフローとは、このようにアプリケーション内の要素がどのようにデータを受け渡しているかを表す言葉であると考えられます。カウンターアプリの例ではビューから更新処理へ何もデータを渡していないように見えますが、一般的にはユーザーの入力値など、なんらかのデータを受け渡すことが多いでしょう。

---

[4]　状態、ビュー、更新処理の3つの分類と呼び方は筆者がこの例のために考えた用法です。こういった概念が共通認識として普及しているわけではないことに注意してください。

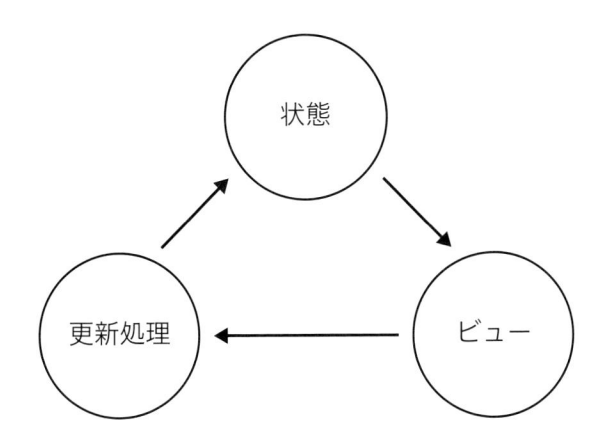

単方向データフロー

　規模の大きなアプリケーションを開発する場合は、データフローの設計は必須です。データフローの設計がされていないアプリケーションはバグが混入しやすく、些細な変更に対しても大きなコストがかかってしまいます。例えば、カウンターアプリの例で、更新処理を各コンポーネントの中で書く場合、つまり、`store.state.count += 1`と直接コンポーネントの中に書く場合を考えます。この場合、データフローは状態とビューが双方向で繋がる形になります。

```
new Vue({
  // ビュー
  template: `
  <div>
    <p>{{ count }}</p>
    <button v-on:click="increment">+</button>
  </div>
  `,

  // 状態をビューに渡す
  data: store.state,

  methods: {
    // 更新処理をコンポーネントの中で書く
    increment () {
      store.state.count += 1
    }
  }
})
```

　先程と同様に、この例のデータフローを図で表すと、以下のようになります。

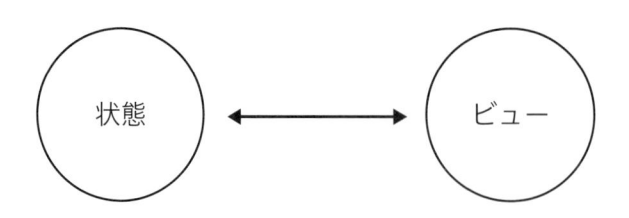

双方向データフロー

　この場合でもうまく動くように見えますが、状態更新のロジックがコンポーネントの中に書かれているため、同じような更新を別のコンポーネントから行いたい場合に再利用をすることが難しくなります。さらに、この方法だと、更新処理に変更を加えたい時、変更を行う必要のある場所が様々なコンポーネントに存在することになってしまいます。単純なアプリの場合はこの構成でも良い場合もありますが、規模が大きくなるに連れて管理が難しくなっていくでしょう。

　以下はデータフローの設計において頻出するパターン（デザインパターン）です。これらを意識してデータフローの設計をすることで変更に強く、管理しやすいアプリケーションを作ります。

- 信頼できる唯一の情報源（Single Source of Truth）
- 「状態の取得・更新」のカプセル化
- 単方向データフロー

7.2.1　信頼できる唯一の情報源（Single Source of Truth）

　信頼できる唯一の情報源とは、管理する対象のデータを一ヵ所に集約することで管理を容易にすることを目的とする設計のパターンです。具体的には以下のような利点があります。

- どのコンポーネントも同一のデータを参照するため、データや表示の不整合が発生しづらい。
- 複数のデータを組み合わせた処理を比較的容易に実装できる。
- データの変更のログ出力、現在のデータの確認などの開発に便利なツールを作りやすい。

7.2.2　「状態の取得・更新」のカプセル化

　状態の取得・更新のカプセル化を行うことで、状態管理のコストを下げることができます。例えば、先のカウンターアプリの例では更新処理を store 内に記述することでカプセル化しており、コンポーネントからは具体的にどのような実装がされているかは隠されています。カプセル化を行うことには以下のような利点があります。

- 状態の取得・更新のロジックを様々な場所から利用できる。
- 詳細な実装をビューから隠すことで、データ構造や取得、更新処理の変更の影響範囲を小さくする。
- デバッグ時に確認する場所が限られるため、デバッグが容易になる。

7.2.3　単方向データフロー

データフローを単方向にすることで、状態の取得、更新のコードが簡潔になります。データが単方向ではないと、データの取得と更新の両方を同時にできてしまい、より複雑な処理になり理解が難しくなってしまいます。単方向データフローには以下のような利点があります。

- データを取得しつつ更新するといったようなことができなくなり、実装やデバッグが単純になる。
- データを取得、更新するために何をするかの選択肢が絞られて、理解が容易なコードを書きやすい。

7.3　Vuexによる状態管理

Vuex は Vue.js アプリケーション向けの状態管理ライブラリです。Flux、Elm アーキテクチャ[5] や Redux[6] を参考にしています。

状態管理は本質的には UI 側とは独立しているため、Vue.js と他の状態管理ライブラリを組み合わせて使用することは可能です。ただし、筆者は Vue.js での状態管理には Vuex の利用を強く推奨します。Vuex は Vue.js に最適化されているため、他の状態管理ライブラリを使うときよりも効率の良い状態更新を行うことができるからです。

Vuex を使うことで前節で述べた状態管理のパターンに沿った実装を容易に行えます。Vuex はアプリケーションの状態やそれに付随するロジックが 1 つの場所にまとまるように設計されているため、信頼できる唯一の情報源を満たすことができます。また、Vuex では状態の更新はミューテーションという機能でのみ行うことができ、取得に関してもゲッターという機能で詳細な実装は隠蔽できます。これにより「状態の取得と更新」のカプセル化を満たします。さらに、状態の取得と更新の窓口が異なるため、強制的に実装が単方向データフローになります。

Vuex を用いた状態管理によって、アプリケーションのコードの記述が統一され、読みやすくなるというメリットもあります。これは、Vuex がライブラリとして機能を提供するだけではなく、公式に Vuex を使う際の実装のルールも示している[7]ためです。例えば、状態の更新はミューテーションでのみ行われるため、更新処理を探したい時はミューテーションを探せば良いです。これには複数人でアプリケーションを開発する際には、既存のルールに従うだけで良いことから、設計やコミュニケーションの手間

---

* 5　Web フロントエンド向けプログラミング言語 Elm が提唱するアーキテクチャ。https://guide.elm-lang.org/architecture/
* 6　人気の状態管理ライブラリ。主に React と使われ、デファクトに近い位置にいる。https://github.com/reduxjs/redux
* 7　https://vuex.vuejs.org/ja/

を省くことができるという利点もあります。

さらに、Vue DevTools[8]と共に使用することで状態の変化をログとして見ることができたり、任意の地点へと状態の巻き戻しを行ったりすることができます。ツールによるデバッグの容易さもVuexを使うべき理由の1つです。

7.3.1 Vuexのインストール

Vuexはnpm上に公開されています。npmコマンドでインストールします。

```
$ npm install vuex
```

インストール後はimport文を書くことでVuexを読み込みましょう[9]。Vuexを読み込んだ後はプロジェクトのVue.jsに対してVuexを登録することが必要です。

```
// Vue, Vuexをインポート
import Vue from 'vue'
import Vuex from 'vuex'

// VueにVuexを登録
Vue.use(Vuex)

// ストアを作成
const store = new Vuex.Store({ /* ... */ })
```

Vuexはscript要素で読み込んでも使用できます。以下はunpkg.com上に公開されているVuexのコードを読み込む例です。script要素で読み込む際は、先にVue.jsを読み込む必要がある点に注意しましょう。また、import文によって読み込んだ時はVue.use(Vuex)と書いて、Vue.jsにVuexを登録することが必要でしたが、script要素で読み込む際にはその必要はありません。

```
<!-- Vuexよりも前にVue.jsを読み込む -->
<script src="https://unpkg.com/vue@latest"></script>

<!-- 最新バージョンのVuexを読み込む -->
<script src="https://unpkg.com/vuex@latest"></script>

<!-- ストアを作成 -->
<script>
// グローバル (window) に `Vuex` が読み込まれている
const store = new Vuex.Store({ /* ... */ })
</script>
```

---

[8] Vue.jsの公式開発ツール。8章で解説。https://github.com/vuejs/vue-devtools
[9] importなどの解決（ビルド）については6章を参照してください。

Vuexは比較的規模の大きなアプリケーションで使用されます。実際にはグローバルに読み込まれるscript要素を使うよりも、npmからインストールして使用するケースが多いでしょう。

7.4 Vuexのコンセプト

Vuexを使用する際はコンセプトを理解し、それにもとづいた実装をする必要があります。ただライブラリを使うだけではVuexの利点を活かしきれません。Vuexは状態管理のベストプラクティスに沿って実装することを前提として作られているためです。

Vuexはライブラリとしての機能だけでなく、実装のパターンも含めてVuexであるという見方をすべきです[10]。以後は手を動かしてライブラリのAPIに触れつつ、パターンについても解説していきます。

7.4.1 ストア

Vuexで押さえておきたいのはストアの役割です。ストアは主にアプリケーションの状態を保持する役割を担います。その他にも状態管理に関する機能を盛り込んでおり、Vuexの根幹となります。

```
// ストアの作成と代入
const store = new Vuex.Store({ /* オプション */ })
```

Vuexは信頼できる唯一の情報源であることを前提に実装されています。アプリケーション内で常にただ1つのストアのみが存在するようにします。

ストアが常に1つしかないという前提を置くことで、開発ツールによるログ機能や、デバッグ機能を十全に使えるようになります。また、サーバーサイドレンダリング[11]を行う際などに、容易にアプリケーションの状態を復元できるようになります。

ストアの構成要素として以下に挙げる4つの概念が存在します。

- アプリケーションのステート（State）
- ステートの一部や、ステートから計算された値を返すゲッター（Getter）
- ステートを更新するミューテーション（Mutation）
- 主にAjaxリクエストのような非同期処理や、LocalStorageへの読み書きのような外部APIとのやりとりを行うアクション（Action）

ステート、ミューテーションは先のデータフローの説明で触れた状態、更新処理に対応します。Vuexにはビューに対応する概念はなくVue.jsのコンポーネントがその役割を担います。

ストアの構成要素とモジュール、およびVue.jsのコンポーネントとの関係を図で表したものです。

---

[10] 実際に、公式ドキュメントにも「VuexはVue.jsアプリケーションのための状態管理パターン＋ライブラリです」と記載されています。
[11] サーバーサイドレンダリングについて詳しくはAppendix Cを参照してください。

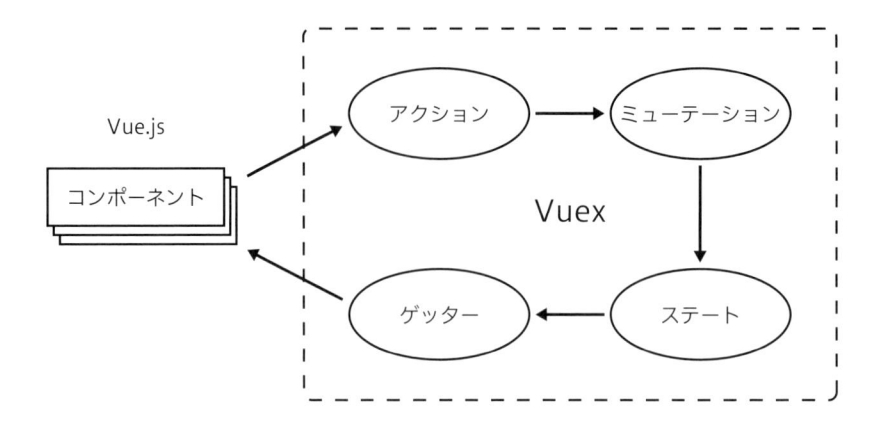

Vue.js

コンポーネント

アクション → ミューテーション

Vuex

ゲッター ← ステート

VuexとVue.jsのデータフロー。Vuex公式ガイドを参考に作成。

　規模の大きいアプリケーションを作る際には、上記の4つの構成要素を**モジュール (Module)** という単位で分割して見通しをよくします。

　アプリケーションの状態を全て1つの場所に置いてしまうと、逆に管理が大変になるのではないかと感じるかもしれませんが、モジュールを使うことで、信頼できる唯一の情報源を守りながら、状態やそれに関わる更新、取得のロジックを複数の単位に分割をし、管理をシンプルに行えます。

　以降、上記の概念や機能のより詳細な解説や、具体的なVuexを使った実装を解説していきます。

●ストアの作成

　Vuexを読み込んだら、状態を管理するためのストアを作成しましょう。

　以下は簡単なストアの例です。ステートとして数値countを保持し、countの値を増加させるミューテーション incrementを定義しています。ステートはstore.stateから読み込むことができ、ステートの更新はstore.commitからミューテーションを呼び出すことで行っています。

```
// 以後、import文で例示します
import Vue from 'vue'
import Vuex from 'vuex'

Vue.use(Vuex)

// ストアの作成
const store = new Vuex.Store({
  // ステート
  state: {
    count: 0
  },

  // ミューテーション
  mutations: {
    increment (state, amount) {
```

```
        state.count += amount
      }
    }
})

// ステートを参照
console.log(store.state.count) // -> 0

// ミューテーションを実行し、ステートを更新
store.commit('increment', 1)

// ステートの更新を確認
console.log(store.state.count) // -> 1
```

　ストアの生成時にはいくつかのオプションを渡せます[*12]。特に重要なのが、前節で紹介したステート、ゲッター、ミューテーション、アクションを定義するためのオプション state、getters、mutations、actions です。今回の例では state、mutations のみを定義しています[*13]。

　以降、ストアの構成要素について説明していきます。

7.4.2　ステート

　Vuex ストアの**ステート**はアプリケーション全体の状態を保持するオブジェクトです。全てのステートは1つの木構造として表現されます。

　アプリケーションの全ての状態を1つの木としてステートを保持することで、先に説明した信頼できる唯一の情報源として機能します。ステート数が多くなるときは、7.6で説明するモジュールを使用して、木の一部を分割して管理することで、状態管理の複雑さを低く保ちます。

　Vuex のストアが信頼できる唯一の情報源であるとはいえ、アプリケーションのすべての状態を Vuex で管理すべきというわけではありません。例えば、ドラッグで動かせる要素の座標データは、コンポーネントの内部でしか使用しないことがほとんどです。こういった類いのものは Vuex で管理するべきではありません。この座標データを Vuex で管理すると、実装が必要以上に複雑になってしまいます。

　あるコンポーネントでしか使用しないデータは、これまでと同様にコンポーネントの data オプションで管理すべきです。一方で、ログイン中のユーザーの情報など、**アプリケーション全体で使用されるデータはストア内で管理すべき**でしょう。どのデータを Vuex に置くべきかという判断は設計指針や要件により異なりますが、一般的にあるコンポーネントでしか使用されないデータは Vuex に置くべきではなく、複数のコンポーネントで読み書きしうるデータは Vuex への保存を検討すべきです。

- ● ステートに適したデータ
  - ● サーバーからデータを取得中かどうかを表すフラグ

[*12]　その他にも Vuex の機能を拡張するための plugins や、開発時に便利な厳格モードを有効にするための strict などがあります。詳細については Vuex の API リファレンスを読むと良いでしょう。https://vuex.vuejs.org/ja/api.html

[*13]　コンストラクタに getters、actions を指定した例は 7.4.3、7.4.5 を参照してください。

- ログイン中のユーザーの情報など、アプリケーション全体で使用されるデータ
- ECサイトにおける商品の情報など、アプリケーションの複数の場所で使用される可能性のあるデータ
- コンポーネント側で持つべきデータ
- マウスポインタがある要素の上に存在するかどうかを表すフラグ
- ドラッグ中の要素の座標
- 入力中のフォームの値

　ステートの利用例を見てみましょう。ステートの初期値を定義するには、ストアの生成時に state オプションを指定します。ステートは store.state から参照します。

```
import Vue from 'vue'
import Vuex from 'vuex'

Vue.use(Vuex)

const store = new Vuex.Store({
  // stateオプションでステートの初期値を指定する
  state: {
    count: 10
  }
})

// store.stateでステートを参照する
console.log(store.state.count) // -> 10
```

　ステートはコンポーネントの data オプションに渡された値と同じように、変更が追跡されます。ステートに対してなんらかの更新を行うと、その変更は自動的にコンポーネントの算出プロパティや、テンプレートへと反映されます。これは、Vuexが内部的にVue.jsのリアクティブシステムを活用して実装されているためです。また、ステート内の依存関係がリアクティブシステムによって計算されるため、ステート更新時のUIの再描画が必要最小限になるというメリットもあります。不要なUIの再描画を減らすチューニングを開発者が行う必要がなく、その分開発のコストの低下が期待できます。

7.4.3　ゲッター

　ゲッターはステートから別の値を算出するために用いられます。例えば、ユーザーの操作によって商品のリストを絞り込みたい時には、ゲッターで絞り込んだ商品のリストを算出します。

　ゲッターを使用することで、コンポーネント上で表示のためにステートを計算することが避けられ、異なるコンポーネント間でロジックを再利用できるようになります。算出のロジックをストア内に置くことができるので、探しやすく、テストがしやすいという利点もあります。

　getters オプションに関数を持つオブジェクトを指定することでゲッターを定義します。コンポーネントの算出プロパティとよく似た機能ですが、引数にステートと他のゲッターが渡され、それらを使った値を返す点が異なります。ゲッターは store.getters から参照できます。

```
import Vue from 'vue'
import Vuex from 'vuex'

Vue.use(Vuex)

const store = new Vuex.Store({
  state: {
    count: 10
  },

  // gettersオプションでゲッターを定義する
  getters: {
    // ステートから別の値を計算する
    squared: (state) => state.count * state.count,

    // 他のゲッターの値を使うことも可能
    cubed: (state, getters) => state.count * getters.squared
  }
})

// store.gettersでゲッターを参照する
console.log(store.getters.cubed) // -> 1000
```

ゲッターはコンポーネントのcomputedオプションと同様に評価された値がキャッシュされます。キャッシュされた値はそのゲッターが依存しているステートが更新されない限り再評価されません。

したがって、よく使用するステートの算出ロジックはゲッターにすることでパフォーマンスの向上が期待できます。一方で、ゲッターを参照した時に定義した関数が常に実行されるわけではないことに注意が必要です。ここでは計算した値を返す以外の処理は行うべきではありません。

例えば、依存するステートが存在しない時にサーバーから値を取得するというような処理はゲッターの中には書かず、続けて解説するミューテーション、アクションを使って取得とステートへの反映を行います。

7.4.4　ミューテーション

ミューテーションはステートを更新するために用いられます。Vuexでは規約としてミューテーション以外がステートの更新を行うことを禁止しています[14]。ステートの更新をミューテーションのみが行えば、ステートの変更がいつ、どこで発生したかを追跡しやすくなります。

この原則を守ることで、それらの情報を開発ツールで可視化できるというメリットがあります。以下の図はVuexで発生したミューテーションをVue DevToolsで可視化した図です。左側に実行されたミューテーションが時系列順に並び、右側にミューテーションが実行された時のステートと、ミューテーシ

＊14　実際にはやろうと思えばミューテーションの外でステートの更新を行うコードを書くことはできます。ただし、これは明確なアンチパターンです。状態の更新を追いかけやすくするためにミューテーションのみがステートを更新するという規約を設けています。

ョンの呼び出しの際に渡されたデータが表示されます。

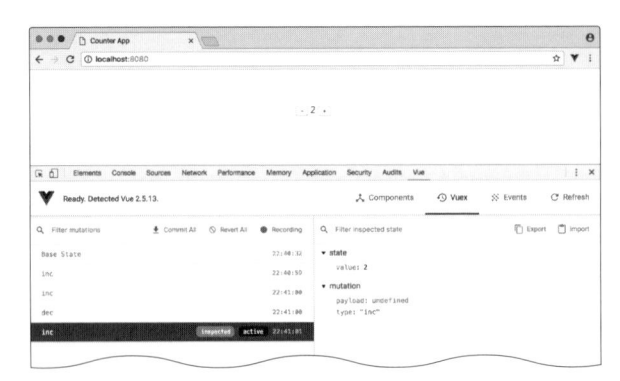

Vue DevTools

　アプリケーションが大きくなるに連れてステートの更新は複雑になり、デバッグも難しくなっていきます。例えば、ステートが本来期待していない値に更新されているが、複数の更新処理が重なり、どの処理が原因なのかがわからないといったようなことが起き得るでしょう。このような時、Vue DevToolsを使用していると、ステートの変化と、その変化を引き起こしたミューテーションを時系列順に一覧で見ることができるため、原因となる更新処理がどれなのかを判別しやすくなります。また、あるミューテーションが発生した地点に状態を巻き戻すことも可能で、アプリケーションの表示も状態に応じて巻き戻すことができるため、どの処理がバグを引き起こしているのかを視覚的に追いかけられます。

　mutationsオプションにミューテーション名をキーに持ち、ハンドラー関数を値に持つオブジェクトを指定することで、ミューテーションを定義できます。ハンドラー内では第一引数に渡されたステートを更新します。

　ミューテーションは直接は呼び出せません。store.commitにミューテーション名を与えて呼び出します。これはイベントの発生と監視のパターンによく似ています。incrementというイベントが発生した時に、その名前で登録されたミューテーションハンドラーが実行されると考えるとわかりやすいでしょう。

```
import Vue from 'vue'
import Vuex from 'vuex'

Vue.use(Vuex)

const store = new Vuex.Store({
  state: {
    count: 10
  },

  // mutationsオプションでミューテーションを定義する
  mutations: {
    //`increment`ミューテーションを定義
    increment (state) {
      state.count = state.count + 1
```

```
    }
  }
})

// store.commitでミューテーションを呼び出す
console.log(store.state.count) // -> 10
store.commit('increment') //`increment`ミューテーションを呼び出す
console.log(store.state.count) // -> 11
```

　`store.commit`の第二引数になんらかの値を与えると、それがハンドラーの第二引数に渡されます。この値のことをペイロードと呼びます。ペイロードを使用することで、同じミューテーションでも渡す値によって異なるステートに更新できます。

```
import Vue from 'vue'
import Vuex from 'vuex'

Vue.use(Vuex)

const store = new Vuex.Store({
  state: {
    count: 10
  },

  mutations: {
    // ペイロード内の`amount`を使ってステートを更新
    increment (state, payload) {
      state.count = state.count + payload.amount
    }
  }
})

console.log(store.state.count) // -> 10
store.commit('increment', { amount: 5 }) //`store.commit`の第二引数にペイロードを渡す
console.log(store.state.count) // -> 15
```

　ミューテーション内で行う処理は全て同期的にする必要があります。ミューテーション内に非同期な処理が含まれていると、ミューテーションの呼び出しとステートの更新を結びつけることが困難になってしまうからです。非同期を用いると特定のケースで意図しない動作を引き起こす可能性があります。以下の例を考えてみましょう。

```
// 誤った例
const store = new Vuex.Store({
  state: {
    count: 10
  },

  mutations: {
    // このように非同期処理を含めてはいけない！
    incrementAsync (state) {
```

```
    setTimeout(() => {
      state.count = state.count + 1
    }, 1000)
  },

  increment (state) {
    state.count = state.count + 1
  }
 }
})
```

この例において、incrementAsync内では非同期処理の中で更新処理が書かれているため、ミューテーションを呼び出した直後にはステートが更新されず、開発ツール上でこのステートの更新を追いかけることができなくなってしまいます。

incrementAsyncが呼び出された直後、内部の非同期処理が実行される前にincrementミューテーションが実行された時を考えます。その場合、incrementAsyncが実行された時はstate.count === 10であるのにもかかわらず、ステートの更新はstate.count === 11の値が使われてしまいます。このような挙動を許容してしまうと、更新の流れを追いかけるのがより難しくなりますし、時にはこれが意図しない動作を引き起こすこともあります。このような複雑性を排除するために、**ミューテーションは全て同期的にしなければならない**というルールが設けられています。非同期処理を行う必要があるときは次に紹介するアクションを代わりに使用します。

7.4.5　アクション

アクションは非同期処理や外部APIとの通信を行い、最終的にミューテーションを呼び出すために用いられます。

actionsオプションにアクション名をキーに持ち、ハンドラー関数を値に持つオブジェクトを指定することで、アクションを定義します。

アクションはミューテーションと同様に直接呼び出すことはできません。store.dispatchにアクション名を与えて呼び出します。

```
import Vue from 'vue'
import Vuex from 'vuex'

Vue.use(Vuex)

const store = new Vuex.Store({
  state: {
    count: 10
  },

  mutations: {
    increment (state) {
```

```
    state.count = state.count + 1
    }
  },

  // actionsオプションでアクションを定義する
  actions: {
    incrementAction (ctx) {
      //`increment`ミューテーションを実行する
      ctx.commit('increment')
    }
  }
})

// store.dispatchでアクションを呼び出す
console.log(store.state.count) // -> 10
store.dispatch('incrementAction') //`incrementAction`アクションを呼び出す
console.log(store.state.count) // -> 11
```

　アクションの定義はミューテーションとよく似ています。ただしハンドラーの第一引数にステートではなく、コンテキストと呼ばれる特別なオブジェクトが渡される点で異なります。コンテキストには以下が含まれます。

- state: 現在のステート
- getters: 定義されているゲッター
- dispatch: 他のアクションを実行するメソッド
- commit: ミューテーションを実行するメソッド

　stateやgettersは、例えばデータのロード中にはアクションの処理を行わないというような、現在の状態に応じてアクションの処理を切り替える時に使います。dispatchを使うことで、すでに定義してある他のアクションを呼び出せます。これによって共通の処理を1つのアクションにまとめることができますが、使いすぎるとどのアクションがどこから呼ばれているかがわかりづらくなってしまうので気をつけましょう。アクションはミューテーションを実行するのに用いられるため、commitが使われることが最も多いでしょう。

　以下はAjaxでデータを取得し、そのデータをペイロードに含めたミューテーションを呼び出すアクションを定義している例です。第一引数のコンテキストを分割代入（{ commit }）[*15]することで短い記法で書かれています。また、ミューテーションと同様に、アクションも第二引数にペイロードを受け取ります。

```
import Vue from 'vue'
import Vuex from 'vuex'

Vue.use(Vuex)
```

---

*15　オブジェクトのプロパティを変数に代入する記述を省略することのできる記法です。この例では、incrementAsyncの第1引数をctxとして、関数の先頭でvar commit = ctx.commitとするのと同じ意味になります。

```javascript
// 例示用に非同期処理を行う関数
// 実際のアプリではサーバーからデータを取得する
function getCountNum (type) {
  return new Promise(resolve => {
    // 1秒後にtypeに応じたデータを返す
    setTimeout(() => {
      let amount
      switch (type) {
        case 'one':
          amount = 1
          break
        case 'two':
          amount = 2
          break
        case 'ten':
          amount = 10
          break
        default:
          amount = 0
      }
      resolve({ amount })
    }, 1000)
  })
}

const store = new Vuex.Store({
  state: {
    count: 10
  },

  mutations: {
    increment (state, payload) {
      state.count += payload.amount
    }
  },

  actions: {
    incrementAsync ({ commit }, payload) {
      // 非同期にデータを取得する
      return getCountNum(payload.type)

        .then(data => {
          // レスポンスをログに表示
          console.log(data)

          // レスポンスをペイロードとして渡したミューテーションを実行する
          commit('increment', {
            amount: data.amount
          })
        })
    }
  }
```

```
})

store.dispatch('incrementAsync', { type: 'one' })
```

　アクション内でPromiseオブジェクトを返している場合、store.dispatchの戻り値のPromiseを使って、アクション内の非同期処理の完了を検知できます。上記の例ではアクション内でPromiseオブジェクトを返しているので、下記の例のようにstore.dispatchの戻り値のPromiseオブジェクトに対してthenメソッドでコールバックを登録して、アクション完了を検知しています。

```
// 先の例に追記する

console.log(store.state.count) // -> 10
store.dispatch('incrementAsync', { type: 'one' }).then(() => {
  // アクションの処理が完了した後に実行される
  console.log(store.state.count) // -> 11
})
```

7.5 タスク管理アプリケーションの状態管理

　これまでに説明したVuexストアの機能の理解を深めるために、タスク管理アプリケーションを実装していきます。アプリケーションを作ってVuexをより深く理解しましょう。

7.5.1　アプリケーションの仕様と準備

　この節で作成するアプリケーションは以下の仕様で作成します。例を簡単にするため、タスクやラベルの削除をサポートしていないなど、機能は最小限にしています。

- タスクの一覧を表示できる。
- タスクを追加できる。
- タスクを完了状態にできる。
- タスクにはラベルを付与できる。
- ラベルを追加できる。
- タスクをラベルでフィルタできる。
- タスク、ラベルは保存、復元できる。

　タスクアプリケーションのストアにstore.js、アプリのエントリポイントにmain.jsを作成します。実際にページに表示される内容のためにApp.vueも作成します。

```
// store.js
import Vue from 'vue'
import Vuex from 'vuex'

Vue.use(Vuex)
```

```
// ストアの定義
const store = new Vuex.Store({
  // ここに実装を書いていく
})

// ストアをエクスポート
export default store
```

```
// main.js
import Vue from 'vue'
import App from './App.vue' // App.vueの読み込み
import store from './store' // store.jsの読み込み

new Vue({
  el: '#app',

  // コンポーネントからストアを利用できるようにする
  store,

  render: h => h(App)
})
```

```
<!-- App.vue -->
<template>
  <div>
    <!-- ここに実装を書いていく -->
  </div>
</template>

<script>
export default {
  // ここに実装を書いていく
}
</script>
```

7.5.2　タスクの一覧表示

　必要なファイルが用意できました。タスクの一覧表示を実装します。`store.js`内にステートを定義します。`tasks`にタスクの一覧を保持します。

```
import Vue from 'vue'
import Vuex from 'vuex'

Vue.use(Vuex)
```

```
 const store = new Vuex.Store({
+  state: {
+    // タスクの初期ステート
+    tasks: [
+      {
+        id: 1,
+        name: '牛乳を買う',
+        done: false
+      },
+      {
+        id: 2,
+        name: 'Vue.jsの本を買う',
+        done: true
+      }
+    ],
+  },
 })

 export default store
```

　これを一覧として表示するために、App.vueを書き換えます。この例では算出プロパティtasksとして、ストアのステートtasksを返し、テンプレート内で利用できるようにしています[16]。

```
 <template>
   <div>
+    <h2>タスク一覧</h2>
+    <ul>
+      <li v-for="task in tasks" v-bind:key="task.id">
+        <input type="checkbox" v-bind:checked="task.done">
+        {{ task.name }}
+      </li>
+    </ul>
   </div>
 </template>

 <script>
 export default {
+  computed: {
+    tasks () {
+      return this.$store.state.tasks // ストアを読む
+    },
+  },
 }
 </script>
```

　上記のように書き換えると、以下のようにタスクの一覧が表示されます。

＊16　コンポーネントからストアを使う方法については7.7で詳しく述べます。この節では、コンポーネントからthis.$storeにストアにアクセスできることだけ覚えてください。

タスク一覧

- ☐ 牛乳を買う
- ☑ Vueの本を買う

タスクの一覧表示

7.5.3 ── タスクの新規作成と完了

　一覧表示はできたので、タスクの追加とタスクの完了を実装します。 これらの処理はステートを変更する処理です。ミューテーションを用いましょう。 それぞれ addTask,toggleTaskStatus というミューテーションとして定義します。

　また、今回の例ではタスクを追加時に各タスクに一意なIDを付与します。次に付与するIDの値を nextTaskId としてステートに保持します。

　store.js と App.vue を編集します。テキストフィールドに文字列を入力してEnterキーを押すと、新たにタスクが追加されるようになりました。現時点では、見た目の挙動は変わりませんが、チェックボックスの状態を変える度にストア内のタスクの完了状態が変更されるようになっています。

```
import Vue from 'vue'
import Vuex from 'vuex'

Vue.use(Vuex)

const store = new Vuex.Store({
  state: {
    // タスクの初期ステート
    tasks: [
      {
        id: 1,
        name: '牛乳を買う',
        done: false
      },
      {
        id: 2,
        name: 'Vue.jsの本を買う',
        done: true
      }
    ],
+
+    // 次に追加するタスクのID
+    // 実際のアプリではサーバーで生成したり、UUIDを使ったりするがここでは決め打ち
+    nextTaskId: 3,
  },
```

```
+
+   mutations: {
+     // タスクを追加する
+     addTask (state, { name }) {
+       state.tasks.push({
+         id: state.nextTaskId,
+         name,
+         done: false
+       })
+
+       // 次に追加されるタスクに付与するIDを更新する
+       state.nextTaskId++
+     },
+
+     // タスクの完了状態を変更する
+     toggleTaskStatus (state, { id }) {
+       const filtered = state.tasks.filter(task => {
+         return task.id === id
+       })
+
+       filtered.forEach(task => {
+         task.done = !task.done
+       })
+     },
+   },
+ })

  export default store
```

```
 <template>
   <div>
     <h2>タスク一覧</h2>
     <ul>
       <li v-for="task in tasks" v-bind:key="task.id">
-        <input type="checkbox" v-bind:checked="task.done">
+        <input type="checkbox" v-bind:checked="task.done"
+          v-on:change="toggleTaskStatus(task)">
         {{ task.name }}
       </li>
     </ul>
+
+    <form v-on:submit.prevent="addTask">
+      <input type="text" v-model="newTaskName" placeholder="新しいタスク">
+    </form>
   </div>
 </template>

 <script>
 export default {
+  data () {
+    return {
```

```
+      // 入力中の新しいタスク名を一時的に保持する
+      newTaskName: '',
+    }
+  },
+
   computed: {
     tasks () {
       return this.$store.state.tasks
     },
   },
+
+  methods: {
+    // タスクを追加する
+    addTask () {
+      //`addTask`ミューテーションをコミット
+      this.$store.commit('addTask', {
+        name: this.newTaskName,
+      })
+      this.newTaskName = ''
+    },
+
+    // タスクの完了状態を更新する
+    toggleTaskStatus (task) {
+      //`toggleTaskStatus`ミューテーションをコミット
+      this.$store.commit('toggleTaskStatus', {
+        id: task.id
+      })
+    },
+  }
 }
 </script>
```

編集後、以下のようにタスクを追加するテキストフィールドが追加されます。

タスク一覧

- ☐ 牛乳を買う
- ☑ Vueの本を買う

新しいタスク

テキストフィールドが追加されている

7.5.4　ラベル機能の実装

各タスクにラベルを付与できるようにします。 ラベルの一覧表示、ラベル追加機能、各タスクへのラ

ベル付与を実装しましょう。

　ラベルはlabelsという名前で、タスクと同様にステートとして一覧を持ちます。これを表示すればラベル一覧は実装できます。

　ラベル追加はaddLabelというミューテーションで行います。タスクの追加と同様にnextLabelIdというステートで次に追加するラベルのIDを保持します。

　各タスクにはラベルのIDをlabelIdsというプロパティで持たせてラベルの追加ができるようにします。タスクを追加する際に、labelIdsをセットできるようにaddTaskミューテーションの機能も編集します。

　store.jsを編集します。

```
import Vue from 'vue'
import Vuex from 'vuex'

Vue.use(Vuex)

const store = new Vuex.Store({
  state: {
    // タスクの初期ステート
    tasks: [
      {
        id: 1,
        name: '牛乳を買う',
+       labelIds: [1, 2],
        done: false
      },
      {
        id: 2,
        name: 'Vue.jsの本を買う',
+       labelIds: [1, 3],
        done: true
      }
    ],
+
+   // ラベルの初期ステート
+   labels: [
+     {
+       id: 1,
+       text: '買い物'
+     },
+     {
+       id: 2,
+       text: '食料'
+     },
+     {
+       id: 3,
+       text: '本'
+     }
+   ],
-   // 次に追加するタスクのID
```

```
+     // 次に追加するタスク、ラベルのID
      // 実際のアプリではサーバーで生成したり、UUIDを使ったりするがここでは決め打ち
      nextTaskId: 3,
+     nextLabelId: 4,
    },

  mutations: {
    // タスクを追加する
-   addTask (state, { name }) {
+   addTask (state, { name, labelIds }) {
      state.tasks.push({
        id: state.nextTaskId,
        name,
+       labelIds,
        done: false
      })

      // 次に追加されるタスクに付与するIDを更新する
      state.nextTaskId++
    },

    // タスクの完了状態を変更する
    toggleTaskStatus (state, { id }) {
      const filtered = state.tasks.filter(task => {
        return task.id === id
      })

      filtered.forEach(task => {
        task.done = !task.done
      })
    },
+
+   // ラベルを追加する
+   addLabel (state, { text }) {
+     state.labels.push({
+       id: state.nextLabelId,
+       text
+     })
+
+     // 次に追加されるラベルに付与するIDを更新する
+     state.nextLabelId++
+   },
  },
})

export default store
```

　ラベルに対応できるよう App.vue を以下のように編集しましょう。 ラベル一覧表示の実装は、`labels` 算出プロパティでステートのラベル一覧を取得し、その `text` の値を `li` 要素で表示しています。
　ラベル一覧の下に新たにフォームを追加し、値を入力して Enter キーを押すことで `addLabel` メソッドを呼び出し、ラベルを追加するミューテーション `addLabel` をコミットしています。

```
     <template>
       <div>
         <h2>タスク一覧</h2>
         <ul>
           <li v-for="task in tasks" v-bind:key="task.id">
             <input type="checkbox" v-bind:checked="task.done"
              v-on:change="toggleTaskStatus(task)">
             {{ task.name }}
+            -
+            <span v-for="id in task.labelIds" v-bind:key="id">
+              {{ getLabelText(id) }}
+            </span>
           </li>
         </ul>

         <form v-on:submit.prevent="addTask">
           <input type="text" v-model="newTaskName" placeholder="新しいタスク">
         </form>
+
+        <h2>ラベル一覧</h2>
+        <ul>
+          <li v-for="label in labels" v-bind:key="label.id">
+            <input type="checkbox" v-bind:value="label.id"
+             v-model="newTaskLabelIds">
+            {{ label.text }}
+          </li>
+        </ul>
+
+        <form v-on:submit.prevent="addLabel">
+          <input type="text" v-model="newLabelText" placeholder="新しいラベル">
+        </form>
       </div>
     </template>

    <script>
    export default {
      data () {
        return {
          // 入力中の新しいタスク名を一時的に保持する
          newTaskName: '',
+
+         // 新しいタスクに紐づくラベル一覧を一時的に保持する
+         newTaskLabelIds: [],
+
+         // 入力中の新しいラベル名を一時的に保持する
+         newLabelText: ''
        }
      },

      computed: {
        tasks () {
          return this.$store.state.tasks
```

```
      },
+
+     labels () {
+       return this.$store.state.labels
+     },
    },

    methods: {
      // タスクを追加する
      addTask () {
        //`addTask`ミューテーションをコミット
        this.$store.commit('addTask', {
          name: this.newTaskName,
+         labelIds: this.newTaskLabelIds
        })
        this.newTaskName = ''
+       this.newTaskLabelIds = []
      },

      // タスクの完了状態を更新する
      toggleTaskStatus (task) {
        //`toggleTaskStatus`ミューテーションをコミット
        this.$store.commit('toggleTaskStatus', {
          id: task.id
        })
      },
+
+     // ラベルを追加する
+     addLabel () {
+       //`addLabel`ミューテーションをコミット
+       this.$store.commit('addLabel', {
+         text: this.newLabelText
+       })
+       this.newLabelText = ''
+     },
+
+     // ラベルのIDから、そのラベルのテキストを返す
+     getLabelText (id) {
+       const label = this.labels.filter(label => label.id === id)[0]
+       return label ? label.text : ''
+     },
    }
  }
 </script>
```

　ラベルが表示できます。各タスクの後ろに、付与されているラベルが表示されるようになりました。また、タスクの追加時にラベルの横のチェックボックスにチェックを入れておくことで、追加するタスクにラベルを付与できるようになっています。

タスク一覧

- ☐ 牛乳を買う - 買い物 食料
- ☑ Vueの本を買う - 買い物 本

| 新しいタスク |

ラベル一覧

- ☐ 買い物
- ☐ 食料
- ☐ 本

| 新しいラベル |

ラベルの一覧

7.5.5　ラベルのフィルタリング

　各ラベルでタスクをフィルタリングできるようにしましょう。フィルタリングは現在のタスクの一覧から、選択したラベルによる仕分け後のタスク一覧を返す処理です。ゲッターとして実装すべきです。このゲッターの処理を考えると、あわせて、どのラベルでフィルタリングするかを表すステートも必要になります。

　store.jsを編集し、filteredTasksゲッターを実装します。filterステートの値に応じて、タスクの一覧をフィルタリングできるようにしてみましょう。

```
import Vue from 'vue'
import Vuex from 'vuex'

Vue.use(Vuex)

const store = new Vuex.Store({
  state: {
    // タスクの初期ステート
    tasks: [
      {
        id: 1,
        name: '牛乳を買う',
        labelIds: [1, 2],
        done: false
      },
      {
        id: 2,
        name: 'Vue.jsの本を買う',
```

```
          labelIds: [1, 3],
          done: true
        }
      ],

      // ラベルの初期ステート
      labels: [
        {
          id: 1,
          text: '買い物'
        },
        {
          id: 2,
          text: '食料'
        },
        {
          id: 3,
          text: '本'
        }
      ],

      // 次に追加するタスク、ラベルのID
      // 実際のアプリではサーバーで生成したり、UUIDを使ったりする
      nextTaskId: 3,
      nextLabelId: 4,
+
+     // フィルタするラベルのID
+     filter: null
    },
+
+   getters: {
+     // フィルタ後のタスクを返す
+     filteredTasks (state) {
+       // ラベルが選択されていなければそのままの一覧を返す
+       if (!state.filter) {
+         return state.tasks
+       }
+
+       // 選択されているラベルでフィルタリングする
+       return state.tasks.filter(task => {
+         return task.labelIds.indexOf(state.filter) >= 0
+       })
+     }
+   },

    mutations: {
      // タスクを追加する
      addTask (state, { name, labelIds }) {
        state.tasks.push({
          id: state.nextTaskId,
          name,
          labelIds,
          done: false
```

```
    })

    // 次に追加されるタスクに付与するIDを更新する
    state.nextTaskId++
  },

  // タスクの完了状態を変更する
  toggleTaskStatus (state, { id }) {
    const filtered = state.tasks.filter(task => {
      return task.id === id
    })

    filtered.forEach(task => {
      task.done = !task.done
    })
  },

  // ラベルを追加する
  addLabel (state, { text }) {
    state.labels.push({
      id: state.nextLabelId,
      text
    })

    // 次に追加されるラベルに付与するIDを更新する
    state.nextLabelId++
  },
+
+    // フィルタリング対象のラベルを変更する
+    changeFilter (state, { filter }) {
+      state.filter = filter
+    },
    },
  })

export default store
```

　App.vueもこれに合わせて編集します。タスク一覧をフィルタリングされたものに差し替えるようにします。tasks算出プロパティの中身をステートではなく、filteredTasksゲッターにするだけで完了します。さらに、フィルタリング対象のラベルを切り替えるために、ラジオボタンでラベルを選択できるようにします。filter算出プロパティでラジオボタンのチェック状態を設定し、ラジオボタンが選択された時にchangerFilterミューテーションがコミットされるようにします。

```
<template>
  <div>
    <h2>タスク一覧</h2>
    <ul>
      <li v-for="task in tasks" v-bind:key="task.id">
        <input type="checkbox" v-bind:checked="task.done"
          v-on:change="toggleTaskStatus(task)">
        {{ task.name }}
```

```
        -
          <span v-for="id in task.labelIds" v-bind:key="id">
            {{ getLabelText(id) }}
          </span>
        </li>
      </ul>

      <form v-on:submit.prevent="addTask">
        <input type="text" v-model="newTaskName" placeholder="新しいタスク">
      </form>

      <h2>ラベル一覧</h2>
      <ul>
        <li v-for="label in labels" v-bind:key="label.id">
          <input type="checkbox" v-bind:value="label.id"
            v-model="newTaskLabelIds">
          {{ label.text }}
        </li>
      </ul>

      <form v-on:submit.prevent="addLabel">
        <input type="text" v-model="newLabelText" placeholder="新しいラベル">
      </form>
+
+     <h2>ラベルでフィルタ</h2>
+     <ul>
+       <li v-for="label in labels" v-bind:key="label.id">
+         <input type="radio" v-bind:checked="label.id === filter"
+           v-on:change="changeFilter(label.id)">
+         {{ label.text }}
+       </li>
+       <li>
+         <input type="radio" v-bind:checked="filter === null"
+           v-on:change="changeFilter(null)">
+         フィルタしない
+       </li>
+     </ul>
    </div>
  </template>

  <script>
  export default {
    data () {
      return {
        // 入力中の新しいタスク名を一時的に保持する
        newTaskName: '',

        // 新しいタスクに紐づくラベル一覧を一時的に保持する
        newTaskLabelIds: [],

        // 入力中の新しいラベル名を一時的に保持する
        newLabelText: ''
      }
```

```
      },

    computed: {
      tasks () {
-       return this.$store.state.tasks
+       return this.$store.getters.filteredTasks
      },

      labels () {
        return this.$store.state.labels
      },
+
+     filter () {
+       return this.$store.state.filter
+     }
    },

    methods: {
     // タスクを追加する
      addTask () {
        // `addTask` ミューテーションをコミット
        this.$store.commit('addTask', {
          name: this.newTaskName,
          labelIds: this.newTaskLabelIds
        })
        this.newTaskName = ''
        this.newTaskLabelIds = []
      },

      // タスクの完了状態を更新する
      toggleTaskStatus (task) {
        // `toggleTaskStatus` ミューテーションをコミット
        this.$store.commit('toggleTaskStatus', {
          id: task.id
        })
      },

      // ラベルを追加する
      addLabel () {
        // `addLabel` ミューテーションをコミット
        this.$store.commit('addLabel', {
          text: this.newLabelText
        })
        this.newLabelText = ''
      },

      // ラベルのIDから、そのラベルのテキストを返す
      getLabelText (id) {
        const label = this.labels.filter(label => label.id === id)[0]
        return label ? label.text : ''
      },
+
+     // フィルタする対象のラベルを変更する
```

```
+    changeFilter (labelId) {
+      //`changeFilter`ミューテーションをコミット
+      this.$store.commit('changeFilter', {
+        filter: labelId
+      })
+    },
   }
 }
 </script>
```

以下のようにラベルでフィルタリングするためのラジオボタンが表示されます。

タスク一覧

- ☐ 牛乳を買う - 買い物 食料
- ☑ Vueの本を買う - 買い物 本

新しいタスク

ラベル一覧

- ☐ 買い物
- ☐ 食料
- ☐ 本

新しいラベル

ラベルでフィルター

- ○ 買い物
- ○ 食料
- ○ 本
- ◉ フィルターしない

タスクの絞り込み

7.5.6 ローカルストレージへの保存と復元

ここまでで基本的なアプリケーションはできました。タスクの永続化の要件が満たせていないので、そこを追加しましょう。追加したタスクとラベルをローカルストレージに保存、復元できるようにします。ローカルストレージは、Vuexにおいてはステートの取得や更新以外の副作用を起こすものです[*17]。

[*17] 副作用とは関数の引数以外の値を使用する処理や、戻り値以外で関数外に影響を与える処理のことを指します。例えば、ローカルストレージへのアクセス、Ajaxリクエストは副作用です。

このようなときはアクションを使用して処理します。

store.jsを編集して、現在のデータをローカルストレージに保存するアクションsaveと、復元するアクションrestoreを追加します。ローカルストレージには文字列しか保存できないので、保存時にJSON.stringifyで変換し、復元時にJSON.parseで戻している点に注意しましょう。

```javascript
import Vue from 'vue'
import Vuex from 'vuex'

Vue.use(Vuex)

const store = new Vuex.Store({
  state: {
    // タスクの初期ステート
    tasks: [
      {
        id: 1,
        name: '牛乳を買う',
        labelIds: [1, 2],
        done: false
      },
      {
        id: 2,
        name: 'Vue.jsの本を買う',
        labelIds: [1, 3],
        done: true
      }
    ],

    // ラベルの初期ステート
    labels: [
      {
        id: 1,
        text: '買い物'
      },
      {
        id: 2,
        text: '食料'
      },
      {
        id: 3,
        text: '本'
      }
    ],

    // 次に追加するタスク、ラベルのID
    // 実際のアプリではサーバーで生成したり、UUIDを使ったりする
    nextTaskId: 3,
    nextLabelId: 4,

    // フィルタするラベルのID
    filter: null
  },
```

```
getters: {
  // フィルタ後のタスクを返す
  filteredTasks (state) {
    // ラベルが選択されていなければそのままの一覧を返す
    if (!state.filter) {
      return state.tasks
    }

    // 選択されているラベルでフィルタリングする
    return state.tasks.filter(task => {
      return task.labelIds.indexOf(state.filter) >= 0
    })
  }
},

mutations: {
  // タスクを追加する
  addTask (state, { name, labelIds }) {
    state.tasks.push({
      id: state.nextTaskId,
      name,
      labelIds,
      done: false
    })

    // 次に追加されるタスクに付与するIDを更新する
    state.nextTaskId++
  },

  // タスクの完了状態を変更する
  toggleTaskStatus (state, { id }) {
    const filtered = state.tasks.filter(task => {
      return task.id === id
    })

    filtered.forEach(task => {
      task.done = !task.done
    })
  },

  // ラベルを追加する
  addLabel (state, { text }) {
    state.labels.push({
      id: state.nextLabelId,
      text
    })

    // 次に追加されるラベルに付与するIDを更新する
    state.nextLabelId++
  },

  // フィルタリング対象のラベルを変更する
```

```
     changeFilter (state, { filter }) {
       state.filter = filter
     },
+
+    // ステートを復元する
+    restore (state, { tasks, labels, nextTaskId, nextLabelId }) {
+      state.tasks = tasks
+      state.labels = labels
+      state.nextTaskId = nextTaskId
+      state.nextLabelId = nextLabelId
+    }
   },
+
+  actions: {
+    // ローカルストレージにステートを保存する
+    save ({ state }) {
+      const data = {
+        tasks: state.tasks,
+        labels: state.labels,
+        nextTaskId: state.nextTaskId,
+        nextLabelId: state.nextLabelId
+      }
+      localStorage.setItem('task-app-data', JSON.stringify(data))
+    },
+
+    // ローカルストレージからステートを復元する
+    restore ({ commit }) {
+      const data = localStorage.getItem('task-app-data')
+      if (data) {
+        commit('restore', JSON.parse(data))
+      }
+    }
+  }
 })

export default store
```

App.vueには保存、復元を行うためのボタンを追加しましょう。

```
<template>
  <div>
    <h2>タスク一覧</h2>
    <ul>
      <li v-for="task in tasks" v-bind:key="task.id">
        <input type="checkbox" v-bind:checked="task.done"
          v-on:change="toggleTaskStatus(task)">
        {{ task.name }}
        -
        <span v-for="id in task.labelIds" v-bind:key="id">
          {{ getLabelText(id) }}
        </span>
      </li>
    </ul>
```

```
    <form v-on:submit.prevent="addTask">
      <input type="text" v-model="newTaskName" placeholder="新しいタスク">
    </form>

    <h2>ラベル一覧</h2>
    <ul>
      <li v-for="label in labels" v-bind:key="label.id">
        <input type="checkbox" v-bind:value="label.id"
          v-model="newTaskLabelIds">
        {{ label.text }}
      </li>
    </ul>

    <form v-on:submit.prevent="addLabel">
      <input type="text" v-model="newLabelText" placeholder="新しいラベル">
    </form>

    <h2>ラベルでフィルタ</h2>
    <ul>
      <li v-for="label in labels" v-bind:key="label.id">
        <input type="radio" v-bind:checked="label.id === filter"
          v-on:change="changeFilter(label.id)">
        {{ label.text }}
      </li>
      <li>
        <input type="radio" v-bind:checked="filter === null"
          v-on:change="changeFilter(null)">
        フィルタしない
      </li>
    </ul>
+
+   <h2>保存と復元</h2>
+   <button type="button" v-on:click="save">保存</button>
+   <button type="button" v-on:click="restore">復元</button>
  </div>
 </template>

 <script>
 export default {
   data () {
     return {
       // 入力中の新しいタスク名を一時的に保持する
       newTaskName: '',

       // 新しいタスクに紐づくラベル一覧を一時的に保持する
       newTaskLabelIds: [],

       // 入力中の新しいラベル名を一時的に保持する
       newLabelText: ''
     }
   },
```

```
computed: {
  tasks () {
    return this.$store.getters.filteredTasks
  },

  labels () {
    return this.$store.state.labels
  },

  filter () {
    return this.$store.state.filter
  }
},

methods: {
  // タスクを追加する
  addTask () {
    //`addTask`ミューテーションをコミット
    this.$store.commit('addTask', {
      name: this.newTaskName,
      labelIds: this.newTaskLabelIds
    })
    this.newTaskName = ''
    this.newTaskLabelIds = []
  },

  // タスクの完了状態を更新する
  toggleTaskStatus (task) {
    //`toggleTaskStatus`ミューテーションをコミット
    this.$store.commit('toggleTaskStatus', {
      id: task.id
    })
  },

  // ラベルを追加する
  addLabel () {
    //`addLabel`ミューテーションをコミット
    this.$store.commit('addLabel', {
      text: this.newLabelText
    })
    this.newLabelText = ''
  },

  // ラベルのIDから、そのラベルのテキストを返す
  getLabelText (id) {
    const label = this.labels.filter(label => label.id === id)[0]
    return label ? label.text : ''
  },

  // フィルタする対象のラベルを変更する
  changeFilter (labelId) {
    //`changeFilter`ミューテーションをコミット
    this.$store.commit('changeFilter', {
```

```
        filter: labelId
      })
    },
+
+    // 現在の状態を保存する
+    save () {
+      //`save`アクションをコミット
+      this.$store.dispatch('save')
+    },
+
+    // 保存されている状態を復元する
+    restore () {
+      //`restore`アクションをコミット
+      this.$store.dispatch('restore')
+    }
    }
  }
</script>
```

タスク一覧

- ☐ 牛乳を買う - 買い物 食料
- ☑ Vueの本を買う - 買い物 本

新しいタスク

ラベル一覧

- ☐ 買い物
- ☐ 食料
- ☐ 本

新しいラベル

ラベルでフィルター

- ◯ 買い物
- ◯ 食料
- ◯ 本
- ◉ フィルターしない

保存と復元

保存 復元

完成版

　タスク編集後に保存ボタンを押し、ページリロードで初期状態に戻してから復元ボタンを押して、保存時の状態が復元されるのを確認しましょう。これができれば完成です。完全版のソースコードと動作は https://jsfiddle.net/ktsn/x2rztkga/ から確認できます。

7.5.7　Vuexによるアプリケーションの考察

　これでVuexによるアプケーションの実装は終わりです。アプリケーションをどう実装してきたか振り返って特徴を考えてみましょう。

　Vuexのストアはアプリケーションの状態をステートとして表し、基本的にはそのステートの取得（ゲッター）と更新（ミューテーション）を中心に考えて実装していきます。そして、外部ストレージへのアクセスや、API通信など、ゲッターとミューテーションだけではカバーできないその他の処理をアクションとして実装します。実際のアプリケーションを開発する際も、このことを頭の片隅においておくと、ストアの実装がしやすいはずです。

　store.jsとApp.vueを見比べると、アプリケーションのロジックがほとんどstore.js内に書かれており、App.vueではほぼストアの読み込みと呼び出ししか行っていないことがわかります。

　アプリケーションのロジックがVuex側に集中することで、異なるコンポーネントから同一の処理を呼び出せ、処理がどこにあるかがわかりやすく、管理が容易になるといったメリットがあります。

　App.vueにもnewTaskName、newTaskLabelIds、newLabelTextという状態が含まれていますが、これはフォームの値を一時的に保持するための状態です。このアプリを拡張したとしてもApp.vue以外では使われなさそうなので、ストアに持たせずにコンポーネントのデータとして定義しています。

　App.vueに書いているステート、ゲッターを参照したり、アクション、ミューテーションを呼び出したりするコードを冗長に感じる方もいるかもしれませんが、今回の例は最も単純な書き方をしているため、比較的冗長になっています。ストアとコンポーネントの連携の部分はVuex自身がより簡潔に書ける機能を提供しています。これについては7.7で詳しく解説します。

7.6　ストアのモジュール分割

　アプリケーションの規模が大きくなるに連れて、ストアの規模も大きくなります。ストアを適切な粒度に分割することが必要になります。

　Vuexは信頼できる唯一の情報源であることを繰り返し強調してきました。直感的に、ストアを分割することはそのコンセプトに反するのではないかと考えるかもしれません。

　Vuexではストアを分割してもこの原則を守るための仕組みを備えています。信頼できる唯一の情報源パターンを守りながらストアを分割するために、Vuexには**モジュール**という機能があります。モジュールにはそれぞれ固有のステートと、そのステートに対応するゲッター、ミューテーション、アクションを定義できます。ストアとほぼ同等のものです。モジュールによってストアをいくつかのまとまりに分割できます。モジュールは最終的にはストアのインスタンスにまとめられ、それぞれのステートは互いに競合しないように1つの木の中に集められます。このように、コード上はモジュールによって分割をしつつ、最終的には全てのモジュールのステートを1つの木に集めることで、信頼できる唯一の情報源でありながらストアの分割をできるようにしています。

　モジュールはオブジェクトとして定義し、new Vuex.Store()のmodulesオプションに渡します。

```
import Vue from 'vue'
import Vuex from 'vuex'

Vue.use(Vuex)

// 例示用に非同期処理を行う関数
// 実際のアプリではサーバーからデータを取得する
function getCountNum (type) {
  return new Promise(resolve => {
    // 1秒後にtypeに応じたデータを返す
    setTimeout(() => {
      let amount
      switch (type) {
        case 'one':
          amount = 1
          break
        case 'two':
          amount = 2
          break
        case 'ten':
          amount = 10
          break
        default:
          amount = 0
      }
      resolve({ amount })
    }, 1000)
  })
}

// カウンターモジュールを定義
const counter = {
  // ステート
  state: {
    count: 10
  },

  // ゲッター
  getters: {
    squared: state => state.count * state.count
  },

  // ミューテーション
  mutations: {
    increment (state, amount) {
      state.count += amount
    }
  },

  // アクション
  actions: {
    incrementAsync ({ commit }, payload) {
```

```
          return getCountNum(payload.type)
            .then(data => {
              commit('increment', {
                amount: data.amount
              })
            })
      }
    },

    // モジュールは入れ子に定義することができます
    modules: {
      childModule: {
        // ... 入れ子モジュールの定義 ...
      }
    }
  }

const store = new Vuex.Store({
  // counterモジュールをストアに登録
  modules: {
    counter
  }
})
```

　以下のコード例で示すように、各モジュールのステートは、モジュール名を含んだ形で登録されます。ゲッター、ミューテーション、アクションは既定ではストア上に直接定義したときと同様に作成されます。異なるモジュールで定義しても名前が衝突する可能性があります。ゲッターは名前が衝突するとエラーとなります。同じ名前のミューテーション、アクションは同時に実行されます。

```
// 先の例に追記する

// ステートはモジュール名の下に登録される
// `counter`モジュールであれば`store.state.counter`
console.log(store.state.counter.count) // -> 10

// ゲッター、ミューテーション、アクションは
// モジュールを使用しないときと同様に登録される
console.log(store.getters.squared) // -> 100
store.commit('increment', 5)
store.dispatch('incrementAsync', { type: 'one' })
```

7.6.1　namespacedオプションによる名前空間

　ゲッター、ミューテーション、アクションはnamespacedオプションの有無で登録名が変わります。デフォルトでは全て同一の名前空間に登録されます。モジュールのオプションにnamespaced: trueを指定することで、モジュール名がそれぞれの名前の接頭辞として付与されます。namespacedでモジュールのストアへの登録がどのように変わるのかを見ていきます。単純なモジュールを考えます。

```
import Vue from 'vue'
import Vuex from 'vuex'

Vue.use(Vuex)

const store = new Vuex.Store({
  modules: {
    // exampleモジュールを定義
    example: {
      namespaced: true, // このフラグの有無によってどのように変わるかを見ていきます

      state: {
        value: 'Example'
      },

      getters: {
        upper: state => {
          return state.value.toUpperCase()
        }
      },

      mutations: {
        update (state) {
          state.value = 'Updated'
        }
      },

      actions: {
        update (ctx) {
          ctx.commit('update')
        }
      }
    }
  }
})
```

　上記のモジュールのnamespaced: trueの有無によって、ステート、ゲッター、ミューテーション、アクションがどのようにストアに登録されるかを比較した表が以下です。各セルは、それぞれの項目にアクセスする（呼び出す）ためにはどのように書く必要があるかを表しています。ステートはnamespaced: trueの有無による違いはありませんが、それ以外についてはnamespaced: trueを指定することで名前の先頭にモジュール名/が付与されることがわかります[18]。

分類	namespacedなし	namespaced:true
ステートvalue	store.state.example.value	store.state.example.value
ゲッターupper	store.getters.upper	store.getters['example/upper']

---

[18] ゲッターupperのnamespaced: trueで使っているobj['prop']はobj.propと同じ意味を持っています。表中の例ではプロパティ名に/が含まれており、後者の記法で書くことはできないため、このような記法でアクセスします。

分類	namespacedなし	namespaced:true
ミューテーションupdate	`store.commit('update')`	`store.commit('example/update')`
アクションupdate	`store.dispatch('update')`	`store.dispatch('example/update')`

`namespaced: true`が指定されたモジュール内では、ゲッターへのアクセスやミューテーション、アクションの呼び出しはすべてモジュールの名前空間に対して行われます。同一モジュールのものを利用するときには名前空間の文字列を付与する必要はありません。上記の例だと、`getters.upper`、`commit('update')`のようにゲッターやミューテーションを呼び出せます。

`namespaced: true`を指定したモジュールから、グローバルな名前空間のものを利用する方法もあります。ゲッターの第3、第4引数にはそれぞれ`rootState`、`rootGetters`が渡され、グローバルな名前空間のステート、ゲッターが利用できます。また、アクションのコンテキストには`rootState`、`rootGetters`が渡されることに加え、`commit`、`dispatch`の第3引数に`root: true`というオプションを渡すことで、グローバルなアクション、ミューテーションを呼び出せます。

以下の例で挙動を確認してみましょう[19]。`example`モジュールの`multiplyByFive`アクションでは、グローバルな名前空間の`double`ゲッターと同一モジュール内の`triple`を組み合わせ、ステートの値を5倍にし、グローバルの`update`ミューテーションを呼び出して値を適用しています。

```
import Vue from 'vue'
import Vuex from 'vuex'

Vue.use(Vuex)

const store = new Vuex.Store({
  // グローバルな名前空間にステート、ゲッター、ミューテーションを定義
  state: {
    count: 1
  },

  getters: {
    // state.countを2倍したものを返す
    double: state => state.count + state.count
  },

  mutations: {
    update (state, payload) {
      state.count = payload
    }
  },

  modules: {
    // 名前空間が区切られたexampleモジュールを定義
    example: {
      namespaced: true,

      getters: {
```

＊19　挙動を確認するためのコードなので、冗長であまり意味のない書き方をしています。

```
      // 第3引数、第4引数にグローバルな名前空間にアクセスするための
      // rootState、rootGettersが渡される
      // rootState.countを3倍したものを返す
      triple: (state, getters, rootState, rootGetters) => {
        return rootState.count + rootGetters.double
      }
    },

    actions: {
      // rootState.countを5倍にする
      multiplyByFive (ctx) {
        // グローバルなdoubleゲッターとexampleモジュールのtripleゲッターを利用する
        const payload = ctx.rootGetters.double + ctx.getters.triple

        // グローバルな名前空間のupdateを呼び出したいので、
        // root: true オプションを付与する
        ctx.commit('update', payload, { root: true })
      }
    }
  }
 }
})

console.log(store.state.count) // -> 1

// exampleモジュールのmultiplyByFiveアクションを呼び出す
store.dispatch('example/multiplyByFive')

console.log(store.state.count) // -> 5
```

　namespacedオプションを指定せずに同一の名前空間に登録することで、異なるモジュール間で同じ
名前のアクション、ミューテーションを実行できます。1つのユースケースとしては、ステートを初期
状態に戻すresetアクションを各モジュールに定義しておき、特定のタイミングでそのアクションを呼
び出すことで、全てのモジュールのステートをリセットするというものがあります。以下は複数の同じ
名前のアクションを呼び出す簡単な例で、logアクションを1回呼び出すだけでfooモジュールとbar
モジュールのステートをコンソールに出力することができます。

```
import Vue from 'vue'
import Vuex from 'vuex'

Vue.use(Vuex)

const store = new Vuex.Store({
  modules: {
    // fooモジュール
    foo: {
      state: {
        value: 123
      },

      actions: {
```

```
        log (ctx) {
          console.log('モジュールfooのステート', ctx.state)
        }
      }
    },

    // barモジュール
    bar: {
      state: {
        message: 'Hello!'
      },

      actions: {
        log (ctx) {
          console.log('モジュールbarのステート', ctx.state)
        }
      }
    }
  }
})

// logアクションを呼び出す
// fooモジュール内のステートと、barモジュール内のステートが出力される
store.dispatch('log')
```

　namespacedを付与するかどうかはアプリケーションの構造や設計によって最適な選択が変わります。名前空間がないことによる衝突を嫌うか、名前空間の付与による手間を嫌うかなど視点もいくつかあるでしょう。必ずこうするべきという正解はありません。

　ただ、筆者は多くのケースでモジュールを他から分離させるため、namespaced: trueで一意な名前をつけています。基本的にnamespaced: trueを指定しても問題はないと考えています。

7.7　VuexストアとVueコンポーネント間の通信

　ストアを定義したあとはコンポーネントからそれを使用しましょう。コンポーネントからストアを使用する方法を解説し、さらに、変更に強いアプリケーションを作るためにコンポーネントとストア間の実装をどのようにすれば良いかを考えます。

7.7.1　コンポーネントからストアにアクセスする

　コンポーネントとストアの関係を図に表します。アプリケーションではコンポーネントの集合が木構造となっており、その中の任意のコンポーネントから、ただ1つ存在するVuexストアを使用できます。

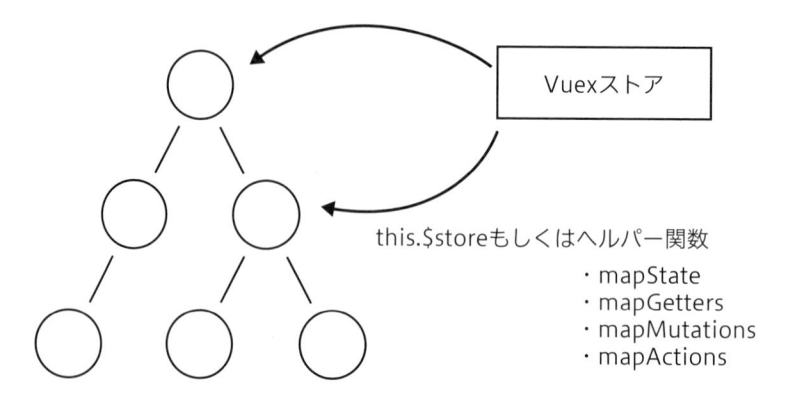

ルートのコンポーネントのstoreオプションに渡す

Vuexストア

this.$storeもしくはヘルパー関数

・mapState
・mapGetters
・mapMutations
・mapActions

Vueコンポーネント

コンポーネントとストアの関係

コンポーネントからストアを使うために、ルートのVueインスタンス生成時にストアを渡します。

```
import Vue from 'vue'
import Vuex from 'vuex'

Vue.use(Vuex)

const store = new Vuex.Store({ /* ...ストアの定義を書く... */ })

new Vue({
  el: '#app',
  store // ストアをコンポーネントに渡す
})
```

コンポーネントからストアを参照するにはthis.$storeからストアを直接使う方法、Vuexが提供しているヘルパー関数を使用する方法の2つがあります。

● this.$storeによるアクセス

this.$storeにはルートのコンポーネントのstoreオプションに渡されたストアのインスタンスが入っており、ステートの取得や、アクション、ミューテーションの実行などを直接行うことができます。以下の例では、ストアの中にあるカウンターの値を表示し、ボタンを押すことでその値を増やすミューテーションをコミットするようにしています。

```
<template>
  <div>
    <p>{{ count }}</p>
    <button v-on:click="increment(1)">+1</button>
  </div>
```

```
</template>

<script>
export default {
  computed: {
    count () {
      // ストア内のカウンターのステートを返す
      return this.$store.state.count
    }
  },

  methods: {
    increment (value) {
      //`increment`ミューテーションをコミット
      this.$store.commit('increment', value)
    }
  }
}
</script>
```

●ヘルパー関数によるアクセス

コンポーネントからストアを使うために用意されているヘルパー関数として、`mapState`、`mapGetters`、`mapMutations`、`mapActions`があります。これらのヘルパー関数で、ステート、ゲッター、ミューテーション、アクションをコンポーネントの算出プロパティ・メソッドに結びつけられます。

例えば、先のカウンターの例を`mapState`、`mapMutations`を用いると以下のように書くことができます。ヘルパー関数に配列を渡すことで、ストア上のステートやミューテーションをそのままの名前でコンポーネントに結びつけています。

```
<template>
  <div>
    <p>{{ count }}</p>
    <button v-on:click="increment(1)">+1</button>
  </div>
</template>

<script>
//`mapState`と`mapMutations`をインポート
import { mapState, mapMutations } from 'vuex'

export default {
  //`$store.state.count`を`this.count`に結びつける
  computed: mapState([
    'count'
  ])

  //`$store.commit('increment', value)`を`this.increment(value)`で呼び出せるようにする
  methods: mapMutations([
    'increment'
```

```
  ])
}
</script>
```

そのままの名前だと若干取り回しづらいこともあります。ヘルパー関数の引数にオブジェクトを渡して、ストアのもろもろをコンポーネントでは別の名前に変更できます。

例えば、mapStateの引数にオブジェクトを渡して、valueにすることで、ストア上のステートstore.state.countがコンポーネント上ではthis.valueで参照できるようになります。

```
import { mapState } from 'vuex'

export default {
  //`$store.state.count`を`this.value`に結びつける
  computed: mapState({
    value: 'count'
  })
}
```

ヘルパー関数を使うと、コンポーネントから簡単にストアを使うことができるようになりますが、computedやmethodsがヘルパー関数によって使われているため、通常の算出プロパティやメソッドを定義する場所がなくなってしまいました。このような場合、ヘルパー関数の戻り値と通常の算出プロパティやメソッドの定義を、オブジェクトスプレッド演算子やObject.assign関数を使って結合することで、両方を一度に使用することができます。以下の例では、mapStateでcountステートを結びつけながら、通常の算出プロパティdoubleを定義しています。

```
import { mapState } from 'vuex'

export default {
  computed: {
    // 通常の算出プロパティの定義
    double () {
      return this.count * 2
    },

    // オブジェクトスプレッド演算子を使って、通常の算出プロパティの定義と
    // mapStateの戻り値を結合
    ...mapState([
      'count'
    ])
  }
}
```

また、名前空間付きモジュールについては、ヘルパー関数の第一引数に名前空間の文字列を渡すことで短く書けます。もしくは、createNamespacedHelpersという関数を使い、特定の名前空間を対象としたヘルパー関数を新たに作ることもできます。以下の2つの例はどちらもcounter名前空間の下にあるステートcountをthis.countに結びつける例です。

```
// mapStateの第一引数に名前空間を指定する例
import { mapState } from 'vuex'

export default {
  // '$store.state.counter.count' を `this.count`に結びつける
  computed: mapState('counter', [
    'count'
  ])
}
```

```
// createNamespacedHelpersを使って、counter名前空間を対象としたmapStateを生成する例
import { createNamespacedHelpers } from 'vuex'

//`counter` を対象としたヘルパー関数を生成
const counterHelpers = createNamespacedHelpers('counter')

export default {
  // '$store.state.counter.count' を `this.count`に結びつける
  computed: counterHelpers.mapState([
    'count'
  ])
}
```

7.7.2　ストアにアクセスするコンポーネントを必要最小限にする

　ストアとコンポーネントの繋がりを必要最小限に保つことで、変更に強いアプリを作ります。

　例えばストアが持つアクションの名前を変更する時、そのアクションを使用しているコンポーネントの数が少なければ少ないほど変更のコストは低くなります。単純な話です。

　ストアとコンポーネントの繋がりを最小限に保つためには何ができるでしょうか？　ストアと通信することのできるコンポーネントを制限するために、プロジェクト内で規約を設けるのは方策の1つです。よく知られている規約として、コンポーネントの種類を表示コンポーネントとコンテナーコンポーネント（Presentational and Container Components）の2つに分ける手法や、Atomic Design と同様の分類に分ける手法が見られます[20]。

●表示コンポーネントとコンテナ―コンポーネント

　表示コンポーネントとコンテナーコンポーネント[21] は Redux の作者の Dan Abramov 氏が提唱している、React コンポーネントの分類のパターンです。

　表示コンポーネントは見た目を表現するためのもので、ストアへのアクセスはせず、外部の API リクエストも持ちません。**コンテナーコンポーネント**は動作にフォーカスしたもので、ストアに対してアク

---

[20]　これらはいずれも React のコンポーネントを分類する手法として紹介されることが多いです。ストア、コンポーネントは Vue.js でも用いるため適用可能な考え方です。

[21]　https://medium.com/@dan_abramov/smart-and-dumb-components-7ca2f9a7c7d0

ションを発行したり、データをストアから取得したりできます。

　このパターンでは、ストアのアクセスはコンテナーコンポーネントに制限され、表示コンポーネントは、イベントをコンテナーコンポーネントに伝えたり、ストアからのデータをコンテナーコンポーネント経由でpropsから受け取ることしかしません。これにより、ストアとコンポーネントの繋がりを制限することに加え、表示コンポーネントの再利用性が高くなるというメリットもあります。

　以下の図は表示コンポーネントとコンテナーコンポーネント、および、ストアとの関連を表したものです。矢印はデータが流れる方向を表しており、ストアとのデータのやり取りをしているのはコンテナーコンポーネントのみであることがわかります。表示コンポーネントは直接ストアとのデータのやりとりはせず、親のコンポーネントとのみ関係を持っています。

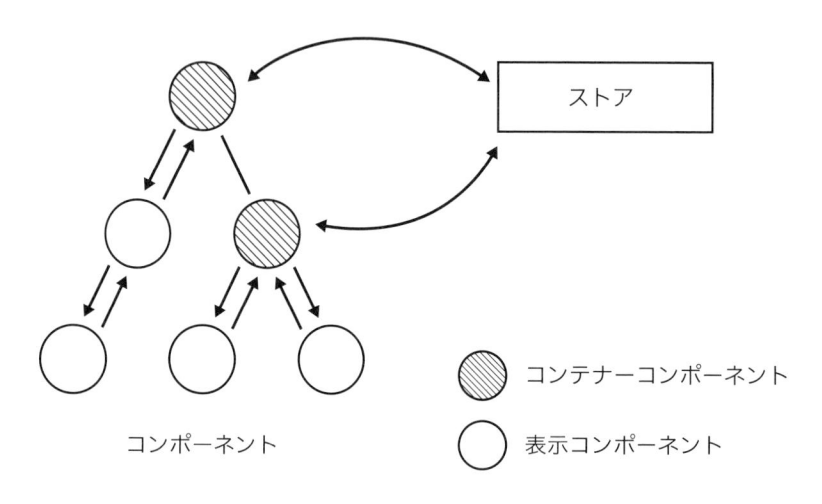

表示コンポーネント、コンテナーコンポーネント、ストアの関連図

　具体的に、どのタイミングで、どのようなコンポーネントを表示コンポーネント、および、コンテナーコンポーネントとして分類すべきなのかという基準は明確にされていませんが、Dan氏は初めから正しく分類しようとはせずに、段階的に分けていくのが良いとしています。まず初めは全てを表示コンポーネントとして作ります。そうすると、多くのpropsを中間のコンポーネントでただ親から子に流すだけという状態になっていきます。このような時に、その中間のコンポーネントをコンテナーコンポーネントに書き換えるという流れが提案されています。これを繰り返すことで、直感的にどれをコンテナーコンポーネントとするべきかが分かるようになっていくでしょう。

● **Atomic Designによるコンポーネントとストアの関係の整理**

　Atomic Designの分類をコンポーネントに適用し、特定の種類のコンポーネントのみがストアを利用できるという規約を定めるという手法もあります。アメーバブログの開発に用いられ[22]たものを紹介します。Atomic DesignはUIをAtoms、Molecules、Organisms、Templates、Pagesの5つの段階に分けて構築していく手法でした。

＊22　https://developers.cyberagent.co.jp/blog/archives/636/

アメーバブログの事例では、Organismsに属するコンポーネントがストアにアクセスし、状態を保持できるという規約を設けています。基本的な考え方は表示コンポーネントとコンテナーコンポーネントと同じで、ストアにアクセスできるコンポーネントを制限するためのものです。

Atomic Designによる分類のほうがより詳細に分けられています。筆者は、より大規模なアプリケーションではAtomic Designによる分類の方が適していると考えています。

ここで挙げた2つの手法は全てのアプリケーション開発で用いることができるわけではありません。この点には注意してください。例えば、規模があまり大きくないアプリケーションでコンポーネントをAtomic Designの分類に分けると、コードが冗長になるだけであまりメリットを感じられないでしょう。自分が開発するアプリケーションの規模や要件に合わせて、それに適した手法を選ぶことが重要です。

7.8 VuexとVue Routerの連携

Vuexストアでデータを管理していると、Vue Routerが保持しているルーティングのデータをどのように扱うかを考える必要がでてきます。

例えば、ECサイト[23]の商品詳細ページを作るとすれば、URLに商品のIDを持たせ、そのIDを使って表示する商品のデータを取得するという実装になるでしょう。しかし、この時商品のIDはルーターが持っているため、ゲッターで目当ての商品を取得する処理は単純には書けません。以下のコード例で、???にあてはまるような、ルーターからIDを取得する処理はどのように書けば良いのでしょうか？

```
// 商品のリストをステートとして保持するモジュール
export default {
  state: {
    // 商品リスト
    products: [
      { id: 1, name: 'Apple' },
      { id: 2, name: 'Orange' },
      { id: 3, name: 'Banana' }
    ]
  },

  getters: {
    // 現在のページに紐づく商品を返したい
    currentProduct (state) {
      return state.products.find(product => {
        // 表示するべき商品のIDはストア内に無いため、
        // 対象の商品を探すことができない
        return product.id === ???
      })
    }
  }
}
```

---

[23]　4章ではECサイトはVuex向きではないとしていますが、ここでは例として適当なためECサイトを出しています。

vuex-router-sync [24] で、ルーティングのデータをストア上に同期させます。`vuex-router-sync`は
インポートした`sync`関数にVuexストアと、Vue Routerのルーターインスタンスを渡して使用します。
これでストア上にルーティングのデータがステートとして同期されるようになります。

```
// Vue, Vue Router, Vuexをインポートする
import Vue from 'vue'
import VueRouter from 'vue-router'
import Vuex from 'vuex'

// $ npm install vuex-router-sync
// vuex-router-syncのsync関数をインポートする
import { sync } from 'vuex-router-sync'

Vue.use(VueRouter)
Vue.use(Vuex)

// ルーターを生成
const router = new VueRouter({
  routes: [
    // ... ルーティングの定義 ...
  ]
})

// ストアを生成
const store = new Vuex.Store({
  // ... ストアの定義 ...
})

// ルーターとストアを同期する
sync(store, router)

// store.state.route 以下にルーティングのデータが入る
console.log(store.state.route)
```

ゲッターやアクション内からは**rootState**経由でルーティングのデータを取得します。現在のペー
ジに紐付く商品を返すゲッター処理は以下のように書くことができます。

```
// 商品のリストをステートとして保持するモジュール
export default {
  state: {
    // 商品リスト
    products: [
      { id: 1, name: 'Apple' },
      { id: 2, name: 'Orange' },
      { id: 3, name: 'Banana' }
    ]
  },
```

----

*24 https://github.com/vuejs/vuex-router-sync

```
    getters: {
      // ゲッターの第3引数にはルートのステートが渡される
      currentProduct (state, getters, rootState) {
        // ルーティングのデータから商品のIDを取得する
        const productId = Number(rootState.route.params.id)

        // 商品IDにマッチするものを返す
        return state.products.find(product => {
          return product.id === productId
        })
      }
    }
  }
}
```

<router-link>によるページ切り替えではなく、何らかの処理に基づいてページを切り替えたい時は、ルーターのインスタンスをアクションの中で使用できます。商品検索時に、マッチする結果が存在するときにはページ遷移をし、結果が無いときにはエラーを出す処理です。

```
// ルーターのインスタンスをインポートする
import router from '../router'

// 商品のリストをステートとして保持するモジュール
export default {
  state: {
    // 商品リスト
    products: [
      { id: 1, name: 'Apple' },
      { id: 2, name: 'Orange' },
      { id: 3, name: 'Banana' }
    ],

    // 商品の検索キーワード
    keyword: '',

    // 商品の検索結果
    result: []
  },

  actions: {
    search ({ state, commit, dispatch }) {
      // キーワードにマッチする商品を検索する
      const result = state.products.filter(product => {
        return product.name.includes(state.keyword)
      })

      if (result.length === 0) {
        // 結果が無いときはエラーを通知する
        dispatch('showError', 'キーワードにマッチする商品がありませんでした。')
      } else {
        // 結果がある場合はステートに反映させる
        commit('setSearchResult', result)
```

```
      // ページ遷移も行う
      router.push('/search')
    }
  }
},

mutations: {
  // 検索結果をステートにセットする
  setSearchResult (state, result) {
    state.result = result
  }
 }
}
```

　本章では、規模の大きいアプリケーションにおいて考えなくてはならないデータフローの設計や状態管理という課題に対し、Vuexを中心に据えたVue.jsでの解決について解説してきました。規模の大きいアプリケーションでは状態数が多くなり、設計をしっかりと行わなければ、メンテナンスが困難になっていきます。データフローや状態管理の設計は、すでに多くの実践から最適なパターンが定まりつつあります。これをうまく利用すれば、大規模なアプリケーションでもメンテナンス性を高められます。Vuexはこの設計パターンに沿った実装を行いやすいように作られています。ここで紹介した使い方や考え方を押さえておきましょう。

8.

中規模・大規模向けのアプリケーション開発① 開発環境のセットアップ

本章と続く9章、10章では以下の内容について学習します。中規模・大規模向けのアプリケーション[*1]をVue.jsで構築できるようになることを目標とします。

- アプリケーションの開発環境構築
- アプリケーションの設計
- アプリケーションの開発
  - アプリケーションのエラーハンドリング
  - アプリケーションのビルドとデプロイ
  - アプリケーションのパフォーマンス

特に、アプリケーションの設計と開発については、大規模向けのアプリケーション開発を想定した解説内容になっています。大規模向けのアプリケーション開発に耐える、Vue.jsプロジェクトの作成について学習していきましょう。

8.1 Vue.jsのプロジェクト構築の特徴

Vue.jsは柔軟性を持ったプログレッシブフレームワークです。小規模なWebサイトから大規模なアプリケーションまで、ビジネス要件の複雑性とプロダクトの成長に伴い段階的に対応できます。

一般に実践レベルで使われるWebフレームワークは、アプリケーション本体の基本的な動作に加えて、開発をよりよくするための機能やデザインパターンまで包含しています[*2]。例えば、開発の生産性や長期的なメンテナンス性の向上のために、次のような項目をサポートしています。

- 開発ツール
- コーディングガイドライン
- 型システム
- デザインパターン
- データの永続化
- テスト
- デバッグ
- ビルド
- 国際化

これらを実現するための方向性は異なります。プラガブルに何を使ってもよいというものもあれば[*3]、フルスタックなフレームワークなど特定の機能やライブラリの使用を強制するものあります[*4]。

Vue.jsは、一部の用途で推奨するライブラリなどは示しつつ、プラガブルに何を使ってもよく、あえて使わなくてもよいという柔軟なスタイルをとります。

Vue.jsはフレームワークとして広く見れば[*5]、次のような項目をサポートしています。ただし、様々

[*1] 本書では中規模なアプリケーションを1人〜2人程度で開発する10画面前後で状態管理が必要なもの、大規模なアプリケーションを3人以上で開発する20画面以上でさらに複雑な画面遷移や状態の管理が必要なものと仮に定義します。

[*2] これらは、全てをそのフレームワークが提供する場合もあれば、ReactにおけるReduxのようにサードパーティー製の場合もあります。

[*3] このようにいくつものパーツを自由に組み合わせるのは、フレームワークではなく単機能ライブラリの集合と呼ぶべきかもしれません。

[*4] これはライブラリ選定に迷わないでいい、だいたいの機能がそのままそろっているというメリットもあるものの、要件にそぐわない場合などに苦労します。

[*5] 本体以外の公式に提供しているライブラリもまとめてフレームワークと考えた場合。

な規模の開発プロジェクトに対応できる柔軟性[6][7]を提供するため、利用の強制はしていません。

- 単一ファイルコンポーネントによる高度なコンポーネント管理
- アプリケーションにおけるデータフローの設計と状態管理に関するデザインパターン（Vuex）
- Visual Studio Code向けの拡張機能
- バンドル関連のツール
- テストユーティリティ

Vue.jsはフルスタックに何でも最初からサポートしようというフレームワークではありません。そのため、先に挙げた開発をサポートするところまで包含するフレームワークとして用いるには、公式ライブラリなどを用いつつ各自で環境を構築していく必要があります。

8.1.1　Vue.jsで本格的な開発をするための心構え

Vue.jsの柔軟さ、初期セットアップのコストの低さは大きな魅力です。しかしながら、中規模以上の開発が想定される場合は、しっかりとした開発環境のセットアップが必要になります。プロジェクトを健全に開発し続けていくには、Vue.jsをそのまま script で読み込んだだけではすぐに限界が来ます。

高い生産性、メンテナンス性、そして高品質なプロダクト提供を維持するために、プロジェクト開始時にアプリケーション開発環境の土台を構築すべきです。

先に開発をサポートする項目を挙げました。本章では、これらのうち主要なものを備えた開発環境を構築しましょう。デザインパターンを用いた設計、テスト・デバッガなどのツールを積極的に導入して生産性を高めていきます。

8.2　本章で作成するアプリケーション

開発環境のセットアップに先駆けて、まず本章で作成するアプリケーションについて説明します。

8.2.1　アプリケーション仕様概要

プロジェクトマネジメントでよく利用されるカンバン方式のタスク管理アプリケーションを作成しま

＊6　1章でも説明したように、Vue.jsは使い始めるのに script タグで読み込むだけで済み、ランディングページのような規模が小さいものにも使えます。あらかじめ備えているのは最小限の機能だけです。

＊7　徐々に機能を導入できる特徴から、jQueryなど他ライブラリで実装された部分を段階的に置き換えることに適しています。事例としてVueConf 2017で発表された GitLab 社のものは有名です。https://about.gitlab.com/2017/06/29/gitlab-at-vue-conf/

す。Trello[8]やGitHub Projects[9]のようなものです。

　本章以降、セットアップしたアプリケーション開発環境を活用し、このようなタスク管理アプリケーションをフルスクラッチで作成します。仕様は以下のものとします。

- ログインでタスク管理アプリケーションの利用を開始できる
- ログインできるユーザーはあらかじめ事前に登録されたユーザーのみ
- タスク管理アプリケーションで利用できるボードはシステムデフォルトの1枚のみ
- ボード上に存在するタスクは他のユーザーにも共有される
- ボード内には以下状態を持ったタスクを格納できるタスクリストのみ使用可能
  - TODO: やるべきタスクリスト
  - WIP[10]: 作業中のタスクリスト
  - DONE: 完了したタスクリスト
- タスクリストは追加、削除はできない
- タスクリスト上でタスクを作成できる
- タスクリスト上に存在するタスクはドラッグ＆ドロップで別のタスクリストに移動できる
- タスクはタスク名とタスクの説明を記述および更新できる
- タスクは削除できる
- ボードのナビゲーションメニューのログアウトでタスク管理アプリケーションの利用を終了できる

こうした仕様内容を、UIイメージ化したものは以下のようなものになります。

タスク管理アプリケーションのログインページ

＊8　https://trello.com

＊9　https://help.github.com/articles/adding-issues-and-pull-requests-to-a-project-board/

＊10　Work In Progressの単語の頭文字からなる略語。

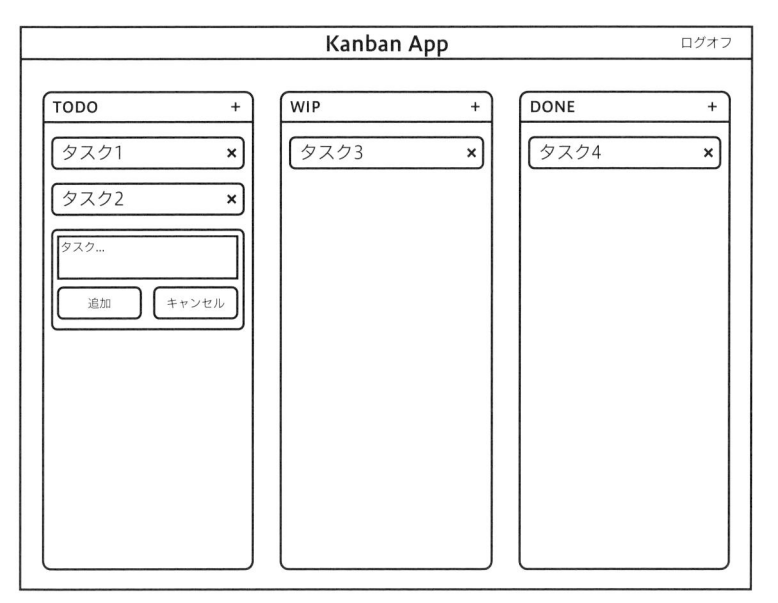

タスク管理アプリケーションのボードページ

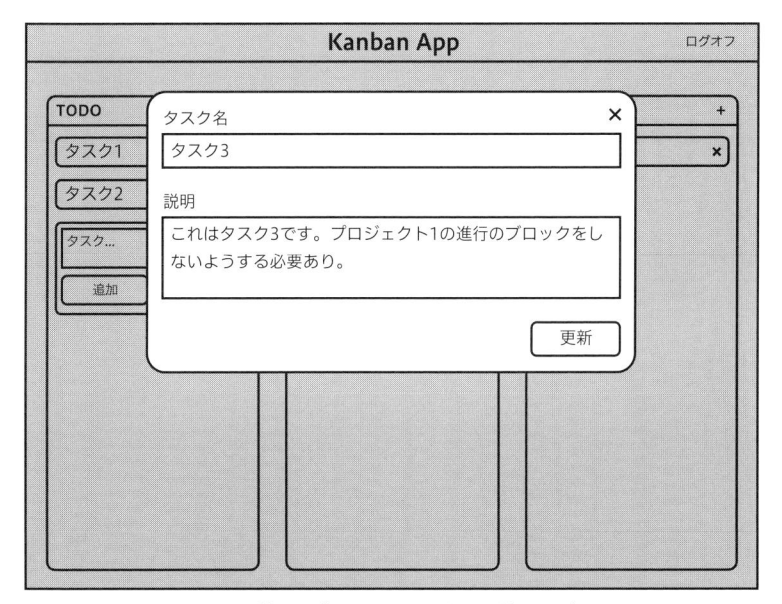

タスク管理アプリケーションのタスク詳細ページ

以下に仕様とUIイメージをまとめます。

- ● ログインページ
  - ● ログインでタスク管理アプリケーションの利用を開始できる

- ● ログインできるユーザーはあらかじめ事前に登録されたユーザーのみ
- ● ボードページ
  - ● タスク管理アプリケーションで利用できるボードはシステムデフォルトの1枚のみ
  - ● ボード上に存在するタスクは他のユーザーにも共有される
  - ● ボード内には以下状態を持ったタスクを格納できるタスクリストのみ使用可能
  - ● タスクリストは追加、削除はできない
  - ● タスクリスト上でタスクを作成できる
  - ● タスクリスト上に存在するタスクはドラッグ＆ドロップで別のタスクリストに移動できる
  - ● タスクは削除できる
  - ● ボードのナビゲーションメニューのログアウトでタスク管理アプリケーションの利用を終了できる
- ● タスク詳細ページ
  - ● タスクはタスク名とタスクの説明を記述および更新できる

8.2.2 アプリケーションアーキテクチャ

本章で作成するアプリケーションのアーキテクチャは以下のようになります。

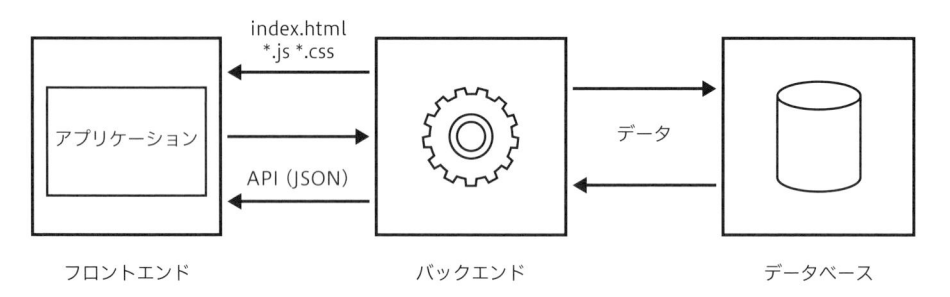

タスク管理アプリケーションのアーキテクチャ

　本章で作成するアプリケーションはシングルページアプリケーションです。クライアント側で初期表示のためのHTMLページをWebブラウザに読み込み、リンククリックに伴うWebページ遷移のタイミングで、サーバー側のAPIから情報を取得して動的にHTMLページを更新します。

●フロントエンドとバックエンドの実装

　Vue.jsを中心としたフロントエンド構築とバックエンドAPIサーバーのやりとりで、シングルページアプリケーションを開発していきます。

　フロントエンド側[11]には、次のライブラリを用います。これらで大規模に対応可能なアプリケーションを実装します。

---

*11　クライアント、ブラウザ側。

- リアクティブな UI 表示を可能する Vue.js 本体
- データフローライブラリ、設計として Vuex
- 単一ページによるルーティング処理を行うことができる Vue Router
- バックエンドと通信するライブラリ axios

　本章では、Web フロントエンドのアプリケーション開発の学習に焦点を当てます。バックエンド API サーバーは次の技術を用いた簡易的なモックとして実装し、データベースは省略します。

- Node.js
  - Express[*12]

Column

バックエンドの設計

　バックエンドとなるサーバー側は、実際には、考慮することが多くあります。

- アプリケーションの特性
- ユースケース
- ユーザー利用の規模

　これらに応じて、技術選定を進めていくことになります。

- アーキテクチャの設計
- プログラミング言語
- フレームワーク

　さらにシングルページアプリケーションだからこそ検討しなければいけない点もあります。SEO やコンテンツの初期表示時間短縮などの要件対応が必要な場合は、サーバーサイドレンダリングの実装も必要になるでしょう。このような技術的な検討、検証も本来は開発時には重要です。ただし、これらは自身の習熟度、チームメンバーのスキルや既存資産なども踏まえて検討しなくてはいけないため本書では割愛します。

8.3　アプリケーションの開発環境構築

　アプリケーションの概要はわかりました。早速開発環境を構築していきましょう。
　本節では、Vue CLI を用いたアプリケーションの開発環境の構築について解説します。

8.3.1　開発環境構築をサポートする Vue CLI

　ある程度複雑なアプリケーションを開発するためには、適切なツールによる支援が必要です。IDE[*13]、

[*12]　Node.js で最も人気のある Web アプリケーションフレームワーク https://expressjs.com

[*13]　Integrated Development Enviroment、統合開発環境。Java における Eclipse や InteliJ IDEA、C# における Visual Studio は開発に必要な一通りの機能を備えています。

もしくは同等の開発環境を構築・支援する専用のCLIツール[*14]を利用してアプリケーションを開発します。これらのツールを用いれば、下記のようなことが可能になります。

- コーディング支援(補完、コードスニペット、シンタックスハイライト、リント、リファクタリング)
- UIビルダ(GUIで画面を設計、実装するツール)
- テスト&CI(継続的インテグレーション)
- デバッガ   ● コード管理
- プロファイラ   ● アセット管理
- ビルダ   ● 設定一元管理
- シミュレータ   ● 国際化

例えば、iOS開発ならIDEのXcode[*15]ではこれらのほぼ全てが可能です。Ruby on Rails[*16]においては同梱のCLIツールで、アプリケーションの作成(セットアップ)やモデル生成などが行えます。

あらかじめベンダーやフレームワーク自身が提供している開発支援ツールを使うのは一般的です。大規模な開発なら特にこれらのツールなしに開発を行うのは現実的ではないでしょう。

8.3.2　JavaScriptの環境構築とVue CLI

JavaScriptにおいてはnpmを中心に各種ツールやライブラリを組み合わせて、開発環境を構築するのが一般的です。この開発環境をスクラッチで手作りしていくのはかなり手間がかかります。種々のライブラリを比較選定して入れては消し、入れては消しと試行錯誤するのは徒労感のある作業でしょう。

Vue.jsではこうした開発環境の構築の手間をなるべく省力化するために、Vue CLIを利用した開発環境を構築をサポートしています。

Vue CLIは、Vue.jsの開発環境構築などを行うための公式コマンドラインツールです。今回は、initサブコマンド[*17]を利用します。vue initの基本的な使用方法は次のとおりです。

```
$ vue init <template-name> [project-name]
```

<template-name>にはアプリケーション開発環境の構築に使用するテンプレートを指定します。Vue.js公式に提供するテンプレートや自分でカスタマイズしたテンプレート、そしてGitHubで公開されているVue.jsユーザーコミュニティが作成したテンプレートを利用できます。

[project-name]にはアプリケーション開発のプロジェクト名を指定します。<template-name>で指定されたテンプレートを元に、指定したプロジェクト名でディレクトリが作成され構築されます。テンプレートにはsimpleやpwaなど複数の種類があります。本章のような中規模、大規模向けアプリ

[*14]　CLIはCommand Line Interfaceの略、コマンドラインインターフェイス。広義にはnpmなどもCLIツールですが、ここではVue CLIのような、各フレームワークが提供するフレームワーク専用のCLIツールを指しています。

[*15]　https://developer.apple.com/jp/xcode/

[*16]　サーバーサイド型のWebアプリケーションフレームワーク。railsコマンドでサーバー起動などを行います。http://rubyonrails.org

[*17]　以下vue init。

ケーションを開発する場合はwebpackテンプレートの利用実績が最も多いです。

Column

vue init について

　Vue CLIではvue initは3系でレガシーコマンドとなり、vue createが推奨されるようになりました。本書では開発環境の実績を考慮し、また3系でも引き続き利用はできるためvue initを用いています。読者の皆さんの実際の開発ではvue initを利用するかvue createを利用するか検証してください。以降で学習するアプリケーション開発の考え方は、vue createで構築された開発環境でも変わりません。

8.4 Vue CLIによる開発環境の構築

　ここまで、Vue CLIによるアプリケーション開発環境の構築方法について説明しました。Vue CLIを使用して実際に構築していきましょう。

　事前に以下のソフトウェアをインストールしておいてください。デバッグやE2Eテストに必要です。

- Google Chrome　https://www.google.co.jp/chrome/
- JDKの最新版　http://www.oracle.com/technetwork/java/javase/downloads/index.html

8.4.1　アプリケーションプロジェクトの作成

　vue initを利用してアプリケーション開発環境を構築します。本書では中規模・大規模向けということで、webpackテンプレートを採用します。以下のコマンドでwebpackテンプレートを使って、kanban-appという名前でアプリケーションプロジェクトを作成します。

```
$ npm install -g @vue/cli-init@3.0.1 # initを使うために必要
$ vue init webpack kanban-app
```

　上記コマンドの実行でwebpackテンプレートでアプリケーション開発環境の構築を開始すると、コマンドライン上で以下のような内容を対話的に問われます[18]。今回は以下のように設定します。

項目	説明
Project name	アプリケーション開発プロジェクトの名前。vue initによって開発環境が構築された際に生成されるpackage.jsonのnameに設定される。デフォルトでvue initで指定したプロジェクト名が指定されている。

---

[18]　テンプレートによって質問内容は異なります。

項目	説明
Project description	アプリケーション開発プロジェクトの説明。`package.json`の`description`に設定される。デフォルトは、`A Vue Project`。
Author	アプリケーション開発する作者名、メールアドレス。`package.json`の`Author`に設定される。デフォルトでは、Gitの設定(gitconfig)に名前、メールアドレスが設定されていればそれを利用。
Vue build	Vue.jsのどのビルドバージョンを使用するか。完全版またはランタイムのみのどちらか選択できる。
Install vue-router?	Vue Routerのインストール。Y(使用する)またはN(使用しない)。デフォルトはY。
Use ESLint to lint your code?	ESLintの利用。YまたはN。デフォルトではY。
Pick an ESLint preset	ESLintのプリセット。`Standard`、`Airbnb`、`none`(設定なし)を選択。
Setup unit tests?	単体テスト環境のセットアップ、YまたはN。デフォルトではY。
Pick a test runner	テストランナ。`Jest`、`Karma and Mocha`、`none (configure it yourself)`のいずれか。
Setup e2e tests with Nightwatch?	NightwatchによるE2Eテスト環境のセットアップ、YまたはN。デフォルトではY。
Should we run `npm install` for you after the project has been created? (recommended) (Use arrow keys)	インストールについて。`npm`、`Yarn`、もしくはここではインストールしないかを選択。

```
? Project name kanban-app
? Project description A Kanban Application
? Author kazuya kawaguchi <your_address@domain.com>
? Vue build runtime
? Install vue-router? Yes
? Use ESLint to lint your code? Yes
? Pick an ESLint preset Standard
? Set up unit tests Yes
? Pick a test runner karma
? Setup e2e tests with Nightwatch? Yes
? Should we run `npm install` for you after the project has been created?
(recommended) npm
```

入力が完了すると kanban-app ディレクトリの作成、Vue.js のアプリケーション開発環境構築が始まります。依存モジュールのインストールが開始されます。

```
vue-cli · Generated "kanban-app".

# Installing project dependencies ...
# ========================
```

インストール終了後、以下のような内容が出力されます。開発環境の構築は完了です。

```
Running eslint --fix to comply with chosen preset rules...
# =========================


> kanban-app@1.0.0 lint /Users/user1/path/to/kanban-app
> eslint --ext .js,.vue src test/unit test/e2e/specs "--fix"


# Project initialization finished!
# =========================

To get started:

  cd kanban-app
  npm run dev

Documentation can be found at https://vuejs-templates.github.io/webpack
```

8.4.2 プロジェクト構造

　vue initによる開発環境構築が完了しました。実際にアプリケーションの開発を始める前に、まずはプロジェクトの構成を確認しましょう。cd kanban-appでプロジェクトに入ると、以下のような構造化されたアプリケーションプロジェクトになっています。

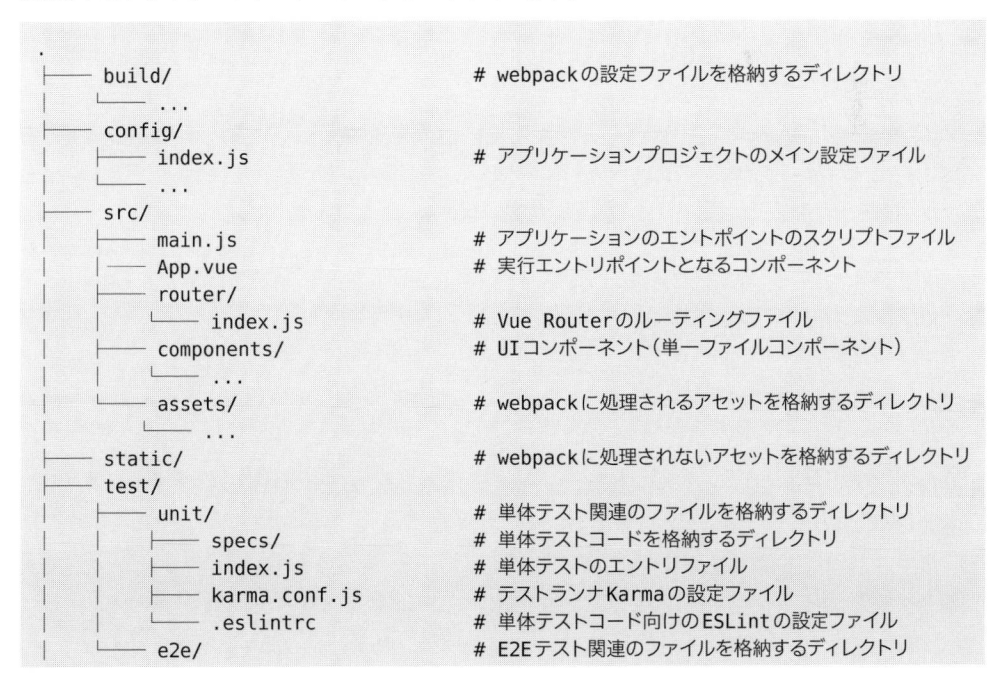

```
.
├── build/                  # webpackの設定ファイルを格納するディレクトリ
│   └── ...
├── config/
│   ├── index.js            # アプリケーションプロジェクトのメイン設定ファイル
│   └── ...
├── src/
│   ├── main.js             # アプリケーションのエントポイントのスクリプトファイル
│   ├── App.vue             # 実行エントリポイントとなるコンポーネント
│   ├── router/
│   │   └── index.js        # Vue Routerのルーティングファイル
│   ├── components/         # UIコンポーネント（単一ファイルコンポーネント）
│   │   └── ...
│   └── assets/             # webpackに処理されるアセットを格納するディレクトリ
│       └── ...
├── static/                 # webpackに処理されないアセットを格納するディレクトリ
├── test/
│   ├── unit/               # 単体テスト関連のファイルを格納するディレクトリ
│   │   ├── specs/          # 単体テストコードを格納するディレクトリ
│   │   ├── index.js        # 単体テストのエントリファイル
│   │   ├── karma.conf.js   # テストランナKarmaの設定ファイル
│   │   └── .eslintrc       # 単体テストコード向けのESLintの設定ファイル
│   └── e2e/                # E2Eテスト関連のファイルを格納するディレクトリ
```

```
│          ├─── specs/              # E2Eテストコードを格納するディレクトリ
│          ├─── runner.js           # テストランナNightwatchのスクリプトファイル
│          ├─── nightwatch.conf.js  # テストランナNightWatchの設定ファイル
│          └─── custom-assertions/  # カスタムアサーションを格納するディレクトリ
├─── .postcssrc.js                  # PostCSSの設定ファイル
├─── .babelrc                       # Babelの設定ファイル
├─── .eslintrc.js                   # ESLintの設定ファイル
├─── .eslintignore                  # ESLintでリント対象を無視するための設定ファイル
├─── .editorconfig                  # エディタに対する共通設定
├─── .gitignore                     # Gitによるソースコード管理対象外にする設定ファイル
├─── package.json                   # nmpのモジュール、タスク定義
├─── index.html                     # index.htmlテンプレート
└─── README.md                      # プロジェクトのREADMEドキュメント
```

項目	説明
build/	webpackの設定情報を格納。開発環境や本番環境向けのバンドリング設定や開発向けのサーバー設定など、アプリケーションをビルドに関する設定。
config/	アプリケーションの設定情報を格納。テスト環境、開発環境、そして本番環境としてNODE_ENV環境変数経由で定義。同ディレクトリのindex.jsにそれぞれ環境毎に設定でき、ビルドの一般的な設定が可能。
src/	アプリケーションのコードを格納する。
static/	webpackによって処理されないアセットを格納する。ビルド時にwebpackによってバンドリングされたものと同じディレクトリ(dist/static/)にコピー、配置される。
test/unit/	単体テスト関連のファイルを格納する。
test/e2e/	E2Eテスト関連のファイルを格納する。
index.html	シングルページアプリケーション用のテンプレート。本番環境のビルド時に、このテンプレートファイル元に、バンドリングされるJSファイルのURLをscript要素のsrc属性に自動的に挿入し、このテンプレートファイルとバンドリングされたJSファイルと諸々アセットがdistディレクトリ(ビルド時に作成される)に配置される。

　アプリケーションコードはsrcディレクトリ、単体テストやE2Eテストのコードはtestにあります。プロジェクト内では一般的な命名規則でファイル、ディレクトリが配置されています。どこにコードがあるのか類推しやすく、アプリケーションの全体像もわかりやすくなっています。

　ライブラリや各種ツールはプロジェクト生成後、npm installだけで導入できます。開発に必要な各種ツール[19]の設定もテンプレート中で行われているため不要です。

8.4.3　タスクコマンド

　Vue.jsが公式に提供するテンプレートでは、効率的にアプリケーション開発を行うためのタスクコマ

＊19　MochaやKarmaといったテスト関連のライブラリ・テストランナ、BabelによるES2015のJavaScriptをES5に変換するトランスパイラ、そしてESLintによるアプリケーションコードにコードガイドラインに従っていないかどかチェックするリントツールなど。例えば、Babelの設定ファイルやESLintの設定ファイルは、テンプレートで設定された内容でアプリケーションプロジェクトに配置することですぐに利用できるようになっています。

ンドをいくつか提供します[20]。

タスク	タスク内容
`npm run dev`	ローカル環境で開発サーバーを起動し、Webブラウザ上でアプリケーションを実行する。
`npm run build`	アプリケーションを本番環境向けにビルドする。
`npm run unit`	アプリケーションの単体テストを実行する。
`npm run e2e`	アプリケーションのE2Eテストを実行する。
`npm run lint`	アプリケーションコードのリントを実行する。

また、webpackテンプレートでは、以下のようなnpmで提供されるコマンドも定義しています。

コマンド	コマンド内容
`npm start`	`npm run dev` のエイリアス。
`npm test`	アプリケーションの単体テスト(`npm run test`)とE2Eテスト(`npm run e2e`)を実行する。

8.4.4 アプリケーションの起動確認

Vue CLIでwebpackテンプレートを利用してアプリケーションプロジェクトの作成しました。アプリケーションプロジェクトの構築が正常に完了しているかどうか確認の意味を兼ねて、アプリケーションを開発モード(`npm run dev`)で起動してみましょう。

```
$ cd kanban-app     # 作成したアプリケーションプロジェクトへ移動
$ npm install       # アプリケーションの依存モジュールをインストール
$ npm run dev       # 開発モードでアプリケーションを起動
```

対象のアプリケーションプロジェクト内で`npm run dev`を実行すると開発サーバーが起動し、その後Webブラウザが起動した後に画面が表示されます。

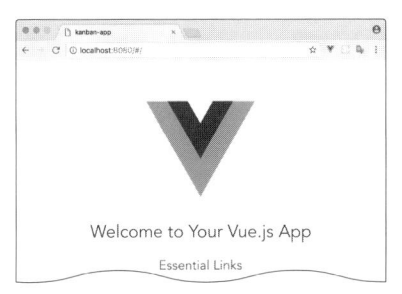

npm run devコマンド実行時の表示される画面

---

[20] 以下アプリケーションタスクコマンド。アプリケーションタスクコマンドは、`npm run-script`経由でコマンドとして実行できるよう、`package.json`に定義しています。

起動した開発サーバーを停止するには、キーボードの**Ctrl+c**を押下します。

8.4.5 アプリケーションの環境変数

アプリケーションでは本番、開発、テストなど実行環境に応じて処理やメッセージを一部変更することがあります。**webpack** テンプレートで生成したアプリケーションプロジェクトでは、以下のような環境変数が定義されていて、これらを使って変更を行います。これらは config/ ディレクトリ配下のファイルに記載されています。

環境変数	定義ファイル
production	config/prod.env.js
development	config/dev.env.js
testing	config/test.env.js

上記の環境変数は、NODE_ENV で保持されており、アプリケーションのコードにおいて以下のように、process.env 経由で使用することでアプリケーション実行時に切り替えられるようになっています[21]。

```
Vue.config.productionTip = process.env.NODE_ENV === 'production'
```

上記環境変数は、以下の図のように継承関係があり、効率的に設定を管理できるようになっています。

環境変数の継承関係

以下は、この継承関係の特性を活かしたアプリケーションの設定例です[22]。

```
// config/prod.env.js
// 本番環境: ベースとなる設定の定義
module.exports = {
  NODE_ENV: '"production"',
  DEBUG_MODE: false,
  API_KEY: '"..."'
}

// config/dev.env.js
```

---

*21 なお、この process.env の環境変数 NODE_ENV によるアプリケーション実行時の切り替えは、Vue.js本体、Vue Router、そして Vuex のような公式サポートするライブラリでも使用しています。このため、環境変数 NODE_ENV による変更はこれらライブラリにも影響します。ライブラリだけでなくアプリケーション側でもこの環境変数を利用することで、一貫性のある切り替えを提供します。

*22 環境変数の各種キーの値は、boolean (false|true)以外の値は、JSON.stringify でシリアライズする必要があります。

```
// 開発環境: 開発向けの設定。本番環境の変数値をマージによって継承
module.exports = merge(prodEnv, {
  NODE_ENV: '"development"',
  DEBUG_MODE: true // `true`で上書き
})


// config/test.env.js:
// テスト環境: テスト環境向けの設定。開発環境の変数値をマージによって継承
module.exports = merge(devEnv, {
  NODE_ENV: '"testing"'
})
```

8.5　アプリケーションのビルド

　Webアプリケーションのフロントエンドは、一般的に、次のようなファイル群から形成されます。こ れらをWebブラウザ上で動作させるために、webpackなどのバンドルツール[23]によってビルドします。

- HTMLテンプレート
- CSSやSassなどのスタイルシート
- JavaScript

　バンドルツールによるビルドは一般的ながら、手間のかかる作業として敬遠される傾向にあります。 こうしたバンドルツールでビルドするためには、設定が必要だからです。この設定は、アプリケーショ ン開発環境構築における大変面倒な作業のうちの1つです。

　さらにVue.jsにおいては、規模が大きいアプリケーションの開発では、単一ファイルコンポーネント を利用したコンポーネント管理が必要となります。単一ファイルコンポーネントを利用するためには、 それを解析するコンパイラと各種バンドルツール向けに提供されたライブラリ[24]を利用する必要があり、 そのためのビルド設定も必要です。

　Vue.js公式に提供するテンプレートは、こうしたビルド設定まで完備しています。ゼロコンフィグ[25] で、開発したアプリケーションをビルドできます。

　以下は、buildディレクトリの設定ファイルの内容です[26]。

---

[23]　webpack、RollupなどのHTML、CSS、JavaScriptなどをまとめるツール。
[24]　vue-template-compilerとVue Loader（webpack向け）の組み合わせなど。
[25]　zero config、設定なしですぐに動作することを意味します。
[26]　先程構築したVue CLIによるwebpackテンプレートを利用したアプリケーションプロジェクトの場合。

ファイル	役割
build.js	アプリケーションを本番環境に配信するためのビルドスクリプト。本番環境向けにwebpackの設定されたwebpack.prod.config.jsと本番環境向けにビルド設定config/index.jsを元にアプリケーションをビルドする。
check-versions.js	ビルドを実行する環境であるNode.jsとnpmのバージョンが、アプリケーションのpackage.jsonに定義されたNode.jsとnpmのバージョンが満たしているかどうかチェックするスクリプト。
utils.js	ビルド設定におけるユーティリティスクリプトモジュール。
vue-loader.conf.js	Vue Loaderの設定。PostCSS、Sass、Stylusなどの各種CSSプリプロセッサとimg要素やvideo要素などのsrc属性のような外部リソースのバンドリングをwebpackで処理するよう設定済み。
webpack.base.conf.js	webpackでアプリケーションをバンドリングするための共通設定ファイル。webpack.dev.conf.js、webpack.test.conf.js、webpack.prod.conf.js、各種環境向けのwebpackの共通設定に使う。アプリケーションのエントリポイントなどのwebpackで処理する際の基本的な設定の他に、BabelによるJavaScriptのトランスパイル、ESLintによるコードのリント、そして画像などのアセットのData URI化など、アプリケーションをバンドリングする際の基本的な設定が施されている。
webpack.dev.conf.js	開発環境向けのwebpack設定ファイル。開発の生産性を高めるためにwebpackのプラグイン等の設定が施されている。例えば、バンドリングされる前のコードをデバッグで確認できるようなソースマップ(sourcemap)の設定や、ホットリロードによるコード修正に伴うWebブラウザのリロード、webpackのコンパイルによるエラーによるプロセス終了の無視、そしてwebpackのバンドリングにおいて発生したエラーをユーザーフレンドリに表示、カスタマイズできるような設定が施されている。
webpack.test.conf.js	テスト環境向けのwebpack設定ファイル。単体テスト向けの設定が施されている。ソースマップはバンドリングとともにインライン化するよう設定が施されている。
webpack.prod.conf.js	本番環境向けのwebpack設定ファイル。本番環境にリリースするための最適化するために、webpackのプラグイン等の設定の施されている。例えば、バンドルする際に対象となるJavaScript、CSS、HTMLを縮小化による圧縮や、バンドル化されたCSSを抽出したり、ファイル分割を行ったりと、パフォーマンスが最大化されるよう最適化の様々な設定が施されている。

　上記のようにアプリケーションをビルドするために様々な設定ファイルが存在しています。基本これら設定ファイルは触ることはありません。ただし、開発の生産性を高めるために何らかのツールの導入によるカスタマイズや、本番環境において独自のパフォーマンスチューニングをしたいときには触れる必要が生じるかもしれません。特にwebpack関連の設定ファイルは一度目を通して理解しておくとよいでしょう。

8.5.1　アセット処理

　一定規模の開発では画像や動画、フォントなどのアセットの管理・処理も重要になってきます。

　webpackテンプレートで作成したプロジェクトにはstatic/ディレクトリとsrc/assets/ディレクトリの2つのアセット向けのディレクトリがあります。これらはそれぞれwebpackによる処理を行わない(static/)、webpackによる処理を加える(src/assets/)という違いがあります。

　具体的には前者はCDN (Contents Delivery Network)でコンテンツを配信するような静的なファイルです。後者は、Data URI化してインライン展開したり、ファイルサイズの条件指定によりインライン展

開せずに静的アセット配信するような、動的に最適化を行いたいファイルが該当します。

アセットは一般的にはHTML中の`src`属性や、css中の`url()`関数でURLを指定して利用します。webpackではこれらの指定をビルド時に解釈して独自の処理を加えられます。データ容量に応じてData URI化してインライン展開するといった処理が可能です。

以下は、webpackテンプレートにおけるwebpackのアセットURL解決のルールです。

URLのケース	例	ルール
相対URL	`./assets/logo.png`	依存モジュールとしてwebpackで処理される。webpackの出力設定（`output`）に基づいて自動生成されたURLに置き換えられる。
接頭辞なしURL	`assets/logo.png`	相対URLと同じ（このケースでは`./assets/logo.png`と同じ）。
~接頭辞付きURL	`~assets/logo.png`	webpackの依存モジュール解決（`require`）によって処理される。
ルート相対URL	`/assets/logo.png`	webpackでは何も処理しない。アプリケーションの設定`config/index.js`（`assetsPublicPath`、`assetsSubDirectory`）に従った完全な静的アセットのURL。

8.5.2 リントツール

webpackテンプレートは、ESLint[27]でコードをリントできます。複数のプリセットの中からルールを選択してリントできるようになっています。特にスクラッチからのルール設定をする必要はありません。`vue init`においては、セミコロンを記載しないなどのコーディングスタイルのルールを持つstandard[28]プリセットを選択しています。このルールでリントされます[29]。

プロジェクトの独自にルール対応できるよう、`.eslintrc.js`の`rules`においてカスタマイズできるようになっています。以下は、webpackテンプレートで生成されたアプリケーションプロジェクトの`.eslintrc.js`の`rules`の内容です[30]。

```
module.exports = {
  // ...
  // add your custom rules here
  'rules': {
    // allow async-await
    'generator-star-spacing': 'off',
    // allow debugger during development
    'no-debugger': process.env.NODE_ENV === 'production' ? 'error' : 'off'
  }
}
```

----

* 27　JavaScriptのリントツール。デファクトスタンダード。
* 28　https://standardjs.com/
* 29　Evan You氏が好むJavaScriptのコーディングスタイルもここで紹介したstandardスタイルです。Vue.jsプロジェクトでも用いられています。作者のstandardスタイルへのこだわりは、このスライドに現れています。http://slides.com/evanyou/semicolons
* 30　`rules`はカスタマイズ可能です。https://eslint.org/docs/rules/

8.6 テスト環境

Vue.js公式で提供するテンプレートは、テスト環境も提供します。Webアプリケーションで一般に必要な単体テスト、E2Eテストがすぐに開始できます。

8.6.1 単体テスト

単体テストにおいて必要なテストライブラリやテストランナの構築も一発です。開発したコンポーネントやモジュールをすぐにテスト可能な環境を提供します[31]。

以下は、webpackテンプレートで構築されたテストライブラリなどのツールの内容です[32][33][34][35]。

項目	内容
Chai	いくつかのアサーション構文を提供するアサーションライブラリ。
Mocha	アサーションを検証するための実行環境を提供するためのテストライブラリ。
Sinon	単体テストするにあたって、スパイ、スタブ、モックを提供するテストユーティリティライブラリ。
Karma	テストをWebブラウザ上で実行するためのテスト検証結果をレポートする機能を備えたテストランナ。

以下は、webpackテンプレートで構築された test/unit/ ディレクトリの内容です。

ファイル	役割
index.js	単体テストのエントリファイル。テストランナKarmaによって起動したWebブラウザ環境で読み込まれることでテストが実行される。
specs/	単体テストコードを格納するディレクトリ。BabelによりES2015以降のJavaScriptで単体テストを実装可能。
karma.conf.js	テストランナKarmaの設定ファイル。テストを実行させるWebブラウザの指定や、カバレッジレポート、webpackの設定が可能。webpackは build/webpack.test.conf.js の設定を利用し、環境変数は config/test.env.js を利用する。

specs/ディレクトリに実装した単体テストを配置し、npm run unit を実行するだけで単体テストの検証を実行できます。デフォルトでは、ヘッドレスブラウザのPhantomJS[36]上でのみテストを実行します。実際のWebブラウザでテストを実行させたい場合は、Karma公式でサポートするKarmaランチャ[37]

---

* 31　単体テストは自分でテストコードを実装する必要があります。
* 32　Chai http://chaijs.com/
* 33　Mocha https://mochajs.org/
* 34　Sinon http://sinonjs.org/
* 35　Karma https://karma-runner.github.io/
* 36　PhantomJSは開発、メンテナンスは終了していますがまだ利用できます。http://phantomjs.org/（英語）。本章ではwebpackテンプレートでセットアップされるKarmaランチャがデフォルトで使用しているためそのまま利用しますが、Google Chromeのヘッドレスモードへ変更することもできます。
* 37　https://karma-runner.github.io/1.0/config/browsers.html

をインストールし、karma.conf.jsのbrowsersフィールドに追加します。

8.6.2 E2Eテスト

webpackテンプレートではSelenium[38]とその上で動作するNightWatch[39]を用いたE2Eテスト[40]環境を構築します。webpackテンプレートで構築されたtest/e2e/の内容です[41][42][43]。

ファイル	役割
runner.js	E2Eテストのエントリファイル。ローカル環境上で開発サーバーとNightWatchを起動することでテストが実行される。
specs/	E2Eテストコードを格納するディレクトリ。NightWatchで提供されたAPIを元に実装されたE2Eテストを実装可能。
nightwatch.conf.js	NightWatchの設定ファイル。詳細はNightWatch設定ドキュメントを参照。
custom-assertions/	E2Eテスト向けのカスタムアサーションを格納するディレクトリ。詳細はカスタムアサーションのドキュメントを参照。

specs/ディレクトリにE2Eテストを実装し、npm run e2eを実行するとE2Eテストの検証ができます。NightWatchが動作するWebブラウザ環境はデフォルトではGoogle Chromeのみです。 他のWebブラウザでテストを実行したい場合は、nightwatch.conf.jsのtest_settingsフィールドにその設定を追加し、runner.jsの --envフラグに対象となるWebブラウザを指定します。Firefoxを追加したコード例の抜粋です。

```
// ...
if (opts.indexOf('--env') === -1) {
  opts = opts.concat(['--env', 'chrome,firefix'])
}
// ...
```

---

*38　https://docs.seleniumhq.org/

*39　http://nightwatchjs.org/

*40　E2EはEnd to Endの略称です。Webフロントエンドの文脈ではSeleniumなどで1から実際のクライアント（ブラウザ）と同等の環境を用意して動作確認することを指します。単体テストはソフトウェアにおける特定のモジュールにおいて期待した動作になるかどうかテストするのに対して、E2EテストはアプリケーションレベルにおいてユーザーがWebブラウザを操作してある機能を実行したときに期待した内容どおりの動作になるかどうかテストします。

*41　NightWatchのテスト実装ドキュメント http://nightwatchjs.org/guide/#writing-tests

*42　NightWatchの設定ドキュメント http://nightwatchjs.org/gettingstarted#settings-file

*43　NightWatchのアサーションドキュメント http://nightwatchjs.org/guide/#writing-custom-assertions

8.7 フロントエンド・バックエンド連携

フロントエンドとバックエンドを快適に連携させるための設定もおおよそ済ませてくれています。ここで作成するアプリケーションでは設定変更の必要はありませんが、ゼロからアプリケーションを開発するときのために確認しておきましょう。

8.7.1 APIのプロキシ

一定規模以上のアプリケーションにおいて、Vue.jsのフロントエンドとAPIを提供するバックエンド（サーバー）とのやりとりは必須です。しかし、開発時には本番用のサーバーにアクセスできなかったり、APIが定まっていなかったりと実際のサーバーで検証しながら開発するのは困難です。

そのため、次のような方法でサーバーの機能を代替して開発を続けるのが一般的です。

- APIを模倣したモックサーバーやバックエンドをローカル環境上で動作させる
- API通信部分モジュールのモック化

しかしながら、上記の方法ではローカル環境上にバックエンドを構築動作させるのが困難であったり、API通信モジュールのモック化やモックサーバーの実装に時間がかかったりすることもあります。あまり本質的ではない部分に時間と労力が費やされてしまいます。

webpackテンプレートでは、開発環境（development）に開発サーバーを用意しているため最初はこれを用いればいいでしょう。さらに、この開発サーバーはバックエンドのAPIとのプロキシを提供しています。これによって、いつでもバックエンドのAPIを実際に用いたアプリケーション開発にも切り替えられます。APIのプロキシ設定は、config/index.jsのdevフィールドにproxyTableを用います。設定例です。/api/posts/1というAPIリクエストは、http://api.yourservice.com/posts/1にプロキシします。

```
module.exports = {
  // ...
  dev: {
    proxyTable: {
      // /apiで始まる全てのリクエストを`api.yourservice.com`にプロキシする
      '/api': {
        target: 'http://api.yourservice.com',
        changeOrigin: true,
        pathRewrite: {
          '^/api': ''
        }
      }
    }
  }
}
```

開発環境で提供している API のプロキシ機能は、開発サーバーは Express のミドルウェア `http-proxy-middleware`[*44] を利用します。このため、このミドルウェアのオプション設定を利用できます。

8.7.2　バックエンドとのインテグレーション

Vue.js は、各種サーバーサイドフレームワークと柔軟に組み合わせられるようになっています。Ruby on Rails、Django、Laravel、そして Express などとともに用いられています。

これらのフレームワークは HTML を返す使い方をするのが一般的でしょう。しかし、Vue.js と組み合わせるとエントリポイントとなる Web ページの描画を除けば、バックエンドは HTML を直接描画するのではなく JSON をレスポンスとして返すような API サーバーとして使用することになります。

こうしたエントリポイントやアセット管理のようなこれまでバックエンドが担ってきた部分を Vue.js と組み合わせたときには、どう同居させるべきか考える必要があります。バックエンドには多種多様のフレームワークが存在し、それぞれ独自の設計思想を持っているためプロジェクト構造やアセット管理方法は異なります。

webpack テンプレートでは、こうしたバックエンドとインテグレーションできるよう柔軟な設定手段を提供しています。前項で解説した `proxyTable` の設定による API のプロキシもその設定のうちの 1 つです。この他に `config/index.js` では以下のような設定オプションを提供しています。このアプリケーションでは使いませんが見ておきましょう。

設定項目	説明
`build.index`	webpack によってバンドリングされた JavaScript ファイル、生成されたアセットを含んだ `index.html` が生成される場所。バックエンドで使用する場合は、テンプレートであるプロジェクトのトップにある `index.html` を適宜編集し、この設定のパス先をバックエンドによって描画されたビューファイルに指定できる。Ruby on Rails の場合は、`app/view/layouts/application.html.erb`、Laravel の場合は、`resources/views/index.blade.php` といった具合。ローカル環境上の絶対パスの指定が必須。
`build.assetsRoot`	アプリケーションの全ての静的アセットを含むルートディレクトリを指定。Ruby on Rails/Laravel の場合は、`public/` を指定する。ローカル環境上の絶対パスの指定が必須。
`build.assetsSubDirectory`	`build.assetsRoot` のディレクトリにおいて、webpack で生成されたアセットを格納するサブディレクトリを指定。`build.assetsRoot` が `path/to/dist` の場合で、このディレクトリの指定が `static` であった場合は、webpack で生成されるアセットは、`path/to/dist/static` に格納される。ここで指定したディレクトリは、ビルドするたびにクリーンアップされるため、webpack で生成されたアセットのみが格納されるようにする必要がある。
`build.assetsPublicPath`	`build.assetRoot` が HTTP で提供される URL のパスを指定。ほとんどのケースでは、`/` の指定で対応可能。バックエンドの何らかの接頭辞付き URL で静的なアセットが提供される場合は、適切はパスを指定する必要がある。この指定は、webpack の設定の `output.publicPath` フィールドに渡される。
`build.productionSourceMap`	本番環境のビルドでソースマップを生成するかどうか。デフォルト値はソースマップを生成する `true` に設定済み。

[*44] https://github.com/chimurai/http-proxy-middleware

設定項目	説明
build.productionGzip	webpackのプラグインcompression-webpack-plugin (npm install要必須)でGZip圧縮するかどうか。デフォルト値は無効(false)になっている。
build.productionGzipExtensions	build.productionGzipでGzip対象となる拡張子。デフォルトとしては、拡張子js、cssが対象となっている。
build.bundleAnalyzerReport	webpackでバンドリングされたファイルを分析するオプション。npm run buildに--reportフラグを指定することで確認可能。
dev.port	ローカル開発環境で動作するサーバーのポート番号。
dev.autoOpenBrowser	ローカル開発環境でサーバーを起動した際に、Webブラウザをオープンするかどうか。デフォルト値はtrue。
dev.proxyTable	ローカル環境動作する開発サーバーのプロキシ設定の定義。http-proxy-middlewareのプロキシ設定の指定が可能。デフォルトは空設定({})

8.8 さらなる開発環境の強化

　ここまでVue CLIによって、webpackテンプレートによる雛形となるアプリケーションプロジェクトの生成で、アプリケーションが開発可能な状態になりました。

　この状態でアプリケーションを実際に開発は可能ですが、Vue CLIによるアプリケーション開発環境の構築だけでは、残念ながらまだ少しばかり環境が足りない部分があります。

　本章では大規模に耐えうるアプリケーション開発に対応するため、さらに以下の点を補強します。

- コーディング環境の構築
- Vue.js公式ESLintプラグインの導入
- デバッグとプロファイリングの環境構築
- バックエンドAPIサーバーの環境構築
- 状態管理ライブラリの導入
- HTTPクライアントライブラリの導入
- 単体テストユーティリティの導入
- E2Eテストのコマンド登録

8.8.1 Vue.jsコーディング環境の構築

　Vue.jsでアプリケーションを作るときは、HTML、CSS、JavaScriptといった一般的なWeb標準の技術だけでも作成できます。現在一般に広く使われるエディタまたはIDEでは、これらのシンタックスハイライト、そしてコード補完に対応しているものがほとんどでしょう。

　本章では、6章で学習した単一ファイルコンポーネントを利用して開発します。ファイル拡張子.vueの単一ファイルコンポーネントについて、大抵のエディタ/IDEにおいては、シンタックスハイライト

およびコード補完が有効になっていません[45]。

Vue.jsでは公式に、単一ファイルコンポーネントの.vueファイル拡張子に対してシンタックスハイライト、コード補完をサポートする以下のエディタの拡張を提供しています。

エディタ/IDE	拡張	提供先URL/インストール方法のURL
Visual Studio Code	Vetur	https://marketplace.visualstudio.com/items?itemName=octref.vetur
Sublime Text	Vue Syntax Highlight	https://github.com/vuejs/vue-syntax-highlight

筆者はVisual Studio CodeとVeturの併用をお勧めします。VeturはVue.jsコアチームのメンバーによって開発/メンテナンスされており、かつMicrosoft社の開発チームとも連携して開発されています。品質も高く、今後サポートがされやすいでしょう。

他のエディタ/IDEに対しては、ユーザーコミュニティによって提供されているケースもあります。Awesome Vue[46]でエディタ関連の情報がまとめられています。自分が好むエディタの拡張機能を探して利用するのもいいでしょう。

Visual Studio CodeとVeturなどを利用してシングルページアプリケーションを開発し、シンタックスハイライトやコード補完で、開発生産性を高められるようにしておきましょう。

8.8.2　Vue.js公式ESLintプラグインの導入

規模が大きいアプリケーションは複数のメンバーによる開発が多くなります。一貫したアプリケーションコードをメンテナンスするためには、コーディング規約が重要になります。

JavaScriptのリントツールとしてESLintはすでに導入しています。ESLintの環境に`eslint-plugin-vue`[47][48]を追加し強化します。

```
$ npm install --save-dev eslint-plugin-vue@4.7.1
```

インストール後、ESLintの設定ファイル`.eslintrc.js`を編集します。ESLintの設定は、`eslint-plugin-vue`のドキュメントに記載されている内容に従っています。

```
// https://eslint.org/docs/user-guide/configuring

module.exports = {
  root: true,
  parserOptions: {
    parser: 'babel-eslint',
```

---

[45]　最近はWebStormなどのIDEで標準でサポートするようになってきています。https://www.jetbrains.com/help/webstorm/vue-js.html

[46]　https://github.com/vuejs/awesome-vue#source-code-editing

[47]　公式プラグイン。今回のテンプレートには含まれていない。https://github.com/vuejs/eslint-plugin-vue

[48]　執筆時点で最新版4.7.1をインストールします。

```
      sourceType: 'module'
    },
    env: {
      browser: true,
    },
    extends: [
      // https://github.com/vuejs/eslint-plugin-vue#priority-a-essential-error-
prevention
      // consider switching to `plugin:vue/strongly-recommended` or `plugin:vue/
recommended` for stricter rules.
-     'plugin:vue/essential',
+     'plugin:vue/recommended',
      // https://github.com/standard/standard/blob/master/docs/RULES-en.md
      'standard'
    ],
    // required to lint *.vue files
    plugins: [
      'vue'
    ],
    // add your custom rules here
    rules: {
      // allow async-await
      'generator-star-spacing': 'off',
      // allow debugger during development
-     'no-debugger': process.env.NODE_ENV === 'production' ? 'error' : 'off'
+     'no-debugger': process.env.NODE_ENV === 'production' ? 'error' : 'off',
+     'import/no-webpack-loader-syntax': process.env.NODE_ENV === 'production' ?
'error' : 'off'
    }
  }
```

　extendsでは、eslint-plugin-vueで定義されたplugin:vue/recommended[49]ルールに変更しています。eslint-plugin-vueでVue.js公式に提供するルールとしては執筆時点[50]では以下の内容でカテゴライズされています。

ESLint設定表記	eslint-plugin-vueで定義されたルールカテゴリ	説明
plugin:vue/base	Base Rules	正しくESLintの解析を行うためのルール
plugin:vue/essential	Essenstial	上項に加えて、エラーや意図しない動作を防ぐためのルール
plugin:vue/strongly-recommended	Strongly Recommended	上項に加えて、コードの読みやすさや開発を改善するためのルール
plugin:vue/recommended	Recommended	上項に加えて、Vue.jsアプリケーション開発者およびコミュニティに対して理解が容易になるような一貫性を確保するためのルール

※49　https://github.com/vuejs/eslint-plugin-vue#priority-c-recommended-minimizing-arbitrary-choices-and-cognitive-overhead

※50　eslint-plugin-vueのバージョン4.7.1

Vue.js公式ドキュメントとしてスタイルガイド[*51]を提供していますが、現在開発中[*52]です。

これらカテゴリ化されたルールの採用基準としては、アプリケーション開発プロジェクトに応じて任意のルールで選択可能です。本章では、中規模以上の複数の開発メンバーや後に開発メンバーが加わったアプリケーション開発が想定されるため、ここではRecommendedでアプリケーションコードを検証するよう設定を変更しています。

ESLintの設定の変更後、リントが正常に実行されるかどうかコマンド`npm run lint`を実行してみましょう。実行すると、`eslint-plugin-vue`によるルールでVue.jsアプリケーションコードを検証するように変更したので、ESLintによってリントエラーが出力されるのを確認できるはずです。出力されたリントエラーは適宜修正しておきましょう。

8.8.3 デバッグとプロファイリングの環境構築

デバッグとプロファイリング[*53]には、一般的なプログラミング言語ではIDE内の機能や、その言語向けのCLIツールなどを利用します。

Webフロントエンドにおいては、JavaScriptで開発したアプリケーションのデバッグとプロファイリングはWebブラウザの開発者ツール[*54]が担います。デバッグとプロファイリング可能なWebブラウザとしては、主なものにGoogle Chrome、Mozilla Firefox、Safari、Microsoft Edgeなどがあります。

Vue.js利用時に効率的なデバッグ環境を提供するため、公式にVue DevTools[*55]と呼ばれるWebブラウザ向けの拡張機能を提供しています。Vue DevToolsは、Chrome DevToolsなどに統合されたデバッグツールです。使いやすく機能的にも強力です。アプリケーションのコンポーネント構造をツリー形式で確認できたり、コンポーネントの状態値[*56]をグラフィカルに確認できたりします。

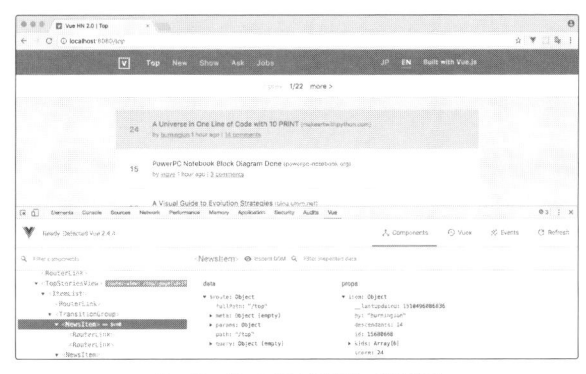

Vue DevToolsによるデバッグの様子

[*51] https://jp.vuejs.org/v2/style-guide/
[*52] 執筆時点のバージョン4.7.1では一部は提供されており、ESLintの設定に個別に追加できます。スタイルガイドのルールはまだカテゴリ化されていません。https://github.com/vuejs/eslint-plugin-vue#uncategorized
[*53] パフォーマンスを改善するために行う。
[*54] DevToolsとも。
[*55] https://github.com/vuejs/vue-devtools
[*56] コンポーネントオプションのprops/dataの値。

Vue DevToolsの詳細については、以降のアプリケーションのデバッグで説明します。Vue.jsで構築されたアプリケーションのコンポーネントの状態を、`console.log`のようなコンソール出力しなくても確認できるため、デバッグの生産性を高めることができます。

Vue DevToolsは、Google ChromeとMozilla Firefoxで動作します。サポート状況やWebブラウザの開発者ツールの使いやすさから、Google Chromeで利用することを推奨します[57]。

Webブラウザ	リンク
Chrome	https://chrome.google.com/webstore/detail/vuejs-devtools/nhdogjmejiglipccpnnnanhbledajbpd
Firefox	https://addons.mozilla.org/en-US/firefox/addon/vue-js-devtools/

8.8.4　バックエンドAPIサーバーの環境構築

今回は、バックエンドサーバーから提供されるAPIを利用したシングルページアプリケーションを作成します。このため、ローカルな開発環境でもバックエンドAPIサーバーの環境構築が必要です。Expressサーバーをセットアップします。`vue init`で作成したプロジェクトではサーバーサイドのコードもプロジェクト内にまとめて保存して管理できます。今回はこの流儀に従いましょう。ExpressもVue.jsと同じくJavaScriptで開発します。各種のパッケージも共用できます。

Express自体は`webpack-dev-server`で内部的に使用されているため、すでにプロジェクト内（`kanban-app`内）に導入されています。ただし、APIサーバーとして機能させるにはいくつか機能が足りません。必要なミドルウェア[58]を導入しましょう。

```
$ npm install --save-dev body-parser
```

`build/`直下に`dev-server.js`ファイルを作成します。サーバー本体となるファイルです。

```
$ touch ./build/dev-server.js
```

```
// Node.jsのrequireスタイルでインポート
const bodyParser = require('body-parser')

// `Express`アプリケーションインスタンスを受取る関数をエクスポート
module.exports = app => {
  // HTTPリクエストのbodyの内容をJSONとして解析するようミドルウェアをインストール
  app.use(bodyParser.json())

  // TODO: ここ以降にAPIの実装内容を追加していく
```

---

[57] Vue DevToolsはElectronを利用してスタンドアローン版のデバッギングアプリケーションとして使用することもできます。https://github.com/vuejs/vue-devtools/blob/master/shells/electron/README.md

[58] Expressはサーバーのコア機能と別に拡張で機能を追加していく設計思想を持ちます。ここでは`body-parser`というリクエストボディをパースするミドルウェアを追加しています。

```
  }
```

　webpack-dev-serverがバックエンドAPIサーバーとして動作するよう、build/webpack.dev.conf.jsを編集します。

```
  // ...
  const portfinder = require('portfinder')
+ const backend = require('./dev-server')
  // ...
    devServer: {
      // ...
+     before: backend,
      proxy: config.dev.proxyTable,
      // ...
    },
  // ...
```

　これで、ローカル開発環境向けのAPIサーバーを実装する準備ができました。

8.8.5　状態管理ライブラリの導入

　アプリケーションの規模が大きくなるに従って、状態は複雑化します。

　今回は、その問題を対応するためにVuexを利用します。webpackテンプレートにはVuexは含まれません。Vuexの環境をセットアップします。npm installコマンドでVuexのインストールを行います。VuexにはPromiseを使うAPIが存在するため、サポートしていないWebブラウザ環境で動作させるためにポリフィルライブラリもインストールします。

```
$ npm install --save vuex es6-promise
```

　インストール後、Vuexのドキュメント[59]に従って、Vuex関連の実装コードを格納するstoreディレクトリを作成して以下のように構造化しておきます。

```
$ mkdir -p src/store                   # Vuex関連の実装コードを格納するディレクトリを作成
$ touch src/store/index.js             # Vuexのエントリコードファイルを作成
$ touch src/store/mutation-types.js    # ミューテーションの種類を定義するファイルを作成
$ touch src/store/mutations.js         # ミューテーションの実装となるファイルを作成
$ touch src/store/getters.js           # ゲッターが実装されたコードを格納するファイルを作成
$ touch src/store/actions.js           # アクションが実装されたコードを格納するファイルを作成
$ tree ./src/store                     # `src/store`ディレクトリの内容を確認
./src/store
├── actions.js
├── getters.js
```

＊59　https://vuex.vuejs.org/ja/structure.html

```
├── index.js
├── mutation-types.js
└── mutations.js

0 directories, 4 files
```

セットアップ後、Vuexのエントリファイルである`src/store/index.js`を以下のような雛形コード
を実装します。`import`でライブラリからグローバル変数などを取り出し、`export`で外部から利用でき
るようにコードを公開しています[60]。

```
import Vue from 'vue'
import Vuex from 'vuex'
import actions from './actions'
import getters from './getters'
import mutations from './mutations'

Vue.use(Vuex)

export default new Vuex.Store({
  getters,
  actions,
  mutations,
  strict: process.env.NODE_ENV !== 'production'
})
```

● VuexとPromiseポリフィルの登録

`src/main.js`を編集して、VuexのストアインスタンスをVue.jsアプリケーションのエントリポイン
トなるVueインスタンスの`store`オプションとして指定します[61]。

```
 import Vue from 'vue'
+import 'es6-promise/auto' // プロミスをポリフィルする
 import App from './App'
 import router from './router'
+import store from './store' // Vuexのストアインスタンスをインポート

 Vue.config.productionTip = process.env.NODE_ENV === 'production'

 /* eslint-disable no-new */
 new Vue({
   el: '#app',
   router,
+  store, // インポートしたストアインスタンスを`store`オプションとして指定
```

---

[60] webpackテンプレートではBabelを利用しているため、ES2015以降でサポートする構文も利用できます。そのため、このようにES
Modulesを使ってモジュールをインポートしたりエクスポートしたりできます。本書ではES2015については解説していません。ES2015
以降の文法事項で不明な箇所があればMDN https://developer.mozilla.org/ja/ などで検索してください。

[61] オブジェクトの指定がいままでと違うことに気づいたかもしれません。ここではES2015のオブジェクト記法(`var obj = {prop}`)を用
いています。ここでは`new Vue({store})`で、`new Vue({store: store})`と記したのと同じように動作します。

```
  render: h => h(App)
})
```

単体テストにおいてもプロミスのポリフィルが必要です。test/unit/karma.conf.jsを以下のように編集します。

```
// ...
module.exports = function (config) {
  // ...
  config.set({
    // ...
-   files: ['./index.js' ],
+   files: [
+     '../../node_modules/es6-promise/dist/es6-promise.auto.js',
+     './index.js'
+   ],
    // ...
}
```

これでVuexの雛形となるセットアップは完了です。npm run dev、npm run unitを実行してターミナルにエラー出力されず正常動作するかどうか確認しておきましょう。

8.8.6　HTTPクライアントライブラリの導入

本章で作成するアプリケーションは、HTTPベースのRESTful APIを提供するバックエンドとの通信を行います。このやりとりによって、データ取得および永続化します。

HTTPによるバックエンドとのやりとりを円滑に行うには、RESTful APIの通信処理の部分を抽象化できるHTTPクライアントライブラリが必要です。本章ではaxios[62]を使用します。

```
$ npm install --save axios
```

インストール後、apiディレクトリを作成してAPIモジュールを構造化できるようにします。

```
$ mkdir -p src/api        # API関連の実装コードを格納するディレクトリ
$ touch src/api/index.js  # API関連の実装コードのエントリファイルを作成
$ tree ./src/api          # `src/api`ディレクトリの内容を確認
./src/api
└── index.js

0 directories, 1 file
```

---

[62] WebブラウザとNode.jsで動作し、JavaScript環境において同じAPIインターフェイスを提供します。Vue.jsで用いられることの多いライブラリです。

APIエンドポイントのリソース種別毎にモジュール化[*63]します。

8.8.7　単体テストユーティリティの導入

Vue CLIによってすぐに単体テストが実行できるよう環境が構築されます。テストライブラリやテストランナの導入、テストコードを格納するディレクトリの構造化が自動で行われるため手間がほとんどかかりません。さて、これだけ準備は整っています。単体テストを実行するだけなら簡単です。ただし、Vue.jsで単体テストで検証するコードを書くのは、実はなかなか手間がかかります。

Vue.jsで実装してでき上がるアプリケーションはテストがしづらくなりがちです。Vue.jsによるアプリケーションはブラウザ上で動作し、UIを持ち、DOMに密接に関わります。このため、単体テストのコードもDOMの状態チェックや変更が入り混じったコードになってしまうからです[*64]。

こうした、DOMに依存する面倒な処理を回避する方法として、E2Eテストによって検証する方法もあります。ただし、E2Eテストの実行コストが高いため、無理にE2Eだけでどうにかしようとすれば開発は単体テストよりも非効率になるケースがほとんどです。

●**Vue Test Utils による効率化**

Vue.jsではこういった単体テストを効率化するためにVue Test Utilsを提供しています。インストールしましょう[*65]。インストールが完了したら、webpackテンプレートによって構築された単体テストコードtest/unit/specs/HelloWorld.spec.jsを編集します[*66]。Vue Test Utilsを利用することでコードがかなりすっきりしていることが分かるでしょう。

```
$ npm install --save-dev @vue/test-utils@1.0.0-beta.24
```

```
-import Vue from 'vue'
+import { mount } from '@vue/test-utils'
 import HelloWorld from '@/components/HelloWorld'

 describe('HelloWorld.vue', () => {
   it('should render correct contents', () => {
-    const Constructor = Vue.extend(HelloWorld)
-    const vm = new Constructor().$mount()
-    expect(vm.$el.querySelector('.hello h1').textContent)
-      .to.equal('Welcome to Your Vue.js App')
```

[*63]　ユーザー関連の情報を扱うものなら`users.js`といったファイルの分割、命名など。

[*64]　例えば、あるコンポーネントがグローバルに存在するDOMにマウントされて描画された際に、そのDOMの状態をセットアップするために、DOM操作を介して前処理、後処理を施さなければなりません。また、マウントされたコンポーネントに対するDOM操作をしてDOMの状態をチェックするようなコードも書かなければなりません。

[*65]　面倒なDOM操作や、コンポーネントのAPIに対するスタブやモックといった単体テストで便利なユーティリティ的な機能を公式ライブラリとして提供しています。これによって検証コードの実装の生産性を高められます。執筆時点での最新版の`1.0.0-beta.24`を利用します。

[*66]　検証コードでは、特に単体テストライブラリを`import`構文で読み込んでいないのに`describe`、`it`、`expect`のような単体テストライブラリのAPIがそのまま使えています。これはwebpack側でグローバルに読み込まれているためです。

```
+    expect(mount(HelloWorld).find('.hello h1').text())
+      .to.equal('Welcome to Your Vue.js App')
   })
 })
```

　querySelectorのようなDOM操作に依存したコードや、コンポーネントのインスタンス化および
マウントのためのコードがありました。Vue Test Utilsによってそのようなコードは抽象化されて、少な
いコード量で検証したい部分を実装できるようになっています。単体テストコードの編集が完了したら
動作確認のため、npm run unitで単体テストを実行しましょう。

8.8.8　E2Eテストのコマンド登録

　Vue CLIによって、すぐにE2Eテストを実行できる環境が提供されています。本項でも前項同様、実
装の生産性をより高められるように設定します。

　8.6.2でNightWatchのカスタムアサーション[67]を登録できるプロジェクトディレクトリがtest/e2e/
custom-assertionsとしてセットアップされていることを解説しました。NightWatchはカスタムア
サーションの他に、コマンド[68]を拡張してカスタマイズできるカスタムコマンド機能も提供していま
す[69][70]。これを用いて、快適にE2EテストができるNightWatchの環境を設定します。カスタムコマン
ドを登録するためのディレクトリを作成します。

```
$ mkdir -p test/e2e/custom-commands
```

　作成後、NightWatchの設定ファイルであるtest/e2e/nightwatch.config.jsを編集してディレク
トリtest/e2e/custom-commandsにパスを通しておきます。

```
 require('babel-register')
 var config = require('../../config')

 // http://nightwatchjs.org/gettingstarted#settings-file
 module.exports = {
   src_folders: ['test/e2e/specs'],
   output_folder: 'test/e2e/reports',
   custom_assertions_path: ['test/e2e/custom-assertions'],
+  custom_commands_path: ['test/e2e/custom-commands'],

   // ...
```

＊67　カスタムアサーションとは、Nightwatchで使用可能なユーザーが独自に定義できるアサーションです。

＊68　NightWatchのコマンドは、Webブラウザ上で操作を実行するための一連の処理のことです。例えばWebブラウザに表示されたボタン
　　　のクリック、フォームにテキストを入力するといったことが該当します。

＊69　NightWatchはコマンドより低レベルなWebDriver Protocolと呼ばれるAPIを提供しており、このAPIを使用して独自のコマンドを定
　　　義することもできます。http://nightwatchjs.org/api#protocol

＊70　NightWatchのWebDriver ProtocolはSelenium WebDriverによってAPIが提供されています。Seleniumに精通している人はカスタ
　　　ムコマンドを独自定義しやすいでしょう。

Nightwatchの設定ファイルの編集が完了したら、以下2つのカスタムコマンドを登録します。

```
$ touch test/e2e/custom-commands/trigger.js # イベントをトリガー
$ touch test/e2e/custom-commands/enterValue.js # input要素へのキーボード入力エミュレート
```

```
+exports.command = function (selector, event, keyCode) {
+  return this.execute(function (selector, event, keyCode) {
+    var e = document.createEvent('HTMLEvents')
+    e.initEvent(event, true, true)
+    if (keyCode) {
+      e.keyCode = keyCode
+    }
+    document.querySelector(selector).dispatchEvent(e)
+  }, [selector, event, keyCode])
+}
```

```
+exports.command = function (selector, value) {
+  return this.clearValue(selector)
+    .setValue(selector, value)
+    .trigger(selector, 'keyup', 13)
+}
```

trigger.jsではDOM操作でイベントをトリガーできるように、enterValue.jsではinput要素等へのキーボード入力をエミュレーションできるようにしています[71]。以上で、Nightwatchのカスタムコマンドの環境構築は完了です。

これで事前の準備は全て完了しました。この後、設計・実装と移っていきます。準備することが多いので、わからなくなったら適宜サンプルと見比べてください。

---

[71] NightWatchが提供するAPIを利用して実現しています。詳しくはNightWatchの公式ドキュメントで確認してください。 http://nightwatchjs.org/guide/#writing-custom-commands

9.
中規模・大規模向けの
アプリケーション開発②
設計

前章では作成するアプリケーションの開発環境をセットアップしました。

さて、仕様とUIイメージをもとにすぐにでも実装したい読者もいるかもしれません。しかし、まずはきちんと設計をしてから実装に移るべきです。本章では、アプリケーションの設計について解説します。

複雑なUI構造を持つアプリケーションでは仕様をもとに一度設計に落とし込むフェーズは欠かせません。開発の効率性、メンテナンス性の向上に大きく寄与します。また、Vue.jsのようなライブラリを使った開発の経験がない読者には参考になる部分が多いでしょう。

作成するタスク管理アプリケーションを元に、下記の設計について解説していきます。

- コンポーネント設計
- 状態モデリングとデータフローの設計
- ルーティング設計

9.1 コンポーネント設計

まずは、コンポーネント設計からはじめます。コンポーネント設計とはどの粒度でコンポーネントとしてWebアプリケーションの要素を切り出すか、それぞれのコンポーネントを他のコンポーネントとどう関連させるかといった部分の設計です。

この規模のアプリケーションを作成するときは、ワイヤーフレームのレベルのUIイメージを作成し、あらかじめ実装の前にコンポーネントを設計しておくべきです。以下のようなメリットがあります。

- 一貫性：アプリケーション全体で統一感のあるコンポーネントを開発できる
- 重複排除：同じような機能を提供するコンポーネント開発を排除できる
- 生産性向上：チームで開発するコンポーネントの大枠を共有することで開発効率を高められる

まずは、作成するアプリケーションのワイヤーフレームレベルのUIイメージから、Atomic Designに準拠した設計手法によるコンポーネントの抽出について解説します。その後、個々のコンポーネントの設計に入り、他のコンポーネントとの協調や、再利用を想定したコンポーネントのAPI設計について解説します。

9.1.1 Atomic Designによるコンポーネントの抽出

Atomic Designに則ってAtomsからPagesまでアプリケーションのUIを分解するとコンポーネントは以下のようになります。PagesはTemplatesに実際にコンテンツが入ったインスタンス化された状態で、前章で解説したアプリケーションそのもの、アプリケーションのUIイメージに相当します。よって、AtomsからTemplatesまで抽出したコンポーネントについて解説していきます。

種類	コンポーネント
Atoms	ラベル、テキストボックス、ボタン、アイコン
Molecules	ログインフォーム、ボードナビゲーション、タスクリストヘッダー、タスクフォーム、タスクカード、タスク詳細フォーム
Organisms	タスクリスト、ボードタスク
Templates	ログインビュー、ボードビュー、タスク詳細モーダル
Pages	ログインページ、ボードページ、タスク詳細ページ

9.1.2　Atoms

　Atomsは、UIを構成するための基本的な要素であり、機能的にこれ以上分割できないものです。前章で説明したアプリケーションのUIイメージから、以下のようなコンポーネントを抽出できます。

コンポーネント	説明
ラベル	フォームで入力受付な入力要素(例：input要素)のキャプションであるコンポーネント。
テキストボックス	フォーム入力でキーボードによる入力を受け付けるコンポーネント。
ボタン	クリックまたタップすることによって何らかの処理を実行するコンポーネント。
アイコン	物事を簡単なイメージで記号化して表現するコンポーネント。

　Atomsは、タスク詳細モーダルを例に考えると以下のように構成されています。

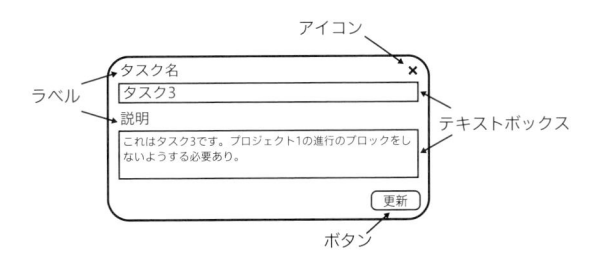

抽出された Atoms (タスク詳細モーダル)

9.1.3　Molecules

Moleculesは、Atomsを組み合わせて作られた要素です。

コンポーネント	説明
ログインフォーム	ログインするためのフォームコンポーネント。メールアドレス、パスワードで認証するに当たって必要なAtomsコンポーネント(ラベル、テキストボックス、ボタン)で構成。
ボードナビゲーション	ログイン後に表示されるボードのナビゲーションコンポーネント。アプリケーション名を表示するAtoms(h1要素)とログアウトするためのボタンコンポーネント(テキスト形式のボタン)で構成。
タスクリストヘッダー	タスクリストのヘッダーコンポーネント。タスクリスト名を表示するAtoms(h2要素)とタスクを追加するボタンコンポーネント(アイコン形式のボタン)で構成。
タスクフォーム	タスクを作成するためのフォームコンポーネント。タスク名を入力するテキストボックスと、タスクを実際に追加するボタン、タスクの追加をキャンセルするボタンで構成。
タスクカード	タスクをカンバン形式で表示するコンポーネント。タスク名を表示するAtoms(h3要素)とタスクを削除するボタンコンポーネント(アイコン形式のボタン)で構成。
タスク詳細フォーム	タスク名とタスクの説明を表示、更新するためのフォームコンポーネント。タスク名とタスクの説明を更新するに必要なAtomsコンポーネント(ラベル、テキストボックス、ボタン)で構成。

以下は、抽出したMoleculesの対応図です。

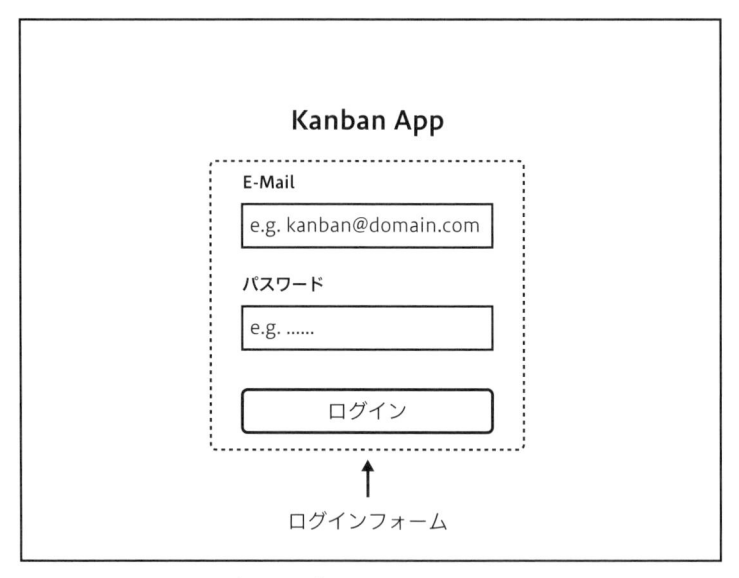

ログインページにおけるMoleculesの抽出

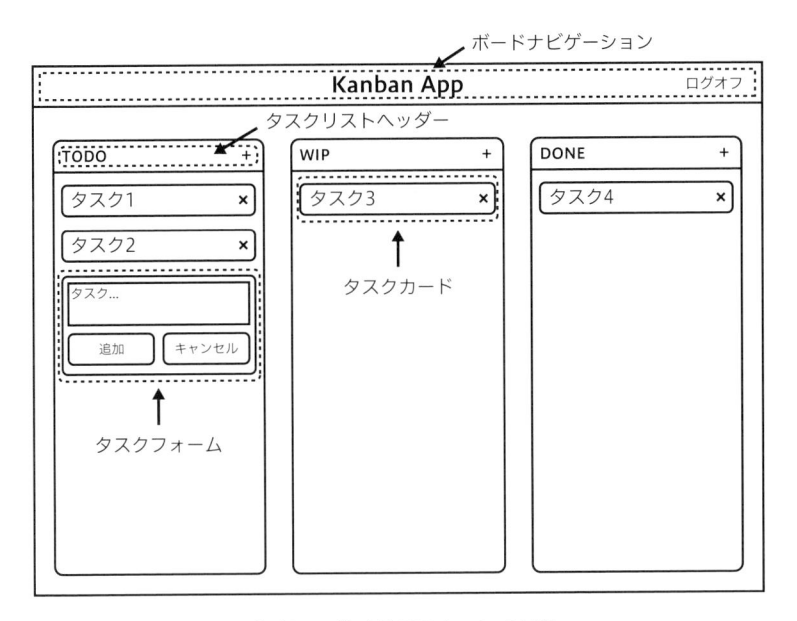

ボードページにおけるMoleculesの抽出

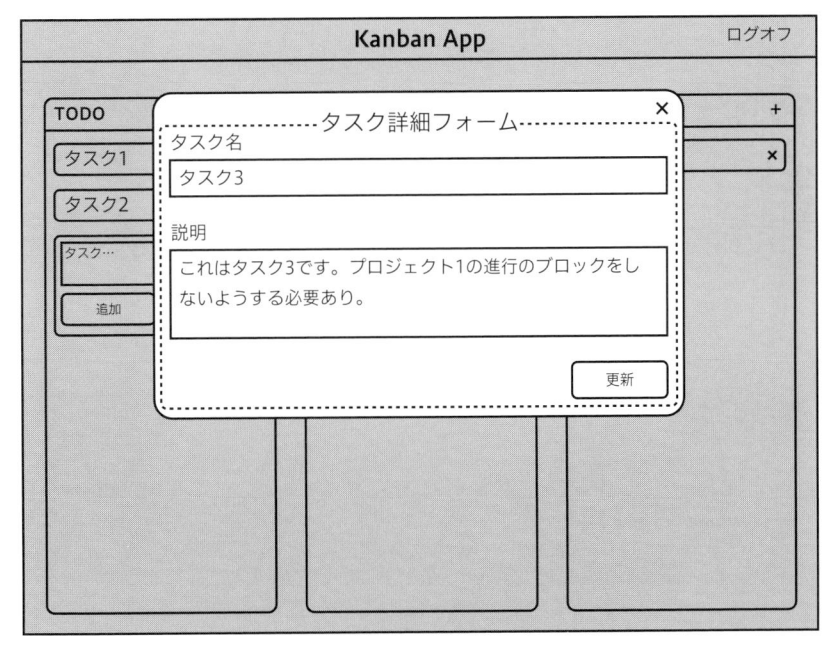

タスク詳細ページにおけるMoleculesの抽出

9.1.4　Organisms

Organismsは、Atoms、Molecules、そしてOrganismsを組み合わせて作られた要素です。

コンポーネント	説明
タスクリスト	いくつかのタスクを保持するリストコンポーネント。タスクリストヘッダーと複数のタスクカードコンポーネントで構成。
ボードタスク	タスク情報をボード上に表示するコンポーネント。3つのタスクリストで構成。

以下は、抽出した上記のOrganismsの対応図です。

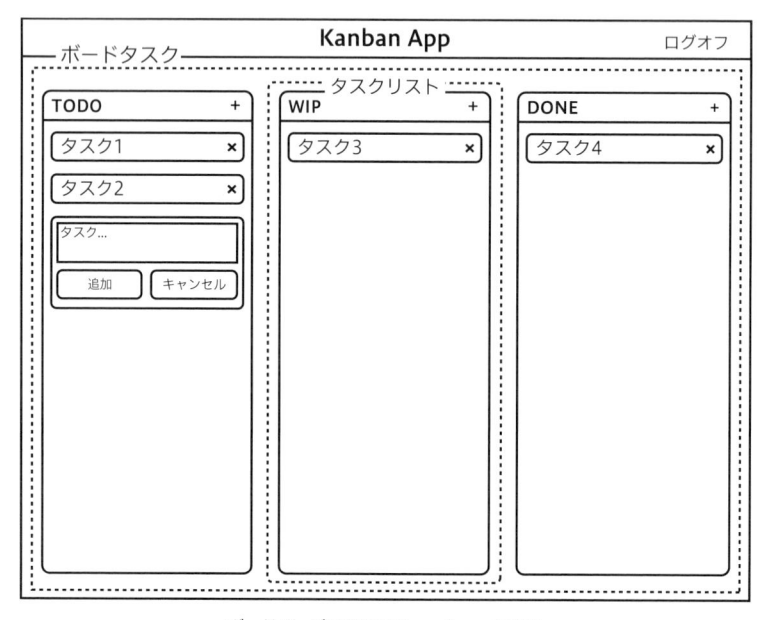

ボードページにおけるOrganismsの抽出

9.1.5　Templates

Templatesは、MoleculesやOrganismsなど組み合わせて作られたPagesのテンプレートとなるものです。要はワイヤーフレームです。

コンポーネント	説明
ログインビュー	タスク管理アプリケーションにログインするためのビューコンポーネント。ログインフォームとアプリケーションのタイトルで構成。
ボードビュー	タスク管理アプリケーションのメインであるボードのビューコンポーネント。ボードナビゲーションとボードタスクで構成。

コンポーネント	説明
タスク詳細モーダル	タスク詳細を表示、更新するためのモーダルコンポーネント。タスク詳細フォームとモーダルを閉じるためのボタン（アイコン形式）で構成。

ログインビュー

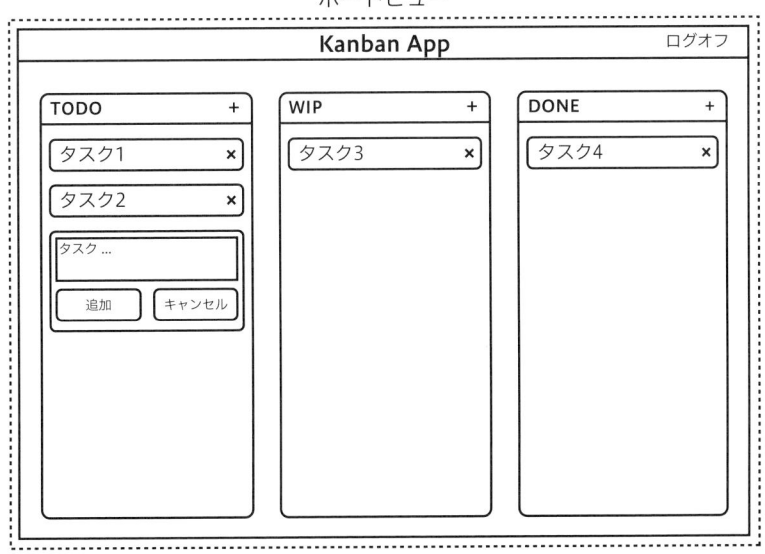

ログインページにおける Templates

ボードビュー

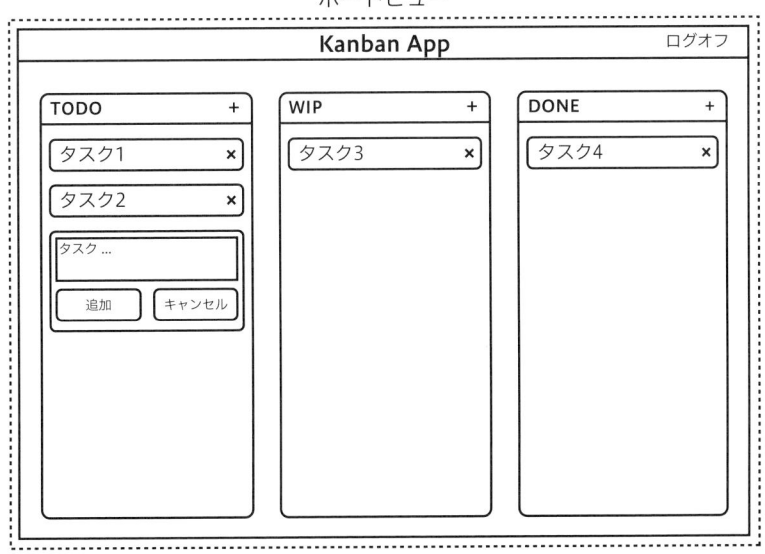

ボードページにおける Templates

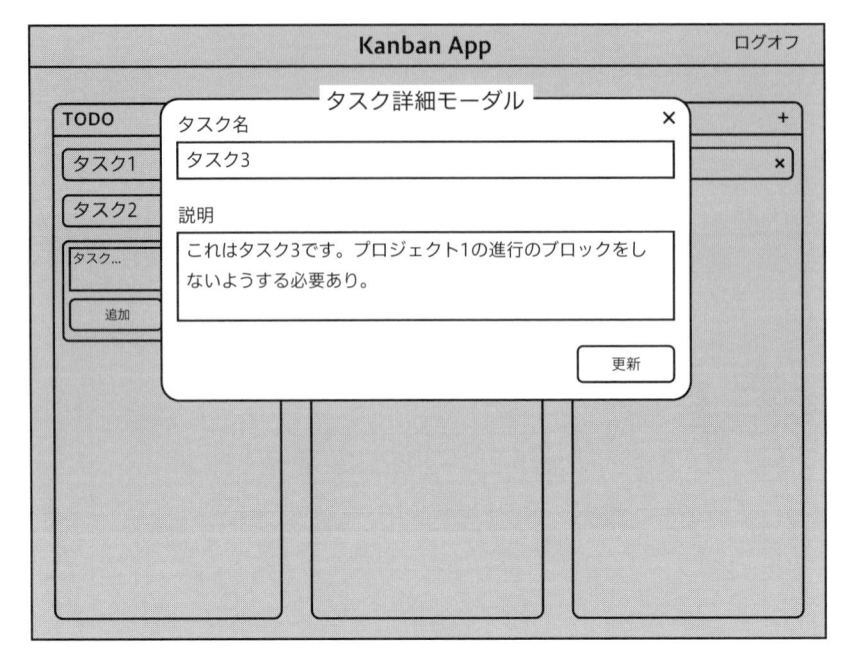

タスク詳細ページにおけるTemplates

9.2 単一ファイルコンポーネント化

　Atomic Design をもとに、タスク管理アプリケーションのコンポーネントを抽出しました。Atomic Design を採用することで、難航しがちなコンポーネントの分類や定義が比較的簡単にできます。また命名規則がはっきりしているので、開発に新たにメンバーが加わる場合なども使いやすいでしょう。

　続いて設計によって抽出したコンポーネントを、実際のアプリケーションとして動作させる必要があります。各コンポーネントを、単一ファイルコンポーネントにしていきましょう。

9.2.1　ディレクトリの構造化と各ファイルの配置

　Vue CLI と webpack テンプレートでアプリケーション開発環境を構築しました。アプリケーションのソースコードを格納する src の下、コンポーネントを格納する src/components ディレクトリも構築されています。ここに単一ファイルコンポーネントを配置していきます。

　設計で抽出したコンポーネントはかなりの数がありました。今後のメンテナンスを考慮すると src/components ディレクトリ内を構造化して見通しをよくする必要があります。

　今回は Atomic Design をもとに構造化しているので、Atoms などの単位でディレクトリを分割します。

Atomic Designで抽出したコンポーネントを単一ファイルコンポーネントとして`src/components`ディレクトリ配下に配置すると、以下のようになります[1]。

抽出コンポーネント	単位	SFC名
ラベル	Atoms	-
テキストボックス	Atoms	-
ボタン	Atoms	KbnButton
アイコン	Atoms	KbnIcon
ログインフォーム	Molecules	KbnLoginForm
ボードナビゲーション	Molecules	KbnBoardNavigation
タスクリストヘッダー	Molecules	KbnTaskListHeader
タスクフォーム	Molecules	KbnTaskForm
タスクカード	Molecules	KbnTaskCard
タスク詳細フォーム	Molecules	KbnTaskDetailForm
ボードタスク	Organisms	KbnBoardTask
タスクリスト	Organisms	KbnTaskList
ログインビュー	Templates	KbnLoginView
ボードビュー	Templates	KbnBoardView
タスク詳細モーダル	Templates	KbnTaskDetailModal

```
# 単一ファイルコンポーネントの配置
$ mkdir -p src/components/{atoms,molecules,organsms,templates}
$ touch src/components/atoms/Kbn{Button,Icon}.vue
$ touch src/components/molecules/Kbn{LoginForm,BoardNavigation,TaskListHeader,Tas
kForm,TaskCard,TaskDetailForm}.vue
$ touch src/components/organisms/Kbn{BoardTask,TaskList}.vue
$ touch src/components/templates/Kbn{LoginView,BoardView,TaskDetailModal}.vue

# TemplatesコンポーネントにプレースホルダーのHTMLを実装
$ echo '<template>\n  <p>ログインページ</p>\n</template>' >> src/components/
templates/KbnLoginView.vue
$ echo '<template>\n  <p>ボードページ</p>\n</template>' >> src/components/
templates/KbnBoardView.vue
$ echo '<template>\n  <p>タスク詳細ページ</p>\n</template>' >> src/components/
templates/KbnTaskDetailModal.vue
```

コンポーネントの名称とファイル名を、Kbnというプレフィックス[2]が入った形でパスカルケースで定義しています。これは、HTML標準の要素や、サードベンダーのライブラリで定義されたコンポーネ

---

[1]　表中では単一ファイルコンポーネントをSFCと略記しています。

[2]　kanbanの略。

ントとコンフリクトして正常に動作しなくなるの防ぐためです[3]。

●単一ファイルコンポーネント化しないコンポーネント

いくつかの部分は単一ファイルコンポーネントとしてファイルを作成していません。

まずPagesのコンポーネントは作成しません。なぜならTemplatesにコンテンツが挿入され実体化されたものでしかないためです。今回のアプリケーションでは、Templatesコンポーネントがインスタンス化されたものがPagesに相当します。

ラベルとテキストボックスも単一ファイルコンポーネント化していません。HTMLでlabel要素とinput要素またはtextarea要素を備えていて、こちらで対応可能だからです[4]。

9.2.2　コンポーネントのAPI

単一ファイルコンポーネントに切り出すところまでは終わりました。実際のアプリケーションを動作させるには、こうした各々のコンポーネントがデータをやりとりして協調動作できるようにする必要があります。また、ボタンなど汎用性の高いコンポーネントは再利用を考慮した実装が必要です。

再利用可能なコンポーネントを実装するためには、以下をAPIとして定義します。

* プロパティ　　● イベント　　● スロット(slot要素)

この原則に従って、プロパティ、イベント、スロットごとにAPIを検討していきましょう。

9.2.3　KbnButtonコンポーネントのAPI

コンポーネントのAPI設計と記述について、今回のアプリケーションで最も汎用的なコンポーネントであるKbnButtonコンポーネントのAPIを考えていきましょう[5]。

●プロパティ

プロパティ	説明	型	受付可能な値	デフォルト
type	ボタンの種別	文字列	text / button	button
disabled	ボタンが無効かどうか	真偽値	false / true	false

---

[3] 単一ファイルコンポーネントの名称とファイル名については、Vue.js公式ガイドラインとして、パスカルケースかケバブケース(KebabCase)の使用とプレフィックスを導入することを定義しています。他の開発者と円滑に開発を進めるために、Vue.js公式で提供するガイドラインを導入しておくことを推奨します。

[4] 機能を付与する場合など要件によっては単一ファイルコンポーネント化を検討してもいいでしょう。今回のアプリケーションの実装では必要ないのでしていません。ボタンについては、テキストやアイコンをサポートする汎用的なボタンの実装が必要なため、button要素を用いず単一ファイルコンポーネント化しています。

[5] 本来は全てのコンポーネントのAPIについて検討していくべきですが、ここではアプリケーションの仕様が固まっていて、それに従って作っていくだけなので割愛します。

typeプロパティはtextとbuttonの2種類があります。値がtextの場合はa要素のようなクリック可能なテキストを示します。ボタン一般に用いられる枠や背景色のスタイルがないものと考えてください。ボードナビゲーションに配置されるログオフボタンなど、スタイルが不要なボタンに利用します。

typeプロパティがbuttonの場合は、HTML標準で定義されているbutton要素とほぼ同じです。disabledプロパティは、disabled属性値をラップしただけのものです。

●イベント

イベントはDOMで使うclickイベントと同じです。ラップしただけです。

イベント	説明
click	ボタンのクリックイベント

●スロット

スロットについては以下のように定義できます。-は名前なしのスロット（単一スロット）を指します。

スロット	説明
-	ボタンのコンテンツ

ここで定義したスロットは単一スロットです。ボタンはテキスト以外に、アイコン形式もあります。それを<KbnButton><KbnIcon name="close"/></KbnButton>のように他のHTML要素やコンポーネントをコンテンツとして挿入できるように単一スロットとして定義しています。

以上、ボタンであるKbnButtonコンポーネントを例に、コンポーネントのAPIの定義の仕方について解説しました。このようにして、他のコンポーネントについても同様にAPIを定義していきます[6]。ドキュメント化し、他の開発者と共有可能な状態にしておくとよいでしょう。[7]

9.3 状態モデリングとデータフローの設計

ここまでコンポーネントを軸にUIをモジュール化する設計について解説しました。

本章のような大規模なWebフロントエンドアプリケーションでは、状態の管理や適切なデータ設計が必須です。続いてこれらの設計を行います。

ユーザーがアプリケーションを利用する上で必要なアプリケーション固有のデータである状態のモデリングと、モデリングされた状態をベースにVuexを用いたデータフローの設計を解説します。

＊6　先述のように今回は割愛しています。コードを参照してください。

＊7　Appendix Bの開発ツールで紹介しますが、Storybookを使用することでチーム内で、共有可能なアプリケーションで使用するコンポーネントをカタログ化することでUIとして動作確認や、コンポーネントのAPIをドキュメント化することでチーム内で共有可能です。

9.3.1 状態モデリング

本章で作成するアプリケーションの仕様と抽出したコンポーネントから、アプリケーションに必要な状態をモデリングします[*8]。以下は、モデリングにより抽出した状態一覧です。

状態	詳細
Auth	認証情報。ログイン後にサーバーから発行される認証に関連する情報を保持。
Task	タスク情報。タスクの名前や説明など情報を保持。
TaskList	タスクリスト情報。タスクリスト名や複数のタスク情報を保持。
Board	ボード情報。タスクリスト情報を保持。

●状態Authの仕様

状態Authは、作成するアプリケーションがログイン/ログアウトする仕様から状態としてモデリングしています。状態Authの詳細仕様は、今回は以下のように定義します[*9]。

ログイン状態かどうかはこれらの情報の有無だけで判断できます。

属性名	型	説明	例
token	文字列	ログイン後にAPIで通信するために必要なトークン。トークンの長さは16文字	'1234567890abcdef'
userId	数値	ログインしたユーザーID。IDはサーバー側で発行される	1

●状態Taskの仕様

状態Taskは、各タスクの情報です。コンポーネントであるタスクカード(KbnTaskCard)、タスクフォーム(KbnTaskForm)、タスク詳細フォーム(KbnTaskDetailForm)から必要です。

属性名	型	説明	例
id	数値	タスクのID。IDはサーバー側で発行される	1
name	文字列	タスクの名前	'タスク1'
description	文字列	タスクの説明。デフォルトは空文字が設定	'これはタスク1です'
listId	数値	このタスクを保持するタスクリストID	2

idは、タスクを識別するためのものです。タスクフォーム(KbnTaskForm)で、ユーザーの追加ボタンの操作時にタスク情報が作成された際に発行されます。

idは、タスクカード(KbnTaskCard)を×ボタンで削除する際や、タスク詳細フォーム

[*8]　モデリングは業務の構造や流れを図示やドキュメント化する作業です。これ自体はソフトウェア開発の文脈で頻繁に出てきます。Vuexを用いるようなアプリケーションでは個々の状態をモデリングする必要があります。この作業を状態モデリングと名付けています。

[*9]　認証情報である状態Authの詳細仕様は、本番で稼働するアプリケーションでは他にtokenの有効期限などセキュリティに関していろいろと考慮する部分がありますが、本章の目的であるアプリケーション開発の焦点を当てるため、今回はこの仕様としておきます。

(KbnTaskDetailForm)でタスク名やタスクの説明などを更新する際に用いられます。APIサーバーを通して使用されます。

● 状態 TaskListの仕様

状態 **TaskList**は、コンポーネントであるタスクリスト(**KbnTaskList**)から必要です。

属性名	型	説明	例
id	数値	タスクリストのID。	1
name	文字列	タスクリストの名前	'TODO'
items	配列	格納するタスク	[{id:1,name:'タスク1',...},...]

itemsは、状態**Task**を格納する属性で複数格納します。この属性は、アプリケーションでユーザーがタスクカード(**KbnTaskCard**)を移動したり、削除するすることによって増減します。

● 状態 Boardの仕様

状態**Board**は、コンポーネントであるボードタスク(**KbnBoardTask**)から必要です[*10]。

属性名	型	説明	例
lists	配列	格納するタスクリスト	[{ id: 1, name: 'TODO', … }, …]

lists属性は、ボードタスク(**KbnBoardTask**)内に複数格納されるタスクリスト(**KbnTaskList**)の状態である**TaskList**を複数保持します。

● ストアによるモデリングした状態の管理

ここまで状態のモデリングは完了です。これらをもとにVuexを利用して状態を一元管理します。

さて、状態は全てVuexで一元的に管理しなければいけないわけではありません。コンポーネントごとに持たせたほうがいいものも存在します。Vuexのストアで状態を一元管理すべきものを考えます。今回作成するアプリケーションの仕様と全般的な動作イメージから以下が良さそうです。

状態**Auth**	アプリケーションの認証チェック、API呼び出しで利用する
状態**Board**	ログイン後、メインとなるボードビュー(**KbnBoardView**)内のコンポーネントにおいて利用する。

これら状態をVuexのストアで管理するため、`src/store/index.js`を以下のように編集します。`Vuex.Store`コンストラクタの`state`オプションに渡しています。

```
// ...

Vue.use(Vuex)

+// 状態 `Auth`と状態 `Board`をVuexのstateで一元管理できるよう定義する
```

[*10] ボードタスク(KbnBoardTask)は今回作成するアプリケーションの仕様上、データベースに永続化する必要はありません。id属性は定義していません。

```
+const state = {
+  auth: { // 状態`Auth`
+    token: null, // `token`はnullで初期化
+    userId: null // `userId`はnullで初期化
+  },
+  board: { // 状態`Board`
+    lists: [] // 状態`TaskList`は空で初期化
+  }
+}

 export default new Vuex.Store({
+  state, // 定義したstateを`state`オプションに指定
   getters,
   actions,
   mutations,
   strict: process.env.NODE_ENV !== 'production'
 })
```

9.3.2 データフロー

　Vuexで一元管理が必要な状態をストアに登録しました。状態を適切に処理するためには、データフローの設計も必要です。Vuexのアクションを起点にしたデータフローの設計をします[*11]。

●アクションの抽出
　データフローの設計として、まずVuexのアクションを抽出します。Vuexのアクションは、主にAjaxリクエストのような非同期処理や、LocalStorageへの読み書きのような外部APIとのやりとりを行う部分です[*12]。アプリケーションの仕様から、以下を抽出できます。

loginアクション	ユーザーがログインする。
fetchListsアクション	全タスクリストを取得する。
addTaskアクション	タスクを追加する。
updateTaskアクション	タスクを更新する。
removeTaskアクション	タスクを削除する。
logoutアクション	ユーザーがログアウトする。

[*11] アプリケーションにおけるデータフローは、ボタンクリックやフォーム入力などのユーザーからのインタラクティブな入力をトリガーに発生したデータの一連のフローです。このデータフローを経てアプリケーションの状態が遷移し、最終的に変更されたアプリケーションの状態を元にUI要素を描画します。これはまさにプログラム言語の関数の概念と同じく、入力となるパラメーターを元に関数内のいくつかの処理を経て、計算結果として何らかの値を出力する関数と同じです。筆者もそうですが、一般的なアプリケーション開発者は、こうしたI/O（Input/Output）という概念に馴染みがあるため、Vuexを使用したデータフローの設計は、ユーザー入力に該当するアクションを起点にすると設計しやすいです。

[*12] 7章を参照してください

●loginアクションをトリガーとするデータフロー

　続いて、抽出したVuexのloginアクションをトリガーとしたデータフローを設計します。loginアクションをトリガーとしたデータフローは以下の図のように設計できます[13]。

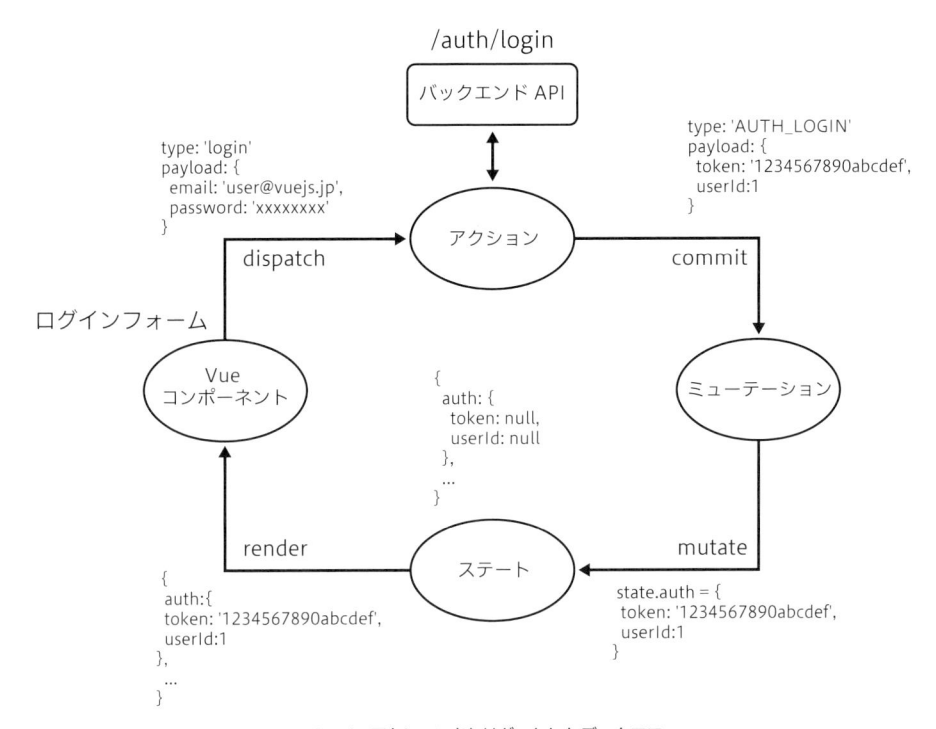

loginアクションをトリガーとしたデータフロー

　loginアクションは、VueコンポーネントKbnLoginView上のログイン処理におけるストアのdispatchを契機に発生します。以降のデータフローは以下のようになります。

1. loginアクションでdispatchされた際に受け取った認証情報を元に、バックエンドAPIのエンドポイント/auth/loginでログイン処理を実行する

2. バックエンドAPIサーバーから認証情報であるAPIトークンtokenとログインしたユーザーIDuserIdをAUTH_LOGINミューテーションにcommitする

3. AUTH_LOGINミューテーションでストアで管理されている状態Auth(state.auth)にcommitされた認証情報を設定する

4. リアクティブシステムによるストアの状態変更検知後、描画関数であるrenderを実行して表示内容を更新する

＊13　データフローの設計は、Vuexのデータフローの設計に慣れていない場合は、初めのうちは上記のようなVuexの概念図を元に検討すると、Vuexの各要素間での操作においてどのようにデータが遷移すべきか設計しやすいのでおすすめです。

● **fetchLists**アクションをトリガーとするデータフロー

同様に`fetchLists`アクションをトリガーとしたデータフローを設計します。**KbnBoardTask**のロード処理の`dispatch`から発生します。

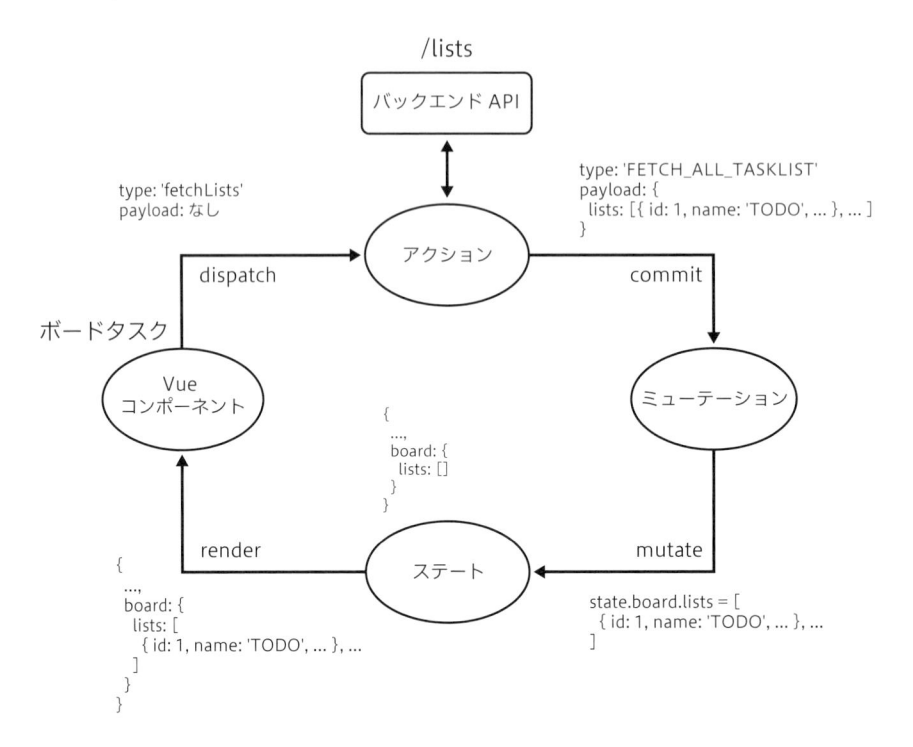

fetchListsアクションをトリガーとしたデータフロー

1. **fetchLists**アクションで、バックエンド**API**のエンドポイント`/lists`から状態**TaskList**の全データを取得する
2. バックエンド**API**で取得した全タスクリストを`FETCH_ALL_TASKLIST`ミューテーションに`commit`する
3. `FETCH_ALL_TASKLIST`ミューテーションでストアで管理されている状態**Baord**の`lists`(`state.board.lists`)に`commit`された全タスクリストを設定する
4. リアクティブシステムによるストアの状態変更検知後、描画関数である`render`を実行して表示内容を更新する

● **addTask**アクションをトリガーとするデータフロー

`addTask`アクションをトリガーとしたデータフローを設計します。**KbnTaskList**のタスク追加処理の`dispatch`から発生します。

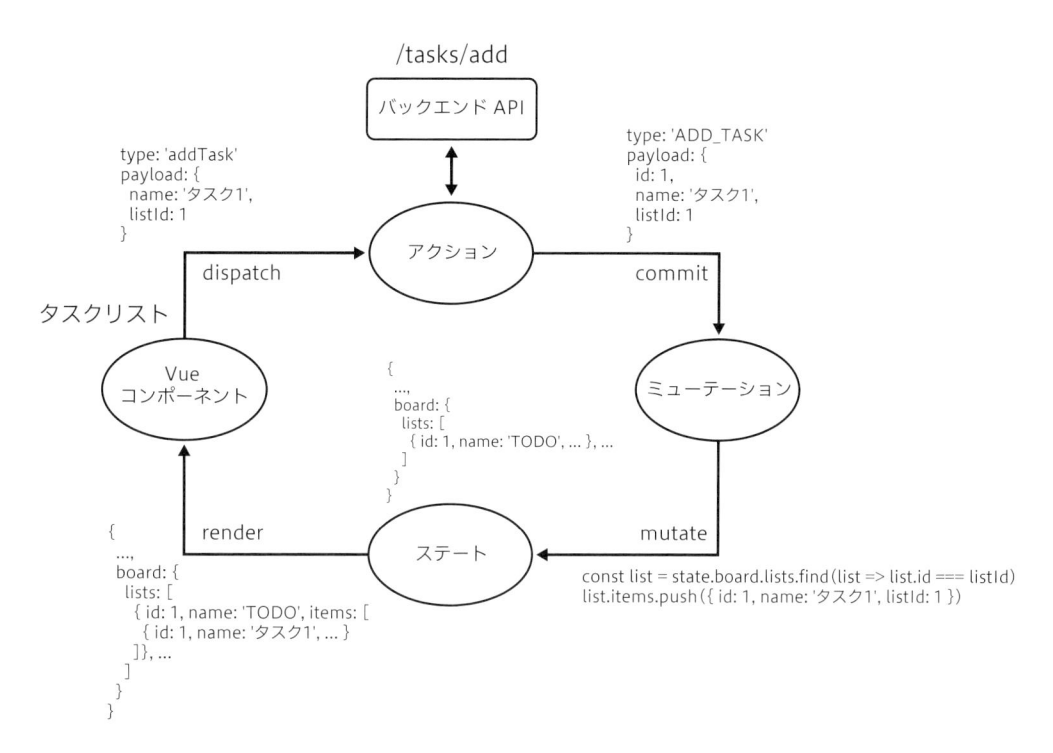

addTaskアクションをトリガーとしたデータフロー

1. addTaskアクションでdispatchされた際に受け取ったタスク名であるnameと格納されるタスクリストのIDであるlistIdを元に、バックエンドAPIのエンドポイント/tasks/addでタスク追加処理を実行する

2. バックエンドAPIサーバーから追加されたタスクid、name、そしてlistIdをADD_TASKミューテーションにcommitする

3. ADD_TASKミューテーションでストアで管理されている状態Boardのlists(state.board.lists)から対象となるタスクリストを検索し、そのタスクリストにcommitされたタスク情報を元にタスクとして追加する

4. リアクティブシステムによるストアの状態変更検知後、描画関数であるrenderを実行して表示内容を更新する

● updateTaskアクションをトリガーとするデータフロー

updateTaskアクションをトリガーとしたデータフローを設計します。updateTaskアクションは、KbnTaskDetailFormのタスク詳細情報更新のdispatchから発生します。

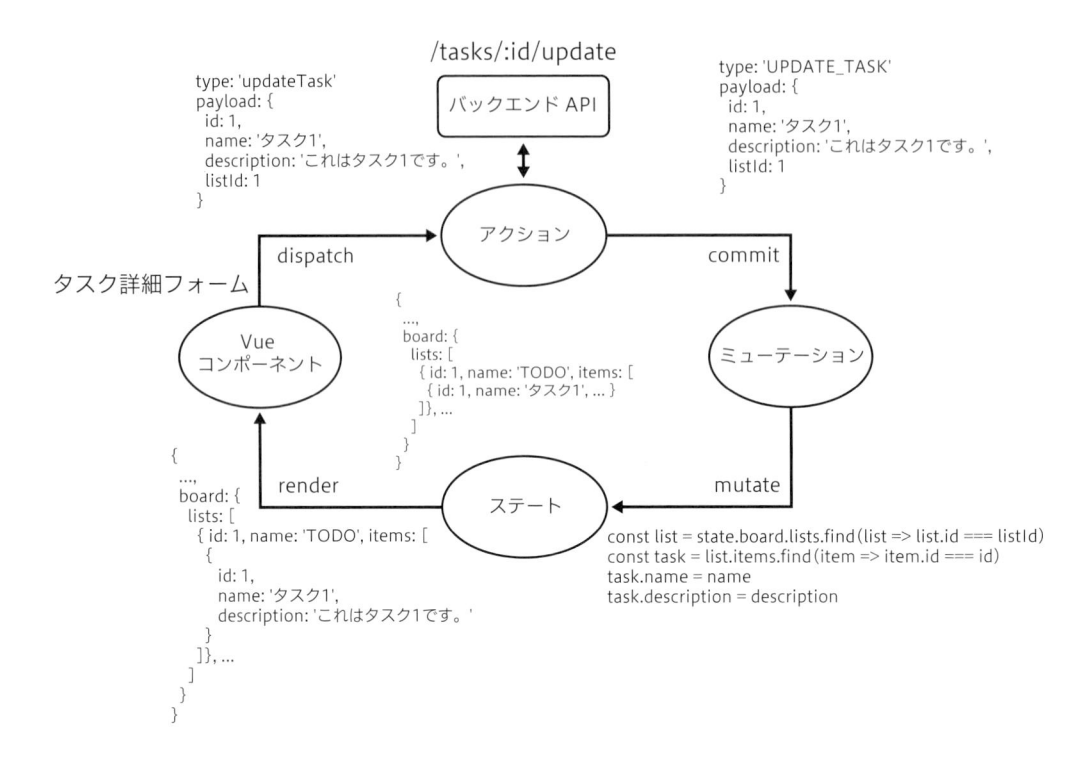

1. updateTaskアクションでdispatchされた際に受け取ったタスク名であるname、タスクの説明であるdescription、そして格納されるタスクリストのIDであるlistIdを元に、バックエンドAPIのエンドポイント/tasks/:id/updateでタスク更新処理を実行する

2. バックエンドAPIサーバーでタスク詳細情報の更新処理されたタスクのid、name、description、そしてlistIdをUPDATE_TASKミューテーションにcommitする

3. UPDATE_TASKミューテーションでストアで管理されている状態Boardのlists(state.board.lists)から対象となるタスクを検索し、そのタスクの名前、説明情報をcommitされたタスク情報を元に更新する

4. リアクティブシステムによるストアの状態変更検知後、描画関数であるrenderを実行して表示内容を更新する。

● removeTaskアクションをトリガーとするデータフロー

　removeTaskアクションをトリガーとしたデータフローを設計します。KbnTaskCardのタスク削除処理のdispatchから発生します。

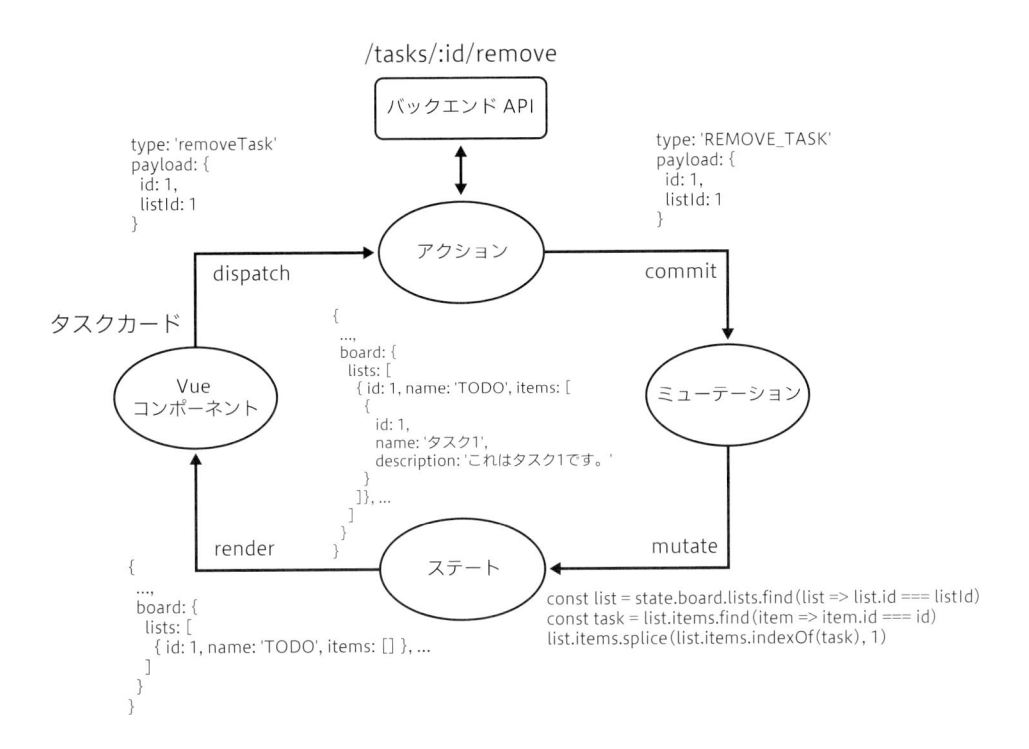

1. `removeTask`アクションで`dispatch`された際に受け取ったタスクIDである`id`と格納されているタスクリストのIDである`listId`を元に、バックエンドAPIのエンドポイント`/tasks/:id/remove`でタスク削除処理を実行する

2. バックエンドAPIサーバーでタスク削除処理されたタスク`id`、そして`listId`を`REMOVE_TASK`ミューテーションに`commit`する

3. `REMOVE_TASK`ミューテーションでストアで管理されている状態Boardの`lists`(`state.board.lists`)から対象となるタスクリストを検索し、そのタスクリストから`commit`されたタスクIDと一致するタスクを削除する

4. リアクティブシステムによるストアの状態変更検知後、描画関数である`render`を実行して表示内容を更新する。

● logoutアクションをトリガーとするデータフロー

`logout`アクションをトリガーとしたデータフローを設計します。`KbnBoardNavigation`のログアウト処理の`dispatch`から発生します。

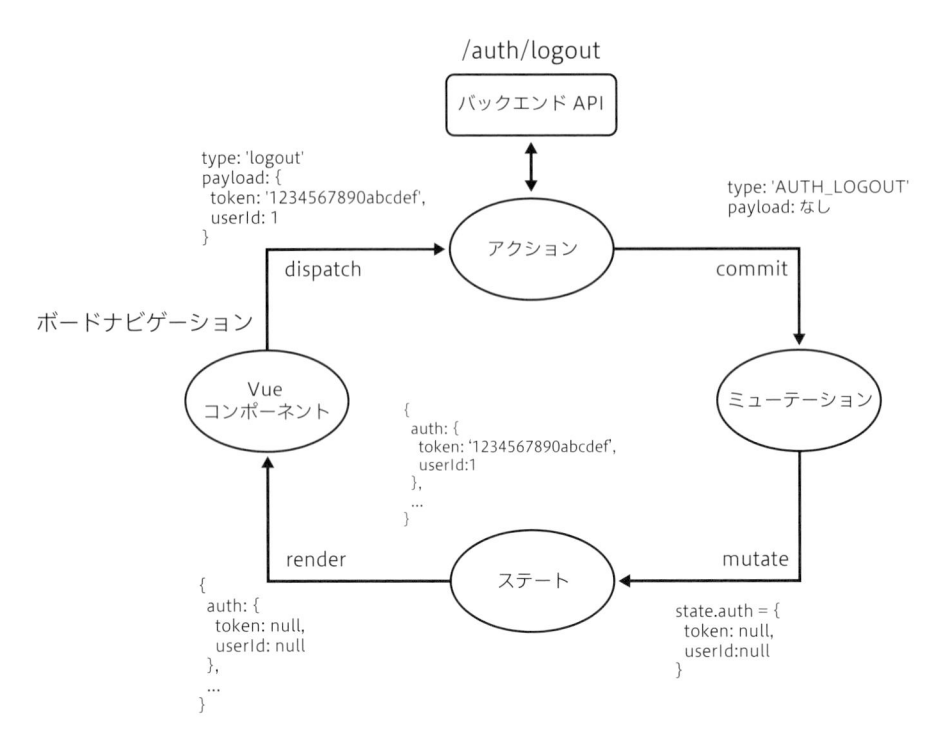

/auth/logout

logout アクションをトリガーとしたデータフロー

1. logout アクションで dispatch された際に受け取った認証情報を元に、バックエンド API のエンドポイント /auth/logout でログアウト処理を実行する
2. バックエンド API サーバーでログアウト処理終了後、AUTH_LOGOUT ミューテーションに commit する
3. AUTH_LOGOUT ミューテーションでストアで管理されている状態 Auth(state.auth) に初期化認証情報を設定する
4. リアクティブシステムによるストアの状態変更検知後、描画関数である render を実行して表示内容を更新する

これで、タスク管理アプリケーションのデータフロー設計は完了です。

9.3.3　データフロー周りの雛形コードのセットアップ

データフローを設計しました。これに従って実装する際のデータフロー周りのコードの雛形を準備しましょう。Vuex においてはミューテーションとアクションのハンドラ定義が重要です。

- ミューテーションハンドラ
  - ミューテーションの種別に関する情報
- アクションハンドラ

src/store/mutation-types.jsを編集して、設計で抽出したミューテーションの種別を以下のように定義します。

```
+export const AUTH_LOGIN = 'AUTH_LOGIN'
+export const FETCH_ALL_TASKLIST = 'FETCH_ALL_TASKLIST'
+export const ADD_TASK = 'ADD_TASK'
+export const UPDATE_TASK = 'UPDATE_TASK'
+export const REMOVE_TASK = 'REMOVE_TASK'
+export const AUTH_LOGOUT = 'AUTH_LOGOUT'
```

src/store/mutations.jsを編集して、ミューテーション毎にハンドラの雛形コードを用意します。stateとpayload[14]を引数で受け付けるミューテーションハンドラを関数で定義しています[15]。ミューテーションハンドラはアクション側でcommitされた際に呼び出されます。

```
+import * as types from './mutation-types'
+
+export default {
+  [types.AUTH_LOGIN] (state, payload) {
+    // TODO:
+    throw new Error('AUTH_LOGIN mutation should be implemented')
+  },
+
+  [types.FETCH_ALL_TASKLIST] (state, payload) {
+    // TODO:
+    throw new Error('FETCH_ALL_TASKLIST mutation should be implemented')
+  },
+
+  [types.ADD_TASK] (state, payload) {
+    // TODO:
+    throw new Error('ADD_TASK mutation should be implemented')
+  },
+
+  [types.UPDATE_TASK] (state, payload) {
+    // TODO:
+    throw new Error('UPDATE_TASK mutation should be implemented')
+  },
+
+  [types.REMOVE_TASK] (state, payload) {
+    // TODO:
+    throw new Error('REMOVE_TASK mutation should be implemented')
+  },
+
+  [types.AUTH_LOGOUT] (state) {
+    // TODO:
+    throw new Error('AUTH_LOGOUT mutation should be implemented')
```

---

[14] AUTH_LOGOUTミューテーションは必要ないため省略。

[15] ここではES2015の算出プロパティ名(computed property names)と短縮メソッド名(Shorthand method names)を使用しています。それぞれ簡単に言えば、オブジェクトのプロパティ名に変数を使える仕組みと、メソッド定義の短縮記法です。ここではmutation-types.jsで定義した文字列をメソッド名にして、オブジェクト内にメソッドを定義しています。 https://developer.mozilla.org/ja/docs/Web/JavaScript/Reference/Operators/Object_initializer

```
+  }
+}
```

各ミューテーションハンドラは、実装漏れを防ぐために意図的にErrorを発生させています。

以上、データフローにおけるミューテーション周りの雛形コードを準備しました。続いてアクションの雛形を定義していきましょう。

9.3.4   アクションの雛形

アクションの雛形コードを準備しましょう。src/store/actions.jsを編集します[16]。アクションごとにアクションハンドラを関数で定義しています[17]。

```
+/* eslint-disable no-unused-vars */
+import * as types from './mutation-types'
+import { Auth, List, Task } from '../api'
+/* eslint-enable no-unused-vars */
+
+export default {
+  login: ({ commit }) => {
+    // TODO:
+    throw new Error('login action should be implemented')
+  },
+
+  fetchLists: ({ commit }) => {
+    // TODO:
+    throw new Error('fetchLists action should be implemented')
+  },
+
+  addTask: ({ commit }) => {
+    // TODO:
+    throw new Error('addTask action should be implemented')
+  },
+
+  updateTask: ({ commit }) => {
+    // TODO:
+    throw new Error('updateTask action should be implemented')
+  },
+
+  removeTask: ({ commit }) => {
+    // TODO:
+    throw new Error('removeTask action should be implemented')
+  },
+
```

---

*16 ESLintの警告を無効にするためのコメントを記載しています。

*17 commitオブジェクトを引数で受けています。分割代入で各プロパティについて個別に処理します。分割代入はES2015以降の記法です。MDNなどを参照してください。https://developer.mozilla.org/ja/docs/Web/JavaScript/Reference/Operators/Destructuring_assignment

```
+  logout: ({ commit }) => {
+    // TODO:
+    throw new Error('logout action should be implemented')
+  }
+}
```

こちらも実装漏れを防ぐためにひとまずErrorを発生させています。

●バックエンドAPIとの通信のための準備

　いくつかのアクションでは、バックエンドAPIと通信するために、src/store/api.jsからAPIモジュールをインポートする必要があります。このAPIモジュールはまだ作成していないので、ここで雛形を準備しておきましょう。src/apiディレクトリに、以下のようにAPIモジュールの配置します。

モジュール	説明
Auth	アプリケーションのログイン/ログアウトなどの認証周りを機能を提供する
List	タスクリスト周りのデータ取得、永続化機能を提供する
Task	タスク周りのデータ取得、永続化機能を提供する

```
$ touch src/api/{auth,list,task}.js # auth.js、list.js、task.jsをまとめて作成
```

　APIモジュールのエントリモジュールであるsrc/api/index.jsを編集して、以下のように配置したAPIモジュールをエクスポートできるようにします。

```
+import Auth from './auth'
+import List from './list'
+import Task from './task'
+
+export {
+  Auth,
+  List,
+  Task
+}
```

　データフロー周りの実装に向けた雛形コードの準備は終わりです。詳細は次章で作り込みます。

9.4　ルーティング設計

　今回のタスク管理アプリケーションはシングルページアプリケーションです。アプリケーション設計の最後に、要であるルーティング設計について解説します。

9.4.1　ルートフロー

　本章で作成するアプリケーションは、UIイメージの大枠として、ログインページ、ボードページ、タスク詳細ページ、3つのUIで構成されています。このUI構成とアプリケーション仕様から、以下のようなルートフローで構成することができます。

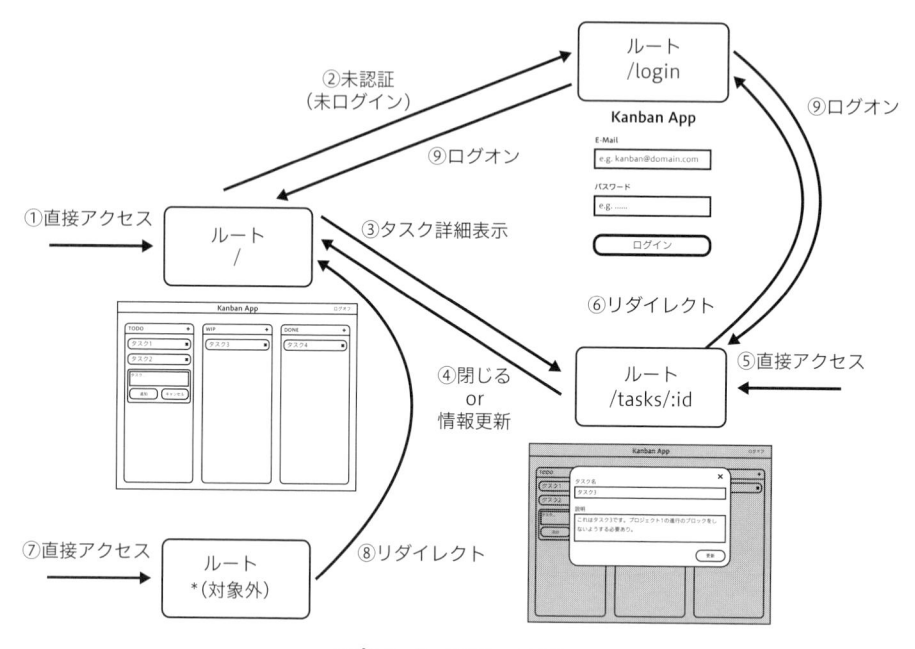

アプリケーションのルートフロー

- ユーザーがアプリケーションを利用するためにメインページであるボードページのルート/に直接アクセスする①
  - ユーザーがアプリケーションにまだログインしていない場合：
    - アプリケーションがログインページのルート/loginにリダイレクトさせる②
  - ユーザーがアプリケーションに既にログインしている場合：
    - そのままボードページのルート/上で、APIから情報を取得してUIを構築してユーザーに表示する
- ユーザーがボードページ上でタスクカードをクリックする
  - タスク詳細ページのルート/tasks/:idに遷移し、タスクカードの詳細をモーダルで表示する③
  - タスク詳細ページのルート/tasks/:idでユーザーがモーダルを閉じる、もしくは情報を更新する④
    - ボードページのルート/のページに戻らせてアプリケーションを引き続き利用させる
- ユーザーがタスク詳細ページのルート/tasks/:idに直接アクセスする⑤
  - ユーザーがアプリケーションにまだログインしていない場合：
    - アプリケーションがログインページのルート/loginにリダイレクトさせる⑥
- ユーザーがアプリケーションに既にログインしている場合：

- そのままタスク詳細ページのルート/tasks/:id上で、タスクカードの詳細をモーダルで表示する
- ユーザーがアプリケーションでサポートしない対象外のURLに直接アクセスする⑦
  - アプリケーションがボードページのルート/にリダイレクトさせる⑧
- ユーザーがログインページのルート/loginで認証情報を入力してログインする⑨
  - 認証成功後、ボードページのルート/、またはタスク詳細ページのルート/tasks/:idにリダイレクトしてアプリケーション利用開始する

上記で設計したアプリケーションのルートフローは、ページ遷移するに当たっていくつか条件がありますが、基本的には以下のようにUIと対応したルート定義をしています。

- ルート/: ボードページ（ログイン必須）
- ルート/login: ログインページ
- ルート/tasks/:id: タスク詳細ページ（ログイン必須）

ユーザーによってはブラウザで直接URL入力して、上記の他のルートにアクセスする可能性があるため、上記以外のルートにアクセスしてきた場合はルート/にリダイレクトするよう設計しておきます。

9.4.2 ルート定義

設計はできました。ルーティングの実装のための準備をしましょう。先のルートフローで設計したとおりUI（Templatesコンポーネント）とルートがそれぞれ対応しています。

Vue Routerはコンポーネントとルートをマッピングさせるスタイルを取っているので、Templatesコンポーネントとルートをマッピングすればうまく動作します[*18]。

ルートを定義するファイルsrc/router/routes.jsを準備し、編集します。

src/router/routes.jsでは、これまでにsrc/router/index.js内で実装していたルート定義を、このファイルで定義するようにしています。このように分離しておくことで、プロジェクトのコードが整理できます。また以降でルーティングを実装する際に単体テストがしやすくなります。

import構文では@を利用して対象となるコンポーネントをインポートしています。これはES Modulesの仕様外のもので、webpackのalias機能で独自に実現しています。@とsrcがマッピングされていて、importを簡潔に記述できます[*19]。

Vue Routerによるルート定義は基本的にはコンポーネントとルートを、ルートレコードにおいてマッピングするだけです。ただし、ボードページとタスク詳細ページにおいては、ログインが必須であるため、Vue Routerにおいてログインしているかどうかチェックするためにルートメタフィールド（meta: { requiresAuth: true }）を定義しています。

[*18] これまでのコンポーネント設計、先のルーティング設計でVue Routerでシングルページアプリケーションとして動作できるよう準備してきました。

[*19] webpackの設定ファイルbuild/webpack.base.conf.jsのresolve.aliasで設定しています。@はsrcディレクトリとマッピングしており、さらにsrc配下に格納したコンポーネントといったモジュールのパスを解決するようにしています。webpackに依存した書き方をしなくても、従来どおり相対パス（../../src/components/templates/KbnLoginView.vueなど）によるモジュールのインポートも可能です。

```
$ touch src/router/routes.js
```

```
+import KbnBoardView from '@/components/templates/KbnBoardView.vue'
+import KbnLoginView from '@/components/templates/KbnLoginView.vue'
+import KbnTaskDetailModal from '@/components/templates/KbnTaskDetailModal.vue'
+
+export default [{
+  path: '/',
+  component: KbnBoardView,
+  meta: { requiresAuth: true }
+}, {
+  path: '/login',
+  component: KbnLoginView
+}, {
+  path: '/tasks/:id',
+  component: KbnTaskDetailModal,
+  meta: { requiresAuth: true }
+}, {
+  path: '*',
+  redirect: '/'
+}]
```

src/router/index.jsの内容を以下のように編集します。ルート定義を記述したsrc/router/routes.jsを取り込みます。このルート定義をベース実装していきます。

```
 import Vue from 'vue'
 import Router from 'vue-router'
-import HelloWorld from '@/components/HelloWorld'
+import routes from './routes'

 Vue.use(Router)

-export default new Router({
-  routes: [
-    {
-      path: '/',
-      name: 'HelloWorld',
-      component: HelloWorld
-    }
-  ]
-})
+export default new Router({ routes })
```

アプリケーションの設計と、今後実装する上でのアプリケーションコードの準備は終わりました。以後、いよいよ実装に入ります。

10.
中規模・大規模向けのアプリケーション開発③ 実装

ここまでファイルの準備などを進めながら、設計を解説してきました。ここからいよいよ詳細な実装に入ります。本章で作成するアプリケーションは、大枠のUIとしては3つから構成されます。

- ● ログインページ
- ● ボードページ
- ● タスク詳細ページ

本章ではこの中でログインページに焦点を当てて解説していきます。以下の実装について解説していきます[*1]。

- ● ログインページのコンポーネント
- ● ログインページのデータフロー
- ● 全体のルーティング

合わせて、開発に必須となるテスト、デバッグ、ビルド、デプロイ、チューニング、エラーハンドリングなどを解説します。Vue.jsを現場で活用するのに欠かせない、幅広い知識を身に着けましょう。

10.1 開発方針の整理

本章ではテスト駆動開発のスタイルで解説していきます[*2]。

近年のWebアプリケーションの高度化に伴い、Webベースの中・大規模向けアプリケーションでは一定以上の品質が求められるようになってきています。テスト駆動開発はアプリケーション開発で品質を担保する手段の1つです。この開発スタイルを身に着けておくことは有用でしょう[*3][*4]。

10.1.1 アプリケーションの実装に入る前に

アプリケーションの実装に入る前にいくつかwebpackテンプレートでセットアップされたプロジェクトの雛形を変更しておきます。

HelloWorld.vueコンポーネントは使用しないので関連ファイルを削除します。

```
$ rm src/components/HelloWorld.vue test/unit/specs/HelloWorld.spec.js
```

アプリケーションのエントリポイントとなるApp.vueからVue.jsのロゴを削除しておきます。

- [*1] 本書ではページの都合上、本章で作成するアプリケーションの実装について全て解説できません。このため、ボードページとタスク詳細ページの実装については解説していません。本章で作成するアプリケーションの全ての実装については、サンプルをダウンロードして確認してください。
- [*2] テスト駆動開発について初めての人で理解できるよう解説していきます。ただし、テスト駆動開発そのものについての解説は最小限にとどめます。興味のある人は『テスト駆動開発(オーム社、2017年 Kent Beck著 / 和田卓人訳)』などの書籍を読んでください。
- [*3] UIを持ったアプリケーション開発にテスト駆動を導入することについて、Web開発者の間、特にフロントエンドエンジニアの間で話題になります。UIの仕様変更が多く発生するようなプロジェクトにおいては、単体テストによる検証実装コードの開発コストが割に合わないという意見が目立ちます。こうした背景から、Appendix-Bで紹介するStorybookを利用した開発に注目が集まりつつあります。
- [*4] 中・大規模向けアプリケーションの開発において、この開発スタイルを強要するわけではありません。

```
<template>
  <div id="app">
    <img src="./assets/logo.png">
    <router-view/>
  </div>
</template>
<!-- ... -->
```

最後に、単体テストコードのエントリポイントである、test/unit/index.jsファイルを以下のように編集してルーター関連のコードが格納されたsrc/routerディレクトリをテスト対象に含めないようにしておきます[5]。

```
import Vue from 'vue'

Vue.config.productionTip = false

// require all test files (files that ends with .spec.js)
const testsContext = require.context('./specs', true, /\.spec$/)
testsContext.keys().forEach(testsContext)

-// require all src files except main.js for coverage.
+// require all src files except main.js or router/*.js for coverage.
 // you can also change this to match only the subset of files that
 // you want coverage for.
-const srcContext = require.context('../../src', true, /^\.\/(?!main(\.js)?$)/)
+const srcContext = require.context('../../src', true, /^\.\/
(?!.*(?:main|router)).*(\.js)?$/)
 srcContext.keys().forEach(srcContext)
```

10.2 コンポーネントの実装

　本節ではコンポーネントを実装していきます。ファイル自体はすでに作成してあるので、それぞれをコードに落とし込みましょう。アプリケーションのUIは、複数のコンポーネントを構成して構築します。ログインページなら次のようになります。

---

[5]　ルーター関連のコードを単体テストコードに含めていないのは、Vue Test UtilsでVue Router関連のテストが動作しなくなるためです。ルーティングの実装における単体テストにおいては、明示的にインポートしてテストするようにします。

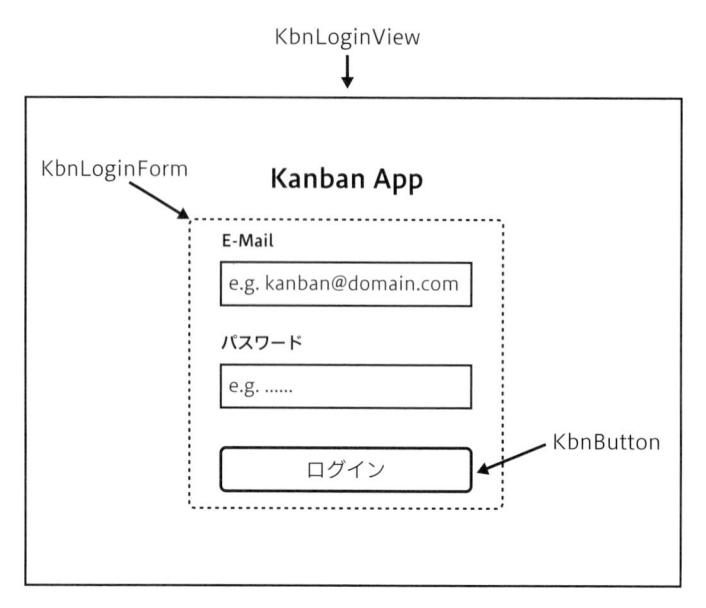

ログインページのコンポーネント構成

　ログインページを粒度が一番小さいコンポーネントから紐解いていきましょう。次のようなコンポーネントからログインページは構成されています。

1. ボタンの`KbnButton`
2. メールアドレスとパスワードを入力するログインフォームの`KbnLoginForm`
   - ラベルとテキストボックス
   - `KbnButton`
3. ログインページのトップとなる`KbnLoginView`
   - アプリケーションロゴ的なヘッダー
   - `KbnLoginForm`

ログインページのHTML要素の構成をツリー形式で表現すると以下のようになります。

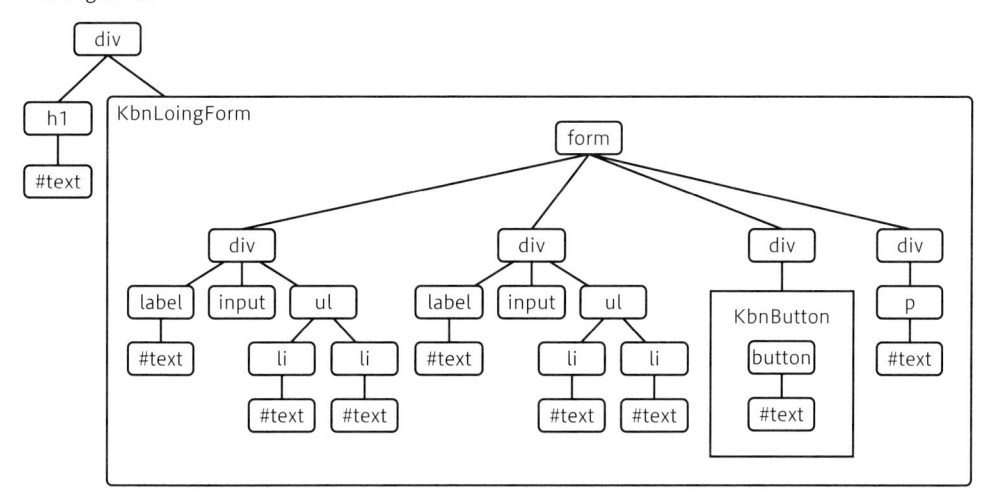

KbnLoginView

ログインページのHTML要素の構成

コンポーネントの実装順序には絶対的な基準はありませんが筆者としてはボトムアップ的なアプローチをおすすめします。今回のケースでも、ボトムアップ的にツリーの最下層であるコンポーネントから実装する方法を選択します。最下層から実装していくと、単体テストで動作検証を行いつつも確実に動作するコンポーネントからUIを組み立てられます[*6]。

10.2.1　KbnButtonコンポーネント

まずはKbnButtonコンポーネントを実装します。タスク管理アプリケーションで様々なコンポーネントで利用されるボタンです。コンポーネントのAPIは定義したので、あとはその仕様に則って実装していくだけです。今回はテスト駆動開発のスタイルで開発を進めていくので、仕様をもとにそれを表現するテストを書き、そのテストをパスするアプリケーションの実コードを書き進めていきましょう。

以下のようにして、KbnButtonコンポーネントの単体テストコードを格納するディレクトリを作成して、そのディレクトリにKbnButtonコンポーネントの単体テストコードを配置します[*7]。

```
$ mkdir -p test/unit/specs/components/atoms
$ touch test/unit/specs/components/atoms/KbnButton.spec.js
```

KbnButtonコンポーネントの単体テストコードを実装します。

[*6] トップダウンから順に実装するとまだ実装されていない依存コンポーネントをスタブ等で補っていく必要があります。このため、ボトムアップで実装するより開発に手間がかかりがちです。

[*7] 単体テストコードは、他の開発者がすぐに理解できるようアプリケーションのソースコードが格納されているsrcディレクトリと対応する形で構造化します。

```
+import { mount } from '@vue/test-utils'
+import KbnButton from '@/components/atoms/KbnButton.vue'
+
+describe('KbnButton', () => {
+  describe('プロパティ', () => {
+    describe('type', () => {
+      describe('デフォルト', () => {
+        it('kbn-buttonクラスを持つbutton要素で構成されること', () => {
+          const button = mount(KbnButton)
+          expect(button.is('button')).to.equal(true)
+          expect(button.classes()).to.include('kbn-button')
+        })
+      })
+
+      describe('button', () => {
+        it('kbn-buttonクラスを持つbutton要素で構成されること', () => {
+          const button = mount(KbnButton, {
+            propsData: { type: 'button' }
+          })
+          expect(button.is('button')).to.equal(true)
+          expect(button.classes()).to.include('kbn-button')
+        })
+      })
+
+      describe('text', () => {
+        it('kbn-button-textクラスを持つbutton要素で構成されること', () => {
+          const button = mount(KbnButton, {
+            propsData: { type: 'text' }
+          })
+          expect(button.is('button')).to.equal(true)
+          expect(button.classes()).to.include('kbn-button-text')
+        })
+      })
+    })
+
+    describe('disabled', () => {
+      describe('デフォルト', () => {
+        it('disabled属性が付与されていないこと', () => {
+          const button = mount(KbnButton)
+          expect(button.attributes().disabled).to.be.an('undefined')
+        })
+      })
+
+      describe('true', () => {
+        it('disabled属性が付与されていること', () => {
+          const button = mount(KbnButton, {
+            propsData: { disabled: true }
+          })
+          expect(button.attributes().disabled).to.equal('disabled')
+        })
+      })
+
```

```
+      describe('false', () => {
+        it('disabled属性が付与されていないこと', () => {
+          const button = mount(KbnButton)
+          expect(button.attributes().disabled).to.be.an('undefined')
+        })
+      })
+    })
+  })
+
+  describe('イベント', () => {
+    describe('click', () => {
+      it('発行されていること', () => {
+        const button = mount(KbnButton)
+        button.trigger('click')
+        expect(button.emitted().click.length).to.equal(1)
+      })
+    })
+  })
+
+  describe('スロット', () => {
+    describe('コンテンツ挿入あり', () => {
+      it('挿入されていること', () => {
+        const button = mount(KbnButton, {
+          slots: { default: '<p>hello</p>' }
+        })
+        expect(button.text()).to.equal('hello')
+      })
+    })
+
+    describe('コンテンツ挿入なし', () => {
+      it('挿入されていないこと', () => {
+        const button = mount(KbnButton)
+        expect(button.text()).to.equal('')
+      })
+    })
+  })
+})
```

　テストコードの説明を簡単に行います。Mochaがデフォルトで採用する、BDDという考え方でコードがどう振る舞うべきかを規定しています。describeでテスト対象のカテゴライズ、it()で個別のテスト対象とこう振る舞うべきという定義、exceptでテスト対象に期待される振る舞いの定義を行っています[8]。次のコードでは、KbnButtonのプロパティのtypeはデフォルトで、kbn-buttonクラスを持つbutton要素で構成されるという定義とその状態をコードに表したものが書かれています。コードを読んでみると、なんとなく自然な文章のように読めます。

```
describe('KbnButton', () => { // KbnButtonの
  describe('プロパティ', () => { // プロパティの
    describe('type', () => { // typeは
```

----

[8]　describe()、it()、expect()はいずれもMochaが提供するものです。

```
        describe('デフォルト', () => { // デフォルトで
          // kbn-buttonクラスを持つbutton要素で構成されます
          it('kbn-buttonクラスを持つbutton要素で構成されること', () => {
            // kbn-buttonクラスを持つbutton要素で構成されることを示すコード
            const button = mount(KbnButton)
            expect(button.is('button')).to.equal(true)
            expect(button.classes()).to.include('kbn-button')
          })
        })
      })
    })
  })
```

　編集が済んだら保存して、`npm run unit`で単体テストの検証を実行してみましょう。KbnButton
コンポーネントを実装していないため、上記単体テストの検証が失敗するのを確認できます。

　テスト駆動開発では、まずテストを実装＆実行→テストに失敗（テストが動作することを確認）→テス
ト対象のコードを実装→テストを実行→テストに成功（対象コードの動作を確認）というプロセスで実装
していきます[*9]。以後の実行でもテストコードを実装したらまず実行して失敗、その後コードを実行し
て成功させるまで修正していくというプロセスを踏んでください。

　KbnButtonコンポーネントのAPIの動作検証する単体テストコードを実装したので、KbnButtonコ
ンポーネント`src/components/atoms/KbnButton.vue`を実装します。仕様とそれに基づくテスト
がすでにあるので、あとはテストが通るように書いていきます。

```
+<template>
+  <button
+    :class="classes"
+    :disabled="disabled"
+    type="button"
+    @click="handleClick"
+  >
+    <slot />
+  </button>
+</template>
+
+<script>
+export default {
+  name: 'KbnButton',
+
+  props: {
+    type: {
+      type: String,
+      default: 'button'
+    },
+    disabled: {
+      type: Boolean,
```

[*9]　まずテストを書き、失敗させてから実装していく進め方はRED/GREEN/REFACTORというテスト駆動開発の重要な考え方に基づきま
す。ざっくり言えば、テストを正しく実装してから、アプリケーションコードに入っていくという考え方です。なお、本書はテスト駆動開
発スタイルに厳格に従っているわけではありません。一部簡略化したラフなテスト駆動開発だと思ってください。

```
+      default: false
+    }
+  },
+
+  computed: {
+    // `type`に応じてクラスを動的に生成する
+    classes () {
+      const cls = this.type === 'text' ? ('-' + this.type) : ''
+      return [`kbn-button${cls}`]
+    }
+  },
+
+  methods: {
+    // `click`イベントを発行
+    handleClick (ev) {
+      this.$emit('click', ev)
+    }
+  }
+}
+</script>
+
+<style scoped>
+.kbn-button {
+  padding: .6em 1.3em;
+}
+.kbn-button-text {
+  border: none;
+  padding-right: 0;
+  padding-left: 0;
+}
+</style>
```

編集が済んだら保存して、`npm run unit`で単体テストを検証を実行してみましょう。今度はKbnButtonコンポーネントを実装したため、単体テストの検証が成功するのを確認できます。

KbnButtonの設計時点でのAPIは満たしました。次のコンポーネント実装に進みましょう。

10.2.2 KbnLoginFormコンポーネント

ログインフォームとなるKbnLoginFormコンポーネントを実装します。ユーザーから入力されたフォームの情報をバリデーションする役割を持ちます。

バックエンドでの認証を想定し、ログインボタンのクリックで動作するonloginプロパティを外部に公開するAPI[10]にしています。propsを使っています。処理の実態は外部が担うということです。今回

---

[10] onloginプロパティは本来$emitメソッドで発行するloginイベントとしてKbnLoginFormコンポーネントのインターフェイスで公開すべきですが、ここではあえてプロパティでインターフェイスを公開しています。$emitでイベントは発行し$onにコールバック関数を指定することでイベントをハンドリングできますが、処理した結果をイベント発行元に戻すことはできません。このためログインに伴う処理結果を戻すためにプロミスを返す関数をプロパティに指定することで対応できるようにしています。こうすることで、データフロー設計の

のアプリケーションでは10.3.3で解説するAuth APIモジュールに任せます。

それでは、KbnLoginFormコンポーネントをテストから実装していきましょう。

```
$ mkdir -p test/unit/specs/components/molecules
$ touch test/unit/specs/components/molecules/KbnLoginForm.spec.js
```

```
+import { mount } from '@vue/test-utils'
+import KbnLoginForm from '@/components/molecules/KbnLoginForm.vue'
+
+describe('KbnLoginForm', () => {
+  describe('プロパティ', () => {
+    describe('validation', () => {
+      let loginForm
+      beforeEach(done => {
+        loginForm = mount(KbnLoginForm, {
+          propsData: { onlogin: () => {} }
+        })
+        loginForm.vm.$nextTick(done)
+      })
+
+      describe('email', () => {
+        describe('required', () => {
+          describe('何も入力されていない', () => {
+            it('validation.email.requiredがinvalidであること', () => {
+              loginForm.setData({ email: '' })
+              expect(loginForm.vm.validation.email.required).to.equal(false)
+            })
+          })
+
+          describe('入力あり', () => {
+            it('validation.email.requiredがvalidであること', () => {
+              loginForm.setData({ email: 'foo@domain.com' })
+              expect(loginForm.vm.validation.email.required).to.equal(true)
+            })
+          })
+        })
+
+        describe('format', () => {
+          describe('メールアドレス形式でないフォーマット', () => {
+            it('validation.email.formatがinvalidであること', () => {
+              loginForm.setData({ email: 'foobar' })
+              expect(loginForm.vm.validation.email.format).to.equal(false)
+            })
+          })
+
+          describe('メールアドレス形式のフォーマット', () => {
+            it('validation.email.formatがvalidであること', () => {
+              loginForm.setData({ email: 'foo@domain.com' })
```

際に抽出したVuexのloginアクション処理をKbnLoginFormコンポーネントときれいに分離できます。コンポーネントとログイン処理が疎結合になります。

```
+        expect(loginForm.vm.validation.email.format).to.equal(true)
+          })
+        })
+      })
+    })
+
+    describe('password', () => {
+      describe('required', () => {
+        describe('何も入力されていない', () => {
+          it('validation.password.requiredがinvalidであること', () => {
+            loginForm.setData({ password: '' })
+            expect(loginForm.vm.validation.password.required).to.equal(false)
+          })
+        })
+
+        describe('入力あり', () => {
+          it('validation.password.requiredがvalidであること', () => {
+            loginForm.setData({ password: 'xxxx' })
+            expect(loginForm.vm.validation.password.required).to.equal(true)
+          })
+        })
+      })
+    })
+  })
+
+  describe('valid', () => {
+    let loginForm
+    beforeEach(done => {
+      loginForm = mount(KbnLoginForm, {
+        propsData: { onlogin: () => {} }
+      })
+      loginForm.vm.$nextTick(done)
+    })
+
+    describe('バリデーション項目全てOK', () => {
+      it('validになること', () => {
+        loginForm.setData({
+          email: 'foo@domain.com',
+          password: '12345678'
+        })
+        expect(loginForm.vm.valid).to.equal(true)
+      })
+    })
+
+    describe('バリデーションNG項目あり', () => {
+      it('invalidになること', () => {
+        loginForm.setData({
+          email: 'foo@domain.com',
+          password: ''
+        })
+        expect(loginForm.vm.valid).to.equal(false)
+      })
+    })
```

```
+    })
+
+    describe('disableLoginAction', () => {
+      let loginForm
+      beforeEach(done => {
+        loginForm = mount(KbnLoginForm, {
+          propsData: { onlogin: () => {} }
+        })
+        loginForm.vm.$nextTick(done)
+      })
+
+      describe('バリデーションNG項目ある', () => {
+        it('ログイン処理は無効', () => {
+          loginForm.setData({
+            email: 'foo@domain.com',
+            password: ''
+          })
+          expect(loginForm.vm.disableLoginAction).to.equal(true)
+        })
+      })
+
+      describe('バリデーション項目全てOKかつログイン処理中ではない', () => {
+        it('ログイン処理は有効', () => {
+          loginForm.setData({
+            email: 'foo@domain.com',
+            password: '12345678'
+          })
+          expect(loginForm.vm.disableLoginAction).to.equal(false)
+        })
+      })
+
+      describe('バリデーション項目全てOKかつログイン処理中', () => {
+        it('ログイン処理は無効', () => {
+          loginForm.setData({
+            email: 'foo@domain.com',
+            password: '12345678',
+            progress: true
+          })
+          expect(loginForm.vm.disableLoginAction).to.equal(true)
+        })
+      })
+    })
+
+    describe('onlogin', () => {
+      let loginForm
+      let onloginStub
+      beforeEach(done => {
+        onloginStub = sinon.stub()
+        loginForm = mount(KbnLoginForm, {
+          propsData: { onlogin: onloginStub }
+        })
+        loginForm.setData({
+          email: 'foo@domain.com',
```

```
+          password: '12345678'
+        })
+      loginForm.vm.$nextTick(done)
+    })
+
+    describe('resolve', () => {
+      it('resolveされること', done => {
+        onloginStub.resolves()
+
+        // クリックイベント
+        loginForm.find('button').trigger('click')
+        expect(onloginStub.called).to.equal(false) // まだresolveされない
+        expect(loginForm.vm.error).to.equal('') // エラーメッセージは初期化
+        expect(loginForm.vm.disableLoginAction).to.equal(true) // ログインアクショ
ンは不可
+
+        // 状態の反映
+        loginForm.vm.$nextTick(() => {
+          expect(onloginStub.called).to.equal(true) // resolveされた
+          const authInfo = onloginStub.args[0][0]
+          expect(authInfo.email).to.equal(loginForm.vm.email)
+          expect(authInfo.password).to.equal(loginForm.vm.password)
+          loginForm.vm.$nextTick(() => { // resolve内での状態の反映
+            expect(loginForm.vm.error).to.equal('') // エラーメッセージは初期化のまま
+            expect(loginForm.vm.disableLoginAction).to.equal(false) // ログイン
アクションは可能
+            done()
+          })
+        })
+      })
+    })
+
+    describe('reject', () => {
+      it('rejectされること', done => {
+        onloginStub.rejects(new Error('login error!'))
+
+        // クリックイベント
+        loginForm.find('button').trigger('click')
+        expect(onloginStub.called).to.equal(false) // まだrejectされない
+        expect(loginForm.vm.error).to.equal('') // エラーメッセージは初期化
+        expect(loginForm.vm.disableLoginAction).to.equal(true) // ログインアクショ
ンは不可
+
+        // 状態の反映
+        loginForm.vm.$nextTick(() => {
+          expect(onloginStub.called).to.equal(true) // rejectされた
+          const authInfo = onloginStub.args[0][0]
+          expect(authInfo.email).to.equal(loginForm.vm.email)
+          expect(authInfo.password).to.equal(loginForm.vm.password)
+          loginForm.vm.$nextTick(() => {
+            expect(loginForm.vm.error).to.equal('login error!') // エラーメッセー
ジが設定される
+            expect(loginForm.vm.disableLoginAction).to.equal(false) // ログイン
```

```
アクションは可能
+          done()
+        })
+      })
+    })
+   })
+  })
+ })
+})
```

　ここで使っている$nextTickはVue.jsによるDOMの更新後に処理を挟み込むためのものです。

　KbnLoginFormコンポーネントは複雑なロジックを実行するため、入念にテストしています。次のプロパティを検証しています。

プロパティ	内容
validation	v-modelで紐付けられるフォームの入力値のバリデーション
valid	フォーム入力値が全て有効であるかどうか
disableLoginAction	ログインボタンによるログイン処理が可能かどうか表すフラグ
onlogin	ログインボタンがクリックされたときに呼び出されるコールバック

　validation、valid、disableLoginActionプロパティは算出プロパティとして実装します。ログインボタンを押せるか、正しい情報が入力されているかを検証するためのものです。

　実装の経験がある方ならわかるはずですが、ログイン処理のテストはバリデーションやそれぞれの状態に伴う可否の判別など（ライブラリを用いても）長くなりがちなコードです。

　onloginプロパティについては、外部コンポーネントが実際の処理を担います。そのため呼ばれた際の状態を確認するテストだけをしています。

●コンポーネントの実装

　KbnLoginFormコンポーネント src/components/molecules/KbnLoginForm.vue を実装します。テストは書きましたが、長めなのでアプリケーションコード本体も解説しておきます。

　validation、valid、disableLoginActionは入力内容に応じてログイン可否を判断するための算出プロパティです。まとめてしまうと長くなりすぎるので適切に分割しています。

　onloginはpropsとして定義しているだけです。具体的なログイン処理は、このコンポーネントを使用する親コンポーネント元で実装します。ログイン処理の成功、失敗の結果は、このonloginコールバックで伝えられるので、それに応じるUIの挙動を実装するだけです。

```
+<template>
+  <form novalidate>
+    <div class="form-item">
+      <label for="email">メールアドレス</label>
+      <input
+        id="email"
+        v-model="email"
```

```
+        type="text"
+        autocomplete="off"
+        placeholder="例: kanban@domain.com"
+        @focus="resetError">
+      <ul class="validation-errors">
+        <li v-if="!validation.email.format">メールアドレスの形式が不正です。</li>
+        <li v-if="!validation.email.required">メールアドレスが入力されていません。</li>
+      </ul>
+    </div>
+    <div class="form-item">
+      <label for="passowrd">パスワード</label>
+      <input
+        id="password"
+        v-model="password"
+        type="password"
+        autocomplete="off"
+        placeholder="例: xxxxxxxx"
+        @focus="resetError">
+      <ul class="validation-errors">
+        <li v-if="!validation.password.required">パスワードが入力されていません。</li>
+      </ul>
+    </div>
+    <div class="form-actions">
+      <KbnButton
+        :disabled="disableLoginAction"
+        @click="handleClick"
+      >
+        ログイン
+      </KbnButton>
+      <p
+        v-if="progress"
+        class="login-progress"
+      >
+        ログイン中...
+      </p>
+      <p
+        v-if="error"
+        class="login-error"
+      >
+        {{ error }}
+      </p>
+    </div>
+  </form>
+</template>
+
+<script>
+// KbnButtonをインポート
+import KbnButton from '@/components/atoms/KbnButton'
+// メールアドレスのフォーマットをチェックする正規表現
+const REGEX_EMAIL = /^(([^<>()[\]\\.,;:\s@"]+(\.[^<>()[\]\\.,;:\s@"]+)*)|↵
+(".+"))@((\[[0-9]{1,3}\.[0-9]{1,3}\.[0-9]{1,3}\.[0-9]{1,3}\])|(([a-zA-Z\-0-9]+↵
+\.)+[a-zA-Z]{2,}))$/
+const required = val => !!val.trim()
```

```
+
+export default {
+  name: 'KbnLoginForm',
+
+  components: {
+    KbnButton
+  },
+
+  props: {
+    onlogin: {
+      type: Function,
+      required: true
+    }
+  },
+
+  data () {
+    return {
+      email: '',
+      password: '',
+      progress: false,
+      error: ''
+    }
+  },
+
+  computed: {
+    validation () { // emailとpasswordのバリデーション
+      return {
+        email: {
+          required: required(this.email),
+          format: REGEX_EMAIL.test(this.email)
+        },
+        password: {
+          required: required(this.password)
+        }
+      }
+    },
+
+    valid () {
+      const validation = this.validation // 先に定義したvalidationを用いて可否を返す
+      const fields = Object.keys(validation)
+      let valid = true
+      for (let i = 0; i < fields.length; i++) {
+        const field = fields[i]
+        valid = Object.keys(validation[field])
+          .every(key => validation[field][key])
+        if (!valid) { break }
+      }
+      return valid
+    },
+
+    disableLoginAction () { // validを使ってログイン処理の可否、progressは後述
+      return !this.valid || this.progress
+    }
```

```
+  },
+
+  methods: {
+    resetError () {
+      this.error = ''
+    },
+
+    handleClick (ev) {
+      if (this.disableLoginAction) { return } // 不備があればログイン処理が実行されない
ようガード
+
+      this.progress = true // ログイン処理実行中をあらわす
+      this.error = ''
+
+      this.$nextTick(() => {
+        this.onlogin({ email: this.email, password: this.password })
+          .catch(err => {
+            this.error = err.message
+          })
+          .then(() => {
+            this.progress = false
+          })
+      })
+    }
+  }
+}
+</script>
+
+<style scoped>
+form {
+  display: block;
+  margin: 0 auto;
+  text-align: left;
+}
+label {
+  display: block;
+}
+input {
+  width: 100%;
+  padding: .5em;
+  font: inherit;
+}
+ul {
+  list-style-type: none;
+  padding: 0;
+  margin: 0.25em 0;
+}
+ul li {
+  font-size: 0.5em;
+}
+.validation-errors {
+  height: 32px;
+}
```

```
+.form-actions p {
+  font-size: 0.5em;
+}
+</style>
```

10.2.3　KbnLoginViewコンポーネント

　本章で解説する最後のコンポーネントとしてKbnLoginViewを実装します。ログインページの実態となります。見出し(h1要素)とKbnLoginFormコンポーネントで構成されます。KbnLoginFormコンポーネントのログインを契機に、バリデーションされたメールアドレスとパスワードのデータを元にサーバーと通信して認証します。認証後、タスク管理アプリケーションのメインページであるボードページに遷移するよう実装します。

　それでは、テストからKbnLoginViewコンポーネントを実装していきましょう。

```
$ mkdir -p test/unit/specs/components/templates
$ touch test/unit/specs/components/templates/KbnLoginView.spec.js
```

```
+import { mount, createLocalVue } from '@vue/test-utils'
+import Vuex from 'vuex'
+import KbnLoginView from '@/components/templates/KbnLoginView.vue'
+
+// ローカルなVueコンストラクタを作成
+const localVue = createLocalVue()
+
+// ローカルなVueコンストラクタにVuexをインストール
+localVue.use(Vuex)
+
+describe('KbnLoginView', () => {
+  let actions
+  let $router
+  let store
+  let LoginFormComponentStub
+
+  // `KbnLoginForm`コンポーネントのログインボタンのクリックをトリガーするヘルパー関数
+  const triggerLogin = (loginView, target) => {
+    const loginForm = loginView.find(target)
+    loginForm.vm.onlogin('foo@domain.com', '12345678')
+  }
+
+  beforeEach(() => {
+    // KbnLoginFormコンポーネントのスタブの設定
+    LoginFormComponentStub = {
+      name: 'KbnLoginForm',
+      props: ['onlogin'],
+      render: h => h('p', ['login form'])
```

```
+    }
+
+    // Vue Routerのモック設定
+    $router = {
+      push: sinon.spy()
+    }
+
+    // loginアクションの動作確認のためのVuex周りの設定
+    actions = {
+      login: sinon.stub() // loginアクションのモック
+    }
+    store = new Vuex.Store({
+      state: {},
+      actions
+    })
+  })
+
+  describe('ログイン', () => {
+    let loginView
+    describe('成功', () => {
+      beforeEach(() => {
+        loginView = mount(KbnLoginView, {
+          mocks: { $router },
+          stubs: {
+            'kbn-login-form': LoginFormComponentStub
+          },
+          store,
+          localVue
+        })
+      })
+
+      it('ボードページのルートにリダイレクトすること', done => {
+        // loginアクションを成功とする
+        actions.login.resolves()
+
+        triggerLogin(loginView, LoginFormComponentStub)
+
+        // プロミスのフラッシュ
+        loginView.vm.$nextTick(() => {
+          expect($router.push.called).to.equal(true)
+          expect($router.push.args[0][0].path).to.equal('/')
+          done()
+        })
+      })
+    })
+
+    describe('失敗', () => {
+      beforeEach(() => {
+        loginView = mount(KbnLoginView, {
+          stubs: {
+            'kbn-login-form': LoginFormComponentStub
+          },
+          store,
```

```
+          localVue
+        })
+        sinon.spy(loginView.vm, 'throwReject') // spyでラップ
+      })
+
+      afterEach(() => {
+        loginView.vm.throwReject.restore() // spyのラップ解除
+      })
+
+      it('エラー処理が呼び出されること', done => {
+        // loginアクションを失敗とする
+        const message = 'login failed'
+        actions.login.rejects(new Error(message))
+
+        triggerLogin(loginView, LoginFormComponentStub)
+
+        // プロミスのフラッシュ
+        loginView.vm.$nextTick(() => {
+          const callInfo = loginView.vm.throwReject
+          expect(callInfo.called).to.equal(true)
+          expect(callInfo.args[0][0].message).to.equal(message)
+          done()
+        })
+      })
+    })
+  })
+})
```

　KbnLoginViewの単体テストは、ログイン処理について検証してます。KbnLoginViewでは、KbnLoginFormを利用してコンポーネントを構成します。単体テストにおいては、KbnLoginFormコンポーネントのスタブを利用しています。

　スタブとはテストのために用いる、テスト対象外の代用品だと思ってください。スタブを使うのは、テストしたい箇所以外の外部に依存せずに実装するためです。

　ログインに用いるonloginはKbnLoginFormコンポーネントの内部の状態に動作が左右されるつくりになっています。このため、テストを素朴に実装しようと思うとこの状態を考慮せねばいけなくなります。これではテストコードが複雑化し、変更にも弱くなってしまいます。単体テストで関連する部分までテストしようと思うとどんどん実装範囲が広がっていってしまいます。コンポーネントはそれぞれテストしているので、本当はここではKbnLoginViewの動作だけ単体テストできればいいはずです。

　KbnLoginView側では、特にKbnLoginFormコンポーネントの内部実装について知る必要はありません。onloginと同等のインターフェイスでコンポーネントに情報を与える(あるいは持ってくる)ことができればいいわけです。そこで、loginアクションにモックを使用して認証が成功するケースと失敗するケースをテストしています。こうすればダミーの実装でKbnLoginViewだけテストできます。

　ログイン認証が成功した場合は、ルーティング設計においてボードページにページ遷移します。ここではVue Routerのモックを利用してページ遷移についてテストしています。

●コンポーネントの実装

KbnLoginViewコンポーネント src/components/templates/KbnLoginView.vue を実装します。

```
-<template>
-  <p>ログインページ</p>
-</template>
+<template>
+  <div class="login-view">
+    <h1>Kanban App</h1>
+    <KbnLoginForm :onlogin="handleLogin" />
+  </div>
+</template>
+
+<script>
+import KbnLoginForm from '@/components/molecules/KbnLoginForm.vue'
+
+export default {
+  name: 'KbnLoginView',
+
+  components: {
+    KbnLoginForm
+  },
+
+  methods: {
+    handleLogin (authInfo) {
+      return this.$store.dispatch('login', authInfo)
+        .then(() => {
+          this.$router.push({ path: '/' })
+        })
+        .catch(err => this.throwReject(err))
+    },
+    throwReject (err) { return Promise.reject(err) }
+  }
+}
+</script>
+
+<style scoped>
+.login-view {
+  width: 320px;
+  margin: auto;
+}
+</style>
```

これだけではアプリケーションとしては不完全ですが単純なログインページとしては動作します[11]。npm run dev でサーバー起動後、ブラウザ上URLに http://localhost:8080/#/login を入力してアクセスしてみましょう。以下のようなログインページが表示されるはずです。

....

[11] ルーティング処理、他コンポーネントの実装、そしてloginアクションに伴うデータフロー処理が実装されていないため、ユーザーが利用できるレベルのアプリケーションとしては動作しません。

実装したログインページ

10.3　データフローの実装

コンポーネントは完成しました。ログインページにおけるデータフローを実装します。

10.3.1　loginアクションハンドラ

Vuexによるデータフローのエントリポイントであるloginアクションハンドラを実装します。

```
$ mkdir -p test/unit/specs/store/actions
$ touch test/unit/specs/store/actions/login.spec.js
```

```
+import Vue from 'vue'
+import * as types from '@/store/mutation-types'
+
+// loginアクション内の依存関係をモック化する
+const mockLoginAction = login => {
+  // inject-loaderを使ってアクション内の依存関係をモック化するための注入関数を取得する
+  const actionsInjector = require('inject-loader!@/store/actions')
+
+  // 注入関数でAuth APIモジュールをモック化する
+  const actionsMocks = actionsInjector({
+    '../api': {
+      Auth: { login }
+    }
+  })
+
+  return actionsMocks.default.login
+}
```

```
+
+describe('loginアクション', () => {
+  const address = 'foo@domain.com'
+  const password = '12345678'
+  let commit
+  let future
+
+  describe('Auth.loginが成功', () => {
+    const token = '1234567890abcdef'
+    const userId = 1
+
+    beforeEach(done => {
+      const login = authInfo => Promise.resolve({ token, userId })
+      const action = mockLoginAction(login)
+      commit = sinon.spy()
+
+      // loginアクションの実行
+      future = action({ commit }, { address, password })
+      Vue.nextTick(done)
+    })
+
+    it('成功となること', () => {
+      // commitが呼ばれているかチェック
+      expect(commit.called).to.equal(true)
+      expect(commit.args[0][0]).to.equal(types.AUTH_LOGIN)
+      expect(commit.args[0][1].token).to.equal(token)
+      expect(commit.args[0][1].userId).to.equal(userId)
+    })
+  })
+
+  describe('Auth.loginが失敗', () => {
+    beforeEach(done => {
+      const login = authInfo => Promise.reject(new Error('login failed'))
+      const action = mockLoginAction(login)
+      commit = sinon.spy()
+
+      // loginアクションの実行
+      future = action({ commit })
+      Vue.nextTick(done)
+    })
+
+    it('失敗となること', done => {
+      // commitが呼ばれていないかチェック
+      expect(commit.called).to.equal(false)
+
+      // エラーが投げられているかチェック
+      future.catch(err => {
+        expect(err.message).to.equal('login failed')
+        done()
+      })
+    })
+  })
+})
```

loginアクションハンドラの単体テストは、バックエンドのAPIと通信して認証を行うAuthAPIモジュールのloginメソッドの成功、失敗するケースの動作検証を行っています。

loginアクションハンドラではAuthAPIモジュールに依存しています。これはまだ実装されていないため、mockLoginAction関数でinject-loaderを利用してこのモジュールをモック化しています。

単体テストを実装したので、loginアクションハンドラ src/store/actions.jsを編集します。

```
// ...
export default {
- login: ({ commit }) => {
-   // TODO:
-   throw new Error('login action should be implemented')
+ login: ({ commit }, authInfo) => {
+   return Auth.login(authInfo)
+     .then(({ token, userId }) => {
+       commit(types.AUTH_LOGIN, { token, userId })
+     })
+     .catch(err => { throw err })
  },

  // ...
```

10.3.2　AUTH_LOGINミューテーションハンドラ

AUTH_LOGINミューテーションハンドラを実装します。これはloginアクションにおいてAUTH_LOGINミューテーションにコミットされた際にトリガーされます。loginアクションからコミットされた際に渡されたペイロード値が状態authに反映されているかどうかテストしましょう。

```
$ mkdir -p test/unit/specs/store/mutations
$ touch test/unit/specs/store/mutations/auth_login.spec.js
```

```
+import mutations from '@/store/mutations'
+
+describe('AUTH_LOGINミューテーション', () => {
+  it('ミューテーションのペイロード値が状態authに設定されること', () => {
+    const state = {}
+
+    const token = '1234567890abcdef'
+    const userId = 1
+    mutations.AUTH_LOGIN(state, { token, userId })
+
+    expect(state.auth.token).to.equal(token)
+    expect(state.auth.userId).to.equal(userId)
+  })
+})
```

AUTH_LOGIN ミューテーションハンドラ src/store/mutations.js を実装します。 state.auth
に payload を渡すだけのかなりシンプルなコードに落ち着きます。

```
 // ...
 export default {
   [types.AUTH_LOGIN] (state, payload) {
-    // TODO:
-    throw new Error('AUTH_LOGIN mutation should be implemented')
+    state.auth = payload
   },

   // ...
```

10.3.3 Auth API モジュール

login アクションハンドラ、AUTH_LOGIN ミューテーションハンドラを実装しました。これでログイ
ンページにおける Vuex を利用したデータフローはほぼ完成です。ただし、login アクションハンドラ
内で呼び出す、Auth API モジュールをまだ実装していません。これはバックエンドの API と通信して
認証を行うためには欠かせません。実装していきましょう[12]。

```
$ mkdir -p test/unit/specs/api
$ touch test/unit/specs/api/auth.spec.js
```

Auth API モジュールの単体テストを見てみましょう。バックエンドの API に対してリクエストが正常
に処理されたケース、失敗したケースの動作検証を行っています。login アクションハンドラと同様に
inject-loader を利用し、axios の adapter 機能を利用することで処理をモック化しています[13]。

```
+import axios from 'axios'
+
+// Auth API モジュールで利用するHTTPクライアントをモック化
+const mockAuth = adapter => {
+  const injector = require('inject-loader!@/api/auth')
+  const clientMock = injector({
+    './client': axios.create({ adapter })
+  })
+  return clientMock.default
+}
+
+describe('Auth API モジュール', () => {
+  describe('login', () => {
+    const token = '1234567890abcdef'
```

---

[12] バックエンド API と通信する API モジュールは、本来は Vuex のデータフローとは領域が異なるものです。ただし、通常のアプリケーショ
ンではデータフロー自身にバックエンド API とのやりとりに依存した部分があります。そのため、同時に実装するのが一般的です。

[13] 単体テスト環境においてもバックエンドを模倣したサーバーを動作させず、JavaScript のコードレベルで API の仕様に沿った通信結果を
返すモックを実装しました。効率的にテストできるようにしています。

```
+    const userId = 1
+    const address = 'foo@domain.com'
+    const password = '12345678'
+
+    describe('成功', () => {
+      it('token、userIdが取得できること', done => {
+        const adapter = config => {
+          return new Promise((resolve, reject) => {
+            resolve({ data: { token, userId }, status: 200 })
+          })
+        }
+
+        const auth = mockAuth(adapter)
+        auth.login({ address, password })
+          .then(res => {
+            expect(res.token).to.equal(token)
+            expect(res.userId).to.equal(userId)
+          })
+          .then(done)
+      })
+    })
+
+    describe('失敗', () => {
+      it('エラーメッセージを取得できること', done => {
+        const message = 'failed login'
+        const adapter = config => {
+          return new Promise((resolve, reject) => {
+            const err = new Error(message)
+            err.response = { data: { message }, status: 401 }
+            reject(err)
+          })
+        }
+
+        const auth = mockAuth(adapter)
+        auth.login({ address, password })
+          .catch(err => {
+            expect(err.message).to.equal(message)
+          })
+          .then(done)
+      })
+    })
+  })
+})
```

　Auth APIモジュール src/api/auth.jsを実装してみましょう。clientを用いて/auth/login
に認証情報込みでPOSTリクエストを送っています。通信は非同期に行われるので、Promiseを用いて
成功時と失敗時の動作を書いています。

```
+import client from './client'
+
+export default {
+  login: authInfo => {
```

```
+    return new Promise((resolve, reject) => {
+      client.post('/auth/login', authInfo)
+        .then(res => resolve({ token: res.data.token, userId: res.data.userId
}))
+        .catch(err => {
+          reject(new Error(err.response.data.message || err.message))
+        })
+    })
+  }
+}
```

　HTTPクライアントを別モジュール`./client`に切り出します。こうすることで`auth.js`内の処理に余計な部分が入り込まず、今後バックエンドとの通信を増やすときに取り回しがよくなります。こちらも実装してしまいましょう。

```
$ touch src/api/client.js
```

```
+import axios from 'axios'
+
+export default axios.create()
```

10.4　ルーティングの実装

　Vue Routerを用いたルーティングの実装を解説します。基本的なルーティング[*14]についてはすでに対応済です。ここではログイン時と非ログイン時でルーティングを切り替える方法を解説します。

10.4.1　beforeEachガードフックを活用したナビゲーションガード

　ログイン済みかどうかチェックしてページ遷移を防ぐ、ナビゲーションガードを実装します。Vue Routerの`beforeEach`ガードフックを活用しましょう。
　ルーティングも同様にテスト駆動開発スタイルを採用します[*15]。

```
$ mkdir -p test/unit/specs/router
$ touch test/unit/specs/router/guards.spec.js
```

[*14]　テンプレートとルートの対応
[*15]　ルーティングの単体テストコードのディレクトリ構造もsrcディレクトリと対応させます。

beforeEachガードフックの単体テストは、認証トークン[16]が存在するケースと存在しないケースの検証を行います。

この単体テストにおいては、loginアクションハンドラと同様にinject-loaderを利用し、beforeEachガードフック内部で依存するVuexのストアをヘルパー関数mockAuthorizeTokenでモック化しています。Vue RouterとVuexがセットアップされたアプリケーションのコードは利用していません。テストコード内で別途Vue Routerによるルート定義やVuexで状態設定をして、ローカルなVue環境を作成しています。二度手間のようですが、こうした方が不具合を回避しやすくなります[17]。

```
+import { mount, createLocalVue } from '@vue/test-utils'
+import VueRouter from 'vue-router'
+import Vuex from 'vuex'
+
+// Appコンポーネント
+const App = {
+  name: 'app',
+  render: h => h('router-view')
+}
+// Topコンポーネント
+const Top = {
+  name: 'top',
+  render: h => h('p', ['top'])
+}
+// Loginコンポーネント
+const Login = {
+  name: 'login',
+  render: h => h('p', ['login'])
+}
+
+// ナビゲーションガードを実装するファイル内で依存するVuex Storeをモック化するヘルパー関数
+const mockAuthorizeToken = store => {
+  const injector = require('inject-loader!@/router/guards')
+  const storeMock = injector({
+    '../store': store
+  })
+  return storeMock.authorizeToken
+}
+
+// Vueアプリケーションをセットアップするヘルパー関数
+const setup = state => {
+  // Vuexストアの設定
+  const store = new Vuex.Store({ state })
+
+  // Vue Routerの設定
```

---

*16 ログインした際にバックエンドから発行されます。

*17 既にVue RouterとVuexがセットアップされたアプリケーションのコードを利用してテストすることも可能ですが、今回のテスト対象以外の依存する部分も単体テストコード内の環境にセットアップする必要が生じてしまいます。これで余計に作業が発生しまうのと、単体テストの動作検証においてテストが失敗した場合、テスト対象部分で発生しているのか、テスト対象外のコードの部分で発生しているのか、切り分けが難しくなり、単体テストのデバッグに労力を費やしてしまうという問題が起こりやすいです。こうした問題を回避するために、今回の単体テストのように、テスト対象となるコード、モジュールを見極めて、動作検証するにあたって必要なモジュールやテスト環境を最小限セットアップするのが望ましいでしょう。ここまでも何度かテストコード内で新規にVueをセットアップしています。

```
+  const router = new VueRouter({
+    routes: [{
+      path: '/',
+      component: Top,
+      meta: { requiresAuth: true }
+    }, {
+      path: '/login',
+      component: Login
+    }]
+  })
+
+  // ナビゲーションガードであるauthorizeTokenフックをインストール
+  router.beforeEach(mockAuthorizeToken(store))
+
+  // Appでマウントしてラッパーを返す
+  return mount(App, {
+    localVue,
+    store,
+    router
+  })
+}
+
+// ローカルなVueコンストラクタを作成
+const localVue = createLocalVue()
+
+// ローカルなVueコンストラクタにVue RouterとVuexをインストール
+localVue.use(VueRouter)
+localVue.use(Vuex)
+
+describe('beforeEachガードフック', () => {
+  describe('認証トークンあり', () => {
+    it('そのまま解決すること', () => {
+      const app = setup({
+        auth: {
+          token: '1234567890abcdef',
+          userId: 1
+        }
+      })
+      expect(app.text()).to.equal('top')
+    })
+  })
+
+  describe('認証トークンなし', () => {
+    it('/login にリダレクトして解決すること', () => {
+      const app = setup({})
+      expect(app.text()).to.equal('login')
+    })
+  })
+})
```

●アプリケーションコードの作成

ディレクトリ src/router にナビゲーションガード関連の実装を格納するファイル guards.js を作成し、実装してみましょう。

```
$ touch src/router/guards.js
```

authorizeToken 関数で認証済み(ログイン済み)かを判断して処理を切り替えます。ログインした際に付与される認証トークがあるかどうかチェックすることで、該当ルートのページの遷移させるかルート /login のページに遷移させるかどうか判定しています[*18]。なお、マッチしたルートのレコードのメタフィールドに requiresAuth が付与されていれば認証が必要なページですが、付与されてなければ必要ありません。authorizeToken 関数内でその場合分けを行っています。

```
+import store from '../store'
+
+export const authorizeToken = (to, from, next) => {
+  if (to.matched.some(record => record.meta.requiresAuth)) {
+    // マッチしたルートにおいて、メタフィールドに `requiresAuth` が付与されている場合は
+    // ログインした際に付与される認証トークンがあるかどうかチェックする
+    // 注意:
+    // このアプリケーションでは簡略化のため `auth.token` があるかどうかのみで
+    // ログイン済みであるかどうかチェックしているが、
+    // 本来ならば付与された認証トークンをバックエンドの API 経由などで検証すべき
+    if (!store.state.auth || !store.state.auth.token) {
+      next({ path: '/login' })
+    } else {
+      next()
+    }
+  } else {
+    next()
+  }
+}
```

●guards.jsの追加

これで、beforeEach ガードフックの実装が完了しました。src/router/index.js を編集して、guards.js を読み込んで利用するようにしましょう。authorizeToken 関数をルーターインスタンスの beforeEach メソッドに渡すことで、認証されていなければナビゲーションをガードする仕組みができ上がります。これで一通り完成です。

```
import Vue from 'vue'
import Router from 'vue-router'
import routes from './routes'
+import { authorizeToken } from './guards'
```

[*18] authorizeToken 関数の実装はコード中コメントの通り簡略化したものです。ここでは認証トークンが単純に存在するかどうかのみで検証していますが、実際のプロダクトで利用されるアプリケーションでは、バックエンドの API 経由などで付与された認証トークンが妥当であるかどうか検証すべきです。

```
Vue.use(Router)

-export default new Router({ routes })
+const router = new Router({ routes })
+router.beforeEach(authorizeToken)
+
+export default router
```

10.5　開発サーバーとデバッグ

　実装は完了しました。さて、Webフロントエンド開発では、ローカル環境で開発サーバーを起動して、その内容をWebブラウザで表示しながら開発していくのが一般的です。UIを実装して表示し確認し……、を繰り返しながら開発していきます。

　本書では異なるアプローチをとりました。単体テスト中心に実装していき画面で動作する検証はここまでほぼ行っていません。代わりに、単体テスト中心にモジュール単位で動作検証を行ってきました。このようなテスト駆動開発は、確実に動作するモジュールを組み立てながらボトムアップ的にアプリケーションを開発できるというメリットがあります。

　しかしながら、この方法は実際に動作するアプリケーションを確認できないというジレンマもあります。UIのレイアウトやフォント、色、アニメーションなどの見た目やインタラクションの振る舞いを確認できません。さらにWebブラウザでのデバッグもできません[19]。

　こういった問題があるため、Vue.jsを活用したWebアプリケーションは旧来のサーバー[20]とブラウザによる確認は必須になります。今回はローカル環境で開発サーバーを起動できるタスクコマンド `npm run dev` が利用可能です。これを用いれば簡単に準備できます。またVue.jsではWebブラウザ向けにVue DevToolsという開発効率化拡張機能を提供しています。これを用いるとブラウザデバッグやパフォーマンスチェックが快適になります。これらを用いて確認していきましょう。

10.5.1　開発サーバーによる開発

　ログインページを `npm run dev` で動作確認してみましょう。

　`npm run dev` でローカル環境で開発サーバーを起動します。Webブラウザで `http://localhost:8080` にアクセスしてみましょう。ボードページにアクセスします。まだログインしていないため、リダイレクトしてログインページが表示されます。この挙動から、これまでに実装してきたログインページを構成するコンポーネント、そしてVue Routerによるルーティングが動作していることを確認できて

---

[19]　アプリケーションを構成するコンポーネントのデバッグにおいても、コンポーネントやVuexのストアなどの状態値の確認方法が、コンソール出力やアサーションを活用するしかなくなります。値の確認の度に単体テストを実行させる必要があるため、大変非効率です。

[20]　多くはローカル開発サーバー。

います。

続いて、ログインページのメールアドレスフィールドとパスワードフィールドに入力して、ログインボタンを押してログインを実行します。以下画面のように、HTTPステータス404のエラーメッセージが表示されているでしょう。

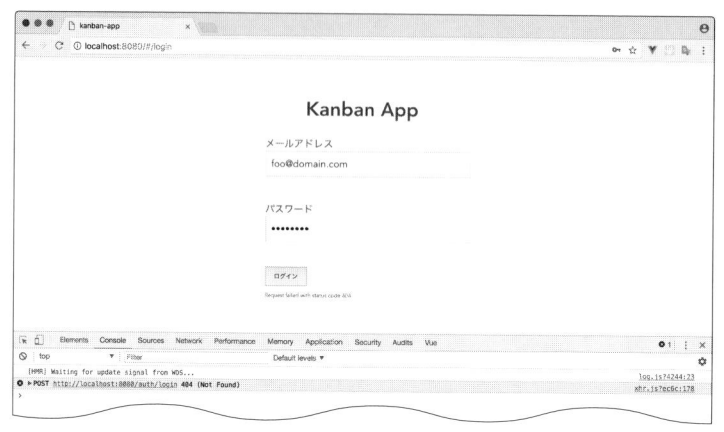

404によるログインエラー

これはバックエンドのAPIであるエンドポイント /auth/login に通信した結果です。開発サーバーにAPIの該当エンドポイントは存在しないため404を返します。これを解決するには、主に2つの方法があります。

- APIのプロキシ機能を利用してバックエンドとインテグレートする
- ローカル環境の開発サーバーに該当エンドポイントのモックを実装する

本章ではそもそもバックエンドのAPIサーバーを実際に作るところまでは想定していないので後者のモック方式を採用することになります[21]。ローカル環境でもバックエンドのAPIを提供できるよう build/dev-server.js を準備しました。これにエンドポイント /auth/login のモックを実装します。

```
const bodyParser = require('body-parser')

// `Express`アプリケーションインスタンスを受取る関数をエクスポート
module.exports = app => {
  // HTTPリクエストのbodyの内容をJSONとして解析するようミドルウェアをインストール
  app.use(bodyParser.json())

-   // TODO: ここ以降にAPIの実装内容を追加していく
+   // ユーザー情報
+   const users = {
+     'foo@domain.com': {
+       password: '12345678',
```

---

[21] Webフロントエンドの開発向けにバックエンドが提供されているならば、webpackテンプレートが提供するAPIのプロキシ機能を利用してバックエンドとインテグレートするのが一番でしょう。しかしながら、本章のようにバックエンドが提供されていない、もしくは実際の開発においてバックエンドも並行開発しているような状況の場合は、APIのプロキシ機能を利用できないため、ローカル環境の開発サーバーにAPIのエンドポイントをWebフロントエンドの開発向けにモックを実装して用意する必要があります。

```
 +      userId: 1,
 +      token: '1234567890abcdef'
 +    }
 +  }
 +
 +  // ログインAPIのエンドポイント '/auth/login'
 +  app.post('/auth/login', (req, res) => {
 +    const { email, password } = req.body
 +    const user = users[email]
 +    if (user) {
 +      if (user.password !== password) {
 +        res.status(401).json({ message: 'ログインに失敗しました。' })
 +      } else {
 +        res.json({ userId: user.userId, token: user.token })
 +      }
 +    } else {
 +      res.status(404).json({ message: 'ユーザーが登録されていません。' })
 +    }
 +  })
  }
```

　ローカル環境の開発サーバーに実装したエンドポイントは、かなり簡易的な実装としました。ユーザー情報は開発サーバーのメモリ上に持ち、Webブラウザのクライアントからリクエストあった際に、以下の処理をしています[22]。

HTTPステータス	仕様
200	ユーザーの認証トークン、ユーザーIDをJSONレスポンスとして返す。
401	ユーザーのパスワードが登録されているユーザーのパスワードと不一致の場合は、認証が失敗した旨のエラーメッセージをJSONレスポンスとして返す。
404	ユーザーが登録されていない場合は、ユーザーが存在しない旨のエラーメッセージをJSONレスポンスとして返す。

　上記コードを保存したら、`npm run dev`を実行して開発サーバーを再起動しましょう。 その後、Webブラウザをリロードして最新の状態を反映させます。

　わざと存在しないユーザーのメールアドレス、パスワード入力してログインに失敗します。以下の画面のように、404の開発サーバーのエンドポイントに実装したエラーメッセージが表示されます。

---

[22] 実際のバックエンドは、データベースからユーザー情報を取得して、そのユーザー情報に対して正常系、バリデーション、エラーや例外対応などの様々な処理によって実装されています。しかしながら、本章のようなローカル環境で動作させるバックエンドは、あくまでもアプリケーション開発向けに提供されるものです。Webフロントエンドの開発にあたって動作させるために、上記コードのようにバックエンドが提供するエンドポイントの必要最小限の仕様を実装してフロントエンドのアプリケーション開発に注力すべきです。

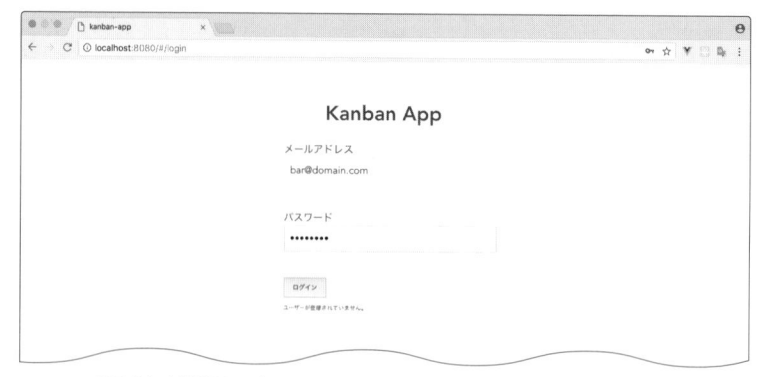

表示された開発サーバーにモック実装したエンドポイントのエラーメッセージ

　このエラーメッセージを確認したら、今度は開発サーバーに登録したユーザーのメールアドレスとパスワードを入力してログインしてみましょう。以下の画面のように、今度はログインが成功して、ボードページにリダイレクトします。

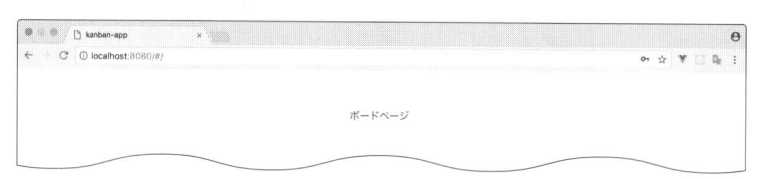

ログイン処理が成功しボードページにリダイレクト

　このように、ローカル環境の開発サーバーを動作させて、必要に応じてバックエンドのエンドポイントをモック実装することで、Webブラウザで動作させながら開発することができます。

10.5.2　Vue DevToolsによるデバッグ

　アプリケーションを例にVue DevToolsを使ったデバッグについて解説します。

　`npm run dev`で開発サーバーを起動して、アプリケーションを動作させます。この段階では、ログイン時に発行された認証トークンをWebブラウザ側に保存するように実装していないので、またログインページが表示されます[23]。

　Vue DevToolsがページ内でVue.jsを検知すると、開発者ツールでVueタブが有効になりVue.jsのデバッグが可能になります。拡張機能メニューにあるアイコンが有効になります。

---

[23]　認証トークンの永続化、検証については読者の課題としておきます。本書では簡易実装にとどめます。

Vue.js を検出した Vue DevTools

Vue タブを選択してみましょう。以下の画面のように Vue タブの内容が表示されます[*24]。

Vue DevTools のデバッグ画面

　Vue タブ内には、Vue DevTools がデバッグをサポートする機能をタブで提供します。これら Vue DevTools の機能について、`npm run dev` とともに実際に試しつつ確認してみましょう。

タブ	説明
Components	Vue.js で構築されたアプリケーションにおける全てのコンポーネントをツリー形式でコンポーネントツリーに表示し、ツリーで選択したコンポーネントのデータ(data)、プロパティ(props)、そして算出プロパティ(computed)の情報をコンポーネントインスペクタに表示する。

[*24] 画面の DevTools は、レイアウトの関係上右側にドックさせています。

タブ	説明
Vuex	Vue.jsで構築されたアプリケーションにおいてVuexを使用しているとき、ミューテーションのコミット履歴をVuexヒストリーに表示し、選択したミューテーションのコミット時のVuexのステート(state)の状態値、ゲッターで取得できる値やミューテーションの種類やペイロードの情報をVuexステートインスペクタに表示する。ミューテーションのコミット履歴から、あるコミット地点のところのVuexの状態に進めたり、戻したりするタイムトラベルデバッグが可能。
Events	Vue.jsで構築されたアプリケーションにおいて$emit発行したイベントがトリガーされた履歴をイベントヒストリーに表示し、選択したイベントの種類、発生元、ペイロードなどの詳細情報をイベントインスペクタに表示する。

● Componentsタブ

全てのコンポーネントは<Root>から始まるツリー形式で表示します。コンポーネントツリーを全て展開してみましょう。展開すると以下の画面のように表示されます。

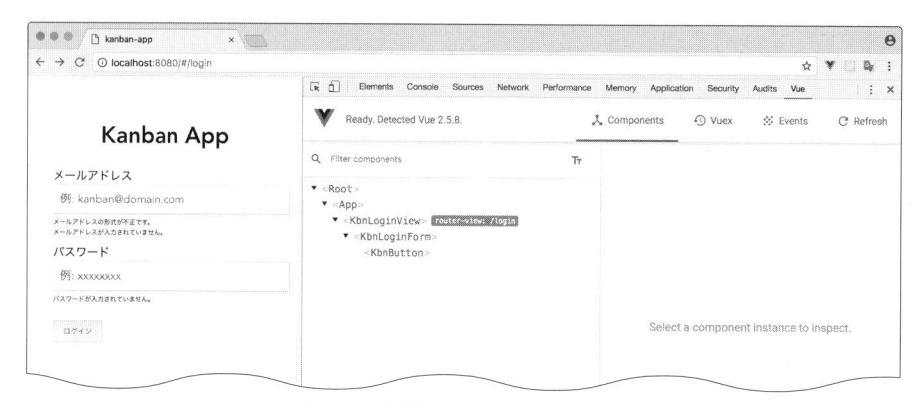

ログインページを構成する全てのコンポーネント

ログインページを構成するコンポーネントを確認できます。コンポーネント<KbnLoginView>の部分に、router-view: /loginと表示されていることに気がついたでしょうか。ルート定義が確認できています。Vue Routerのルート定義においてコンポーネントとマッピングしている場合、この定義に基づいてルーティングに応じてVue Routerのコンポーネントrouter-viewによってレンダリングされるとこのように表示されます。

コンポーネント<KbnLoginForm>を選択してみましょう。コンポーネントツリーのパネルの右側にあるコンポーネントインスペクタに、コンポーネント<KbnLoginForm>のデータ、プロパティ、算出プロパティの情報が表示されます。

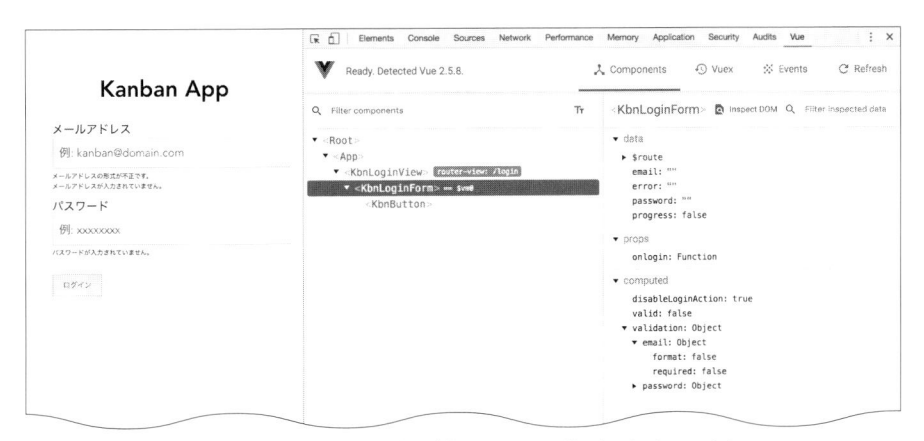

選択したコンポーネントの情報が表示されたコンポーネントインスペクタ

　選択した状態でログインページのメールアドレスフィールドを何らかしらの値を入力してみましょう。入力すると、コンポーネントインスペクタの内容もリアルタイムに反映されていることを確認できます。メールアドレスフィールドを v-model でバインディングしているデータの email が、入力値の内容になっています。また、算出プロパティの validation の内容もリアルタイムに変わっていきます。

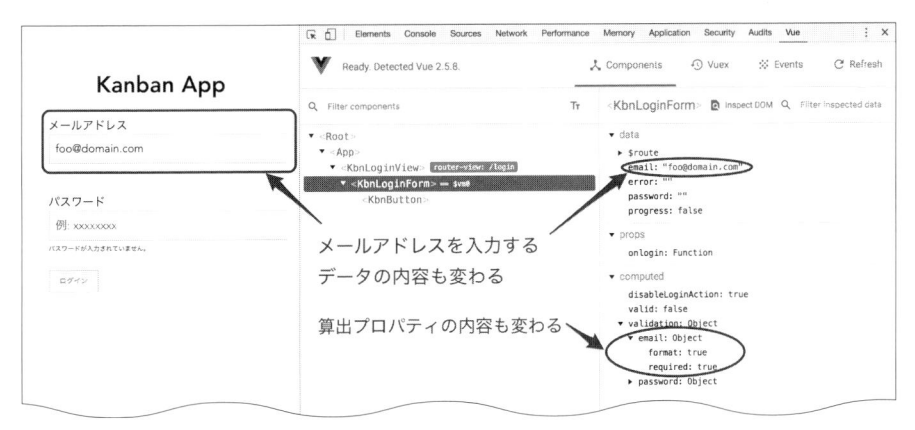

リアルタイムに変わるコンポーネントインスペクタの内容

　コンポーネントインスペクタのデータの内容を変更して、コンポーネントの動作も確認することができます。以下のようにコンポーネントインスペクタでデータの email にマウスオーバーさせて、鉛筆アイコンをクリックして email の内容を空文字にしてみましょう。メールアドレスフィールドの内容が何も入力されていない状態になっているのを確認できます。

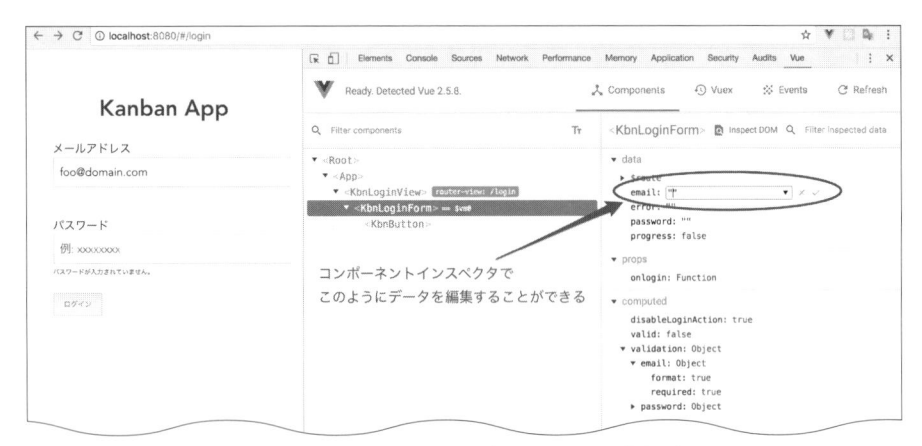

コンポーネントインスペクタのデータ編集によるデバッグ

このように、Components タブでは、コンポーネント全般の確認ができます。

コンポーネントツリーでコンポーネント構造を確認しつつ、コンポーネントインスペクタでコンポーネントの状態値を見たり、逆にデータを編集することによって動作を検証できたりと大変便利です。DevTools で `console.log` のようなコンソール出力をする必要はありません。

● Vuex タブ

Vuex タブは Vuex のデータフロー確認などに用います。

確認のためにログインページでメールアドレスとパスワードを入力してログインボタンでログインしてみましょう。この時、ログインボタンのクリックで `login` アクションのデータフローでログイン処理が実行され、成功するとトップであるボードに遷移します。

ここで、Vue DevTools の Vuex タブをクリックして切り替えてみましょう。以下の画面のように表示されます。Vuex ヒストリーには、Vuex でミューテーションがコミットされたものが履歴として表示されます。Vuex インスペクタは個々のミューテーションの状態値が表示されます。

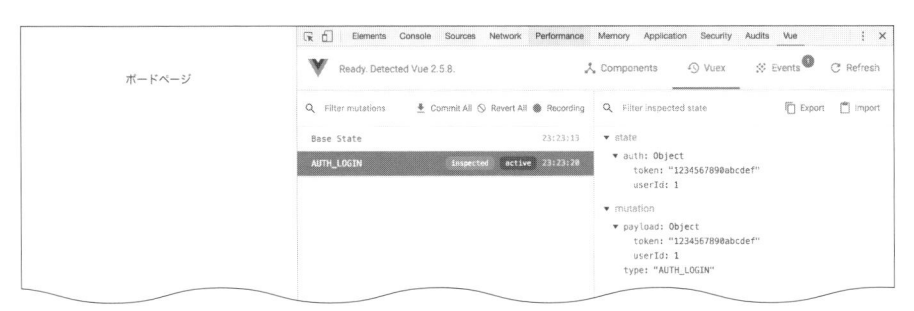

ログイン成功後の Vuex タブの内容

Vuex ヒストリーには、最後にコミットされた `AUTH_LOGIN` ミューテーションが選択された状態になっています。Vuex ステートインスペクタには、そのミューテーションの Vuex の状態値が表示されてい

ます。AUTH_LOGINミューテーションには、inspectedラベル[25]とactive[26]ラベルが付きます。

inspectedラベルは、Vuexステートインスペクタに表示中であることを示すラベルです。activeラベルは、ミューテーションのコミットが直近実行された状態を表すラベルです。

Vuexステートインスペクタは、Vuexヒストリーのミューテーションごとに、コミット時のVuexの状態情報が確認できます。ここでは、AUTH_LOGINミューテーションがコミットされた状態になっています。その時のVuexのステート、ミューテーションのペイロードの情報が表示されています。

Vuexヒストリーの初期状態Base State[27]をマウスオーバーしてタイムトラベルアイコンをクリックします。activeラベルとinspectedラベルがBase Stateに移動します。

タイムトラベルを実行した時の様子

Vuexのストアで管理されている状態を初期状態にしています。これをタイムトラベルと呼びます。状態はVuexステートインスペクタで確認できます。これで当時の状態が確認できます。

VuexヒストリーのAUTH_LOGINをマウスオーバーさせて状態されたタイムトラベルアイコンをクリックしてみましょう。今度はAUTH_LOGIN時点、つまりログインボタンを押したときに戻ります。

このようにVuexタブにおいては、Vuexの状態情報をミューテーションのコミット単位で時系列ごとに確認できます[28]。

● Eventsタブ

最後に、イベント履歴を追うEventsタブです。

ログイン成功後のEventsタブの内容

----

*25 Vuexヒストリーにおいて他のミューテーションを選択するとこのラベルがラベル付けされて、この選択したミューテーションのコミット時におけるVuexの状態情報がVuexステートインスペクタに表示されます。

*26 このラベルはVuexタブ選択時は、アプリケーションにおいて最新のミューテーションのコミットがデフォルト選択されています。Vuexヒストリーの一覧にあるミューテーションにおいてマウスオーバーすると、タイムトラベルアイコン（時計マーク）が該当ミューテーション上に表示されますが、この時このアイコンをクリックすると、該当ミューテーションに対してコミットを実行してアプリケーションのVuexの状態を書き換えて反映することができます。またその際、そのミューテーションに対してactiveラベルがラベル付けされます。

*27 Vuexヒストリー上に最初に表示されているBase Stateは初期状態を示します。これはアプリケーション側のコードのミューテーション実行ではありません。Vuexデバッグのために、Vue DevToolsが内部上用いる特別なプレースホルダー的なミューテーションです。アプリケーションのVuexでストアで管理されている状態の初期状態を記憶します。

*28 ここまでVuexのストアの状態に依存したレンダリングを持ったコンポーネントがないためタイムトラベルの利点が少しわかりにくいかもしれません。

イベントヒストリーには `$emit` で発行されたイベントがトリガーされて履歴として表示されています。イベントインスペクタには、イベントヒストリーで選択されたイベントの情報が表示されています。

このように Event タブにおいては、コンポーネント内で `$emit` で発行したイベントをトラッキングすることによって、イベントヒストリーで時系列でイベント発行順序を確認することができます。イベントインスペクタでは、`$emit` で発行されたイベント名やその種別、イベント発生の元となるコンポーネント、そしてイベントの情報として渡すペイロード[*29]を確認できます。

Vue DevTools によるデバッグを大まかに解説しました。Vue.js で構築したアプリケーションをデバッグするために非常に役立ちます。開発を本格的に始めたらまず入れるべきです。なお、`npm run build` でプロダクションビルドすると、DevTools の Vue タブを利用できない[*30]ので注意してください。

10.6　E2E テスト

アプリケーションの実装に際して、本章では正しく動作することを単体テストで検証してきました。ただし、単体テストだけだと実際の動作を確認できません。これは GUI アプリケーションでは看過できない欠点です。

デバッグを含めた簡易な動作検証として、開発サーバーとブラウザを使うという方法もつい先程試しました。ただしこれを本格的な動作検証、いわゆる E2E テスト[*31]に用いるのは難しいです。仕様について手動で検証する必要があるため、かなり労力がかかります[*32]。Web アプリケーションの場合は特に人力での動作検証は困難です。ブラウザ別、場合によっては PC モバイルなど検証環境が膨れていくからです。汎用 API 変更時のデグレードチェックなどがあれば、作業量は膨大になってしまいます。

このような背景から Web アプリケーションの動作検証には E2E をコードに落とし込む E2E テストフレームワークが用いられることが一般的です。コードで Web ブラウザ上で動きをシミュレーションしてテストを自動化します。

本節では E2E テストの実施方法について解説します。

10.6.1　E2E テストの実装

環境はセットアップ済みです。E2E テストで動作検証のテストコードを実装するだけです。

ログイン機能を検証するためのテストを実装しましょう[*33]。

---

* 29　`$emit` 実行時に渡した引数。
* 30　`Vue.config.devtools` に true を設定して状態でプロダクションビルドすると、プロダクション環境でも開発者ツールの Vue タブを利用してデバッグすることが可能です。
* 31　アプリケーションの開始点である Web フロントエンドから終了点であるバックエンドまで通過する動作検証を行うため、End to End で E2E テストと呼ばれます。システムテストとも。
* 32　いわゆる QA 専任担当者がいたとしても全て任せるのは現実的ではないでしょう。
* 33　E2E テストは単体テストと比べて実行コストが高いため、動作検証でも特に重要な部分を中心に実装していきます。ログイン処理はまさしく E2E テストで実装すべき箇所です。

```
$ rm test/e2e/specs/test.js # セットアップ時の不要なファイルを削除
$ touch test/e2e/specs/login.js  # ログインのテスト用
```

　テストコードでは、NightWatchの`browser`のコマンドAPIを使用してWebブラウザの操作を行っています。ログイン後ボードページにリダイレクトしているかどうかNightWatchのアサーションを使用して検証しています。ソースコードについては各行コメントがついているので難しいですところはないでしょう。NightWatchの使い方について、詳しくは公式サイトのAPIリファレンスを参照してください。

```
+module.exports = {
+  'ログイン': function (browser) {
+    const devServer = browser.globals.devServerURL
+
+    browser
+      // アプリケーションのトップへアクセス
+      .url(devServer)
+      // アプリケーションがレンダリングされるまで待機
+      .waitForElementVisible('#app', 1000)
+      // メールアドレスの入力
+      .enterValue('input#email', 'foo@domain.com')
+      // パスワードの入力
+      .enterValue('input#password', '12345678')
+      // ログインボタンが有効になるまで待機
+      .waitForElementPresent('form > .form-actions > button', 1000)
+      // ログイン
+      .click('form > .form-actions > button')
+      // ログイン成功に伴うリダイレクト後、ボードページが表示されるまだ待機
+      .waitForElementPresent('#app > p', 1000)
+      // ボードページであるかどうか
+      .assert.urlEquals('http://localhost:8080/#/')
+      // 終了
+      .end()
+  }
+}
```

10.6.2　テストの実行

　テストコードの編集が完了したら、`npm run e2e`を実行してみましょう。テストランナ(test/e2e/runner.js)が実行されます。NightWatchによってWebブラウザ上でテストコードが動作します。結果はコンソールに出力されます。

```
$ npm run e2e

> kanban-app@1.0.0 e2e /Users/user1/path/to/kanban-app
> node test/e2e/runner.js
```

```
Starting selenium server... started - PID:  8872

[Login] Test Suite
=====================

Running:  ログイン
   Element <#app> was visible after 44 milliseconds.
   Element <form > .form-actions > button> was present after 22 milliseconds.
   Element <#app > p> was present after 548 milliseconds.
   Testing if the URL equals "http://localhost:8080/#/".

OK. 4 assertions passed. (7.924s)
```

10.7 アプリケーションのエラーハンドリング

　ここまでの解説で、実装とその正しさを担保するためのテストを身に着けました。しかしながら、これだけでは実際のアプリケーションを維持していくのは難しいです。シンプルな実装とテストだけではカバーしきれない、想定できないエラーが発生する可能性があります。意図しない、ときには不正な操作というのはアプリケーションにはつきものです。

　Vue.jsのようなコンポーネントを組み合わせた、インタラクションを伴うUIを構築するアプリケーションでは、エラー処理は特に重要です。発生したエラーを捕捉して適切に処理（エラーハンドリング）しないと、UIが壊れて操作不能な状況[34]に陥る可能性があるからです。このため、発生したエラーに対して適切に処理すべきです。Vue.jsではエラーに対して、独自に以下のような仕組みを提供しています。以降では、これらについて解説します。

- 子コンポーネントのエラーハンドリング
- グローバルなエラーハンドリング

10.7.1 子コンポーネントのエラーハンドリング

　任意の子コンポーネントで発生したエラーを捕捉するために、コンポーネントのライフサイクルAPIとしてerrorCaptured[35]フックを提供しています。errorCapturedフックは、フックを実装するコンポーネントを除く、子コンポーネントツリー内で発生したエラーを捕捉（キャプチャ）します[36]。

---

[34] そこまでいかなくとも、発生したエラーに対して不適切なユーザー体験を提供してしまいがちです。

[35] https://jp.vuejs.org/v2/api/#errorCaptured

[36] 子コンポーネントツリー内で発生したエラーにおいて、非同期コールバック関数内で発生したものは捕捉することはできません。

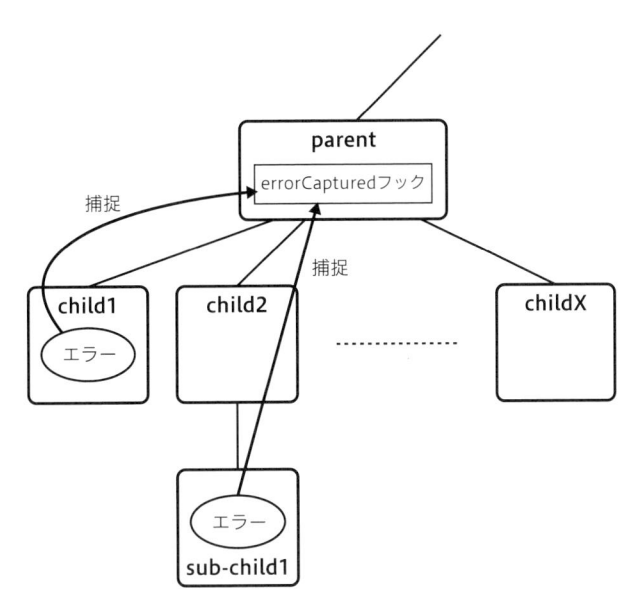

子コンポーネントのエラーハンドリング

　子コンポーネントがerrorCapturedフックを実装し、親コンポーネントもerrorCapturedフック
を実装していると、子のエラーが親にも伝播されます[37]。さらに、その親の親に対しても同様です[38]。

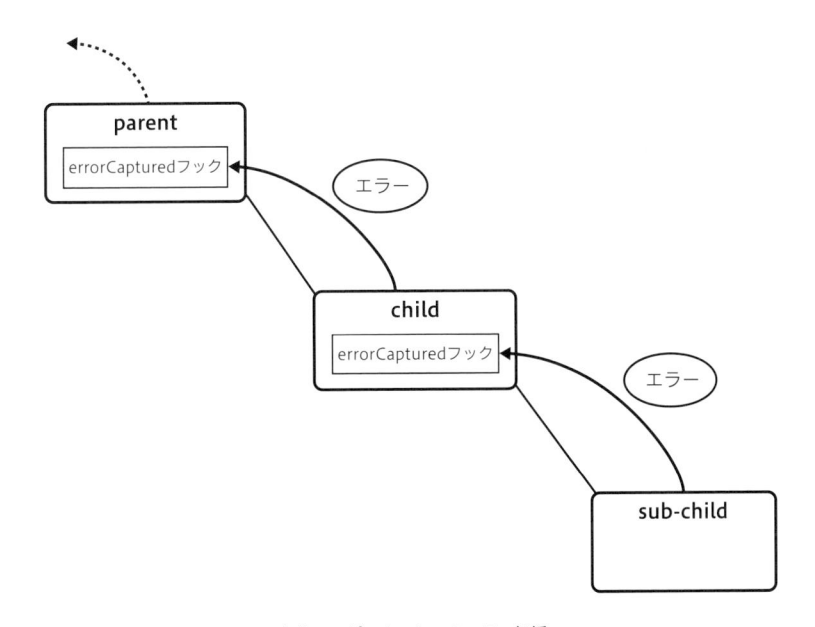

上位コンポーネントへのエラー伝播

＊37　親のerrorCapturedに伝播します。

＊38　これは、DOMのバブリングによるイベント伝播の概念に近いです。

ただし、errorCapturedフックでfalseを返す場合は、errorCapturedフックを実装する上位コンポーネントへエラーを伝播しません。エラー伝播はそのフックで停止します。

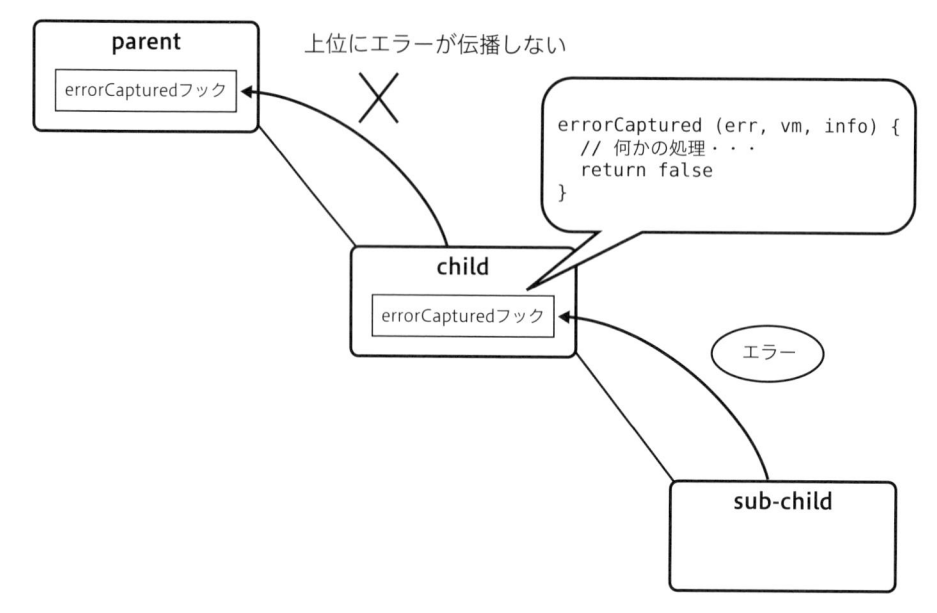

上位コンポーネントへのエラー伝播の停止

　子コンポーネントツリーで発生したエラーに対応して期待する動作に回復できる場合はfalseを返しても問題ないでしょう。しかし、回復できない場合は、falseを返さずユーザーにアプリケーションで異常が発生した旨のメッセージを伝えるようにすべきです。

● 子コンポーネントエラーハンドリングの実装

　errorCapturedフックを使えばコンポーネント単位でエラーハンドリングが可能です。エラーを捕捉したい箇所に毎回実装するより、ユーティリティ的なコンポーネントとして実装して使いまわすデザインパターンをとることをおすすめします。こうすれば、対象となるコンポーネントをラップするだけでエラーハンドリングできるようになります。これを実装してみましょう。

　子コンポーネントの予期しないエラーを捕捉する簡易的なコンポーネントErrorBoundaryを作ります。src/ErrorBoundary.vueを作成して編集します。

```
$ touch src/ErrorBoundary.vue
```

```
+<template>
+ <div>
+   <div
+     v-if="error"
+     class="error"
+   >
```

```
+          <p class="display">予期しないエラーが発生しました。アプリケーション作成者に以下の情報と
いっしょにお問い合わせください。</p>
+          <hr>
+          <p class="messsage">エラーメッセージ: {{ error.message }}</p>
+          <p class="info">エラー情報: {{ info }}</p>
+          <p class="stack">エラー詳細: {{ error.stack }}</p>
+        </div>
+        <template v-else>
+          <slot/>
+        </template>
+      </div>
+</template>
+
+<script>
+export default {
+  name: 'ErrorBoundary',
+
+  data () {
+    return {
+      error: null,
+      info: null
+    }
+  },
+
+  errorCaptured (err, vm, info) {
+    this.error = err
+    this.info = info
+  }
+}
+</script>
+
+<style scoped>
+.error {
+  color: red;
+  text-align: left;
+}
+</style>
```

ErrorBoundaryコンポーネントは、エラーが発生していた場合はerrorCapturedフックで捕捉したエラー詳細情報を、エラーが発生していない場合はラップした子コンポーネントをレンダリングするようにしています。

ErrorBoundaryコンポーネントを実装したら、ErrorBoundaryコンポーネントを`src/main.js`を編集して以下のようにインストールしましょう。

```
 import Vue from 'vue'
 import 'es6-promise/auto' // プロミスをポリフィルする
 import App from './App'
+import ErrorBoundary from './ErrorBoundary.vue' // エラーを捕捉するコンポーネント
 import router from './router'
 import store from './store' // Vuexのストアインスタンスをインポート
```

```
 Vue.config.productionTip = false

+// ErrorBoundaryコンポーネントのインストール
+Vue.component(ErrorBoundary.name, ErrorBoundary)

 /* eslint-disable no-new */
 new Vue({
   el: '#app',
   router,
   store, // インポートしたストアインスタンスを`store`オプションとして指定
   render: h => h(App)
 })
```

　最後に、コンポーネントのエントリポイントとなる src/App.vue を編集して、`<router-view/>` コンポーネントをラップしておきます。これでルート毎にレンダリングされるコンポーネント内でエラーが発生したら捕捉できるようになります。

```
 <template>
-  <div id="app">
-    <router-view/>
-  </div>
+  <ErrorBoundary id="app">
+    <router-view/>
+  </ErrorBoundary>
 </template>
 ...
```

　動作を確認するために、一時的にボードページのコンポーネントである `src/components/templates/KbnBoardView.vue` を以下のように編集[39] して、`npm run dev` を実行します。

```
-<template>
-  <p>ボードページ</p>
-</template>
+<script>
+/* eslint-disable */
+export default {
+  name: 'KbnBoardView',
+
+  render (h) {
+    throw new Error('レンダリングに失敗しました！')
+  }
+}
+/* eslint-enable */
+</script>
```

　ログインしてみましょう。正常にログインできると、以下のような ErrorBoundary コンポーネント

＊39　わざとエラーが発生するようにしているため、render 関数内で ESLint によるコード検証エラーが発生します。ここではコード検証をオフにするためのコメントコードも入れてあります。

によって捕捉したエラー内容が表示されます。

予期しないエラーが発生しました。アプリケーション作成者に以下の情報といっしょにお問い合わせください。

エラーメッセージ: レンダリングに失敗しました！

エラー情報: render

エラー詳細: Error: レンダリングに失敗しました！ at Proxy.render (webpack-internal:///./node_modules/babel-loader/lib/index.js!./node_modules/vue-loader/lib/selector.js?type=script&index=0&bustCache!./src/components/templates/KbnBoardView.vue:6:11) at VueComponent.Vue._render (webpack-internal:///./node_modules/vue/dist/vue.runtime.esm.js:4424:22) at VueComponent.updateComponent (webpack-internal:///./node_modules/vue/dist/vue.runtime.esm.js:2727:22) at Watcher.get (webpack-internal:///./node_modules/vue/dist/vue.runtime.esm.js:3081:25) at new Watcher (webpack-internal:///./node_modules/vue/dist/vue.runtime.esm.js:3070:12) at mountComponent (webpack-internal:///./node_modules/vue/dist/vue.runtime.esm.js:2742:17) at VueComponent.Vue$3.$mount (webpack-internal:///./node_modules/vue/dist/vue.runtime.esm.js:7802:10) at init (webpack-internal:///./node_modules/vue/dist/vue.runtime.esm.js:4017:13) at createComponent (webpack-internal:///./node_modules/vue/dist/vue.runtime.esm.js:5469:9) at createElm (webpack-internal:///./node_modules/vue/dist/vue.runtime.esm.js:5417:9)

ErrorBoundaryコンポーネントによってレンダリングされたエラー内容

errorCapturedフックによって、コンポーネント単位でエラーハンドリングできるようになっています。これを使って、エラー時の処理をコンポーネントに仕込んでおくのは有効な対策の1つです。

10.7.2 グローバルなエラーハンドリング

コンポーネントに閉じない、グローバルなエラーハンドリングもVue.jsは提供しています。全てのコンポーネントの、描画処理、ウォッチャ、ライフサイクルなどにおいて発生したエラーをグローバルに捕捉できます。Vue.config.errorHandler[40]フックを用います。

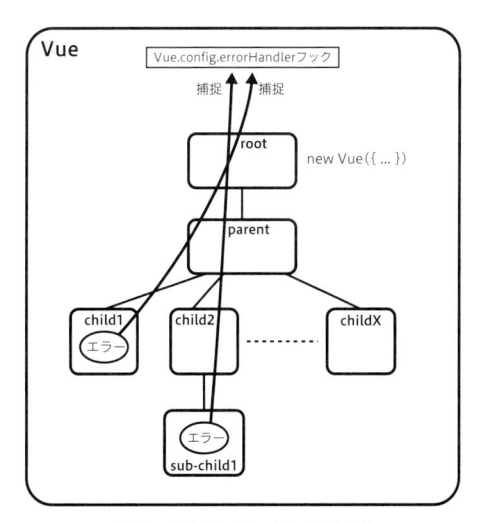

グローバルなエラーハンドリング

* 40 https://jp.vuejs.org/v2/api/#errorHandler

Vue.config.errorHandlerフックは、コンポーネントのライフサイクルAPIのerrorCapturedフックと同じインターフェイスでエラー情報を捕捉します。

errorCapturedフックについて解説しましたが、もちろんそのフックとVue.config.errorHandlerフックと併用することも可能です。その場合は子コンポーネントツリー内で発生したエラーは、一度errorCapturedフックで捕捉し、上位コンポーネントにerrorCapturedフックがある場合はエラーを伝播し、最後にVue.config.errorHandlerフックでエラーを捕捉します。

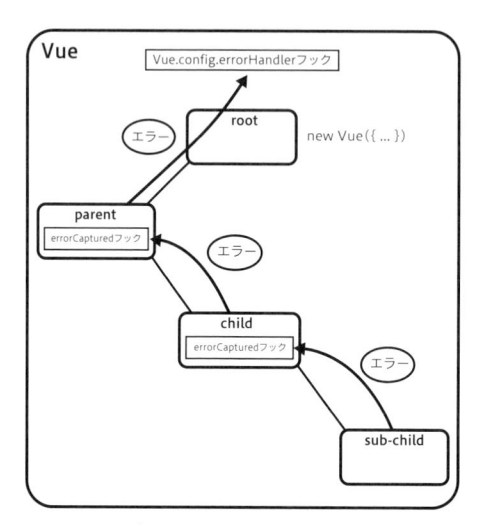

コンポーネントツリーからのエラー伝播

errorCapturedフックでfalseを返す場合は、そのフックにおいてエラー伝播が停止するため、Vue.config.errorHandlerフックでそのエラーを捕捉して処理することはできません。

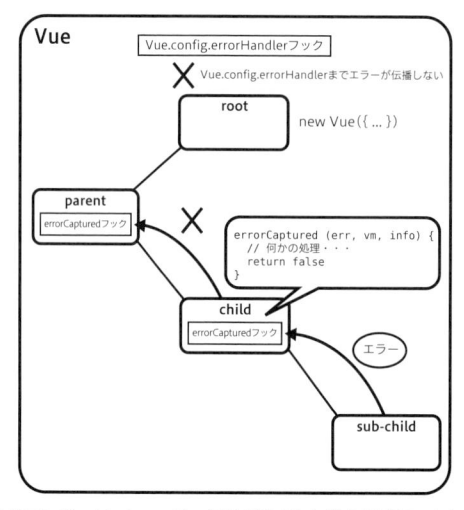

上位コンポーネントへエラー伝播が停止した場合は捕捉できない

errorCapturedフック自身がエラーを発生させる場合は、このエラーはVue.config.errorHandlerフックでエラーを捕捉し、errorCapturedフックで捕捉したエラーは上位コンポーネントのerrorCapturedフックにエラーを伝播し、最後にVue.config.errorHandlerフックでエラーを捕捉して処理します。

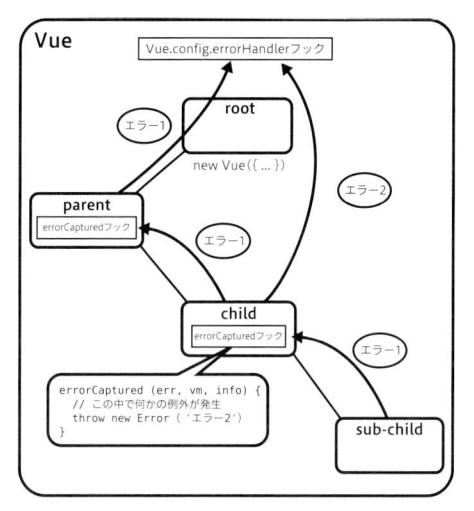

errorCapturedフックで発生したエラーの捕捉

このように、Vue.config.errorHandlerフックは、全てのコンポーネントのエラーをこのフック1箇所で捕捉できるため、アプリケーションのエラー追跡を大きく効率化します。このフックを利用して、アプリケーションのエラーをFluentd[41]などで監視させられます。

Sentry[42]のようなエラー追跡サービスでは、Vue.config.errorHandlerフックを利用したプラグインを提供しています。これで簡単にアプリケーションのエラーを追跡できます。

●グローバルなエラーハンドリングの実装

Vue.config.errorHandlerフックを使います。src/main.jsに追記します。

```
 // ...
 // ErrorBoundaryコンポーネントのインストール
 Vue.component(ErrorBoundary.name, ErrorBoundary)

+Vue.config.errorHandler = (err, vm, info) => {
+  console.error('errorHandler err:', err)
+  console.error('errorHandler vm:', vm)
+  console.error('errorHandler info:', info)
+}
 // ...
```

＊41　ログ収集管理ツール https://www.fluentd.org/

＊42　https://sentry.io/for/vue/

フックに渡っていた各引数の情報を`console.error`で出力するようにしています。

`npm run dev`で開発サーバーを起動し、ログインをしてみましょう。ボードページではエラーを発生させるようになっているので、ログイン後、`ErrorBoundary`コンポーネントによるエラー内容が表示されます。`Vue.config.errorHandler`フックで捕捉したエラーが`console`に出力されているのを確認できます。

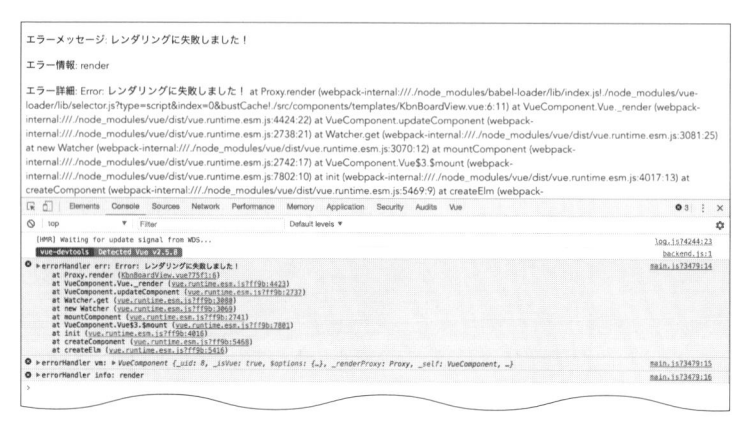

Vue.config.errorHandlerフックでコンソール出力されたエラー

`Vue.config.errorHandler`フックは、グローバルにエラーハンドリングできます。

10.8 ビルドとデプロイ

ここまででアプリケーションは一通り完成し、テストやデバッグの方法も身につきました。仕様どおりに動作するアプリケーションが完成したら、いよいよリリース準備です。

これまでの実装は単一ファイルコンポーネントを利用しているため、リリースにあたってビルドが必要です。ビルドとデプロイを見ていきましょう。

10.8.1 アプリケーションのビルド

いよいよリリースするためのアプリケーションのビルドを行います。環境構築時にビルドのお膳立ては済んでいます。`npm run build`を実行してみましょう。筆者の環境では、以下のようなコンソール内容が出力されます。webpackによってビルドされていることなどが確認できます。

```
$ npm run build
> kanban-app@1.0.0 build /path/to/my/projects/kanban-app
> node build/build.js
```

```
Hash: 9323e74291110d224243
Version: webpack 3.8.1
Time: 7460ms
                                        Asset       Size  Chunks
Chunk Names
            static/js/vendor.f4d9b432d33eb8ea3596.js    140 kB       0
[emitted]  vendor
               static/js/app.97b0ee47c437c3917b99.js   7.15 kB       1
[emitted]  app
          static/js/manifest.f8f5efb8d08d9947dc82.js   1.49 kB       2
[emitted]  manifest
    static/css/app.5ba731fdb06923360200cc31556abc56.css 778 bytes     1
[emitted]  app
static/css/app.5ba731fdb06923360200cc31556abc56.css.map 1.48 kB
[emitted]
        static/js/vendor.f4d9b432d33eb8ea3596.js.map    1.13 MB       0
[emitted]  vendor
           static/js/app.97b0ee47c437c3917b99.js.map   62.4 kB       1
[emitted]  app
      static/js/manifest.f8f5efb8d08d9947dc82.js.map   14.2 kB       2
[emitted]  manifest
                                   index.html  512 bytes
[emitted]

  Build complete.

  Tip: built files are meant to be served over an HTTP server.
  Opening index.html over file:// won't work.
```

npm run buildによってビルドされたアセットファイル群[*43]は、distディレクトリに出力されます[*44]。distディレクトリを確認してみましょう。無事出力されています。

```
$ find ./dist
dist
dist/index.html
dist/static
dist/static/css
dist/static/css/app.5ba731fdb06923360200cc31556abc56.css
dist/static/css/app.5ba731fdb06923360200cc31556abc56.css.map
dist/static/js
dist/static/js/app.97b0ee47c437c3917b99.js
dist/static/js/app.97b0ee47c437c3917b99.js.map
dist/static/js/manifest.f8f5efb8d08d9947dc82.js
dist/static/js/manifest.f8f5efb8d08d9947dc82.js.map
dist/static/js/vendor.f4d9b432d33eb8ea3596.js
dist/static/js/vendor.f4d9b432d33eb8ea3596.js.map
```

---

*43 Assets
*44 アプリケーションのビルド設定ファイルbuild/index.jsのbuild.assetsRootに設定されたディレクトリに出力されます。本章で作成したアプリケーション開発環境のbuild.assetsRootはデフォルトでdistです。

npm run buildによるビルドは、webpackのプロダクション環境向けの設定ファイルbuild/
webpack.prod.confで設定されます。

公式ドキュメント[45]にも記載されているように、コード圧縮やflash of unstyled content[46]を
防ぐためのCSSのファイル抽出など、アプリケーションのパフォーマンスが最適化されるようなビルド
内容になっています。

10.8.2 アプリケーションのデプロイ

npm run buildによってビルドされたアセットファイル群一式は、HTTPサーバーのドキュメントル
ートにそのままデプロイするだけで動作します。簡単にWebフロントエンドのアプリケーションをデプ
ロイが終わってしまいました。

通常、こういったWebアプリケーションを動作させるにあたっては、バックエンドのAPIが必須です。
ただし、フローとしてフロントエンド作成部分だけで独立させられるため、バックエンドのデプロイフ
ローに依存せず、ビルドしたアプリケーションをそのままデプロイできます[47]。

Ruby on Railsのような、フロントエンドの開発環境がバックエンドの開発環境とインテグレーション
している場合のデプロイは一見大変そうです。しかし実際にはアプリケーションのデプロイの手軽さは
変わりません。

npm run buildでアプリケーションをビルドした際の出力先を、バックエンドの静的リソース配置
先にすれば、あとはデプロイするだけです。。Capistrano[48]のようなデプロイツール、Docker[49]のよう
なコンテナ型ソフトウェア、Heroku[50]のようなクラウド型アプリケーションプラットフォームによっ
て、バックエンドといっしょにデプロイできます。

Column

Vue.jsのバックエンド

本書はVue.jsの入門書という特性上バックエンドに関する解説は割愛してきました。

もしもこれからVue.jsと合わせて本格的にバックエンドも合わせて開発したいという方はFirebaseのよ
うなmBaaSを用いる、あるいは本書で解説したExpressの実装をより本格的なものにするといった進め方
が現実的な選択肢でしょう。

---

*45　https://jp.vuejs.org/v2/guide/deployment.html
*46　CSSが適用されていないコンテンツが一瞬表示されること。
*47　本章では例外的にExpressもついでに同一のプロジェクト内で解説しています。
*48　http://capistranorb.com
*49　https://www.docker.com
*50　https://www.heroku.com

10.9　パフォーマンス測定・改善

　ビルド、デプロイの方法はわかりました。適当なサービスに上記を公開すればアプリケーションは完成です。更にそこから一歩進んで、パフォーマンス改善について学びましょう。

　Webアプリケーションのパフォーマンスチューニングは欠かせません。パフォーマンスが低ければ、ユーザー体験が悪化し、ビジネス的な指標にも悪影響を与えてしまいます。Vue.js導入の背景には、ページ遷移をなくしてよりよいユーザー体験を与えたいと行った動機もあるはずです。

　一般にWebアプリケーション全体として考えたときは、サーバーのレスポンスの速度や位置、レンダリングをブロックするスクリプトの排除など考慮することは多岐にわたります。これらすべてについて解説することは難しいので、特にVue.jsに強く関連する部分に限定して解説していきます[*51]。

　Vue.jsで作成したアプリケーションは、データを元にJavaScriptでレンダリングすることでUIを構築します。この最も基本的で、頻繁に起きる工程がパフォーマンスに直結します。Vue.jsで作成したアプリケーションで、よりよいユーザー体験を提供するためには、JavaScriptによるレンダリング処理を速くすることが重要です。

　Vue.jsにおけるパフォーマンスの測定とレンダリングパフォーマンスの改善について解説します。

10.9.1　パフォーマンス測定の設定方法

　パフォーマンスを適切に改善していくために、適切な測定が必要です。Vue.jsは、Webブラウザの開発者ツールでパフォーマンスを測定できる仕組みを提供しています。これでパフォーマンスを測定するには、APIとして提供している`Vue.config.performance`[*52]を`true`に設定する必要があります。`src/main.js`を以下のように編集して試してみましょう。

```
 import Vue from 'vue'
 import 'es6-promise/auto' // プロミスをポリフィルする
 import App from './App'
 import ErrorBoundary from './ErrorBoundary.vue' // エラー捕捉するコンポーネント
 import router from './router'
 import store from './store' // Vuexのストアインスタンスをインポート

 Vue.config.productionTip = false
+Vue.config.performance = true // NODE_ENV == 'development'で測定有効化

 // ErrorBoundaryコンポーネントのインストール
 Vue.component(ErrorBoundary.name, ErrorBoundary)

 Vue.config.errorHandler = (err, vm, info) => {
   console.error('errorHandler err:', err)
```

[*51] Webフロントエンド全般のパフォーマンスの改善については、『超速！Webページ速度改善ガイド —— 使いやすさは「速さ」から始まる』（2017年 技術評論社、佐藤歩、泉水翔吾著）などを参考にしてください。

[*52] https://jp.vuejs.org/v2/api/#performance

```
  console.error('errorHandler vm:', vm)
  console.error('errorHandler info:', info)
}

/* eslint-disable no-new */
new Vue({
  el: '#app',
  router,
  store, // インポートしたストアインスタンスを `store` オプションとして指定
  render: h => h(App)
})
```

　コードの編集が完了したら、npm run devで開発サーバーを起動して、Google Chromeでアプリケーションにトップにアクセスします[*53]。その後、Chrome DevToolsのPerformanceタブを開き、アプリケーションをリロードしてパフォーマンスを測定してみましょう。

　パフォーマンス測定完了後、Performanceタブのアクティビティに測定結果が表示されます。User Timingセクションに Vue.jsの JavaScript実行所要時間が時系列に可視化されるようになります。

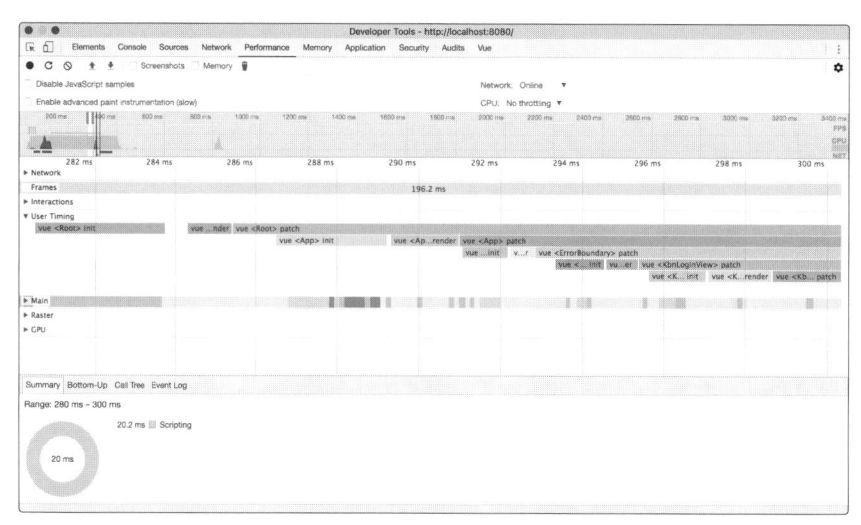

Chrome DevToolsによるVue.jsによる測定の様子

　この内容から、vueのプリフィックスで始まる測定名でラベル付けされているのを確認できます。測定名は以下のように定義されています。

形式	vue<コンポーネント名>処理名
コンポーネント名KbnButton、処理名 render	vue<KbnButton>render

　これによって、User Timingセクションで、Vue.js以外のパフォーマンス測定と区別できます。また、

---

* 53　測定には Performance API を利用できる Web ブラウザを用いて、アプリケーションを開発モード(npm run dev)で動作させる必要があります。

402

コンポーネントの処理毎にJavaScriptに実行所要時間を測定できるので改善箇所の絞り込みに使えます。

10.9.2　測定できる処理

この方法で測定できるコンポーネントの種類は以下のとおりです。

処理名	内容	ラベル付けされた際の測定名（コンポーネント名がComp1だった場合）の例
init	コンポーネントがインスタンス化された際にコンポーネント内部で行う、コンポーネントのdataオプション、propsオプション、computedオプションなどのコンポーネントの状態やbeforeCreateフック、createdフックを実行する初期化処理	vue <Comp1> init
compile	コンポーネントのテンプレート（コンポーネントのtemplateオプション、elオプション、単一ファイルコンポーネントの<template>）を描画関数にコンパイルする処理	vue <Comp1> compile
render	コンポーネントのテンプレートからコンパイルされた描画関数やコンポーネントオプションのrenderオプションによる仮想DOM構築処理	vue <Comp1> render
patch	コンポーネントの描画関数で構築された仮想DOMのpatch処理	vue <Comp1> patch

注目すべきはコンポーネントのレンダリング実装が関与するrenderです。renderは実際にライブラリの利用者（アプリケーションの開発者）が触ることが多く、改善の余地が生まれやすい箇所です。

10.9.3　レンダリングパフォーマンスの向上

測定してもどう改善すればいいかわからなければ改善のしようがありません。個々の処理に重いところがないか計測して改善していく方法は王道の対処法です[*54]。

Vue.jsはおおよそこの点を注意すればパフォーマンスを改善しやすいというポイントがあります。ここでは、それらについて学んでいきましょう。

レンダリングパフォーマンスの向上を目指すとき検討すべきポイントは以下の通りです。

- v-ifとv-showを使い分ける
- データバインドはメソッドより算出プロパティを利用する
- 算出プロパティとウォッチャを使い分ける
- v-forによるリストのレンダリングではなるべくkey属性を利用する
- v-onceでコンポーネントのコンテンツをキャッシュする
- 関数型コンポーネントを利用する
- テンプレートを事前コンパイルする

[*54]　この対処法については一般的なので解説を割愛します。

● テンプレートコンパイラのオプションを利用する（応用）

「v-if と v-show を使い分ける」については2.9で、「データバインドはメソッドより算出プロパティを利用する」は「コラム算出プロパティのキャッシュ機構」で解説しました。それぞれレンダリングコストの低減、キャッシュによるオーバーヘッド削減を可能とします。詳しくは各解説箇所を確認してください。

残りについて順番に解説していきます。

●算出プロパティとウォッチャを使い分ける

テンプレートのレンダリングでは、算出プロパティとメソッドならなるべく算出プロパティを使用すべきです。ただし、どこでも算出プロパティがパフォーマンス的にベストというわけではありません。パフォーマンス上の観点から、算出プロパティを使うべきではない例外が存在します。ループのような処理コストが高い、または非同期が伴う場合は算出プロパティではなくウォッチャを利用すべきです。

擬似的に気温を計測して平均気温を算出するような例で見てみましょう。以下は、処理コストが高い算出プロパティでレンダリングするようなコンポーネントのケースです。

```
<template>
  <div>
    <p>今日の気温：{{ temperature }}度</p>
    <p>平均気温：{{ average }}度</p>
  </div>
</template>

<script>
export default {
  name: 'TemperatureCalculator',

  data () {
    const temperature = 20
    return {
      temperature,
      series: [temperature]
    }
  },

  computed: {
    average () { return this.sum / this.counter },
    counter () { return this.series.length },
    sum () { return this.series.reduce((prev, cur) => prev + cur) }
  },

  mounted () {
    // 気温を計測する
    setInterval(() => {
      const temp = this.generateTemp()
      this.temperature = temp
      this.series.push(temp)
    }, 1)
  },
```

```
  methods: {
    generateTemp () { return Math.floor(Math.random()*40) }
  }
}
</script>
```

　このケースでは、generateTempという関数で計測された気温を、データである配列seriesに格納しています。格納がトリガーとなって算出プロパティaverage内で平均気温を算出しています。

　算出プロパティがsetIntervalで非同期、かつ頻繁に毎回呼び出されています。算出プロパティのキャッシュが効かず毎回発火されるため、明らかにレンダリングのパフォーマンスに影響を与えます。

　このような場合は、以下のようにウォッチャを利用します。これだと非同期な変更が起きたときだけ適切に、最小のコストで呼び出され、レンダリングのパフォーマンスを改善できます。

```
<!-- ... -->
<script>
export default {
  name: 'TemperatureCalculator',

  data () {
    const temperature = 20
-   return {
-     temperature,
-     series: [temperature]
-   }
+   return {
+     temperature,
+     counter: 1,
+     sum: temperature,
+     average: temperature
+   }
  },

- computed: {
-   average () { return this.sum / this.counter },
-   counter () { return this.series.length },
-   sum () { return this.series.reduce((prev, cur) => prev + cur) }
- },
+ watch: {
+   temperature: function (newTemp) {
+     this.sum += newTemp
+     this.counter += 1
+     this.average = this.sum / this.counter
+   }
+ },

  mounted () {
    // 気温を計測する
    setInterval(() => {
      const temp = this.generateTemp()
```

```
      this.temperature = temp
    }, 1)
  },

  methods: {
    generateTemp () { return Math.floor(Math.random()*40) }
  }
}
</script>
```

● v-forによるリストのレンダリングではkey属性を利用する

v-forではkey属性を利用[55]してレンダリングすべきです。key属性を指定することで、リストのレンダリングパフォーマンスを多くのケースで向上できます[56]。

```
<template>
  <ul>
    <li v-for="todo in todos" :key="todo.id">
      {{ todo.text }}
    </li>
  </ul>
</template>

<script>
export default {
  // ...
  data () {
    todos: [
      { id: 1, text: 'タスク1' },
      { id: 2, text: 'タスク2' },
    // ...
    ]
  },
// ...
}
</script>
```

しかしながら、リストの内容がガラリと変わる更新が頻繁に起きるようなものにおいては、性能向上はそこまで期待できません[57]。これでもパフォーマンスが改善できない場合は、v-forを利用しないでリスト内容をレンダリングしてパフォーマンス劣化を回避する方法を検討してください。

---

* 55　Vue.jsの公式スタイルガイドでは、v-forにはkey属性は必須としています。https://jp.vuejs.org/v2/style-guide/#キー付き-v-for-必須

* 56　Vue.jsの仮想DOMのdiff/patchにおいてkey属性に紐付けられたDOM要素を再利用することでDOM操作の実行コストを最小限に抑えます。

* 57　key属性を指定しても仮想DOMのdiff/patchのアルゴリズムの特性上、かえってパフォーマンスが低下する可能性があります。このようなケースにおいては、あえてkey属性を指定しないことで、DOM要素の移動を最小限に終えるin-place patchアルゴリズムにより、レンダリングパフォーマンスがよくなる場合があります。

● **v-onceでコンポーネントのコンテンツをキャッシュする**

Vue.jsのコンパイラは、静的なコンテンツ[*58]では、仮想DOMツリーをコンポーネント内部にキャッシュします[*59]。これがレンダリングコスト低減につながります。

v-onceを利用することで、動的なコンテンツについても同様のキャッシュを使えます。v-onceはレンダリングされるコンテンツを初回だけ評価し、あとはキャッシュしておきます。これによって仮想DOMのdiffがスキップされます。初回はレンダリングが必要でも、初回以降はレンダリングをしないでいい要素というのは実際のアプリケーションではいくつか出てきます。そういったところで毎回レンダリングを起こすのを避けたいときには有用です。

```
<template>
  <div v-once class="root">
    <p>メッセージ: {{ message }}</p>
  </div>
</template>

<script>
export default {
  // ...
}
</script>
```

この例ではmessageをバインドしてますが、この箇所についてはmessageの内容が変わっても仮想DOMはそのままで再レンダリングすることはありません。

● **関数型コンポーネントを利用する**

関数型コンポーネントは、Vue.jsのコンポーネントの一種です。通常のコンポーネントとは異なり、インスタンス化せず描画関数（render）を実行するだけです。このため、インスタンス化などのオーバーヘッドがなくなり描画関数の実行だけを行えます[*60]。

このため、コンポーネント内部に状態を保持せずプロパティのみでコンポーネントをレンダリングするような場合はパフォーマンス向上のために活用できます[*61]。

関数型コンポーネントは、コンポーネントオプションにfunctional: trueとrenderオプションを適切にJavaScriptで実装するだけ使えます。以下は、本章で作成したアプリケーションのKbnButtonコンポーネントをもとに関数型コンポーネントで実装した例です。

```
// ...

<script>
```

[*58]　テンプレートにおいてデータバインドのない部分。

[*59]　仮想DOMのdiffをスキップして実行コストを減らすため。

[*60]　データ、算出プロパティ、データの監視など、コンポーネント内部で状態管理せず、状態を持ちません。ライフサイクルメソッドも呼び出しません。関数で、コンポーネントに指定されたプロパティに渡ってきたデータをインプットに、仮想DOMツリーのレンダリングというアウトプットを出すだけという特性を持ったコンポーネントです。

[*61]　執筆時点では、関数型コンポーネントはVue DevToolsのComponentsタブにコンポーネントツリーが表示されません。そのためデバッグしづらさなどいくつかの問題も生まれるかもしれません。注意して利用してください。

```
export default {
  name: 'KbnButton',

  functional: true, // 関数型コンポーネントとして宣言

  props: {
    type: {
      type: String,
      default: 'button'
    },
    disabled: {
      type: Boolean,
      default: false
    }
  },
  // render関数は引数を2つ取る
  render (h, { data, props, children }) {
    const cls = ['kbn-button' + (
      props.type === 'text' ? ('-' + props.type) : ''
    )]
    const newData = {
      class: cls,
      attrs: { type: 'button' }
    }
    if (props.disabled) {
      newData.attrs.disabled = 'disabled'
    }
    if (data.on) {
      newData.on = data.on
    }
    return h('button', newData, children)
  }
}
</script>

// ...
```

単一ファイルコンポーネントでは、以下のように`<template>`ブロックに`functional`属性を与えて宣言的に実装することも可能です。先程の例のようにJavaScriptを使用する必要はありません[62]。FuncComp.vue と App.vue を例に見てみましょう。

```
<!-- `<template functional>`による宣言的な関数型コンポーネントの実装 -->
<template functional>
  <div class="func-component">
    <h1>{{ props.header }}</h1>
    <p>{{ props.message }}</p>
  </div>
</template>
```

---

[62] 関数型コンポーネントのプロパティは、この例のようにpropsオプションで定義しなくても該当コンポーネントで指定するだけで利用できます。ただし、コンポーネントのプロパティ仕様として他の開発者が把握できるように、明示的に定義すべきです。

```
<template>
  <div class="app">
    <FuncComp
      :header="content.header"
      :message="content.message"
    />
  </div>
</template>

<script>
import FuncComp from './FuncComp.vue'

export default {
  name: 'App',

  data () {
    return {
      content: {
        header: 'あいさつ',
        message: 'こんにちは!'
      }
    }
  },

  components: {
    FuncComp
  }
}
</script>
```

● テンプレートを事前コンパイルする

　Vue.jsはテンプレートをそのままブラウザ上で表示できるわけではないので、実行時などにJavaScriptにコンパイルして表示できるようにしています。テンプレートを事前コンパイル[63]することで、実行時のコンパイルコストを減らせます。

　単一ファイルコンポーネントの`<template>`ブロックのテンプレートは、Vue Loaderなどのようなバンドルツールのミドルウェアライブラリを使っていれば、ビルド時に描画関数にコンパイルします。本章のように webapck テンプレートでアプリケーション開発環境を構築している場合は、既に Vue Loader も組み込まれています。つまり特に意識しなくても事前コンパイルがなされているわけです。

　独自に環境を構築した場合などは事前コンパイルできているか確認しておくのは有効でしょう。

　本章まで3章を通じて、Vue.jsのアプリケーション開発について解説しました。

　環境構築からはじまり、設計、開発と様々なことを学びながら進めてきました。コンポーネントの設計、テスト駆動開発、開発者ツールの実用、E2Eテスト、エラーハンドリング、ビルドとデプロイ、そしてパフォーマンス改善など幅広いトピックを取り扱いました。

＊63　Ahead of time compile、AoTコンパイルとも。

これらの学習したことをベースに読者のみなさんも、Vue.jsで大規模なアプリケーション開発を実践することが可能になるでしょう。

Vue CLIの対話的な選択時の注意点

Vue CLIで対話的に開発環境を構築するときのVue.jsのビルドバージョン選択でstandaloneを選択すると、ランタイムの他にコンパイラを含んだ完全ビルド版[1]のVue.jsを利用することになります。Vue CLIで開発環境を構築する際に、Vue.js本体の選択はruntimeを選択しましょう。これを選択することで、アプリケーションをビルドした際にランタイムのみバンドリングされて配信されるため、standaloneを選択したときよりバンドリングサイズが小さくなります。

[1] https://jp.vuejs.org/v2/guide/installation.html#さまざまなビルドについて

テンプレートコンパイラのオプションを利用する

Vue.jsのテンプレートコンパイラのAPIを介して、レンダリングを最適化できる余地があるかもしれません。コンパイラAPIを利用するテクニックは、テンプレートコンパイラの処理や最適化の内容、ランタイムについて理解している必要があるため初心者向きではありません。さらに、本来はアプリケーション向けではなくプラグインやUIライブラリ開発向けに提供されるものです。そのため、ここではその存在の紹介にとどめ、詳細な解説は控えます。筆者がWebに公開している参考情報を以下に掲載します。興味がある方は確認・挑戦してみるとよいでしょう。

- テンプレートのコンパイルからレンダリングまで：「Vue.js 2.0 サーバサイドレンダリング」[1]の20〜57
- テンプレートコンパイラによる拡張：「Vue.js Extend with Compiler」[2]
- テンプレートコンパイラで最適化した記事：「vue-i18n のパフォーマンス最適化」[3]

[1] https://speakerdeck.com/kazupon/vue-dot-js-2-dot-0-server-side-rendering
[2] https://speakerdeck.com/kazupon/vue-dot-js-extend-with-compiler
[3] https://medium.com/@kazu_pon/vue-i18n-のパフォーマンス最適化-efc4c3b99106

Appendix

jQueryからの移行
開発ツール
Nuxt.js

Appendix A　jQueryからの移行

　jQueryからVue.jsへの移行を解説します。Vue.jsはしばしばjQueryの移行先として名前が挙がります。筆者も実際に一部用途では、jQueryをVue.jsに置き換えると開発効率向上などポジティブな効果があると考えています。

　Vue.jsの使い方をおさえた直後では、jQueryを用いて書かれたコードをVue.jsでどのように書き換えればよいかイメージしづらい方もいるはずです。ここでは、jQueryでよく使われる機能と、それを利用した小さいプログラムを通して、Vue.jsでどのように書き換えればよいか紹介します。

A.1　移行の判断

　jQueryは、数年前のブラウザにあったAPIの差異を吸収し、DOM操作を簡単にする機能を提供したことで開発者の生産性を向上させました。しかし、JavaScriptのコードで明示的にDOM操作を行うスタイルで実装するため、UIの機能が多い場合に、それに伴って扱う状態やイベントが増え、実装や保守が難しくなってきます。

　この問題に直面したら、jQueryからVue.jsへの移行を検討するタイミングです。

　一方、ウェブサイトやランディングページのような、スクロールやマウス操作に応じたエフェクトを必要とする程度のサイトについては、このような問題は出てこないでしょう。既にjQueryで書かれた実装があり、保守の必要がなければ、無理に移行する必要はないと考えます。

　これは、ウェブサイトやランディングページでVue.jsを使ってはいけない、というわけではありません。先に述べたようなインタラクティブなUIの実装はVue.jsのデータバインディングの機能の得意とするところです。新規で先に述べたようなウェブサイトやランディングページを作成する場合にはぜひVue.jsの利用を検討してみてください。

　昨今、Web上でjQueryを一方的に否定する記事を見かけますが、このような批判は多くの場合見当違いです。そもそも、jQueryとVue.jsでは解決する問題が異なります。両者は併用することが可能で、互いに相容れないものではありません[*1]。

　重要なのは、ウェブサイトやアプリケーションの仕様や問題を把握して、適切な技術を選択することです。

[*1]　もし併用する場合には、DOMツリーの変更やイベントリスナーの登録はVue.jsに任せ、jQueryでは行わないといったルールを決めておくとよいでしょう。

A.2   jQueryで実装していた機能のVue.jsによる実装

ここからは実際にjQueryでよく利用する機能がVue.jsではどう実現されているかを解説します[2]。jQueryで人気のあるアニメーションについては5.1を参照してください。

A.2.1   イベントリスナー

まずはイベントリスナーの登録からみていきましょう。はじめにjQueryで書かれたコードを示します。jQueryでは、オブジェクトのonメソッドを使うことで、イベントリスナーを登録します。これは「ボタンがクリックされたときに何かを行う」といった処理を書く時に使われます。

```html
<div id="app">
  <button id="btn">Click</button>
</div>
```

```javascript
$('#btn').on('click', function () {
  alert('Hi')
})
```

次にVue.jsで書かれたコードを示します。

```html
<div id="app">
  <button v-on:click="sayHi">Click</button>
  <!-- シンタックスシュガーとして、@ + イベント名 でも記述できます -->
  <!-- <button @click="sayHi">Click</button> -->
</div>
```

```javascript
new Vue({
  el: '#app',
  methods: {
    sayHi: function (event) {
      alert('Hi')
    }
  }
})
```

Vue.jsでは、同様の処理を実現するために、v-onディレクティブを利用します。ディレクティブの引数のイベントが発火したときに呼び出すメソッド（または実行したい式）を属性値で指定します。ここではsayHiが呼び出されるメソッドになります。

---

[2]   Vue.js側の機能は2章などであつかったものです。不明な個所があれば各章に戻って確認しましょう。

jQueryとの大きな違いは、購読するイベントとイベントリスナーを登録する要素をテンプレートで記述するか否かです。この性質により、要素や購読したいイベントが変わっても、テンプレートを変更するだけで済みます。

●イベントオブジェクト

v-onディレクティブの属性値にメソッドを指定した場合、デフォルトで引数にイベントオブジェクトが渡されます。このオブジェクトには、イベントが発火した座標や要素の情報が含まれています。

```
new Vue({
    // ...
    sayHi: function (event) {
      console.log(event)
    }
    // ...
})
```

このイベントオブジェクトは、ネイティブDOMイベントのオブジェクトです[*3]。jQueryで使っていたようにイベントを取り回せます。

v-onディレクティブの属性値には、式を指定することもできます。その場合、イベントオブジェクトにアクセスするときには、$eventを利用します。イベントオブジェクトをユーザーが定義した引数と一緒に渡すときなどに利用します。

```
<div id="app">
  <button v-on:click="sayHi('...', $event)">Click</button>
</div>
```

●イベント修飾子

イベントオブジェクトでは、イベントをキャンセルするためのevent.preventDefaultやイベントの伝播を止めるためにevent.stopPropagationといったメソッドを使います。例えば、フォームの入力内容に応じて、送信（submit）をキャンセルしたい場合に使われます。イベントオブジェクトを通しても呼び出せますが、よく使われる機能なので、Vue.jsではこのメソッドの呼び出しをディレクティブの修飾子で実現可能です。下のように記述することで、メソッド内でevent.preventDefaultとevent.stopPropagationを呼び出すのと同じ効果が得られます。

```
<div id="app">
  <button v-on:click.prevent.stop="sayHi">Click</button>
</div>
```

[*3] jQueryのイベントリスナーに渡されるイベントオブジェクトは、jQueryで定義しているイベントのオブジェクトで厳密には異なるものですが、ネイティブDOMイベントの仕様に準拠しているので、同等に扱えると考えていいでしょう。

A.2.2　表示の切り替え

　画面での要素の表示の切り替えについて紹介します。ユーザーの画面操作やサーバーから取得したデータに応じて、画面の要素の表示を切り替えることはよくあるでしょう。

　jQueryでは、jQueryオブジェクトのshowメソッドで表示、hideメソッドで非表示を行います。

```
<div id="app">
  <p id="on">オン</p>
  <p id="off">オフ</p>
  <button>ON/OFF切り替え</button>
</div>
```

```
var $on = $('#on')
var $off = $('#off')
var isOn = false
$on.hide()
$('button').on('click', function () {
  isOn = !isOn
  if (isOn) {
    $on.show()
    $off.hide()
  } else {
    $on.hide()
    $off.show()
  }
})
```

　この表示の切り替えは、CSSプロパティのdisplayプロパティを利用して実現しています。Vue.jsではv-showディレクティブで同様の処理を実現できます。v-showディレクティブの属性値の値が真と評価されれば表示、偽と評価されれば非表示になります。

```
<div id="app">
  <p v-show="isOn">オン</p>
  <p v-show="!isOn">オフ</p>
  <button @click="toggle">ON/OFF切り替え</button>
</div>
```

```
new Vue({
  el: '#app',
  data: function () {
    return {
      isOn: false,
    }
  },
  methods: {
    toggle: function () {
      this.isOn = !this.isOn
```

```
      }
    }
  }
})
```

　jQueryとVue.jsの違いは、イベントリスナー（イベントハンドラ）で明示的に表示の切り替え（DOM操作）を行うか否かです。jQueryはイベントリスナーでjQueryオブジェクトを通して明示的に要素の表示を切り替えますが、Vue.jsは事前にテンプレートでデータと要素の表示・非表示の関係を記述した上で、イベントハンドラではデータの変更を行うだけです。

　データ（プロパティ）や要素の数が増えるにしたがって、jQueryではイベントリスナー内でのDOM操作の処理が複雑になっていきます。Vue.jsでは、イベントハンドラでデータを変更するだけです。DOM操作はVue.jsに任されているので、この問題は起きません。

A.2.3　要素の挿入・削除

　要素の挿入・削除の実装を見ます。jQueryでは挿入はappendメソッド、削除はremoveメソッドを用います。次の例はタイマーで1秒待って、メッセージを切り替えます[*4]。

```
<div id="app">
  <p id="loading">ロードしています...</p>
</div>
```

```
var $loading = $('#loading')
var $app = $('#app')
setTimeout(() => {
  var $loaded = $('<p>ロードが完了しました</p>')
  $loading.remove()
  $app.append($loaded)
}, 1000)
```

　Vue.jsではv-ifディレクティブの値に応じた要素の挿入・削除を実現します。

```
<div id="app">
  <p v-if="isLoading">ロードしています...</p>
  <p v-else>ロードが完了しました</p>
</div>
```

```
new Vue({
  el: '#app',
  data: function () {
    return {
      isLoading: true
```

＊4　Web APIなどでデータを取得してメッセージを切り変える場合も同様の実装になるでしょう。

```
    }
  },
  mounted: function () {
    setTimeout(() => {
      this.isLoading = false
    }, 1000)
  }
})
```

　Vue.jsでは、データを経由して、表示を切り替えます。ここでは、ローディング中かどうか管理するデータを用意して、テンプレートで参照します。先程と同様に画面上での表示・非表示が切り替わりますが、v-ifによる要素の挿入と削除で実現しています[*5][*6]。

A.2.4　属性値の変更

　属性値の変更についてみていきましょう。

　jQueryオブジェクトでは、属性値の変更にattrメソッドやpropメソッドを呼び出します。

　属性値変更はさまざまな実装で頻出しますが、ここではdisabled属性を扱った例を示します。フォーム画面を実装する際に、入力やデータに応じて、一部の入力欄を無効にする実装を行う必要に迫られることがあります。その実装をミニマムに再現します。

```
<div id="app">
  <p>
    <input type="text" disabled>
  </p>
  <button>入力欄を有効にする</button>
</div>
```

```
var $input = $('input')
var $button = $('button')
var disabled = true

$button.on('click', function () {
  disabled = !disabled
  $input.prop('disabled', disabled)
  if (disabled) {
    $button.text('入力欄を有効にする')
  } else {
    $button.text('入力欄を無効にする')
  }
})
```

＊5　v-ifとv-showの使い分けについては2章で述べたので参照してください。

＊6　v-ifは関連するディレクティブとしてv-elseがあります。自分のひとつ上の兄弟の要素のv-ifディレクティブの値が偽の場合に要素が挿入されます。v-elseを使わずにv-if="!isLoading"と記述することも可能ですが、v-elseのほうが可読性に優れています。この他にv-else-ifディレクティブも存在します。

Vue.jsでは`v-bind`ディレクティブを使って、データを属性値としてバインディングすることが可能です。これを用いれば読みやすく実装できます[7]。

```
<div id="app">
  <p>
    <input type="text" :disabled="disabled">
  </p>
  <button @click="toggleDisabled">{{ buttonText }}</button>
</div>
```

```
new Vue({
  el: '#app',
  data: function () {
    return {
      disabled: true
    }
  },
  computed: {
    buttonText: function () {
      if (this.disabled) {
        return '入力欄を有効にする'
      } else {
        return '入力欄を無効にする'
      }
    }
  },
  methods: {
    toggleDisabled: function () {
      this.disabled = !this.disabled
    }
  }
})
```

jQueryの実装では、データ(プロパティ)の変更と表示内容(ボタンのテキスト)の変更が同じ関数で行われています。一方、Vue.jsの実装ではデータの変更と表示内容の変更が分離されています。Vue.jsの`toggleDisabled`の実装を見ると、データの変更のみが行われています。データの変更をきっかけに、算出プロパティでボタンの表示内容を更新する仕組みです。

jQueryでは表示内容の変更を忘れてしまうと、データと表示内容に不整合が生じるかもしれません。これに対してVue.jsでは、表示内容の変更が一箇所に集約されることで、データの変更に伴って確実にボタンのテキストを変更できます。

jQueryでもカスタムイベントを利用することで同じ様な実装は可能ですが、実装者の設計・実装のさじ加減に委ねられます。はじめからリアクティブシステムの備わっているVue.jsでは、自然と良い設計・実装へと誘導されます。

* * *

＊7　`v-bind:`属性名のように属性名をディレクティブの引数として指定しますが、よく使われる機能のため、`v-bind`を省略した：＋属性名の省略記法が用意されています。

A.2.5 クラスの変更

　クラスの変更を見ていきましょう。クラスも属性値とほぼ同等ですが、頻出する操作のためjQueryでもVue.jsでも属性値の変更とは区別されています。jQueryでは特別なメソッドが用意され、Vue.jsではv-bindがクラスで使うときは強化されます。

　jQueryでは、jQueryオブジェクトのaddClass,removeClass,toggleClassといったメソッドを呼び出すことでクラスを付け替えします。

　データの変更に応じて、クラスを付け替えることで、文字色などの表示を切り替えます。入力や画面操作に応じて、バリデーション処理を実行して、不正な入力を赤くハイライトする処理をミニマムに実装してみましょう。

```html
<div id="app">
  <p class="message">メッセージ</p>
  <button>文字色を切り替える</button>
</div>
```

```css
.message {
  font-weight: bold;
}
.message.is-red {
  color: red;
}
```

```js
var $message = $('.message')
$('button').on('click', function () {
  $message.toggleClass('is-red')
})
```

　Vue.jsでは、v-bindディレクティブにclassを引数として指定することで、クラスのデータバインディングを実現します[8]。 クラス・スタイルではv-bindの値にオブジェクトと配列が使えます[9][10][11]。

```html
<div id="app">
  <p class="message" :class="{'is-red': isRed}">メッセージ</p>
  <button @click="toggleColor">文字色を切り替える</button>
</div>
```

---

[8] ここではv-bindの省略表記を用いています。

[9] ディレクティブの値は、複数のクラスを指定できるよう配列またはオブジェクトを指定します。 配列はクラスの文字列の配列、オブジェクトはプロパティの値が真と評価されれば、プロパティのキーがクラスとして付与されます。 この例では、isRedが真になれば、is-redがクラスとして付与されます。

[10] クラスには、例のコードのmessageのようにデータに関係なく常に付与したいものもあります。この場合は、通常のclass属性で指定します。v-on:classによって、元のclass属性値が無視されるわけではなく、マージされひとつにまとめられます。

[11] 付与したいクラスが増えてきたり、プロパティの値が&&演算子や||演算子を用いた複雑な式になってきたら、テンプレートの見通しが徐々に悪くなります。ディレクティブの値を算出プロパティに移すことを検討しましょう。また、条件式の一部は、それだけで名前付けが可能な式かもしれません。それも算出プロパティにできないか検討するべきです。

```
.message {
  font-weight: bold;
}
.message.is-red {
  color: red;
}
```

```
new Vue({
  el: '#app',
  data: function() {
    return {
      isRed: false
    }
  },
  methods: {
    toggleColor: function() {
      this.isRed = !this.isRed
    }
  }
})
```

●算出プロパティによるクラス付与

Vue.jsでは、テンプレートにディレクティブを記述することで、UIを操作したときに呼ばれるメソッドやデータに応じた出し分けの把握が容易になります。その一方で、ディレクティブの値に本来、JavaScriptで行うべきロジックが漏れ出てしまいがちです。テンプレートは、ある程度複雑な式は算出プロパティに移すように心がけ、できるだけデータや算出プロパティを参照するに留めるよう心がけましょう。テンプレートを保守可能な状態で維持できます。算出プロパティで書き直してみましょう[12]。

```
<div id="app">
  <p class="message" :class="messageClasses">メッセージ</p>
  <button @click="toggleColor">文字色を切り替える</button>
</div>
```

```
.message {
  font-weight: bold;
}
.message.is-red {
  color: red;
}
```

---

[12] 今回の例では、クラスをオブジェクトで指定していましたが、配列にすることも可能です。オブジェクトと配列はどう使い分ければよいでしょうか。事前に付与されるクラスが数個程度と分かっている場合はオブジェクトを使えばよいでしょう。テーマやアイコンなど見せ方のバリエーションが多く、付与される可能性のあるクラスが大量にある場合には、オブジェクトで定義しようとすると、プロパティの記述が冗長になってしまいます。その場合は、配列を使うべきでしょう。テーマやアイコンに応じたクラスを動的に生成し、配列の要素とします。

```
new Vue({
  el: '#app',
  data: function () {
    return {
      isRed: false
    }
  },
  computed: {
    messageClasses: function () {
      return {
        'is-red': this.isRed
      }
    }
  },
  methods: {
    toggleColor: function () {
      this.isRed = !this.isRed
    }
  }
})
```

A.2.6　スタイルの変更

　スタイルの変更を見ていきましょう。JavaScriptでスタイルを変更するには要素の属性として直接書き込む方法[*13]と、クラスの付け外しで変更する方法があります。今回は前者を選択します。スタイルも属性値とほぼ同等ですが、クラスと同様にjQueryとVue.jsで特別な扱いがされています。

　jQueryではjQueryオブジェクトのcssメソッドでスタイルを変更します。ここでは、色を選択して、文字色を変えるUIを通して説明します。押されたボタンの要素のdata-color-name属性値をcolorプロパティの値として設定します。

```
<div id="app">
  <p class="message">メッセージ</p>
  <button data-color-name="red">赤色に変える</button>
  <button data-color-name="yellow">黄色に変える</button>
  <button data-color-name="blue">青色に変える</button>
</div>
```

```
var $message = $('.message')
$('button').on('click', function (event) {
  $message.css('color', $(event.currentTarget).attr('data-color-name'))
})
```

[*13]　スタイルはstyle属性で指定します。プロパティごとに;区切りで複数指定することが可能です。

Vue.jsでは、styleを引数としてv-bindディレクティブを使うことで、データとstyleの属性値のデータバインディングを実現します。v-bind:styleディレクティブの値のオブジェクトのプロパティが増えてきたり、プロパティの値の構築が複雑になってきたら、v-bind:classと同様に算出プロパティを定義して、それを値として参照することをおすすめします。

```
<div id="app">
  <p class="message" :style="{color: color}">メッセージ</p>
  <button @click="changeColor('red')">赤色に変える</button>
  <button @click="changeColor('yellow')">黄色に変える</button>
  <button @click="changeColor('blue')">青色に変える</button>
</div>
```

```
new Vue({
  el: '#app',
  data: function () {
    return {
      color: ''
    }
  },
  methods: {
    changeColor: function (color) {
      this.color = color
    }
  }
})
```

A.2.7　フォーム（ユーザー入力）

最後にフォームです。ウェブアプリケーションでは、ECサイトのカートやCMSなど、ユーザーに入力を求めることは多くあります。ユーザーの入力を受け付けるために、HTMLのinput要素が使われます。JavaScriptで入力された値を取得するには、DOM要素のvalueプロパティを参照します。これを快適に実装できる点でもjQueryは支持されてきました。Vue.jsでもきれいに実装できます。

ここでは、ユーザーの名前と年齢を入力するフォームを取り上げます。送信時に入力内容を確認するダイアログを表示して、「OK」が押されればそのまま送信、「キャンセル」が押されれば中止します。

jQueryでは、changeイベントを購読することで入力の変更を検知できます。changeイベントのイベントリスナーでは、input要素の値は、jQueryオブジェクトのvalメソッドで取得できます。

```
<form id="app" method="post" action="/questionaire">
  <p>
    <label for="name">名前</label>
    <input type="text" name="name" id="name" value="">
  </p>
  <p>
    <label for="age">年齢</label>
```

```
    <input type="number" name="age" id="age" value="">
  </p>
  <p>
    <input type="submit" value="送信">
  </p>
</form>
```

```
var $nameInput = $('#name')
var $ageInput = $('#age')
var $form = $('form')

$form.on('submit', function (e) {
  var message = [
    '名前: ' + $nameInput.val(),
    '年齢: ' + $ageInput.val(),
    'この内容で送信しますか？'
  ].join('\n')
  if (!window.confirm(message)) {
    e.preventDefault()
  }
})
```

Vue.jsでの例を見ます。Vue.jsでは、`v-model`ディレクティブを利用することで、各フィールドの入力をVueインスタンスのデータとしてバインディングできます。これまで紹介してきたVue.jsのディレクティブは、データをビュー（DOM）に反映させる（バインディングする）ディレクティブでした。対して今回は、その逆でビュー（DOM）の値をデータにバインディングするディレクティブです。処理自体はjQueryもVue.jsも大きく変わるわけではありません。

```
<form id="app" @submit="confirm" method="post" action="/questionaire">
  <p>
    <label for="name">名前</label>
    <input type="text" name="name" id="name" v-model="name">
  </p>
  <p>
    <label for="age">年齢</label>
    <input type="number" name="age" id="age" v-model.number="age">
  </p>
  <p>
    <input type="submit" value="送信">
  </p>
</form>
```

```
new Vue({
  el: '#app',
  data: function () {
    return {
      name: null,
```

```
      age: null
    }
  },
  methods: {
    confirm: function (e) {
      var message = [
        '名前: ' + this.name,
        '年齢: ' + this.age,
        'この内容で送信しますか？'
      ].join('\n')
      if (!window.confirm(message)) {
        e.preventDefault()
      }
    }
  }
})
```

● v-modelの振る舞い

v-modelには、振る舞いを変えるための修飾子がいくつか用意されています[14]。次の2つは特に押さえておきたいものです。

● number ● lazy

number修飾子は入力を数値に変換します。input要素の値は、typeがnumberでも文字列を返します。確実に数値として扱いたい場合は、number修飾子を使います。先の例では年齢のフィールドで利用しています。

lazyディレクティブは、同期のタイミングを指定します。先程v-modelはユーザー入力とVueインスタンスのデータとバインディングする、同期すると説明しました。デフォルトでは、inputイベントが発生したら同期するようになってます。inputイベントは、input要素への入力一文字ずつに対して発火します。lazy修飾子を利用することで、同期のタイミングをchangeイベントが発火したタイミングに変更できます。changeイベントは、入力が完了して、input要素のフォーカスが外れたタイミングで発火します。

この修飾子の使いどころの1つとしては、データに応じて表示を変更するケースがあります。lazyなしだと、入力に応じて頻繁に表示が切り替わって、ユーザーに不快感を与えるような場面では使えます。その一方で、ユーザー入力に即時に応答したほうがよい場面もあります。作成しているアプリケーションの内容やコンテキストに応じて判断する必要があります。

もう1つは、データの変更をwatchなどで監視して、通信や重い計算を行うような場合です。入力に応じて通信を行うとサーバーやネットワークに負荷をかけてしまう場合があります。その場合もlazy修飾子を利用するとよいでしょう。

---

[14] https://jp.vuejs.org/v2/api/#v-model

Appendix B 開発ツール

Vue.jsの開発を効率化するツールについてはここまでもいくつか触れてきました。AppendixBでは、これまでの解説において紹介しきれなかった以下の開発ツールと言語について紹介します。

- Storybook
- 静的型付き言語（TypeScript）

B.1 Storybook

Storybook[*1]はUI開発環境を提供するツールです。グラフィカルな表示でアプリケーション開発を助けます。GUIの画面で、インタラクティブにアプリケーションの操作ができ、開発やテストを[*2]助けます。コンポーネントの振る舞いや見た目などをテストしたり、コンポーネントを一覧にしてカタログ化できるようにしたり、コンポーネントを組み合わせてアプリケーションを効率的に作成したりできます[*3]。Vue.jsやReact、React Native、Angularをサポートしています。

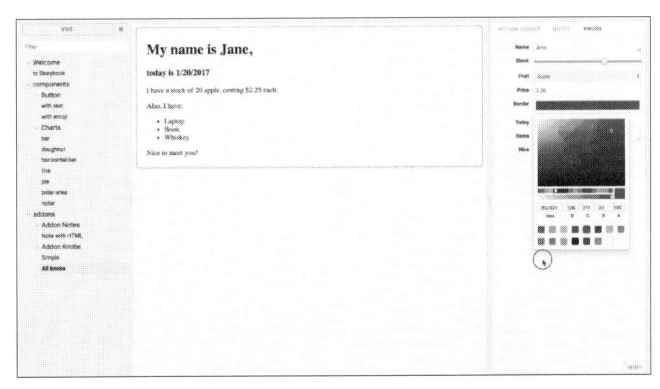

Storybook

Storybookをアプリケーション開発プロジェクトに導入すると以下のことが可能になります。

- [*1] 読み方はストーリーブック。
- [*2] 8章で解説したような単体テストが中心だと、アニメーションなどの見た目の振る舞いや、フォントやスタイルなどのビジュアル的な実際に目視で確認するようなテストはほぼ不可能でした。Storybookはビジュアルテストを助けます。
- [*3] Storybookは、もともとReact向けのアプリケーション開発を支援する当時Kadira社のArunoda Susiripala氏によって開発されたUI開発環境ツールでした。Kadira社の事業終了に伴い開発が一時的に停止していましたが、2017年に有志メンバーによってオープンソースプロジェクトとして開発を開始し、現在も引き続き開発が続けられています。https://github.com/storybooks/storybook

- コンポーネントのinput要素やbutton要素などのユーザーとやりとりするインタラクションの確認
- コンポーネントのCSS、フォント、画像などのUIの見た目の確認
- コンポーネントを一覧にしてカタログ化することで、プロジェクトで利用するコンポーネントの一望
- コンポーネントのAPI仕様やスタイルガイドの確認
- コンポーネントで公開されているプロパティをStorybook上で動的に変更して挙動のチェック
- コンポーネントのスナップショットによってUI構造についてテスト
- 平易なGUI操作画面によるエンジニアとデザイナーとの協業、分業や意思疎通の効率アップ

Storybookを導入することで、さらに効率のよいアプリケーション開発が可能になります。

B.1.1　開発プロジェクトに導入する

Storybookを導入するには公式コマンドラインツールgetstorybookを利用します。

```
$ npm install -g @storybook/cli
$ getstorybook -V
3.3.11
```

Vue.jsにおいては、Vue CLIで構築した開発プロジェクトに対してgetstorybookコマンドで
Storybookの開発環境を簡単に構築できます。8章ではタスク管理アプリケーションを開発するために、
Vue CLIを利用して開発プロジェクトを構築しました。この開発プロジェクトに対してgetstorybook
コマンドでStorybookの環境を導入してみます[4]。

```
$ cd /path/to/kanban-app # 開発プロジェクトのディレクトリに移動する
$ getstorybook # プロジェクトルートでgetstorybookコマンドを実行
```

getstorybookコマンドで正常にStorybookの環境構築が正常に完了すると。storybookディレクト
リと、src/storiesディレクトリが開発プロジェクトに配置されます。以下は配置された開発プロジェク
トのディレクトリ構造の内容をツリー形式で示したものです。

```
.
├── test
├── static
├── src
│   ├── stories                    # Storybookのストーリーを格納する
│   │   ├── index.stories.js
│   │   ├── Welcome.vue
│   │   └── MyButton.vue
│   │
│   .
├── dist
```

---

[4] Storybookを動作させるのに必要な設定やストーリー（Story）と呼ばれるコンポーネントの振る舞いが配置されます。

```
├── config
├── build
├── .storybook          # Storybookの動作させるために必要な基本設定やStorybook
のアドオン設定を格納するディレクトリ
│   ├── config.js
│   └── addons.js
.
```

また、package.jsonの`scripts`に`npm run`として実行可能なStorybook関連のタスクや、`devDependencies`に依存モジュールが追加されています。

```
{
  ...
  "scripts": {
  ...
    "storybook": "start-storybook -p 6006",    # Storybookを実行するタスク
    "build-storybook": "build-storybook"        # Storybookをビルドするタスク
  },
  ...
  "devDependencies": {
    ...
  # Vue.js向けのStorybook関連モジュール
    "@storybook/vue": "^3.3.11",
    "@storybook/addon-actions": "^3.3.11",
    "@storybook/addon-links": "^3.3.11",
    "@storybook/addons": "^3.3.11",
  ...
  },
  ...
}
```

`getstorybook`コマンドを利用すれば、簡単にStorybookの環境構築ができます。

B.1.2 Storybookを動作させる

Storybookを動作させるには、以下のように`npm run storybook`を実行するだけです。実行すると src/storiesディレクトリに格納されているストーリーがビルドされ、Storybookの開発サーバーが起動します。筆者の環境では以下のような内容がコンソールに出力されます。

```
$ npm run storybook

> kanban-app@1.0.0 storybook /Users/path/to/kanban-app
> start-storybook -p 6006

@storybook/vue v3.3.11

Failed to load ./.env.
```

```
=> Loading custom .babelrc
=> Loading custom addons config.
=> Using default webpack setup based on "vue-cli".
webpack built 9ac9048eab4ecacd3860 in 5668ms
Storybook started on => http://localhost:6006/
```

Storybookの開発サーバー起動後、コンソールに出力された内容にあるとおり、Webブラウザで http://localhost:6006/にアクセスすることでStorybookを動作させます。このURLにアクセスすると以下のような画面がWebブラウザに表示されます。

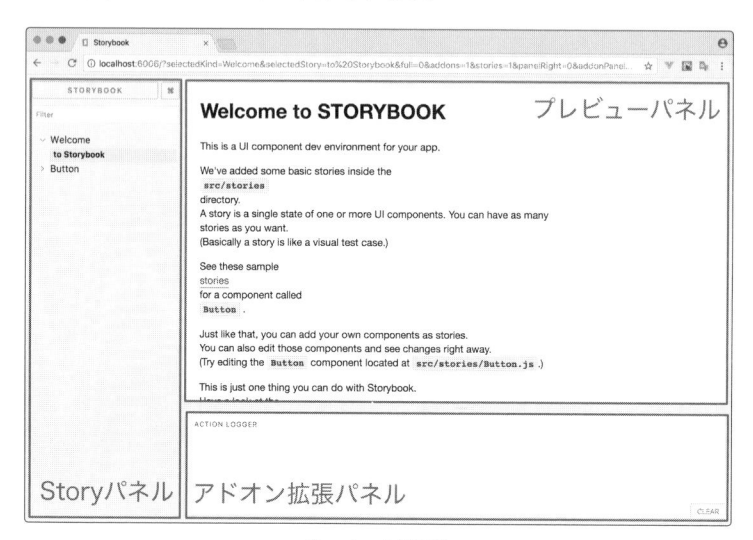

Storybookの画面

Storybookの画面構成は、以下のように構成されています。

パネル	説明
ストーリーパネル	Storybook上で動作可能なストーリー一覧を表示するパネル。
プレビューパネル	ストーリーパネルにおいて選択したストーリーの実装内容に従って動作したコンポーネントが表示されるパネル。iframeで読み込まれる。
アドオン拡張パネル	ストーリーにおいて使用されるStorybook向けのアドオンによって拡張されるパネル。

Webブラウザで動作したStorybookにおいては、hello world的なストーリーといくつかのボタンのストーリーがストーリーパネルに表示されています。これはgetstorybookコマンドによってsrc/storiesディレクトリに生成された雛形的なストーリーを読み込んだものです。

Storybookはストーリーパネルでストーリー（コンポーネントの振る舞いの定義）を選択、それによってプレビューパネルに表示されたコンポーネントを確認する比較的シンプルな使い方のツールです。[*5]

一度、npm run storybookでStorybookの開発サーバーで起動すると、ソースコードを監視してい

[*5] アドオンを使用している場合は、必要に応じてアドオン拡張パネルの内容も確認することになります。

るため、ストーリー、コンポーネントの変更があると開発サーバーがそれを検知して、Webブラウザが
Storybookをリロードします。このソースコード監視によるリロード機能があるため、毎回コマンドで
起動させなくても、効率的にコンポーネント開発ができます。

　UIのスタイルに専念するWebデザイナーもCSSを更新するだけで、Storybook上でコンポーネントの
スタイルを確認できるため、Webフロントエンドエンジニアと分業がしやすくなります。

B.1.3 　ストーリーを実装する

　Storybookで作成したコンポーネントの動作を確認するためには個々のプロジェクトに応じて、スト
ーリー、つまり動作確認用の雛形を実装する必要があります。

　どのようにストーリーを実装すればいいのか実際に試していきましょう。8章で解説した際に作成し
たログインフォームであるKbnLoginFormコンポーネントを元にストーリーを実装していきます。

　src/storiesディレクトリに、KbnLoginForm.stories.jsというファイルを作成し、以下のように実装し
ます。なお、ストーリーを実装する際に作成するファイルは、.storiesがファイル名の末尾に必要です。

```js
// StorybookのAPI`storiesOf`をインポートする
import { storiesOf } from '@storybook/vue'
// ストーリーの対象となるコンポーネントをインポートする
import KbnLoginForm from '../components/molecules/KbnLoginForm.vue'

// `storiesOf`でストーリーの種別 (ここでは`KbnLoginForm`として登録)を登録する
storiesOf('KbnLoginForm', module)
  // `add`でストーリー名とコンポーネントオプションを戻り値として返す関数を指定してストーリーを登録す
る
  .add('基本動作', () => ({
    components: { KbnLoginForm },
    template: '<kbn-login-form :onlogin="handleLogin"/>',
    methods: {
      handleLogin (authInfo) {
        return new Promise((resolve) => {
          setTimeout(() => {
            resolve()
          }, 2000)
        })
      }
    }
  }))
```

　ストーリーの実装は、Storybookが提供するstoriesOf、addを利用すれば難しくありません。上記
のコメントどおりに記載するだけです。storiesOf、addはStorybook APIのインスタンス自身を返す
ので、上記のようなメソッドチェーンの要領でストーリーを実装していきます。

　ストーリーを実装したのでnpm run storybookでStorybookを実行してみましょう。実行するとス
トーリーパネルにストーリーの種別としてKbnLoginFormが登録され、その種別に基本動作ストーリー
が登録されてるはずです。ストーリーパネルにおいて基本動作ストーリーを選択すると以下のようにロ

グインフォームがプレビューパネルに表示されるはずです。このようにコンポーネントをGUIで確認で
きるようにしていき、開発やテストを効率化します。

プレビューパネルに表示されたログインフォーム

B.1.4　Storybookを公開する

Storybookでコンポーネントをカタログ化して外部チームに共有したり、プロトタイプとして紹介し
たりすることはよくあります。この用途で使いやすくするため、Storybookはビルドして静的なアセッ
トにできます。ビルド後HTTPサーバーに公開して共有できます。

```
$ npm run build-storybook
> kanban-app@1.0.0 build-storybook /Users/path/to/kanban-app
> build-storybook

@storybook/vue v3.3.11

=> Loading custom .babelrc
=> Loading custom addons config.
=> Using default webpack setup based on "vue-cli".
Building storybook ...
```

Storybookのビルドが正常に完了すると、開発プロジェクトのトップ`storybook-static`ディレク
トリに配置されます。後は、`storybook-static`ディレクトリまるごとHTTPサーバーに公開するこ
とで、開発プロジェクトのチーム以外にユーザーに公開できます。以下は、筆者の`storybook-static`
ディレクトリのビルド内容です。

```
$ find ./storybook-static
storybook-static
storybook-static/favicon.ico
```

```
storybook-static/iframe.html
storybook-static/index.html
storybook-static/static
storybook-static/static/manager.35d5820c07dee4fcf085.bundle.js
storybook-static/static/preview.4b7f42c9226b3d375056.bundle.js
```

B.2 静的型付き言語

　JavaScriptは動的型付きでプロトタイプベースのオブジェクト指向スクリプト言語です。Webの進化とともに発展し、現在では多くの機能を持った強力な言語になっています[6]。

　動的型付き言語は、コンパイルによる型チェックがありません。型については実行時に判定します。そのため、型に関する情報を明示する必要がなかったり、型について意識しなくてもある程度動いたりといったメリットがあります。一般にアプリケーションの開発生産性はコンパイルを必要とする静的型付き言語と比較して高いです[7]。

　例えば、JavaScriptは`prototype`というオブジェクトを拡張することで、既存のクラスに動的に新しくメソッドを追加することができます。似たようなことは同じく動的型付き言語のRubyでも行うことができ、Ruby on Railsというフレームワークはそれを使って言語機能の拡張を行っています。このような動的な拡張は静的型付けをすることが難しく、動的型付き言語のメリットの1つと言えます。

　しかしながら、動的型付き言語のメリットは同時にデメリットにもなりえます。動的型付き言語は実行前にできる型チェックを犠牲にしているからです。

　動的型付き言語ではアプリケーションが期待するロジックで正常に動作するかどうかは、実行時まで分かりません。また、複数の開発メンバーがいる大規模開発においては型は重要な情報となりえます。コードの型が曖昧なため、意図しないバグを生み出す可能性もあります。

　堅牢性が要求される高度なWebアプリケーションへの需要は高まりつつあります。このような開発にある程度の規模や正確性が求められるケースでは静的型付き言語のほうが適しています。

　そういったニーズに応えるよう、TypeScriptを始めとする、JavaScriptに静的型を付与する試みが出現しています。

　C言語やJavaに触れたことのある人の中には、型を書くのがめんどくさいというイメージを持っている人がいるかもしれません。比較的新しい静的型付き言語（例えばSwiftやKotlin、Scala）は型推論などのコードを書きやすくする機能が搭載されており、ここで紹介する言語にもそういった機能があります。もしかすると、思ったよりも書きやすいかもしれません。

　以降、JavaScriptへの静的型拡張として現在主に利用されているTypeScriptについて簡単に紹介し、Vue.jsの開発プロジェクトに導入する方法について解説します。

---

[6]　JavaScriptの標準言語仕様であるECMAScriptが強化されていっています。

[7]　静的型付き言語でないと安心して開発できない、静的型付き言語の方が生産性が高いという人がいるかもしれません。あくまでも筆者の意見としては、立ち上げ時や小人数の開発では動的型付き言語の方が優れていると考えています。

B.2.1　TypeScript

　TypeScript は Microsoft が中心となって開発を進めている、オープンソースのプログラミング言語（AltJS）です。静的な型付き言語です。構文が JavaScript のスーパーセット[8]なので、JavaScript に慣れ親しんでいれば比較的習得が容易です。

　AltJS の中では最も広く使用されていて、各種ライブラリを使用するための設定（型定義）がコミュニティに多く存在する点が特徴です。

B.2.2　TypeScriptの記述例

　TypeScript は JavaScript のスーパーセットです。そのため、JavaScript のコードはそのまま TypeScript のコードとして読み込めます。例えば、以下のコードは TypeScript としても正しいコードです。

```
// 通常のJavaScriptのコードと同じ！
function greet (person) {
  console.log('Hello, ' + person)
}

var person = 'Taro'
greet(person)
```

　TypeScript では変数や引数名の後ろに : (型の名前) のような**型注釈**を付与することで、その変数、引数に入れることのできる値を制限できます。例えば上記の greet 関数の引数 person に文字列しか渡せないようにするには以下のように書きます。

```
// personの後ろに文字列を表す型stringを付け、
// greetには文字列しか渡せないようにする
function greet (person: string) {
  console.log('Hello, ' + person)
}

// personは文字列(string)
var person: string = 'Taro'
// personは文字列なのでエラーは出ない
greet(person)

// ageは数値(number)
var age: number = 20
// ageは数値なので以下のようなエラーが出る
// error TS2345: 型 'number' の引数を型 'string' のパラメーターに割り当てることはできません。
greet(age)
```

　どのような値でも入れれるようにするには、any という型を付与します。TypeScript はデフォルト

で型注釈のない変数はanyであると解釈されますが、明示的に指定することもできます。

```
// messageにはanyが付与されているため、
// どのような値でもlogに渡せる
function log (message: any) {
  console.log('Log:', message)
}

// 以下は全てエラーとならない
log(123)
log('Hello')
log(true)
```

また、変数を明示的に初期化しているときなど、一部のケースでは変数の型が自動的に定まります。これを**型推論**と呼びます。

```
// messageには型注釈がないが、初期値として文字列'Hello World!'を
// 渡しているため、messageの型はstringになる
var message = 'Hello World!'

// messageは文字列なので、以下はエラーになる
// error TS2322: 型 '123' を型 'string' に割り当てることはできません。
message = 123
```

TypeScriptにはここで紹介したもの以外にも多くの機能があります。これらの機能や型などの情報に、興味がある方は公式のハンドブック[9]を読んで学ぶと良いでしょう。

B.2.3　セットアップ

TypeScriptはJavaScriptに変換することで動作します。そのため変換を行うためのセットアップをする必要があります。Vue CLIの公式TypeScriptプラグインで、セットアップ済みの状態で始められます。Vue.jsとTypeScriptを一緒に使う場合はVue CLIのプラグインを使うことをおすすめします。Vue CLIの詳しい使い方については6章を参照してください。

`vue create`コマンドを実行し、新しいプロジェクトを作成します。`hello-typescript`というプロジェクト名にします。

```
$ vue create hello-typescript
```

次に表示される画面で、Manually select featuresを選びます。

```
Vue CLI v3.0.1
? Please pick a preset:
```

---

[9]　https://www.typescriptlang.org/docs/handbook/basic-types.html

```
    default (babel, eslint)
  > Manually select features
```

プラグイン一覧が表示されたら、TypeScriptのみを選択状態(スペースキーで選択)にします。

```
Vue CLI v3.0.1
? Please pick a preset: Manually select features
? Check the features needed for your project:
 ○ Babel
>◉ TypeScript
 ○ Progressive Web App (PWA) Support
 ○ Router
 ○ Vuex
 ○ CSS Pre-processors
 ○ Linter / Formatter
 ○ Unit Testing
 ○ E2E Testing
```

Enterキーを押すと対話形式で設定をどのようにするかを尋ねられますが、以下のように設定します。

対話項目	意味	選択内容
Use class-style component syntax?	単一ファイルコンポーネントでクラススタイルのコンポーネント構文を使用するかどうか	No
Use Babel alongside TypeScript for auto-detected polyfills?	自動検出されたポリフィルに対してTypeScriptと並んでBabelを使用するかどうか	Yes
Where do you prefer placing config for Babel, PostCSS, ESLint, etc.?	各ツールの設定内容の保存先	In dedicated config files
Save this as a preset for future projects?	このVue CLIの対話内容をプリセットとして保存するかどうか	No

全ての質問に答えるとセットアップが始まります。セットアップが終わると以下のように表示され、hello-typescriptディレクトリが作成されます。これでTypeScriptでVue.jsを使う準備が整いました。

```
    Successfully created project hello-typescript.
    Get started with the following commands:

  $ cd hello-typescript
  $ npm run serve
```

TypeScriptコンパイラ

Vue CLIを使うことで自分で設定を行うことなくTypeScriptコードのコンパイルを行うことができますが、直接TypeScriptのコンパイラを実行してみて、何が起こっているのかを学ぶのも良いでしょう。本コラムではTypeScriptコンパイラの使い方やその設定方法を解説します。

ターミナルで以下のコマンドを実行し、TypeScriptのコンパイラを取得しましょう。

```
$ npm install -g typescript
```

インストール後、tsc（.tsファイルへのパス）を実行することで、.tsファイルを.jsファイルに変換できます。例えば以下のファイルをtest.tsとして保存します。

```
var message: string = 'Hello World!'
console.log(message)
```

tsc test.tsを実行すると、同じディレクトリ内にtest.jsが出力され、その内容は以下のようになります。messageの型注釈(: string)が削除されています。

```
var message = 'Hello World!';
console.log(message);
```

TypeScriptはコンパイラの設定を変更してある程度処理を調整できます。設定なしでも使えますが、設定を書くことで、より個人の好みやプロジェクトの方向性にあった挙動にできます[*1]。

TypeScriptのコンパイルオプションの一覧は公式にドキュメントがあります[*2]。

[*1]　Vue.jsの推奨構成 https://jp.vuejs.org/v2/guide/typescript.html#推奨構成

[*2]　https://www.typescriptlang.org/docs/handbook/compiler-options.html

B.2.4　コンポーネントの実装

単一ファイルコンポーネントの書き方をおさらいしましょう。単一ファイルコンポーネントではテンプレートを<template>、スタイルを<style>内に書き、<script>内でコンポーネントのオプションをエクスポートします。

```
<template>
  <p class="message">メッセージ: {{ msg }}</p>
</template>

<script>
export default {
  data: function () {
    return { msg: 'こんにちは！' }
  }
}
</script>
```

```
<style>
.message {
  font-weight: bold;
}
</style>
```

　上記のコンポーネントをTypeScriptで実装してみましょう[10]。

```
<template>
  <p class="message">メッセージ: {{ msg }}</p>
</template>

<!-- lang="ts" を付与することで TypeScript として解釈される -->
<script lang="ts">
import Vue from 'vue'

// Vue.extend でコンポーネントオプションをラップする
export default Vue.extend({
  data: function () {
    return { msg: 'こんにちは!' }
  }
})
</script>

<style>
.message {
  font-weight: bold;
}
</style>
```

　単一ファイルコンポーネントでTypeScriptを使うには`<script>`ブロックに`lang="ts"`を指定します。

　また、JavaScriptでは単一ファイルコンポーネント内で直接コンポーネントのオプションをエクスポートしていましたが、TypeScriptでは`Vue.extend`を使用する必要があります。`Vue.extend`を使うことで、TypeScriptにこの部分はVue.jsのコンポーネントについて書かれていると教えることができます。その結果、Vue.jsのAPIの型が推論され、エディタ上で補完が効くようになったり、誤ったオプション名を書いてしまったときは型チェックによってそれを教えてくれるという利点があります。

●戻り値の型注釈

　Vue.jsとTypeScriptの組み合わせは一度設定すればかなりスムーズに連携しますが、注意しなければいけない点もあります。ハマりやすい落とし穴として、算出プロパティや`render`関数の戻り値の型注釈を書かないと、`this`の型推論がうまくいかないケースが発生しうるというものがあります。

---

[10] 後の節でも説明しますが、Vue.jsを使う際には追加の型定義をインストールする必要はありません。そのまま`import`することで使用できます。

　以下の例では算出プロパティ upperMsg 内で this の型がうまく推論されず、エラーとなってしまいます。

```
<template>
  <p class="message">メッセージ: {{ upperMsg }}</p>
</template>

<script lang="ts">
import Vue from 'vue'

export default Vue.extend({
  data: function () {
    return { msg: 'こんにちは!' }
  },

  computed: {
    upperMsg: function () {
      return this.msg.toUpperCase()
    }
  }
})
</script>
```

　これは、Vue.jsの型が循環的に定義されているために発生します。上記の例では、算出プロパティ内のthisの型を決定するためには算出プロパティの戻り値の型を推論する必要がありますが、それを推論するためにはthisの型を知る必要がある状態になっており、その結果、型推論ができない状態になっています。これを回避するには、算出プロパティに戻り値の型注釈をつけます。

```
<template>
  <p class="message">メッセージ: {{ upperMsg }}</p>
</template>

<script lang="ts">
import Vue from 'vue'

export default Vue.extend({
  data: function () {
    return { msg: 'こんにちは!' }
  },

  computed: {
    // 戻り値の型注釈を付与することで `this` の型が正しく推論される
    upperMsg: function (): string {
      return this.msg.toUpperCase()
    }
  }
})
</script>
```

単一ファイルコンポーネント用の設定

　Vue.jsの単一ファイルコンポーネントの`<script>`ブロック内をTypeScriptで書くには、特別な設定が必要になります。以下は単一ファイルコンポーネントの変換にwebpackとvue-loaderを使用しているという前提で記載します。

　まず、webpackがTypeScriptファイルを処理できるようにwebpackの設定を変える必要があります。ここではts-loader[*1]を使用するようにします。webpackの設定ファイルのrulesオプションに以下のような記述を追加します。appendTsSuffixToオプションは必ず指定します。これが無いと単一ファイルコンポーネント内のTypeScriptコードを処理できません。

```
module.exports = {
  // ...省略...

  module: {
    rules: [
      {
        test: /\.vue$/,
        loader: 'vue-loader',
        options: vueLoaderConfig
      },

      // ts-loader の設定を追加
      {
        test: /\.ts$/,
        loader: 'ts-loader',
        options: {
          appendTsSuffixTo: [/\.vue$/]
        }
      },
      // ...省略...
    ],
  // ...省略...
  }
}
```

　次に、TypeScriptが`.vue`ファイルをインポートしようとした時にエラーにならないようにします。TypeScriptにはインポートの対象となるファイルが任意の拡張子にマッチした時の型を定義する文法があり、それを用いて単一ファイルコンポーネントの型を定義できます。以下のコードをvue-shims.d.tsという名前でプロジェクトの任意の場所に保存しましょう。

```
declare module '*.vue' {
  import Vue from 'vue'
  export default Vue
}
```

　これで単一ファイルコンポーネントをインポートしてもTypeScriptのエラーが発生しなくなります。

[*1] https://github.com/TypeStrong/ts-loader

```
import Vue from 'vue'
import App from './App.vue'

new Vue({
  el: '#app',
  render: function (h) {
    return h(App)
  }
})
```

B.2.5　エディタ

TypeScriptやVue.jsの単一ファイルコンポーネントに対応したエディタは多く存在します。Atom、SublimeText、WebStormなど様々なエディタが使えます。特に単一ファイルコンポーネント内でTypeScriptの機能を活用したい場合はVisual Studio Codeに拡張機能Veturを組み合わせて使用するのが最も扱いやすいでしょう。

Visual Studio Code(VSCode)はMicrosoftが開発しているエディタで、無料で使用できます。TypeScriptには標準で対応しており、高速な動作、IntelliSenseと呼ばれるコードの自動補完機能、豊富な拡張機能などが特徴的です。

VeturはVSCodeの拡張機能の1つであり、Vue.jsのコアチームメンバーによって開発が進められています。Vue.jsの単一ファイルコンポーネントのシンタックスハイライト、コード補完、スニペットの提供など、単一ファイルコンポーネントを書く際に便利な機能を多数提供しています。特に単一ファイルコンポーネントの中でTypeScriptを書いている際は、通常の.tsファイルと同様に、エラー箇所の表示や型情報に基づいたコード補完を行うため、コーディングの効率を大きく上げられるでしょう。Veturの機能はVue Language Serviceというモジュールとして分離されているため、将来的にVSCode以外のエディタで使用できるようになる可能性があるのも利点の1つです。

B.2.6　ライブラリの型定義

TypeScriptからJavaScriptで書かれたライブラリを使用するには、ライブラリそれ自体以外にも型定義(.d.tsファイル)が必要となります。この節ではTypeScriptでVue.jsやその他のライブラリを使用する時に、どのように型定義を取得し、自分のプロジェクト内で使用可能にするかを解説します。

●Vue.jsと周辺ライブラリ

Vue.jsは公式に型定義を提供し、npmから取得すれば設定や手順なしに利用できるよう整備されてい

ます[*11]。つまり、先の節の例で見たように、npm install vue でプロジェクトに Vue.js をインストールするだけで Vue.js を TypeScript のコード内で使用できます。

Vue.js 本体以外にも、公式でサポートされているライブラリのいくつかは TypeScript の型定義が提供されています。以下は執筆時点で型定義が提供されている公式ライブラリです。本書で紹介した主要なものは型定義を提供しています[*12]。

- Vue
- Vue Router
- Vuex
- Vuex Router Sync
- Vue Test Utils
- Vue Class Component
- Vue Rx

● その他のライブラリの型定義対応

Vue.js で実際のアプリケーションを作ろうとすれば確実に Vue.js 公式以外のパッケージも利用します。その他のライブラリに関しては、Vue.js と同様に公式で型定義を提供しているライブラリもあれば、そうではないライブラリもあります。

型定義が提供されていないライブラリを使いたいときには DefinitelyTyped[*13] の型定義を利用するのが良いでしょう[*14]。DefinitelyTyped はユーザーが作成した型定義を集めたリポジトリです。もし使いたいライブラリの型定義をすでに誰かが作っていれば、それを使えます。

DefinitelyTyped の型定義を使うには @types/(使いたいライブラリ名) のパッケージを npm からインストールします。例えば、lodash というライブラリの型定義を使いたい時には @types/lodash をインストールします[*15]。

```
# lodash をインストール
$ npm install lodash

# lodash の型定義をインストール
$ npm install --save-dev @types/lodash
```

ここまでの知識を組み合わせれば、TypeScript を用いて、静的型付けに支えられた快適な開発環境を構築できるでしょう。

[*11] v2.0 から公式で TypeScript の型定義を提供するようになりました。

[*12] 今まで紹介しなかったその他の公式ライブラリについてはプロジェクトから README.md などを参照してください。 https://github.com/vuejs

[*13] https://github.com/DefinitelyTyped/DefinitelyTyped

[*14] DefinitelyTyped に型定義が存在しない、適切なクオリティの定義ではない場合も考えられます。

[*15] --save-dev は開発用にインストールするという意味です。型定義はほとんどの場合開発時にしか使われないため、@types のパッケージは --save-dev でインストールすると良いでしょう。

TypeScriptの型定義がないとき

　DefinitelyTypedには多くの型定義があり、ほとんどのケースで使いたいライブラリの型定義が見つかります。ただし、あまり有名ではないライブラリの場合は見つからないこともあります。そのような場合でも自分で型定義を書くことで使用可能にできます。定義の方法はTypeScriptのドキュメントを参照してください[1]。

　Vue.jsのプラグインの場合、コンポーネントオプションやVueインスタンス自体になんらかのプロパティを追加している場合があります。以下のように書くことでVue.js自体の型定義を拡張できます。

```typescript
// 必ず事前にVue.jsを読み込んでおく
import Vue from 'vue'

declare module 'vue/types/options' {
  // コンポーネントオプションの拡張
  interface ComponentOptions<V extends Vue.js> {
    // `myPlugin` オプションを追加
    myPlugin?: string
  }
}

declare module 'vue/types/vue' {
  // インスタンスプロパティの拡張
  interface Vue {
    // `$myPluginFunc` メソッドをインスタンスに追加
    $myPluginFunc (value: string): string
  }

  // グローバルなプロパティの拡張
  interface VueConstructor {
    // `myPluginGlobal` プロパティをコンストラクタに追加
    myPluginGlobal: string
  }
}
```

　上記の型定義を追加すると、以下のコードがエラーなく動作するようになります。

```typescript
import Vue from 'vue'

var vm = new Vue({
  // `myPlugin` オプションを指定
  myPlugin: 'foo'
})

// インスタンスに `$myPluginFunc` が追加されている
console.log(vm.$myPluginFunc('bar'))

// コンストラクタに `myPluginGlobal` が追加されている
console.log(Vue.myPluginGlobal)
```

---

*1　https://www.typescriptlang.org/docs/handbook/modules.html#working-with-other-javascript-libraries

Vue.jsとFlow

Flow[1] は Facebook 社が開発した JavaScript 向け静的型チェックツールです。強力な型推論などで TypeScript に次ぐ人気を誇ります。Vue.js アプリケーションプロジェクトへ Flow を導入することは可能ですが、残念ながら課題が多いです。Vue.js では、Flow ではなく TypeScript を利用することを推奨します。

Flow では TypeScript 同様、npm で公開されている様々な JavaScript の型定義ファイルをインポートして型チェックしながら開発できます。

この Flow 向け型定義ファイルを Vue.js 公式では提供しておらず、サードベンダーからも網羅的な実用レベルのものは出ていません。自動生成した型定義ファイルでは全て any になってしまいます。

このため、Vue.js のコードで型注釈の恩恵を受けられないという状態です[2]。

静的型付き言語では、現代的なエディタや IDE からの強力な支援を受けられることが多いです。型の情報をもとにした入力補完、編集中のエラーチェック、カーソル下の変数の型情報表示などです。型によって生産性が大幅に向上します。Flow においても**型定義情報があれば** Visual Studio Code、Atom-IDE、Web Storm などで型を活かした生産性の高い開発が可能です。ただし Vue.js では、Flow 向けに型定義がサポートされていません。そのため残念ながら Vue.js の API の型の補完などができません。

----

[1]　https://flow.org/ https://github.com/facebook/flow

[2]　筆者は flow-typed による Vue.js の API の型定義を公開できるようサポートしようとしました。残念ながら、Flow が機能不足で Facebook 社側でも Flow にその機能をサポートする気配がないため、現在ペンディング状態となっています。 https://github.com/vuejs/vue/pull/5027

Appendix C　Nuxt.js

　Vue.jsのエコシステムの1つであるNuxt.jsについて紹介します。Nuxt.jsはVue.jsがプロジェクトとして公式に提供するものではなく、サードパーティによって提供されています。

　Nuxt.jsの特徴を解説した後、環境を構築し、静的Webホスティングサイト[1]にホスト可能な簡単なコーポレートサイトを作成することで、Nuxt.jsを使ったアプリケーション開発を解説します。

C.1　Nuxt.jsとは

　Nuxt.js[2]はVue.jsアプリケーションを作成するためのフレームワークです。Vue.jsをもとに作られており、主にSPAの構築などで人気を集めています。

　Nuxt.jsを利用することでサーバーサイドレンダリングに対応したユニバーサル（Universal）[3]なVue.jsアプリケーションを構築できます。

　Nuxt.jsはこうした複雑なアプリケーションを構築するために必要なルーティング、状態管理、そしてコンポーネント管理といったモジュール、スタック一式を備えたフレームワークです。同時に、ミドルウェアやプラグインになどによって拡張できる柔軟性も提供しています。アプリケーションのビルド、CLIといった開発環境構築もNuxt.jsで行えます。

　Nuxt.jsが、大規模向けのWebアプリケーションプロジェクトにおいて、Vue.jsを選択する理由の1つにもなります。

　Nuxt.jsは、Sébastien Chopin[4]氏とAlexandre Chopin[5]氏ら兄弟によって、Vue.js向けのフレームワークを提供するために開始したプロジェクトです。React.jsのサーバーサイドレンダリング化を助けるNext.js[6]というフレームワークに触発される形で、Nuxt.jsの開発が開始されました。当初はNext.jsを参考にしていましたが、現在では多くの独自の機能を有して発展しています[7]。大きな人気を集め、開発

---

[1]　Ruby on Railsのようなバックエンドを必要とせず、あらかじめ用意されたHTMLファイルを用意するだけでWebサイトを提供できるホスティングサービスのことです。

[2]　多機能なフレームワークで本書ではその全ては解説できません。公式Webサイトやリファレンスを参照してください。https://ja.nuxtjs.org/ https://ja.nuxtjs.org/api

[3]　JavaScriptの世界では、度々ユニバーサルという用語を見かけるときがあります。ユニバーサルという用語は、一般的にはクライアント、サーバーなどの異なる環境でもJavaScriptコードが動くことを指します。また、似た用語としてアイソモーフィック（Isomorphic）という用語を見かけますが、これはクライアントとサーバーにおいて同じHTMLページを生成する技術を指すことが一般的に多いです。

[4]　https://github.com/Atinux

[5]　https://github.com/alexchopin

[6]　https://github.com/zeit/next.js/

[7]　Nuxt.jsは、2016年に開発が開始され同年11月にバージョン0.2が公式リリースされました。その後、Vue.js本体のサーバーサイドレンダリング機能の進化と共に幾度のバージョンアップを重ね、2018年1月に1.0がリリースされました。本執筆時点では1.4が最新バージョンとして提供されている現状の状況です。Nuxt.jsもVue.js同様にOpenCollectiveを利用して、オープンソースソフトウェアプロジェクトとして開発費用やコミュニティ活動費用の支援受けながら活動しています。

体制も安定しています。創始者のChopin兄弟を筆頭としてコアチーム体制で進めています。Vue.jsのコアチームとも連携を取っています。

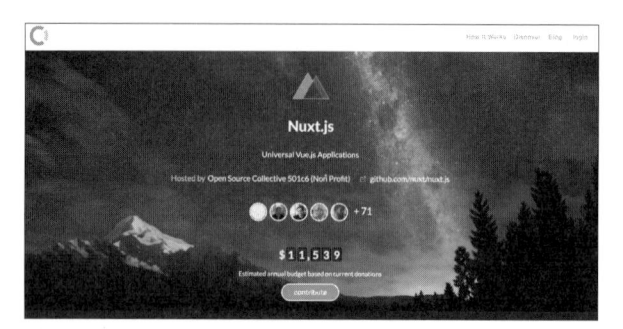

Nuxt.jsのOpenCollective

C.2 Nuxt.jsの特徴

Nuxt.jsの特徴を見ていきましょう。

C.2.1 サーバーサイドレンダリングのサポート

Nuxt.jsは、最初の説明で述べたように、サーバーサイドのUI描画に対応したVue.jsアプリケーションのサーバーサイドレンダリング[8]をサポートしています。

サーバーサイドレンダリングとはVue.jsのコンポーネントなどをあらかじめサーバーサイドでHTMLとして出力しておき、初回アクセス時にレンダリングしたHTMLをページとして返す手法です。

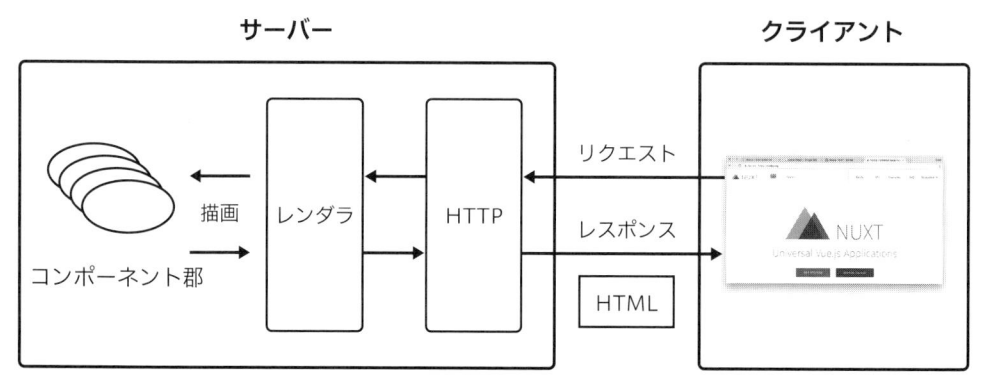

サーバーサイドレンダリングのイメージ

---

[8] SSRとも。

サーバーサイドレンダリング環境の構築

Vue.jsは単体でもサーバーレンダリング(SSR)が可能です[1]。

Vue.jsでは、サーバーサイドレンダリングに対応したアプリケーションを構築するために専用のガイドとして公式ドキュメント[2]を公開しています。

また、サンプルアプリケーションとしてHacker News[3]のクローン版[4]を提供しています。

こうした公式ドキュメントとサンプルアプリケーションをもとに、サーバーサイドレンダリングを実装していくのは可能です。しかしながら、Vue.js単体でサーバーサイドレンダリングに対応したアプリケーションを開発するには、以下のような面倒な部分も対応しなくてはなりません。これは、アプリケーションの複雑性の増加と開発の労力を伴います。

- クライアントサイドとサーバーサイドの両方の環境において動作するユニバーサルなJavaScriptコードの実装
- サーバーサイドにおけるレンダラを使用したコンポーネントの描画の実装
- サーバーサイドレンダリングに最適化するためのwebpackの設定
- サーバーサイドの複数HTTPリクエストを想定したコンテキストによるVueインスタンスのサンドボックス化
- クライアントサイドとサーバーサイドにおいて動作有無が存在するVue.jsライフサイクルフック
- サーバー負荷を低減させるためのキャッシュ戦略

Nuxt.jsでは、こうしたサーバーサイドレンダリングの面倒な部分をフレームワークとして抽象化できます。フレームワークの流儀にしたがって開発するだけでサーバーサイドレンダリングに対応したVue.jsアプリケーションを簡単に構築することが可能です。

ビジネス要件でサーバーサイドレンダリングが必須、または将来予定されているならば、筆者としてはプロジェクト開始初期からNuxt.jsを導入することを推奨します。

---

[1] バージョン2.0以降では、Vue Server Rendererというnpmで公開しているレンダラをNode.jsの環境で動作させることで、コンポーネントを描画することができます。 https://github.com/vuejs/vue/tree/dev/packages/vue-server-renderer

[2] 英語は https://ssr.vuejs.org、日本語は https://ssr.vuejs.org/ja/

[3] アメリカのシリコンバレーにあるインキュベーターYCombinatorのIT系のニュースサイトです。

[4] https://github.com/vuejs/vue-hackernews-2.0

サーバーサイドレンダリングの必要性

サーバーサイドレンダリングは、初回応答の高速化などの効果は見込めますが、アプリケーションの複雑化につながり開発の労力は確実に上昇します。

Nuxt.jsを導入することでサーバーサイドレンダリングの対応したアプリケーションの開発は大分楽になります。それでも、サーバー側のCPU負荷が増大するため、トラフィックの多い場合はキャッシュ戦略によって対応するサーバー側の負荷を低減させるなどの対応が必要となります。

こうしたシステム的な面で考慮する必要もあるため、実際にサーバーサイドレンダリングを導入するかどうか、事前に検討することは非常に重要です。

筆者としては、サーバー運用コストを考え、サーバーサイドレンダリングをしないのは現実的な選択肢だと考えています。それでもなお、アプリケーションのコンテンツにおいて以下の考慮が必要な場合は、サーバーサイドレンダリングを導入する必要があるでしょう。

- コンテンツのSEO/OGP対応

- コンテンツの初期表示ロード時間短縮によるユーザー体験改善

Webブラウザで動作する一般的なアプリケーションは、HTTPサーバーからHTML、CSS、JavaScript、そして画像などの様々なリソースをWebページとしてWebブラウザに読み込みます。

Webページ読み込み後、Webブラウザが読み込んだCSSや画像といったリソースから静的コンテンツのWebページとして描画します。その後、読み込まれたJavaScriptによってAjax経由でHTMLコンテンツやデータを読み込み、それを元に最終的にユーザーに見せるコンテンツとしてWebページに描画します。

検索エンジンにおいては、静的なコンテンツとして描画されたWebページはクローラによってインデックス化されますが、JavaScriptとAjax経由による動的なWebページについては、描画完了までクローラが待ってくれる保証がありません。このため、検索エンジンのクローラによってWebページのコンテンツが完全にインデックス化されない可能性があります。こうした問題に対応するために、サーバーサイドレンダリングによってあらかじめ静的コンテンツとして描画しWebブラウザに配信することで、コンテンツのSEO/OGP対応が可能になります[*1]。

動的Webページの描画は、ユーザーはWebページが完全に表示されるまで、多少の差はあれど待たされてしまいます[*2]。こうしたユーザー体験の損失を回避するために、サーバーサイドレンダリングを用いることも考えられます。ユーザーはWebブラウザ上ですぐにWebページを見ることができ、コンテンツの初期表示ロード時間短縮によるユーザー体験の向上が可能になります。

[*1]　GooglebotはJavaScriptを解釈すると言われていますが、その完全性までは担保していません。

[*2]　遅いネットワーク回線環境では、JavaScriptの読み込みも遅く、さらにAjax経由によるコンテンツ描画も完了するまで時間がかかるため時間がかかります。

C.2.2　すぐに開発着手できる開発環境と拡張性の提供

Nuxt.jsでは、Vue.jsアプリケーションをすぐに開発着手できるよう、Vue.js公式で提供するプラグインやサードパーティーのライブラリ、そしてwebpackによるアプリケーションのバンドリングといった開発環境を提供します。以下は、Nuxt.jsが標準で提供する開発環境です。

- Vue.js本体
- Vue Routerによるルーティング
- Vuexによる状態管理
- Vue Server Rendererによるサーバーサイドレンダリング
- vue-metaによる`meta`要素管理
- 単一ファイルコンポーネントベースによるコンポーネント管理
- webpackとVue Loaderによるバンドル、コード分割、ミニファイ
- 開発サーバーとホットリローディング
- BabelによるES6/ES7のトランスパイレーション
- Sass、Less、Stylusなどのプリプロセッサ

こうしたひと通り十分に揃った開発環境でアプリケーションを開発できます。Nuxt.jsコミュニティが提供している[9]Vue CLIのテンプレートやNuxt.jsのモジュールを利用することで、さらに開発環境を強化することも可能です。

またNuxt.jsは、ミドルウェア、プラグイン、モジュールで機能を拡張できます。

例えば、ミドルウェアはあるページ（またはページのグループ）が描画される前に実行される関数を定義できます。認証などの処理を関数として定義して、様々なことがNuxt.js上で可能となります。

C.2.3　静的なHTMLファイル生成のサポート

特に筆者が注目している静的なHTMLファイル生成のサポートを紹介します。

Nuxt.jsはアプリケーションをWebpackでビルドし、ルーティング可能なURL全てのWebページを事前描画することで、静的なHTMLファイルを生成する静的ファイル生成機能をサポートしています[10]。

これにより、Nuxt.jsで開発したアプリケーションを、Amazon S3やGitHub Pagesなどのような静的Webホスティングサービスに配信できます。

データを渡すだけで描画はブラウザが担うシングルページアプリケーションのようなクライアントレンダリング、そこから発展しコンテンツのロード時間や初期表示改善するための（部分的な）サーバーサイドレンダリングはNuxt.jsの得意とするところです。さらに静的なHTMLファイルを生成する機能もフレームワークとして提供しています。これによってサーバーレス（Serverless）アーキテクチャに対応できるようになっています。

Markdownを利用してブログ記事を生成するようなアプリケーションを考えてみましょう。Nuxt.jsなら、サーバー運用を自分でしなくても、生成された静的なHTMLファイルを静的Webホスティングサービスによってブログを公開できます[11]。

---

[9] https://github.com/nuxt-community
[10] Nuxt.jsの静的ファイル生成機能は、動的なURLを持つルーティングは無視します。
[11] コード管理サービスであるGitHubやAWSの各種クラウドサービスが連携するように構成します。

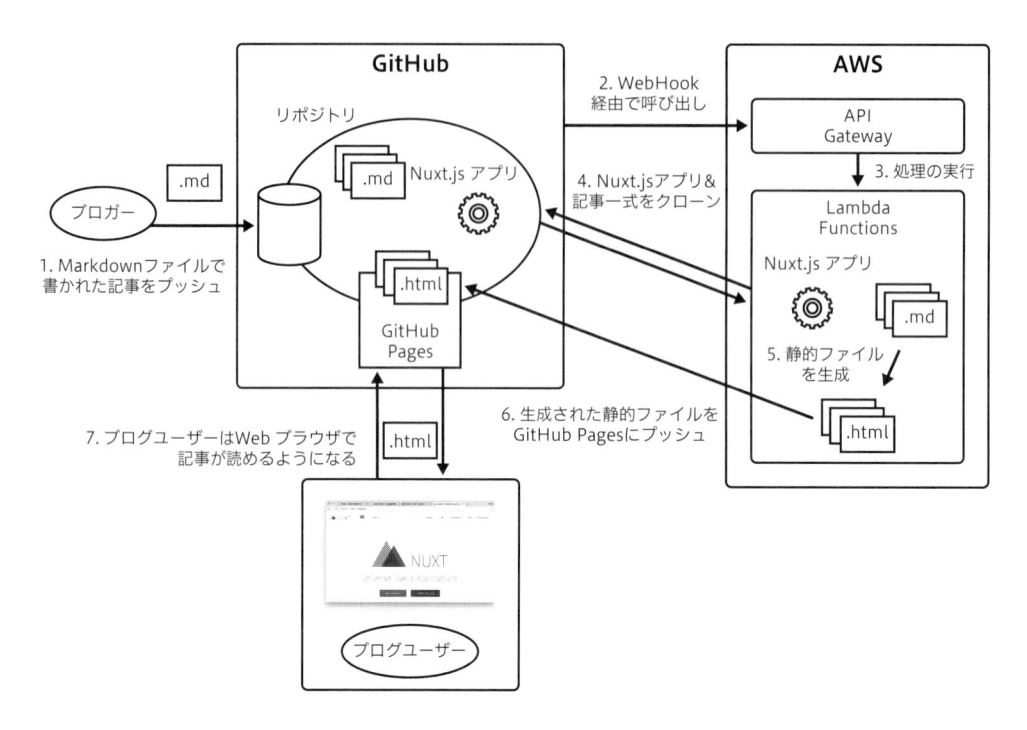

Nuxt.jsで作成したアプリケーションをGitHubとAWSを利用してブログ記事を配信するサーバレスな構成

C.3　Nuxt.jsをはじめる

　ここまで、Nuxt.jsの特徴について簡単に説明してきました。実際にNuxt.jsを利用してどのようにアプリケーションを開発するかを体験します。なお、Nuxt.jsは本執筆の時点で最新バージョン1.4.2を利用します。

　Nuxt.jsのアプリケーションプロジェクト開発環境の構築は2種類あります。

- スクラッチから始める
- Vue CLI向けに公開されているテンプレートを用いる

　ここでは環境構築はほどほどにNuxt.jsのアプリケーション開発に集中したいので、Vue CLIを利用して開発環境を構築していきます[*12]。

　Nuxt.jsは、アプリケーション開発を開始するためテンプレート[*13]を公開しています。それを利用してアプリケーション開発環境をセットアップします。以下のようにターミナルで vue init コマンドを

[*12]　Vue CLI 3.0では、Vue CLIにプラグイン機構がサポートされるため、新しいNuxt.jsのアプリケーションプログラムの開発環境のセットアップ手段が変わる可能性があります。

[*13]　https://github.com/nuxt-community/starter-template

実行します。 `vue init`コマンドを実行するとVue CLIの対話による質問が始まります。本書では以下のように対応して開発環境をセットアップします。

```
$ vue init nuxt-community/starter-template nuxt-static-example
...
? Project name nuxt-static-example
? Project description Nuxt.js project
? Author your name <yourname@example.com>

   vue-cli · Generated "nuxt-static-example".

   To get started:

     cd nuxt-static-example
     npm install # Or yarn
     npm run dev
```

　セットアップされたアプリケーションプロジェクトの開発を開始するには、Vue CLIのプロンプトに出力された指示にしたがって開始するだけです。それでは以下のコマンドを実行してみましょう。

```
$ cd nuxt-static-example
$ npm install
$ npm run dev
```

　`npm run dev`コマンド実行によって開発サーバーが起動します。Webブラウザで動作確認可能になっているので、`http://localhost:3000`にアクセスしてみましょう。以下のような画面がWebブラウザに表示されるはずです。

Nuxt.jsの開発環境セットアップ直後に開発サーバー起動時に表示される画面

C.4　Nuxt.jsで静的サイトを作成する

　Nuxt.jsを使ったアプリケーション開発環境のセットアップが完了しました。ここからは、Nuxt.jsのユニークな機能である静的ファイル生成機能を用いて、静的なコーポレートサイトを作成してみます。

C.4.1   画面仕様

作成するコーポレートサイトの画面仕様は以下のとおりです。静的ファイル生成機能の焦点を当てるため、下記仕様のとおり、作成するコーポレートサイトの画面仕様はシンプルにしています。

- コーポレートサイト内のどのWebページからでもアクセス可能なグローバルナビゲーションを持ったフッターとコンテンツを表示するボディで構成
- グローバルナビゲーションは以下のメニューを持つ
  - ホーム：コーポレートサイトトップのWebページへのリンク
  - 企業情報：企業情報を表示するWebページへのリンク
  - プロダクト：企業が提供するプロダクト情報を表示するWebページへのリンク
  - 採用：企業の採用情報を表示するWebページへのリンク
- グローバルナビゲーションのメニュークリックで対応Webページ遷移後、ボディには以下のテキスト情報が表示される
  - ホーム：このページはNuxt社のトップのページです。
  - 企業情報：このページはNuxt社の企業情報のページです。
  - プロダクト：このページはNuxt社のプロダクト情報のページです。
  - 採用：このページはNuxt社の採用情報のページです。

作成するコーポレートサイトの画面

C.4.2   ルーティングを追加する

仕様は決まったのでサイトを作成していきます。コーポレートサイトはグローバルナビゲーションのメニュークリックに応じてWebページを表示するようにするために、以下のようなルーティングにすることで対応します。Nuxt.jsにおいてはディレクトリ構造とルーティングが一致します。

メニュー	URL	ルーティング構造
ホーム	/	pages/index.vue
企業情報	/company	pages/Company.vue
プロダクト	/product	pages/Product.vue
採用	/job	pages/Job.vue

コーポレートサイトのルーティングは、シンプルに静的なルーティングになるよう.vueファイルを

pagesディレクトリに配下に配置するようにします。pagesディレクトリの各.vueファイルに次の内容を入力しておきます。

```
<template>
  <h2>このページはNuxt社のトップのページです。</h2>
</template>
```

C.4.3　グローバルナビゲーションのコンポーネントを追加する

　グローバルナビゲーションの各メニューに対応した単一ファイルコンポーネントをpagesディレクトリに配置しました。グローバルナビゲーションがコーポレートサイト上に表示できるようまだ実装されていません。ここでは、グローバルナビゲーションを実装していきましょう。

　グローバルナビゲーションは、先に定義したコーポレートサイトの画面仕様において、どのWebページでも常に表示される汎用性が高いものです。このため、以下のコード内容で、componentsディレクトリ配下にMyHeaderコンポーネント(components/MyHeader.vue)として実装します。

```
<template>
  <nav class="header">
    <ul>
      <li><nuxt-link to="/">ホーム</nuxt-link></li>
      <li><nuxt-link to="/company">企業情報</nuxt-link></li>
      <li><nuxt-link to="/product">プロダクト</nuxt-link></li>
      <li><nuxt-link to="/job">採用</nuxt-link></li>
    </ul>
  </nav>
</template>

<style scoped>
.header ul {
  margin: 0 0 0 0.2em;
  padding: 0;
  list-style-type: none;
}
.header ul li {
  display: inline-block;
  margin: 0 0.6em 0 0;
}
.header a {
  text-decoration: none;
}
.header a.nuxt-link-exact-active {
  text-decoration: underline;
}
</style>
```

　上記グローバルナビゲーションは、nuxt-linkコンポーネントでメニューが実装されています。nuxt-

link コンポーネントは、Vue Router の router-link コンポーネント[14]をラップした関数型コンポーネントです。このため、a 要素として描画され、メニュークリックした際は、Vue Router によってルーティング処理されて、対応するコンポーネントを描画します。

C.4.4 レイアウトにグローバルナビゲーションを追加する

最後に、Nuxt.js が Web ページでレイアウト機能を提供しているデフォルトテンプレート layouts/default.vue を編集します。

```
 <template>
   <div>
+    <MyHeader/>
     <nuxt/>
   </div>
 </template>

+<script>
+import MyHeader from '~/components/MyHeader.vue'
+
+export default {
+  components: {
+    MyHeader
+  }
+}
+</script>

 <style>
 /* ... 変更なし */
 </style>
```

前項で実装した MyHeader コンポーネントを <script> ブロックでインポートします。そして、<template> ブロック(テンプレート側)の nuxt 要素(nuxt コンポーネント)[15]直前に MyHeader 要素を追加します。このデフォルトレイアウトに対する編集により、どの Web ページにおいてもグローバルナビゲーションが表示されるようになります。コーポレートサイトの実装はこれで完了です。

C.4.5 開発サーバーで動作確認する

開発サーバーで動作確認してみましょう。Nuxt.js で実装したアプリケーションを開発サーバーで動作させるには、nuxt コマンドを用います。今回作成したコーポレートサイトは、Nuxt.js 公式テンプレートを利用してプロジェクトをセットアップしたため、nuxt コマンドが npm-script の dev タスクコマン

---

[14] https://ja.nuxtjs.org/api/components-nuxt-link/ https://router.vuejs.org/ja/api/#router-link.html
[15] nuxt コンポーネントは pages ディレクトリに配置されたコンポーネントが URL のルーティングに応じて挿入されます。

ドから使えるよう登録されています。

　`npm run dev` コマンドを実行してみましょう。実行するとアプリケーションが開発モードでビルドされ、ターミナルには開発サーバーが起動して `http://localhost:3000` でアクセスできる旨のメッセージが出力されます。

　Webブラウザで `http://localhost:3000` にアクセスしてみましょう。アクセスすると、本章のコーポレートサイトの画面仕様で定義したコーポレートサイトのトップページがグローバルナビゲーションと共にWebブラウザに表示されるはずです。グローバルナビゲーションの各メニューをクリックすると、メニューに対応したWebページが表示されます。

　以下は、企業情報メニューをクリックした時にWebブラウザに表示されるWebページです。

コーポレートサイトの企業情報のWebページ

　この状態で、Webブラウザをリロードしてみましょう。Nuxt.jsが内部で利用しているVue Routerのルーティングによってトップページではなく、企業情報のページが表示されることを確認できます。

C.4.6　静的なHTMLファイルにビルドする

　Nuxt.jsの静的ファイル生成機能によって静的なHTMLファイルにビルドしてみましょう。

　`nuxt generate` コマンドで、アプリケーションをビルドし、`pages` ディレクトリに配置された静的ルート全てを描画してHTMLファイルを生成します。前項の開発サーバー同様、`nuxt generate` コマンドはnpm-scriptの `generate` タスクコマンドで登録されているため、`npm run generate` コマンドで静的ファイルを生成できます。

　`npm run generate` コマンドを実行してみましょう。コマンド実行後、筆者の環境では以下のような内容がターミナルに出力されました。同じような内容が出力されるはずです[*16]。

```
$ npm run generate

Hash: 2d7abdea43e896a3be1c
Version: webpack 3.11.0
Time: 9496ms
                                    Asset      Size  Chunks           Chunk
Names
layouts/default.55cdaf0afd4b8bbf4599.js     2.69 kB       0  [emitted]  layouts/
default
    pages/index.c81e2462d68efcad73c8.js   426 bytes       1  [emitted]  pages/
```

[*16]　ターミナル出力ログは紙面の都合上一部省略しています。

```
index
    pages/Product.01071170c2fb6cdb082d.js    426 bytes        2  [emitted]  pages/
Product
       pages/Job.a6d0fdad4ee94bb67c90.js     419 bytes        3  [emitted]  pages/Job
     pages/Company.550b4f0883292b2424ce.js   427 bytes        4  [emitted]  pages/
Company
         vendor.0ae040163179c36ea5d1.js       144 kB          5  [emitted]  vendor
            app.9f2dac05a1b788c09be2.js       28.2 kB         6  [emitted]  app
       manifest.2d7abdea43e896a3be1c.js       1.59 kB         7  [emitted]  manifest
                              LICENSES         584 bytes          [emitted]
 + 3 hidden assets
Hash: 3d1f3b2bca3630a985aa
Version: webpack 3.11.0
Time: 458ms
          Asset    Size  Chunks              Chunk Names
server-bundle.json  132 kB            [emitted]
  nuxt: Call generate:distRemoved hooks (1) +0ms
  nuxt:generate Destination folder cleaned +11s
  nuxt: Call generate:distCopied hooks (1) +18ms
  ...
  ...
  ...
  nuxt: Call generate:done hooks (1) +6ms
  nuxt:generate HTML Files generated in 10.8s +6ms
  nuxt:generate Generate done +0ms
```

コマンド実行が正常に終わると、distディレクトリに静的に配信可能なファイル群が生成されます。どんな内容が出力されているか、tree[*17]コマンドで確認すると、筆者の環境では以下のようにdistディレクトリの構造が出力されます。

```
$ tree dist
dist
├── 200.html
├── Company
│   └── index.html
├── Job
│   └── index.html
├── Product
│   └── index.html
├── README.md
├── _nuxt
│   ├── LICENSES
│   ├── app.9f2dac05a1b788c09be2.js
│   ├── layouts
│   │   └── default.55cdaf0afd4b8bbf4599.js
│   ├── manifest.2d7abdea43e896a3be1c.js
│   ├── pages
│   │   ├── Company.550b4f0883292b2424ce.js
│   │   ├── Job.a6d0fdad4ee94bb67c90.js
│   │   ├── Product.01071170c2fb6cdb082d.js
```

[*17] OSの環境によっては、デフォルトで当該コマンドがインストールされていないためインストールが必要です。

```
|      |      └── index.c81e2462d68efcad73c8.js
|      └── vendor.0ae040163179c36ea5d1.js
├── favicon.ico
└── index.html

6 directories, 16 files
```

　distディレクトリ直下には、HTTPサーバーのドキュメントルートにホストしても動作するようindex.htmlが生成[18]されています。また、Company/index.htmlのようにグローバルナビゲーションのメニューに対応したHTMLファイルもpagesディレクトリのルーティング構造に従って生成されています。各HTMLファイルの内容を確認すると分かりますが、それぞれのHTMLファイルはHTMLドキュメントとして全て描画済です。

　Nuxt.jsのJavaScriptのアプリケーションコードは_nuxtディレクトリに配置されています。このディレクトリに配置されたコードは、webpackによってバンドルされたアプリケーションコードです。このコードは、静的に生成された各種HTMLファイルにscript要素によって読み込まれるようになっているため、Vue.jsを利用した動的な振る舞いをするアプリケーションとしても動作します。

　Nuxt.jsの静的ファイル生成機能によるこうしたファイル群の生成によって、distディレクトリをHTTPサーバーにドキュメントルートとして配置するだけで動作します。あとはAmazon S3などに公開するだけです。

　Nuxt.jsについて簡単に説明し、Nuxt.jsアプリケーションの開発環境のセットアップ、そして特徴の1つである静的ファイル生成機能については、コーポレートサイトの作成を通して解説しました。

　本章では、Nuxt.jsについて全て解説はしませんでしたが、サーバーサイドレンダリングに対応した動的なシングルページアプリケーションのような大規模なアプリケーション開発はもちろん、ミドルウェア、プラグインを利用した面白いアプリケーション開発が可能です。

　Vue.jsと同様、Nuxt.jsも公式ドキュメント[19]も提供しており、日本語にも翻訳[20]ドキュメントが提供されています。そういった情報を元に、一度アプリケーションを開発し、Nuxt.jsの面白さを体感してみるとよいでしょう。

---

[18] Nuxt.jsはデフォルトでは.vueに対応するディレクトリとそのディレクトリにindex.htmlを生成しますが、Nuxt.jsのsubFoldersという設定で.vueに対応するHTMLファイルとして生成するよう変更することもできます。https://nuxtjs.org/api/configuration-generate

[19] https://nuxtjs.org

[20] https://ja.nuxtjs.org

Nuxt.jsにおけるサーバーサイドレンダリング

Nuxt.jsは最初の方でも解説したようにサーバーサイドレンダリングをサポートし、デフォルト有効になっています。このため、Nuxt.jsの流儀にしたがって開発するだけでサーバーサイドレンダリングに対応したVue.jsアプリケーションを簡単に構築することが可能です。この機能を確認するため、本章で作成したコーポレートサイトのプロダクトページが実装されたpages/Product.vueを以下のように修正します。

```
 <template>
-   <h2>このページはNuxt社のプロダクト情報のページです。</h2>
+   <h2>{{ title }}</h2>
 </template>
+
+<script>
+export default {
+  async asyncData (context) {
+    return await new Promise(resolve => {
+      // バックエンドからのデータ取得をエミュレート
+      setTimeout(() => {
+        resolve({
+          title: `このページはNuxt社のプロダクト情報のページです。(${ context.
isServer ? 'サーバサイドレンダリング' : 'クライアントサイドレンダリング' })`
+        })
+      }, 1000)
+    })
+  }
+}
+</script>
```

asyncDataでは、バックエンドからからデータ取得をエミュレートするために、1秒後にtitleというプロパティを持ったデータを返すようにしています。titleのデータは、asyncDataに渡されるcontext.isServerの真偽値に応じて、サーバー側で描画したのか、クライアントで描画したのか分かるような動的なタイトルになるようにしています。テンプレート側では、asyncDataで取得したtitleを描画するようにしています。asyncDataはNuxt.jsで提供する独自に拡張したVue.jsのコンポーネントオプションです。このメソッドは非同期なデータを取得するためのメソッドで、取得したデータを返すことで、Vue.jsのdataにマージされます。このため、pages/Product.vueコンポーネントはプロダクト情報ページにアクセスすると1秒後にページ内容を描画するという挙動になります。

npm run devで開発サーバーを立ち上げ、http://localhost:3000/productにアクセスしてみましょう。コーポレートサイトのプロダクト情報のページに直接アクセスすると、以下のようにサーバー側で描画した旨の表示を確認できます。

Nuxt.jsサーバーサイドレンダリング

　コーポレートサイトの企業情報メニューを一度クリックして、プロダクト情報メニューをクリックしてみます。このときは、クライアント側で描画した旨の表示をプロダクト情報ページに確認できます。

Nuxt.js クライアントサイドレンダリング

　Nuxt.jsは、このようにデフォルト有効になっていますが、逆にnuxtコマンドに--spaオプション[1]を指定することでサーバーサイドレンダリングを無効にすることもできます。`npm run dev -- --spa`で開発サーバーを立ち上げ、`http://localhost:3000/product`にアクセスしてみましょう。コーポレートサイトのプロダクト情報のページに直接アクセスしても、クライアント側で描画されたコンテンツの表示を確認できるはずです。このように、Nuxt.jsではサーバーサイドレンダリングをコマンドオプションの指定で柔軟に制御できるようになっています。

----

[1]　詳しい挙動についての詳細は公式ドキュメントをご参照ください。英語 https://nuxtjs.org/guide/commands 、日本語 https://ja.nuxtjs.org/guide/commands

参考文献

Webサイト

- Vue.js（注・Vue.js公式サイト） https://jp.vuejs.org/
- API — Vue.js（注・Vue.js公式APIドキュメント） https://jp.vuejs.org/v2/api/
- はじめに — Vue.js（注・Vue.js公式ガイド） https://jp.vuejs.org/v2/guide/
- スタイルガイド — Vue.js https://jp.vuejs.org/v2/style-guide/
- 紹介 | Vue Router（注・Vue Router公式ドキュメント） https://router.vuejs.org/ja/
- Vuex | Vuex とは何か？（注・Vuex公式ドキュメント） https://vuex.vuejs.org/ja/
- Vue SSR ガイド | Vue.js サーバサイドレンダリングガイド https://ssr.vuejs.org/ja/
- Nuxt.js - ユニバーサル Vue.js アプリケーション https://ja.nuxtjs.org/api/
- Vue CLI 3（注・Vue CLI公式ドキュメント） https://cli.vuejs.org/
- Introduction | Vue Loader https://vue-loader.vuejs.org/
- Introduction - GitBook（注・webpack テンプレートのドキュメント） http://vuejs-templates.github.io/webpack/
- vue-test-utils | Vue Test Utils https://vue-test-utils.vuejs.org/ja/
- Vue.js Recent Trends https://speakerdeck.com/kazupon/vue-dot-js-recent-trends
- Vue.js: The Progressive Framework
  https://docs.google.com/presentation/d/1WnYsxRMiNEArT3xz7xXHdKeH1C-jT92VxmptghJb5Es/edit#slide=id.p
- Vue.js 2.0 Server Side Rendering
  https://speakerdeck.com/kazupon/vue-dot-js-2-dot-0-server-side-rendering
- Presentational and Container Components – Dan Abramov – Medium
  https://medium.com/@dan_abramov/smart-and-dumb-components-7ca2f9a7c7d0
- Smart and Dumb Components in React | Jake Trent
  https://jaketrent.com/post/smart-dumb-components-react/
- アメブロ2016 ~ React/Reduxでつくる Isomorphic web app ~
  https://developers.cyberagent.co.jp/blog/archives/636/
- Concepts（注・webpackのコンセプトに関するドキュメント） https://webpack.js.org/concepts/
- Chrome DevTools | Tools for Web Developers | Google Developers
  https://developers.google.com/web/tools/chrome-devtools/?hl=ja
- Developer Guide | Nightwatch.js http://nightwatchjs.org/guide/
- css-modules/css-modules: Documentation about css-modules
  https://github.com/css-modules/css-modules
- Flux | Application Architecture for Building User Interfaces http://facebook.github.io/flux/
- Introduction（注・Storybook公式） https://storybook.js.org/basics/introduction/
- Documentation · TypeScript https://www.typescriptlang.org/docs/home.html
- TypeScript Deep Dive https://basarat.gitbooks.io/typescript/content/
- Patterns - WPF Apps With The Model-View-ViewModel Design Pattern
  https://msdn.microsoft.com/en-us/magazine/dd419663.aspx

書籍

- Dino Esposito、Andrea Saltarello 著、株式会社クイープ 訳、日本マイクロソフト 監訳：「.NETのエンタープライズアプリケーションアーキテクチャ第2版　.NETを例にしたアプリケーション設計原則」日経BP社（2015年）
- Kent Beck著、和田卓人訳：「テスト駆動開発」オーム社（2017年）
- 赤間信幸著：「.NETエンタープライズWEBアプリケーション開発技術大全 VOL.3」日経BP社（2004年）

9月1日に確認。日本語版が提供されているものは日本語版リンクを掲載。

索引

◆ 装丁・本文デザイン　西岡裕二
◆ 本文レイアウト　　　朝日メディアインターナショナル㈱
◆ 編集　　　　　　　　野田大貴

■お問い合わせについて
　本書に関するご質問については、本書に記載されている内容に関するもののみとさせていただきます。本書の内容と関係のないご質問につきましては、一切お答えできませんので、あらかじめご了承ください。また、電話でのご質問は受け付けておりませんので、FAXか書面にて下記までお送りください。

＜問い合わせ先＞
〒162-0846　東京都新宿区市谷左内町 21-13
株式会社技術評論社　雑誌編集部
「Vue.js入門 基礎から実践アプリケーション開発まで」係
FAX：03-3513-6173

　なお、ご質問の際には、書名と該当ページ、返信先を明記してくださいますよう、お願いいたします。
　お送りいただいたご質問には、できる限り迅速にお答えできるよう努力いたしておりますが、場合によってはお答えするまでに時間がかかることがあります。また、回答の期日をご指定なさっても、ご希望にお応えできるとは限りません。あらかじめご了承くださいますよう、お願いいたします。

Vue.js入門 基礎から実践アプリケーション開発まで

2018年10月 6日　初　版　第1刷発行
2019年 3月19日　初　版　第3刷発行

著　者　　川口和也、喜多啓介、野田陽平、手島拓也、片山真也
発行者　　片岡　巖
発行所　　株式会社技術評論社
　　　　　東京都新宿区市谷左内町 21-13
　　　　　TEL：03-3513-6150（販売促進部）
　　　　　TEL：03-3513-6177（雑誌編集部）
印刷／製本　昭和情報プロセス株式会社

定価はカバーに表示してあります。

造本には細心の注意を払っておりますが、万一、乱丁（ページの乱れ）や落丁（ページの抜け）がございましたら、小社販売促進部までお送りください。送料小社負担にてお取り替えいたします。

ISBN978-4-297-10091-9　C3055
Printed in Japan